国家出版基金项目
NATIONAL PUBLICATION FOUNDATION

"十四五"时期国家重点出版物出版专项规划项目

材料先进成型与加工技术丛书

申长雨　总主编

铝合金先进成型技术

张　海　张海涛　李新中　著

科学出版社

北　京

内 容 简 介

　　本书为"材料先进成型与加工技术丛书"之一。铝及其合金具有轻质、高比强度、易加工等优点，被广泛应用于国民经济中的各个领域。为了达到节能、增效、降本的目的，国内外不断涌现出短流程、高效节能、近终型铝合金先进成型技术。本书较系统地介绍了铝合金先进液态成型、固态成型技术，包括铝合金半连续铸造、凝固技术、半固态铸造、模铸等液态成型技术，铝合金锻造、挤压、轧制等固态成型技术，以及铝合金热处理和其他先进制备技术，并且总结了作者多年的研究成果与生产实践。

　　本书可供从事铝合金材料开发与加工的科研、设计、教学、生产和应用等方面的技术人员与管理人员使用，也可作为大专院校有关专业师生的参考书。

图书在版编目（CIP）数据

铝合金先进成型技术 / 张海，张海涛，李新中著. --北京：科学出版社，2024. 9. --（材料先进成型与加工技术丛书 / 申长雨总主编）.
ISBN 978-7-03-078932-7

Ⅰ. TG146.2

中国国家版本馆 CIP 数据核字第 2024AZ1790 号

丛书策划：翁靖一
责任编辑：翁靖一　孙　曼 / 责任校对：杜子昂
责任印制：徐晓晨 / 封面设计：东方人华

科学出版社 出版
北京东黄城根北街 16 号
邮政编码：100717
http://www.sciencep.com
北京中科印刷有限公司印刷
科学出版社发行　各地新华书店经销

*

2024 年 9 月第 一 版　开本：720 × 1000　1/16
2024 年 9 月第一次印刷　印张：26 1/4
字数：519 000

定价：238.00 元
（如有印装质量问题，我社负责调换）

材料先进成型与加工技术丛书

编 委 会

材料先进成型与加工技术丛书

总　序

　　核心基础零部件（元器件）、先进基础工艺、关键基础材料和产业技术基础等四基工程是我国制造业新质生产力发展的主战场。材料先进成型与加工技术作为我国制造业技术创新的重要载体，正在推动着我国制造业生产方式、产品形态和产业组织的深刻变革，也是国民经济建设、国防现代化建设和人民生活质量提升的基础。

　　进入 21 世纪，材料先进成型加工技术备受各国关注，成为全球制造业竞争的核心，也是我国"制造强国"和实体经济发展的重要基石。特别是随着供给侧结构性改革的深入推进，我国的材料加工业正发生着历史性的变化。一是产业的规模越来越大。目前，在世界 500 种主要工业产品中，我国有 40% 以上产品的产量居世界第一，其中，高技术加工和制造业占规模以上工业增加值的比重达到 15% 以上，在多个行业形成规模庞大、技术较为领先的生产实力。二是涉及的领域越来越广。近十年，材料加工在国家基础研究和原始创新、"深海、深空、深地、深蓝"等战略高技术、高端产业、民生科技等领域都占据着举足轻重的地位，推动光伏、新能源汽车、家电、智能手机、消费级无人机等重点产业跻身世界前列，通信设备、工程机械、高铁等一大批高端品牌走向世界。三是创新的水平越来越高。特别是嫦娥五号、天问一号、天宫空间站、长征五号、国和一号、华龙一号、C919 大飞机、歼-20、东风-17 等无不锻造着我国的材料加工业，刷新着创新的高度。

　　材料成型加工是一个"宏观成型"和"微观成性"的过程，是在多外场耦合作用下，材料多层次结构响应、演变、形成的物理或化学过程，同时也是人们对其进行有效调控和定构的过程，是一个典型的现代工程和技术科学问题。习近平总书记深刻指出，"现代工程和技术科学是科学原理和产业发展、工程研制之间不可缺少的桥梁，在现代科学技术体系中发挥着关键作用。要大力加强多学科融合的现代工程和技术科学研究，带动基础科学和工程技术发展，形成完整的现代科学技术体系。"这对我们的工作具有重要指导意义。

过去十年，我国的材料成型加工技术得到了快速发展。**一是成形工艺理论和技术不断革新**。围绕着传统和多场辅助成形，如冲压成形、液压成形、粉末成形、注射成型，超高速和极端成型的电磁成形、电液成形、爆炸成形，以及先进的材料切削加工工艺，如先进的磨削、电火花加工、微铣削和激光加工等，开发了各种创新的工艺，使得生产过程更加灵活，能源消耗更少，对环境更为友好。**二是以芯片制造为代表，微加工尺度越来越小**。围绕着芯片制造，晶圆切片、不同工艺的薄膜沉积、光刻和蚀刻、先进封装等各种加工尺度越来越小。同时，随着加工尺度的微纳化，各种微纳加工工艺得到了广泛的应用，如激光微加工、微挤压、微压花、微冲压、微锻压技术等大量涌现。**三是增材制造异军突起**。作为一种颠覆性加工技术，增材制造（3D 打印）随着新材料、新工艺、新装备的发展，广泛应用于航空航天、国防建设、生物医学和消费产品等各个领域。**四是数字技术和人工智能带来深刻变革**。数字技术——包括机器学习（ML）和人工智能（AI）的迅猛发展，为推进材料加工工程的科学发现和创新提供了更多机会，大量的实验数据和复杂的模拟仿真被用来预测材料性能，设计和成型过程控制改变和加速着传统材料加工科学和技术的发展。

当然，在看到上述发展的同时，我们也深刻认识到，材料加工成型领域仍面临一系列挑战。例如，"双碳"目标下，材料成型加工业如何应对气候变化、环境退化、战略金属供应和能源问题，如废旧塑料的回收加工；再如，具有超常使役性能新材料的加工技术问题，如超高分子量聚合物、高熵合金、纳米和量子点材料等；又如，极端环境下材料成型技术问题，如深空月面环境下的原位资源制造、深海环境下的制造等。所有这些，都是我们需要攻克的难题。

我国"十四五"规划明确提出，要"实施产业基础再造工程，加快补齐基础零部件及元器件、基础软件、基础材料、基础工艺和产业技术基础等瓶颈短板"，在这一大背景下，及时总结并编撰出版一套高水平学术著作，全面、系统地反映材料加工领域国际学术和技术前沿原理、最新研究进展及未来发展趋势，将对推动我国基础制造业的发展起到积极的作用。

为此，我接受科学出版社的邀请，组织活跃在科研第一线的三十多位优秀科学家积极撰写"材料先进成型与加工技术丛书"，内容涵盖了我国在材料先进成型与加工领域的最新基础理论成果和应用技术成果，包括传统材料成型加工中的新理论和新技术、先进材料成型和加工的理论和技术、材料循环高值化与绿色制造理论和技术、极端条件下材料的成型与加工理论和技术、材料的智能化成型加工理论和方法、增材制造等各个领域。丛书强调理论和技术相结合、材料与成型加工相结合、信息技术与材料成型加工技术相结合，旨在推动学科发展、促进产学研合作，夯实我国制造业的基础。

本套丛书于 2021 年获批为"十四五"时期国家重点出版物出版专项规划项目，具有学术水平高、涵盖面广、时效性强、技术引领性突出等显著特点，是国内第一套全面系统总结材料先进成型加工技术的学术著作，同时也深入探讨了技术创新过程中要解决的科学问题。相信本套丛书的出版对于推动我国材料领域技术创新过程中科学问题的深入研究，加强科技人员的交流，提高我国在材料领域的创新水平具有重要意义。

最后，我衷心感谢程耿东院士、李依依院士、张立同院士、韩杰才院士、贾振元院士、瞿金平院士、张清杰院士、张跃院士、朱美芳院士、陈光院士、傅正义院士、张荻院士、李殿中院士，以及多位长江学者、国家杰青等专家学者的积极参与和无私奉献。也要感谢科学出版社的各级领导和编辑人员，特别是翁靖一编辑，为本套丛书的策划出版所做出的一切努力。正是在大家的辛勤付出和共同努力下，本套丛书才能顺利出版，得以奉献给广大读者。

中国科学院院士

工业装备结构分析优化与 CAE 软件全国重点实验室

橡塑模具计算机辅助工程技术国家工程研究中心

前　言

　　铝及其合金具有外观好，质轻，可机加工性、物理性能和力学性能好，以及耐腐蚀性好等特点，使其成为在工程应用中具有竞争力的金属材料，被广泛用于交通、建筑、包装等领域。随着工业经济的飞速发展，对铝及其合金先进成型技术的需求日益增多，同时这也是铝加工领域的研究热点之一。目前，国外针对铝合金材料及其成型技术不断出新，特别是以美铝（Alcoa）公司的Micromill技术为代表的短流程、高效节能、近终型、低成本铝合金先进成型技术不断涌现。近些年来，随着我国铝工业的蓬勃发展，铝材产能已跃居世界首位，同时我国的铝加工装备无论从大小还是先进性上都成为世界领先，然而具有自主知识产权的铝合金先进成型技术严重短缺，即便如此，我国也涌现出如本书作者开发的异型坯锻造技术这样的短流程、近终型先进成型技术。

　　本书从铝合金材料出发，重点介绍了国内外各种铝合金先进成型技术的原理、发展历程、特点与应用，同时又总结了作者多年的研究成果与生产实践。本书不仅包括先进的铝合金固态成型技术，还包括铝合金液态成型技术，通过成形/型技术的应用，实现铝合金形、型、性同控。本书聚焦于可以或已经实现铝合金产品批量生产的先进成型技术，同时涵盖了铝合金加工完整的产业链。

　　全书共分为10章，第1章铝合金导论，介绍铝合金的分类、状态、合金牌号及其发展历程和应用；第2章铝合金半连续铸造技术，介绍铝合金气滑铸造（用于圆锭铸造）、低液位铸造（用于扁锭铸造）、电磁铸造、异型半连续铸造、复合铸造与低压半连续铸造等先进半连续铸造技术；第3章铝合金锻造技术，介绍车用铝合金锻件制备技术、等温锻造、精密锻造等先进锻造技术；第4章铝合金挤压技术，介绍铝合金挤压工艺与微观组织的关系，高均匀屈服型材的恒温挤压、高速挤压、短流程的变截面挤压等先进挤压技术；第5章铝合金轧制技术，介绍轧制工艺对铝合金板材组织与性能的调控方法、Micromill技术与异步轧制等先进轧制技术；第6章铝合金先进凝固技术，介绍定向凝固与快速凝固等先进凝固技术；第7章铝合金半固态成型技术，介绍流变与触变半固态成型技术；第8章铝合金压力铸造技术，介绍低压、差压、高压、挤压等先进铝合金压力铸造技术；第9章铝合金热处理技术，介绍多级均匀化热处理、固溶热处理、淬火热处理及多级时效热处理等先进铝合金热处理技术；第10章铝合金其他先进成型技术，介绍铝基复合材料先进成型、喷射成型、冲压成型、液压成型、增材制造及航空板材成型技术等先进铝合金成型技术。本书由张海、李新中和张海涛负责全书的撰写、统稿和校对。另外，还要感谢团队中秦简、吴子彬、王东涛、董其鹏、骆顺存、于佳敏等的科研贡献和在本书撰写、修改过程中给予的大力支持。最后，诚挚感谢国家自然科学基金委员会（项目编号：U1864209、52150710544）、山东省科技厅（项目编号：2021SFGC1001）、山东魏桥集团等提供的科研项目和资金资助。

限于作者的水平，本书难免存在不足之处，恳请读者朋友批评指正。

张　海

2024 年 3 月

目　录

第1章

铝合金导论

1.1 铝及铝合金概述

铝是地壳中分布最广、储量最大的金属元素，约占地壳总质量的 8.2%，仅次于氧和硅，比铁（约占 5.1%）、镁（约占 2.1%）和钛（约占 0.6%）的总和还多。它的化学符号为 Al，在化学元素周期表ⅢA 族，原子量为 26.9815，面心立方晶系，常见化合价为 + 3 价。

铝的发展历史至今不到 200 年，而且有工业生产规模仅仅是 20 世纪初才开始的。铝是 H. 达维于 1807 年用化学方法分离明矾石时发现的，然而他当时无法从这种化合物中分离出所要寻找的金属。1809 年他在电弧炉中炼出一种铝铁合金。在此后的 70 多年中，他和他的学生 M. 法拉第（建立了电化学的基本定律），以及丹麦、德国、法国和美国的众多科学家进行了大量的实验研究工作。1825 年丹麦电化学家奥斯特第一次在实验室用电化学法分离金属铝获得成功。1854 年 S. C. 德维尔将同样的原理用于分解铝和钠的二氯化物，并于 1855 年在法国巴黎博览会上第一次展出铝棒，引起人们的极大关注，这种铝棒被称为"来自黏土的白银"，价格十分昂贵，只限于制作奢侈首饰和皇家专用品，例如，当时的拿破仑三世曾用铝制成胸铠和头盔，并为他儿子做了一个拨浪鼓。1859 年法国第一次大规模生产了 1.7 t 铝，因为铝的冶炼技术复杂和生产成本非常高，所以发展速度十分缓慢。

1883 年法国科学家 D. F. Loutin 将一种通过在熔体中溶解并电解以还原金属氧化物的技术申请了专利，并发现适合的熔体是一种半透明的矿石——冰晶石。1886 年法国人 P. 埃鲁 ［图 1.1 （a）］和美国人 C. M. 霍尔 ［图 1.1 （b）］在互不知情的情况下[1, 2]，几乎在同一时间申请了同一项专利，其内容是采用一种碳质阳极对溶解于冰晶石熔体中的氧化铝进行分解。在首次实验中采用电池及外部热源来保持熔体的温度。12 kW 直流电机的应用使 P. 埃鲁在 1887 年对他的专利的一个增补篇进行申请时得以清楚阐明电流的热效应。

(a)　　　　　　　　　　　　　(b)

图 1.1　铝工业发展过程中作出重要贡献的两位科学家

（a）P. 埃鲁；（b）C. M. 霍尔

　　1886 年发明的采用电解法由氧化铝提炼金属铝，1887 年发明的采用拜尔法由铝土矿生产氧化铝，以及直流电解生产技术的进步，为铝生产向工业规模发展奠定了基础。随着生产成本的下降，美国、瑞士、英国相继建立了铝冶炼厂。到 19 世纪末期，铝的生产成本开始明显下降，铝本身已成为一种通用的金属。20 世纪初期，铝材的应用除了日常用品外，主要在交通运输工业上得到使用。1901 年用铝板制造汽车车体。1903 年美铝公司将铝部件供给莱特兄弟制造小型飞机。汽车发动机开始采用铝合金铸件，造船工业也开始采用铝合金厚板、型材和铸件。随着铝产量的增加和科学技术的进步，铝材在其他工业领域（如医药器械、印刷板及炼钢的脱氧剂、包装容器等）的应用也越来越广泛，大大刺激了铝工业的发展。图 1.2 显示了从 1973 年到 2022 年铝的世界年产量，从图中可以清楚地看出铝的世界年产量大体上呈逐年增加趋势，并且增加速度总的来看也是越来越快，特别是进入 21 世纪由于铝合金更广泛使用，这种趋势更加明显[1]。

　　铝是元素周期表中第 3 周期主族元素，具有面心立方点阵，无同素异构转变，原子序数为 13，原子量为 26.9815。它具有一系列比其他有色金属、钢铁、塑料和木材等更优良的特性，如密度仅为 2700 kg/m^3，约为铜或钢的 1/3。加工成铝合金后具备良好的耐蚀性和耐候性；良好的塑性和加工性能；良好的导热性和导电性；良好的耐低温性能和表面性能；无磁性；基本无毒；有吸音性；耐酸性好；

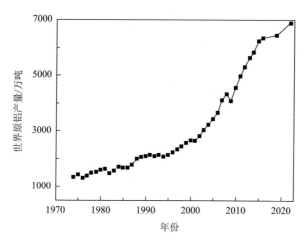

图 1.2 世界原铝产量[1]

抗核辐射性能好；弹性系数小；良好的力学性能；良好的铸造性能和焊接性能；良好的抗撞击性。此外，铝材的高温性能、成型性能、切削加工性、铆接性、胶合性及表面处理性能等也比较好。因此，铝合金在航天、航海、航空、汽车、交通运输、桥梁、建筑、电子电气、能源动力、冶金化工、农业排灌、机械制造、包装防腐、电器家具、日用文体等各个领域都获得了十分广泛的应用。

1.2　铝合金分类与状态

在纯铝中添加不同的合金元素形成新的合金，同时采用不同的加工工艺制备，使其获得不同加工状态，从而可获得不同于纯铝的性质与性能。据此，人们构建了铝合金的合金系统，该合金系统提供了一种标准的合金识别形式，使用户能够了解大量关于合金的化学成分和特性，以及所处的热处理和热加工状态、制造方式等信息。纯铝的性能在大多数场合不能满足使用要求，为此，人们在纯铝中添加各种合金元素，以生产出满足各种性能和用途的铝合金。图 1.3 展示了铝合金中的常用合金元素，以及简单的分类体系。

铝合金可加工成板、带、条、箔、管、棒、型、线、自由锻件和模锻件等加工材，也可加工成铸件、压铸件等铸造材。基于此，铝合金体系被分为两大类：变形铝合金与铸造铝合金。同时，为了控制铝合金的性能，基于合金元素在铝中固溶、析出的热处理特点，对于一些铝合金可以通过时效强化来提高其性能，而另一些铝合金则通过加工硬化与退火来控制性能。因此，无论是变形铝合金还是铸造铝合金，又可分为可热处理铝合金和不可热处理铝合金两大类。

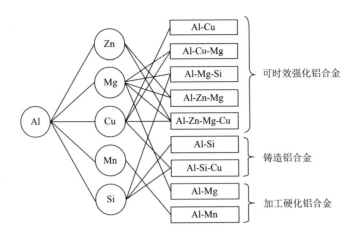

图 1.3 常用铝合金及其分类[2]

1.2.1 变形铝合金

我国变形铝及铝合金牌号和表示方法根据新制定的标准《变形铝及铝合金牌号表示方法》（GB/T 16474—2011），凡是化学成分与变形铝及铝合金国际牌号注册协议组织（简称国际牌号注册组织）命名的合金相同的所有合金，直接采用国际四位数字体系牌号，未与国际四位数字体系牌号的变形铝合金接轨的，采用四位字符牌号（但实验铝合金在四位字符牌号前加×）命名，并按要求注册化学成分。四位字符牌号命名方法应符合四位数字体系牌号命名方法的规定。四位数字体系牌号的第一、三、四位为阿拉伯数字，第二位为英文大写字母（C、I、L、N、O、P、Q、Z 字母除外）。按照添加的主要合金元素，铝合金的组别如下：1×××系为工业纯铝，2×××系为 Al-Cu 系合金，3×××系为 Al-Mn 系合金，4×××系为 Al-Si 系合金，5×××系为 Al-Mg 系合金，6×××系为 Al-Mg-Si 系合金，7×××系为 Al-Zn-Mg 系合金，8×××系为 Al-Fe 和 Al-Li 系合金，9×××系为备用合金组，如表 1.1 所示。按照强化方式，变形铝合金可分为加工硬化和热处理强化（析出强化）铝合金。

表 1.1 变形铝合金体系

牌号	主加元素	强化方式
1×××	Al（含量≥99%）	加工硬化
2×××	Al-Cu	热处理强化
3×××	Al-Mn	加工硬化

续表

牌号	主加元素	强化方式
4×××	Al-Si	加工硬化
5×××	Al-Mg	加工硬化
6×××	Al-Mg-Si	热处理强化
7×××	Al-Zn-Mg	热处理强化
8×××	Al-Fe/Al-Li	加工硬化/热处理强化
9×××（未启用）	—	—

除改性合金外，铝合金组别按主要合金元素来确定，主要合金元素指极限含量算术平均值最大的合金元素。当有一个以上的合金元素极限含量算术平均值同为最大时，应按 Cu、Mn、Si、Mg、Zn、其他元素的顺序来确定合金组别。牌号的第二位字母表示原始纯铝或铝合金的改性情况，最后两位数字用于标认同组中不同的铝合金或表示铝的纯度。

1.2.2　铸造铝合金

目前，铸造铝合金在国际上无统一命名标准。各国（公司）大多有自己的合金命名规则及术语，使用最广泛的是美国铝业协会（AA）的分类法，与 AA 分类法对应的国标牌号如表 1.2 所示。AA 牌号中第一个数字代表合金的体系，第二个和第三个数字用于确定具体的合金。对于 1××，第二和第三位表示合金的纯度。小数点后一位表示产品的形式，例如，×××.0 表示铸件，×××.1 表示某种合金元素含量有限制。铸造铝合金具有与变形铝合金相同的合金体系。除加工硬化外，铸造铝合金与变形铝合金的强化机制同样可分为热处理强化型和不可热处理强化型两大类。铸造铝合金与变形铝合金的主要差别在于铸造铝合金除含有强化元素之外，还必须含有足够量的共晶型元素。因此，铸造铝合金中添加的合金元素含量远超过多数变形铝合金，最具代表性的就是 3×× 铝合金。

表 1.2　铸造铝合金体系

AA 牌号	国标牌号	主加元素	强化方式
1××.×	—	Al（含量≥99%）	不可热处理强化
2××.×	ZL2××	Al-Cu	热处理强化
3××.×	ZL1××	Al-Si（＋Cu 或 Mg）	热处理强化
4××.×	—	Al-Si	不可热处理强化

AA 牌号	国标牌号	主加元素	强化方式
5××.×	ZL3××	Al-Mg	不可热处理强化
6××.×（未启用）	—	—	—
7××.×	ZL4××	Al-Zn-(Mg)	热处理强化
8××.×	—	Al-Sn	不可热处理强化
9××.×	—	Al-(其他元素)	—

1.2.3 铝合金的状态

如前面所述，铝合金的强化方式不同，获得最佳机械性能所经过的热处理或热加工状态也不同。为简单概括合金的加工状态，在合金牌号后会标注对应状态名称代号，如 6063-T1。标准的状态名称系统是由一个表示基本状态的字母和一个或几个数字所组成。第一个大写字母表示该合金的大体状态，基本可分为如下几种：

F 态：自由加工态，在热成型过程中未特意控制加热情况，也未进行后续加工硬化处理来获得特殊性能的制备状态。该状态对于变形铝合金的最终机械性能影响不大，但对铸造铝合金有很大影响。

O 态：退火态，对锻造铝合金进行退火处理可降低加工硬化效果，增加后续机加工能力，对铸造铝合金进行退火处理可改善产品的伸长率。

H 态：加工硬化态，适用于通过提高应变量来提高强度的产品。或直接应用，或进行热处理来适当降低部分强化效果。

H1（加工硬化态）：产品不经任何热处理仅通过加工硬化获得设计的强度。H1 后的数字代表加工硬化的程度。

H2（加工硬化结合部分退火）：适用于加工硬化后强度过高的产品，通过不完全退火适当降低强度来满足要求。H2 后的数字代表了经过退火后所剩的强度。

H3（加工硬化后稳定化处理）：Al-Mg 系合金加工硬化后在室温会逐渐时效软化。该系产品经过加工硬化达到一定强度后再经低温稳定化热处理，从而使其性能稳定并改善伸长率。H3 后的数字代表了经过稳定化后所剩的强度。

H4（加工硬化后烤漆处理）：表示产品加工硬化后又经历了烤漆热处理过程。H4 后的数字代表了经过稳定化后所剩的强度。

W 态：固溶处理状态，仅适合经固溶处理后可以时效强化的合金。将产品加热至α-Al 单相区，保温一定时间使强化相溶解回铝基体，快速冷却获得过饱和固溶体。

T 态：热处理态，产生除 F 态、O 态或 H 态以外的稳定状态。用于表示产品所经过的热处理状态，通过 T 后面一个或多个数字来详细说明。

T1：产品在热变形冷却后不经冷加工或对性能无影响的冷变形，再经自然时效达到的稳定状态。通常用于描述 6××× 铝合金挤压型材。

T2：产品在热变形冷却后经过冷加工再自然时效到大体上稳定的状态。适用于热加工后再经冷变形可提高性能的产品。

T3：固溶处理后再经冷加工，然后自然时效到大体上稳定的状态（T4 + 冷变形）。

T4：固溶处理后自然时效到大体上稳定的状态。

T5：产品在热变形冷却后再经人工时效的热处理的状态（T1 + 人工时效）。通常用于描述 6××× 铝合金挤压型材。

T6：固溶处理后经人工时效获得最高强度（T4 + 人工时效）。

T7：固溶处理并过时效处理。适用于变形铝合金产品，通过时效处理使其性能达到最高值后再降低来调控除强度外的其他性能（如耐腐蚀性）和微观组织特征。

T8：固溶处理后冷加工，再经人工时效处理（T3 + 人工时效）。

T9：固溶处理后人工时效，再经冷变形（T6 + 冷变形）。

T10：产品在热变形冷却后经过冷加工，再经人工时效处理（T2 + 人工时效）。

对于变形铝合金，在 T1~T10 的基础上还会添加其他数字代表产品的应力消除状态。释放应力的方法有拉伸、压缩、拉伸结合压缩，具体编号如下所示：

TX51：对固溶处理后或热成型冷却后的棒材和板材进行 1%~3% 拉伸变形，后续无校直。

TX510：对热加工冷却后的挤压棒材、型材、管材施加 1%~3% 拉伸变形，后续无校直。

TX511：对固溶处理后或热加工冷却后的挤压型材和拉拔管材施加 1%~3% 拉伸变形后再进行拉伸校直。

TX52：通过压缩方式对固溶处理后或热加工冷却后产品进行 1%~5% 的塑性变形。

TX54：对模锻件在最终模具里进行再次锻打。

此外，对于从整体产品上取下部分材料进行热处理以表征整体性能的状态编号有：

T42：O 态或 F 态的产品经 T4 处理。

T62：O 态或 F 态的产品经 T6 处理。

T7X2：O 态或 F 态的产品经 T7 处理。

1.3 铝合金的应用

铝合金卓越的性能使其在航天、航海、航空、汽车、交通运输、桥梁、建筑、电子电气、能源动力、冶金化工、农业排灌、机械制造、包装防腐、电器家具、日用文体等各个领域都获得越来越多的应用。本节将从变形铝合金与铸造铝合金两方面概述其应用。表 1.3 和表 1.4 分别展示了常用变形铝合金和铸造铝合金的机械性能。

表 1.3　常用变形铝合金的机械性能

变形铝合金系列	合金成分类型	强化方法	抗拉强度范围/MPa
1×××	Al	加工硬化	70～175
2×××	Al-Cu-Mg（1%～2.5% Cu）	热处理强化	190～430
2×××	Al-Cu-Mg-Si（3%～6% Cu）	热处理强化	380～520
3×××	Al-Mn-Mg	加工硬化	110～285
4×××	Al-Si	加工硬化/热处理强化	105～350
5×××	Al-Mg（1%～2.5% Mg）	加工硬化	125～350
5×××	Al-Mg-Mn（3%～6% Mg）	加工硬化	280～380
6×××	Al-Mg-Si	热处理强化	125～400
7×××	Al-Zn-Mg	热处理强化	380～520
7×××	Al-Zn-Mg-Cu	热处理强化	520～620
8×××	Al-Li-Cu-Mg	热处理强化	120～240

表 1.4　常用铸造铝合金的机械性能

铸造铝合金系列	抗拉强度范围/MPa
可热处理砂模铸造合金（不同状态）	
Al-Cu（201～206）	130～450
Al-Cu-Ni-Mg（242）	186～221
Al-Cu-Si（295）	110～221
Al-Si-Cu（319）	130～275
Al-Si-Cu-Mg（355，5% Si，1.25% Cu，0.5% Mg）	159～269
Al-Si-Mg（356，357）	159～345
Al-Si-Cu-Mg（390，17% Si，4.5% Cu，0.6% Mg）	179～276
Al-Zn（712，713）	210～380
不可热处理压铸合金（不同状态）	
Al-Si（413，443，F 态）	120～175
Al-Mg（513，515，518，F 态）	120～175
不可热处理金属模铸造合金（不同状态）	
Al-Sn（850，851，852，T5 态）	105～210

1.3.1　变形铝合金的应用

1）1×××铝合金（纯铝）

1×××铝合金中含有 99 wt%（质量分数，后同）以上的 Al，并含有 Fe、Si 等杂质元素，常见的牌号及成分见表 1.5，属于不可热处理铝合金。其主要强化方式为加工硬化，典型抗拉强度可以达到 70～175 MPa。然而较低的强度使得 1×××铝合金不适合作为结构材料。因此，1×××铝合金用在机械强度要求不高的零部件、装饰品、化学工业用水箱、厨房用品、家用电器等方面。该系合金具有良好的成型性、耐腐蚀性、导电性和导热性。因此，其主要用于需要结合极高的耐腐蚀性和成型性的应用，如用于包装、化学设备、油罐车或卡车车身、纺纱中空制品及精细的金属板带箔。例如，1100 铝合金适合深拉，易于焊接，用于高纯度应用，如化学处理设备、铭牌、风扇叶片、烟道内衬和金属板等材料。

表 1.5　1×××铝合金的代表牌号及成分　　　　（单位：wt%）

牌号	成分							
	Si	Fe	Cu	Mn	Mg	Zn	Ti	Al
1050	≤0.25	≤0.40	≤0.05	≤0.05	≤0.05	≤0.05	≤0.03	≥99.5
1070	≤0.20	≤0.25	≤0.04	≤0.03	≤0.03	≤0.04	≤0.03	≥99.7
1080	≤0.15	≤0.15	≤0.03	≤0.02	≤0.02	≤0.03	≤0.03	≥99.8
1100	合计≤0.95		0.05～0.20	≤0.05	—	≤0.10	—	≥99.0
1020	合计≤0.95		≤0.05	≤0.05	—	≤0.10	≤0.05	≥99.0

2）2×××铝合金（Al-Cu 合金）

2×××铝合金中添加了 Cu 来提升其强度，属于可热处理铝合金。在固溶处理状态下，材料的机械性能甚至可以超过低碳钢。通过时效处理，2×××铝合金可以通过析出强化（亚稳态的 Al_2Cu 析出相）进一步提升材料的屈服强度。这种合金拥有优异的室温与高温性能，典型抗拉强度可以达到 190～430 MPa。

但是 Cu 的添加使得材料的耐腐蚀性能降低，并且焊接时容易产生裂纹。需要组装时，通常使用机械方法进行连接，如螺栓，或者使用电阻点焊。2×××铝合金板材通常用高纯铝或 6×××铝合金等进行包覆，为其提供电化学保护，提高耐腐蚀性能。

2×××铝合金适用于高比强度的零部件，通常应用于飞机的机体和航天材料等。常见的 2×××铝合金牌号及成分见表 1.6。2×××铝合金从 2017 铝合金到 2024 铝合金，再到 2219 铝合金经历了近百年的发展历程，常用 2×××铝合金的关系见

图 1.4。从杜拉铝（Duralumin），即 2017 铝合金（1919 年在德国开发，随后在美国生产，并命名为 2017 铝合金）到 2024 铝合金，提高了强度、韧性和抗疲劳性能，但 2024 铝合金耐腐蚀性和可焊性差的问题尚未解决。在 2024 铝合金的基础上通过降低杂质含量开发出了 2224 和 2324 铝合金，并应用于波音 777 的机翼下翼板。进一步降低杂质含量开发出了 2524 铝合金，获得了更高的韧性并应用于客舱的制备中。2011、2017 和 2117 铝合金被广泛用于紧固件和螺丝机零部件。2195 铝合金是一种新的含锂铝合金，具有非常高的弹性模量，同时具有更高的强度和与 2219 铝合金相当的可焊性，适用于航天应用。针对飞机工业中的高强度和断裂韧性的需求，通过减少对性能稳定性和断裂韧性有影响的杂质元素，专门开发了 2124、2324 和 2419 等铝合金。

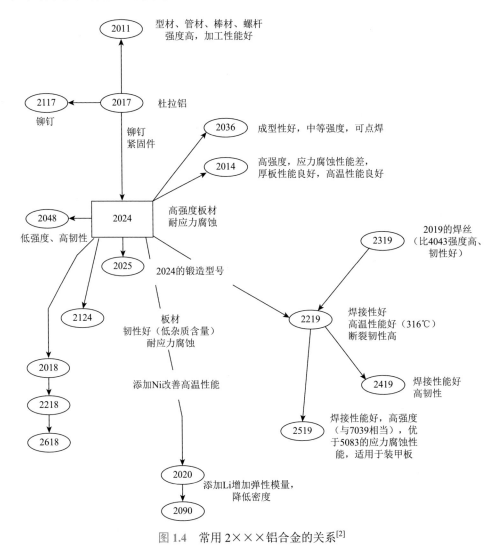

图 1.4　常用 2×××铝合金的关系[2]

表 1.6 2×××铝合金的代表牌号及成分　　　（单位：wt%）

牌号	成分								
	Si	Fe	Cu	Mn	Mg	Cr	Zn	Ti	Al
2014	0.50～1.20	≤0.70	3.9～5.0	0.40～1.20	0.20～0.80	≤0.10	≤0.25	≤0.15	其余
2017	0.20～0.80	≤0.70	3.5～4.5	0.40～1.00	0.40～0.80	≤0.10	≤0.25	≤0.15	其余
2024	≤0.50	≤0.50	3.8～4.9	0.30～0.90	1.2～1.8	≤0.10	≤0.25	≤0.15	其余
2124	—	—	4.4	0.6	1.5	—	—	—	其余
2219			6.3	0.3			0.18	0.06	其余

3）3×××铝合金（Al-Mn 合金）

3×××铝合金中主要添加元素是 Mn，此系列合金是不可热处理铝合金，具有高成型性和耐腐蚀性能，同时拥有中等强度，其典型抗拉强度可以达到 110～285 MPa。虽然 Mn 在 Al 中有较高的固溶度，但是由于 Fe 的添加，Mn 在 Al 中的固溶度降低，通常以 $Al_6(Mn, Fe)$ 或者 $Al_{12}(Mn, Fe)_3Si$ 的形式存在。常见的 3×××铝合金牌号及成分见表 1.7。3×××铝合金多用于铝罐、建筑材料等。3×××铝合金系列的典型应用包括汽车热交换器和商业电厂热交换器的管子。3003 的强度稍高于 1100，因其在处理许多食物和化学品方面的优越性而被广泛用于炊具和化学设备。3004 及其改性品 3104 铝合金是啤酒罐和软饮料罐的拉环和罐体的主要材料，这使其成为行业中用量最大的合金组合，每年用量超过 20.2 亿千克。

表 1.7 3×××铝合金的代表牌号及成分　　　（单位：wt%）

牌号	成分								
	Si	Fe	Cu	Mn	Mg	Cr	Zn	Ti	Al
3003	≤0.60	≤0.70	0.05～0.20	1.0～1.5	—	—	≤0.10	—	其余
3004	≤0.30	≤0.70	≤0.25	1.0～1.5	0.80～1.30		≤0.25	—	其余
3104	≤0.60	≤0.80	0.05～0.25	0.80～1.40	0.8～1.3	—	≤0.25	≤0.10	其余

4）4×××铝合金（Al-Si 合金）

4×××铝合金中添加了较多的 Si 元素，这个系列的合金大多数为不可热处理合金。Si 的添加减小了材料的热膨胀率，并提高了材料的耐摩擦磨损性能。Si 的添加大大降低了材料的熔点，因此 4×××铝合金可以作为焊接填丝材料和钎材。另外，还可以在 4×××铝合金中添加 Cu、Mg、Ni 等来提高材料的耐热性能。部分 4×××铝合金在进行阳极氧化处理后会变成深灰色、木炭色，因此也被用于建筑材料。4032 铝合金是使用最广泛的焊丝材料之一，用于汽车车身结构的自动焊接，成分见表 1.8。4032 的线膨胀系数只有其他铝合金的 80%左右，并且拥有良好的耐热性能和耐摩擦磨损性能，因此多用于汽车活塞。

表1.8 4×××铝合金的代表牌号及成分 （单位：wt%）

牌号	成分									
	Si	Fe	Cu	Mn	Mg	Cr	Ni	Zn	Ti	Al
4032	11.0～13.5	≤1.00	0.50～1.30	—	0.80～1.30	≤0.10	0.50～1.30	≤0.25	—	其余

5）5×××铝合金（Al-Mg合金）

5×××铝合金中主要添加元素是Mg，添加量通常在0.5 wt%～5 wt%之间，此系列合金是不可热处理合金。Mg的添加对材料的强化十分有效，大约0.8 wt% Mg的添加相当于1.25 wt% Mn的添加。当Mg与Mn一起添加时，可以得到中等至高强度的可加工硬化合金。但是当Mg含量过高时，会有应力腐蚀开裂（SCC）的危险。5×××铝合金典型的抗拉强度可以达到125～350 MPa。因此，5×××铝合金广泛用于建筑和施工，如公路结构，包括桥梁；储罐和压力容器，如温度低至–270℃或接近绝对零度的低温罐体和系统。由于该合金体系具有优良的耐腐蚀性，被广泛应用于船舶、海洋工程等。

5×××铝合金具有良好的可焊性和耐腐蚀能力。常见的5×××铝合金牌号和成分见表1.9。常用5×××铝合金间的关系可参考图1.5。5005是和3003强度差不多的铝合金，拥有出色的耐腐蚀性、可焊性和加工性。因为在5005铝合金中Mg含量比较少，所以5005在5×××铝合金中不是强度很高的材料，主要用作建筑内外装饰材料、车辆内部装饰材料等。5052是铝合金中强度适中的代表性材料，在低温下力学性能和抗疲劳性能都很优秀，通常用于船舶材料、燃料罐等。5082中的Mg含量较多，在4.0 wt%～5.0 wt%之间，是饮料罐盖中常用的材料。5154的强度在5052和5083之间，常用于船舶、车辆、压力容器等材料中。5083是不可热处理铝合金中强度最高的材料之一，具有良好的耐腐蚀性和可焊性。由于其耐海水性能和低温特性优秀，除了用于压力容器和低温用的储罐外，还可作为焊接构造材料在船舶、车辆、化工设备中使用。Destriero高速游船采用5083-H113/H321机加工板来制造船体、船体加强筋、甲板和上层建筑等。

表1.9 5×××铝合金的代表牌号及成分 （单位：wt%）

牌号	成分								
	Si	Fe	Cu	Mn	Mg	Cr	Zn	Ti	Al
5005	≤0.30	≤0.70	≤0.20	≤0.20	0.5～1.1	≤0.10	≤0.10	—	其余
5052	≤0.25	≤0.40	≤0.10	≤0.10	2.2～2.8	0.15～0.35	≤0.10	—	其余
5082	≤0.20	≤0.35	≤0.15	≤0.15	4.0～5.0	≤0.15	≤0.25	≤0.10	其余
5154	≤0.25	≤0.40	≤0.10	≤0.10	3.1～3.9	0.15～0.35	≤0.20	≤0.20	其余
5083	≤0.40	≤0.40	≤0.10	0.4～1.0	4.0～4.9	0.05～0.25	≤0.25	≤0.15	其余
5N01	≤0.15	≤0.25	≤0.20	≤0.20	0.20～0.60	—	≤0.03	—	其余

5N01 的强度和 3003 接近，经过化学、电解抛光、阳极氧化等处理后可以得到光亮洁净的表面，主要用于装饰品、厨房用品、铭牌等。当 Mg 含量超过 3 wt%的 5×××铝合金在连续暴露于 100℃以上温度使用时，在应力作用下容易发生应力腐蚀开裂。低 Mg 含量的 5454 和 5754 等合金更适合在常出现高温暴露的工况下使用。

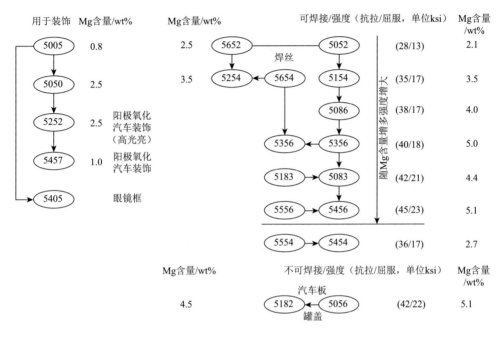

图 1.5 常用 5×××铝合金间的关系[2]

1 ksi≈6.895 MPa

6）6×××铝合金（Al-Mg-Si 合金）

6×××铝合金中添加了 Mg 和 Si，拥有优秀的机械性能、耐腐蚀性能、挤压性能和导电导热性能，易焊接，中等强度，典型抗拉强度可以达到 125～400 MPa，常用作结构材料。6×××铝合金是可热处理铝合金，可通过固溶＋时效处理析出亚稳态的 Mg_2Si 相对材料进行强化。常用 6×××铝合金的关系见图 1.6。

根据 Mg＋Si 的添加量，可以将 6×××铝合金分为三类。第一类和第二类 6×××铝合金中 Mg 和 Si 的原子比为 2∶1。第一类 6×××铝合金中 Mg＋Si 的添加量为 0.8 wt%～1.2 wt%，如 6063。第二类 6×××铝合金中 Mg＋Si 的添加量大于 1.4 wt%，因此通过时效处理可以得到更高的强度，如 6061。第三类 6×××铝合金中 Si 的添加量高于用于形成 Mg_2Si 的 Si 含量，过量的 Si 由于有偏析到晶界的趋势，因此可能降低材料延展性并导致脆性，可以通过添加 Cr 和 Mn 防止发生再结晶来提高合金韧性。

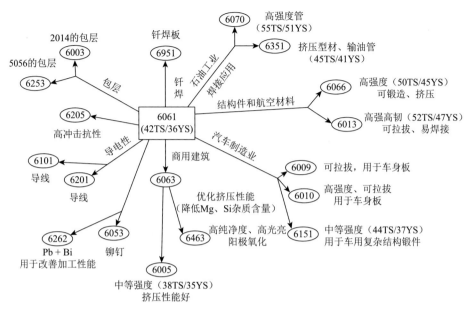

图 1.6 常用 6×××铝合金间的关系[2]

常见 6×××铝合金的牌号和成分见表 1.10。6063 铝合金是使用最广泛的合金，是许多建筑和结构部件的首选。6061 具有良好的耐腐蚀性能，可用作结构材料，虽然焊接接头强度较差，但是可以通过 T6 处理得到和基体同等的屈服强度（245～250 MPa），通常被用于船舶、车辆等。6082 拥有和 6061 同等的强度，也具有良好的耐腐蚀性能，其锻造材料常被用于车载零部件。6101 和 6201 用于高强度的架空导线。

表 1.10 6×××铝合金的代表牌号及成分 （单位：wt%）

牌号	成分								
	Si	Fe	Cu	Mn	Mg	Cr	Zn	Ti	Al
6061	0.40～0.80	≤0.70	0.15～0.40	≤0.15	0.8～1.2	0.04～0.35	≤0.25	≤0.15	其余
6082	0.70～1.30	≤0.50	≤0.10	0.40～1.00	0.6～1.2	≤0.25	≤0.20	≤0.10	其余
6063	0.20～0.60	≤0.35	≤0.10	≤0.10	0.45～0.9	≤0.10	≤0.10	≤0.10	其余

6×××铝合金尤其适合挤压加工成复杂截面形状的型材，因此广泛用于建筑、运输和 3C 电子产品等领域。竞技场和体育馆的大跨度屋顶结构中常用 6×××挤压型材，例如，位于美国加利福尼亚州长滩的大地穹顶，建筑长度（跨度）为 251 m，构件最大高度 550 mm，为单层铝合金网壳，跨度创造了铝合金结构世界

第一。此外，6×××铝合金板材、型材和锻件也广泛应用于汽车蒙皮、车身框架和底盘零部件的制造中。

　　7）7×××铝合金（Al-Zn-Mg 合金）

　　7×××铝合金中的主要添加元素为 Zn 和 Mg。在可热处理铝合金中，7×××铝合金时效后的强度最高。7×××铝合金应用最广泛的领域是航空航天。7×××以 7075 铝合金为起点至目前最新的 7085 铝合金，经过了近一个世纪的发展，其间开发出了一系列合金。7×××铝合金间的关系见图 1.7。7×××铝合金可以分为两类：一类是高强的 Al-Zn-Mg-Cu 铝合金，如 7075、7N01；另一类是可以用作焊接构造材料的 Al-Zn-Mg 合金。强度较高的 7×××铝合金抵抗应力腐蚀开裂的

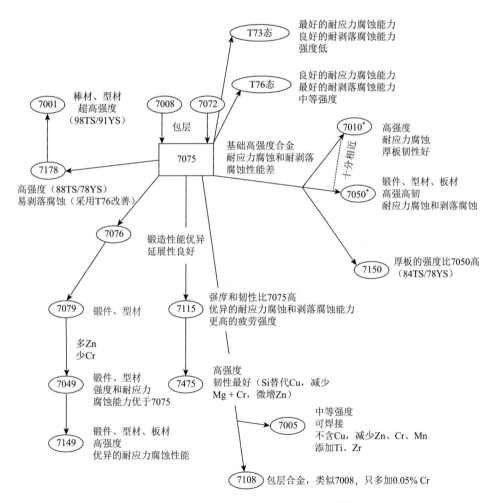

图 1.7　常用 7×××铝合金间的关系[2]

*为进一步强化 7010 和 7050 铝合金，用 Zr 替代 Cr

性能降低。为了得到更高的强度、耐腐蚀性能和断裂韧性的综合性能，7×××铝合金常在过时效的状态下使用。

常见的 7×××铝合金牌号和成分见表 1.11。7075 是铝合金中强度最高的材料之一，但是由于耐应力腐蚀性能不佳，需要注意其使用环境。另外，7075 的加工性能在铝合金中也属于较低的一种，常用于飞机及滑雪等体育用品。7N01 铝合金是日本新干线车辆所使用的材料，是焊接结构用合金，强度和耐腐蚀性能都很好。在强度方面，与 7×××系的另一种类型的 Al-Zn-Mg-Cu 系合金相比，7N01 铝合金稍差一些，但是可焊性更佳，焊接区域和热影响区域的强度可通过自然时效恢复到接近原来的母材的强度。7003 是焊接结构用合金，强度比 7N01 低一些，但是拥有良好的挤压性能，常用于汽车、摩托车轮毂。在 7075 的基础上，通过增加 Zn 和 Cu 的含量，提高 Cu/Mg 比，提高了 7×××铝合金的强度；通过添加 Zr 替代 Cr 改善合金的淬火敏感性并细化晶粒尺寸，开发出了综合性能良好的 7050 铝合金。随后，7050 铝合金在美国铝业协会注册，并在 A6 和 F-18 飞机的抗压结构件上得到运用。1978 年，通过优化 7050 铝合金成分，进一步增加 Zn 含量、降低 Fe 和 Si 含量，开发出韧性更好、耐剥落腐蚀能力更强的 7150 合金。与此同时开发出了 T77 热处理制度并应用于 7150 铝合金，获得了 T6 态的强度和 T73 态的耐腐蚀性。美国美铝（Alcoa）公司在 20 世纪 80 年代以 7150 铝合金为基础，进一步提高合金原材料纯度，降低杂质元素含量，提高 Zn/Mg 比，开发出具有优良综合性能的 7055 铝合金，并应用于波音 777 的上翼蒙皮和机翼桁条。2003 年美铝公司进一步提高 Zn/Mg 比，降低 Mn 和 Cr 含量，开发出新一代的高强高韧 7085 铝合金，降低了合金的淬火敏感性，具有铸造性能好、强化效果好、综合性能均高于 7050 铝合金的优点。经相同处理工艺，7085 铝合金的耐应力腐蚀性能和断裂韧性与 7050 铝合金相当，但强度提高了 15%。

7×××铝合金的耐大气腐蚀和应力腐蚀性能不如 5×××和 6×××铝合金，因此，在腐蚀环境的服役条件中，它们通常有涂层或需要使用铝包层。因此，还开发了特殊的热处理制度，以提高其耐剥落和应力腐蚀的能力，分别为 T76、T73、T74 和回归再时效（RRA）等。此外，7×××铝合金中厚板在固溶处理时难以淬透，为改善淬火敏感性应去除对其热导率影响大的 Mn、Cr 等元素。

8）8×××铝合金

8×××铝合金是可热处理铝合金，拥有较高的强度、硬度与导热性和导电性，其典型抗拉强度可以达到 120～240 MPa。该系中含铁和镍的合金，可以在提供高强度的同时几乎不损失导电性，因此以 8017 为代表的一系列合金被用于导电、导热领域。含锂的 8×××铝合金能够提供特别高的强度和模量，如 8090 铝合金，因此这种合金被用于航空领域，在这种应用中，刚度的增加与高强度相结合可以减轻部件质量。常用 8×××铝合金的牌号及对应成分详见表 1.12。

表 1.11　7××× 铝合金的代表牌号及成分

（单位：wt%）

牌号	成分									其他元素		Al
	Zn	Mg	Cu	Cr	Fe	Si	Mn	Ti	Zr	单量	总量	
7075	5.1~6.1	2.1~2.9	1.2~2.0	0.18~0.28	≤0.50	≤0.40	≤0.30	≤0.20	—	≤0.05	≤0.15	其余
7178	6.3~7.3	2.4~3.1	1.6~2.4	0.18~0.28	≤0.50	≤0.40	≤0.30	≤0.20	—	≤0.05	≤0.15	其余
7001	6.8~8.0	2.4~3.4	1.6~2.6	0.18~0.35	≤0.40	≤0.35	≤0.20	≤0.20	—	≤0.05	≤0.15	其余
7079	3.8~4.8	2.9~3.7	0.4~0.8	0.10~0.25	≤0.40	≤0.35	0.10~0.25	≤0.10	—	≤0.05	≤0.15	其余
7175	5.1~6.1	2.1~2.9	1.2~2.0	0.18~0.28	≤0.20	≤0.15	≤0.10	≤0.10	—	≤0.05	≤0.15	其余
7179	3.8~4.8	2.9~3.7	0.4~0.8	0.10~0.25	≤0.20	≤0.15	0.10~0.30	≤0.10	—	≤0.05	≤0.15	其余
7049	7.2~8.2	2.0~2.9	1.2~1.9	0.10~0.22	≤0.35	≤0.25	≤0.20	≤0.10	—	≤0.05	≤0.15	其余
7475	5.2~6.2	1.9~2.6	1.2~1.9	0.18~0.25	≤0.12	≤0.10	≤0.06	≤0.06	—	≤0.05	≤0.15	其余
7050	5.7~6.7	1.9~2.6	2.0~2.6	≤0.04	≤0.15	≤0.12	≤0.10	≤0.06	0.08~0.15	≤0.05	≤0.15	其余
7049A	7.2~8.4	2.1~3.1	1.2~1.9	0.05~0.25	≤0.50	≤0.40	≤0.50	—	≤0.25	≤0.05	≤0.15	其余
7009	5.5~6.5	2.1~2.9	0.6~1.3	0.10~0.25	≤0.20	≤0.20	≤0.10	≤0.10	—	≤0.05	≤0.15	其余
7109	5.8~6.5	2.2~2.7	0.8~1.3	0.04~0.08	≤0.15	≤0.10	≤0.10	≤0.10	—	≤0.05	≤0.15	其余
7010	5.7~6.8	2.1~2.6	1.5~2.0	≤0.05	≤0.15	≤0.12	≤0.10	—	0.11~0.17	≤0.05	≤0.15	其余
7012	5.8~6.5	1.8~2.2	0.8~1.2	≤0.04	≤0.25	≤0.15	0.08~0.15	0.04~0.08	—	≤0.05	≤0.15	其余
7149	7.2~8.2	2.0~2.9	1.2~1.9	0.10~0.22	≤0.20	≤0.15	≤0.20	≤0.10	—	≤0.05	≤0.15	其余
7150	5.9~6.9	2.0~2.7	1.9~2.5	≤0.04	≤0.15	≤0.15	≤0.10	≤0.06	0.08~0.15	≤0.05	≤0.15	其余
7278	6.6~7.4	2.5~3.2	1.6~2.2	0.17~0.25	≤0.20	≤0.15	≤0.02	≤0.03	—	≤0.05	≤0.15	其余

续表

牌号	成分											其他元素		Al
	Zn	Mg	Cu	Cr	Fe	Si	Mn	Ti	Zr			单量	总量	
7055	7.6~8.4	1.8~2.3	2.0~2.6	≤0.04	≤0.10	≤0.10	≤0.05	≤0.06	0.05~0.25			≤0.05	≤0.15	其余
7249	7.5~8.2	2.0~2.4	1.3~1.9	0.12~0.18	≤0.12	≤0.10	≤0.10	≤0.06	—			≤0.05	≤0.15	其余
7085	7.0~8.0	1.2~1.8	1.3~2.0	≤0.04	≤0.08	≤0.06	≤0.04	≤0.06	0.05~0.25			≤0.05	≤0.15	其余

表1.12　8×××铝合金的代表牌号及成分

（单位：wt%）

牌号	成分										其他元素		Al
	Si	Fe	Cu	Mn	Mg	Cr	Ni	Zn	Ti	Ga	单量	总量	
8006	0.40	1.2~2.0	0.30	0.3~1.0	0.10	—	—	0.10	—	—	≤0.05	≤0.15	其余
8008	0.60	0.9~1.6	0.20	3.5~1.0	—	—	—	0.10	0.10	—	≤0.05	≤0.15	其余
8011	0.4~0.8	0.5~1.0	0.10	0.10	0.10	0.10	—	0.10	0.05	—	≤0.05	≤0.15	其余
8014	0.30	1.2~1.6	0.20	0.2~0.6	0.10	—	—	0.10	0.10	—	≤0.05	≤0.15	其余
8015	0.30	0.8~1.4	0.10	0.1~0.4	0.10	—	—	0.10	—	—	≤0.05	≤0.15	其余
8016	0.20	0.7~1.1	0.10	0.1~0.3	0.10	—	—	0.10	—	—	≤0.05	≤0.15	其余
8018	0.5~0.9	0.6~1.0	0.3~0.6	0.30	—	—	—	—	0.006~0.06	—	≤0.05	≤0.15	其余
8021	0.40	1.1~1.7	0.05	0.03	0.01	0.03	—	0.05	0.05	—	≤0.05	≤0.15	其余
8030	0.1	0.3~0.8	0.15~0.30	—	0.05	—	—	0.05	—	—	≤0.05	≤0.15	其余
8079	0.05~0.30	0.7~1.3	0.05	—	—	—	—	0.10	—	—	≤0.05	≤0.15	其余
8090	0.20	0.30	1.0~1.6	0.10	0.6~1.3	0.10	—	0.25	0.10	—	≤0.05	≤0.15	其余
8111	0.3~1.1	0.4~1.0	0.10	0.10	0.05	0.05	—	0.10	0.08	—	≤0.05	≤0.15	其余
8112	1.0	1.0	0.40	0.60	0.7	0.20	—	1.0	0.20	—	≤0.05	≤0.15	其余
8176	0.03~0.15	0.4~1.0	—	—	—	—	—	0.10	—	0.03	≤0.05	≤0.15	其余
8211	0.4~0.8	0.5~1.0	0.10	0.05~0.20	0.10	0.15	—	0.10	0.05	—	≤0.05	≤0.15	其余

1.3.2 铸造铝合金的应用

与变形铝合金相比，铸造铝合金具有更高含量的合金元素，如 Si 和 Cu 等。常用铸造铝合金的成分如表 1.13 所示。添加的 Si 和 Cu 等导致合金铸造组织中包含大量的第二相。这些第二相的尺寸粗大、形貌锋利且呈脆性，构件加载时易造成应力集中，形成有害的内部缺口和裂纹。材料的疲劳性能对这种第二相更为敏感。因此，在产品生产过程中必须保证良好的冶金和铸造工艺，才能在更大程度上防止这种缺陷。

表 1.13　铝合金铸件标称化学成分[2]　　　　（单位：wt%）

合金	成分									备注
	Si	Fe	Cu	Mn	Mg	Cr	Ni	Zn	Ti	
201.0	—	—	4.6	0.35	0.35	—	—	—	0.25	（a）
204.0	—	—	4.6	—	0.25	—	—	—	—	
A206.0	—	—	4.6	0.35	0.25	—	—	—	0.22	
208.0	3.0	—	4.0	—	—	—	—	—	—	
213.0	2.0	1.2	7.0	—	—	—	—	2.5	—	
222.0	—	—	10.0	—	0.25	—	—	—	—	
224.0	—	—	5.0	0.35	—	—	—	—	—	（b）
240.0	—	—	8.0	0.5	6.0	—	0.5	—	—	
242.0	—	—	4.0	—	1.5	—	2.0	—	—	
A242.0	—	—	4.1	—	1.4	0.2	2.0	—	0.14	
295.0	1.1	—	4.5	—	—	—	—	—	—	
308.0	5.5	—	4.5	—	—	—	—	—	—	
319.0	6.0	—	3.5	—	—	—	—	—	—	
328.0	8.0	—	1.5	0.4	0.4	—	—	—	—	
332.0	9.5	—	3.0	—	1.0	—	—	—	—	
333.0	9.0	—	3.5	—	0.28	—	—	—	—	
336.0	12.0	—	1.0	—	1.0	—	2.5	—	—	
354.0	9.0	—	1.8	—	0.5	—	—	—	—	
355.0	5.0	—	1.25	—	0.5	—	—	—	—	
C355.0	5.0	—	1.25	—	0.5	—	—	—	—	（c）
356.0	7.0	—	—	—	0.32	—	—	—	—	
A356.0	7.0	—	—	—	0.35	—	—	—	—	（c）
357.0	7.0	—	—	—	0.52	—	—	—	—	
A357.0	7.0	—	—	—	0.55	—	—	—	0.12	（c）和（d）

续表

合金	成分									备注
	Si	Fe	Cu	Mn	Mg	Cr	Ni	Zn	Ti	
359.0	9.0	—	—	—	0.6	—	—	—	—	
360.0	9.5	—	—	—	0.5	—	—	—	—	
A360.0	9.5	—	—	—	0.5	—	—	—	—	（c）
380.0	8.5	—	3.5	—	—	—	—	—	—	
A380.0	8.5	—	3.5	—	—	—	—	—	—	（c）
383.0	10.5	—	2.5	—	—	—	—	—	—	
384.0	11.2	—	3.8	—	—	—	—	—	—	
B390.0	17.0	—	4.5	—	0.55	—	—	—	—	
413.0	12.0	—	—	—	—	—	—	—	—	
A413.0	12.0	—	—	—	—	—	—	—	—	
443.0	5.2	—	—	—	—	—	—	—	—	
B443.0	5.2	—	—	—	—	—	—	—	—	（c）
C443.0	5.2	—	—	—	—	—	—	—	—	（e）
A444.0	7.0	—	—	—	—	—	—	—	—	
512.0	1.8	—	—	—	4.0	—	—	—	—	
513.0	—	—	—	—	4.0	—	—	1.8	—	
514.0	—	—	—	—	4.0	—	—	—	—	
518.0	—	—	—	—	8.0	—	—	—	—	
520.0	—	—	—	—	10.0	—	—	—	—	
535.0	—	—	—	0.18	6.8	—	—	—	0.18	（f）
705.0	—	—	—	0.5	1.6	0.3	—	3.0	—	
707.0	—	—	—	0.5	2.1	0.3	—	4.2	—	
710.0	—	—	0.5	—	0.7	—	—	6.5	—	
711.0	—	1.0	0.5	—	0.35	—	—	6.5	—	
712.0	—	—	—	—	0.58	0.5	—	6.0	0.2	
713.0	—	—	0.7	—	0.35	—	—	7.5	—	
771.0	—	—	—	—	0.9	0.4	—	7.0	0.15	
850.0	—	—	1.0	—	—	—	1.0	—	—	（g）
851.0	2.5	—	1.0	—	—	—	0.5	—	—	（g）
852.0	—	—	2.0	—	0.75	—	1.2	—	—	（g）

注：数值为标称值（即规定范围的元素限值范围的平均值），铝和正常杂质构成剩余量。（a）还含有 0.7 wt% 的 Ag；（b）还含有 0.10 wt% 的 V 和 0.18 wt% 的 Zr；（c）对于该合金，杂质限值明显低于上述类似合金；（d）还含有 0.055 wt% 的 Be；（e）可能具有比 443.0 和 A443.0 更高的 Fe 含量（总含量高达 2.0 wt%），此外，A443.0 还含有 0.005 wt% 的 Be 和 0.005 wt% 的 B；（f）还含有 0.003%~0.007% 的 Be；（g）还含有 6.2 wt% 的 Sn。

　　大多数铸件的伸长率和强度，特别是在抗疲劳性能方面，都比锻件低。这是因为目前的铸造工艺还不能完全消除铸造缺陷。然而，近年来铸造工艺的创新带来了相当大的改进，如液态模锻技术。

　　1）2××.×铝合金

　　2××.×铝合金是可热处理铝合金，可采用砂型和金属型铸造，拥有优异的室温与高温性能，部分合金还具有高韧性，其典型抗拉强度可以达到 130～450 MPa。其中，201.0、202.0、204.0 和 A206.0 铝合金含有 4 wt%～6 wt%的 Cu 和 0.25 wt%～0.35 wt%的 Mg，经热处理后拥有较高的强度，在航空航天工业中有重要应用。该系合金的铸造性能受到微孔和热裂倾向的限制，因此最适合于熔模铸造。它的高韧性使其特别适用于机床结构、电气工程（加压开关设备铸件）和飞机结构中的高应力部件。除了标准的 2××.×铝合金外，还有主要在高温下使用的 242.0 铝合金，其中添加了 Ni，应用于发动机活塞头和整体发动机缸体。对于这些应用，所选择的合金需要具有良好的耐磨性和低摩擦系数，以及在较高的使用温度下保持足够的强度。2××.×铸造铝合金的耐应力腐蚀能力较差，在应用中需要通过表面涂层进行保护。

　　2）3××.×铝合金

　　目前使用量最大的 3××.×铝合金，是可热处理铝合金，可采用砂型、金属型和压力铸造，拥有优异的流动性与高强度，部分合金还具有高韧性、可焊性，其典型抗拉强度可以达到 130～275 MPa。其主要合金元素除了 Si 之外，还有 Mg 和 Cu，在特定情况下还添加 Ni 或 Be。3××.×铝合金可大体上分为 Al-Si-Mg、Al-Si-Cu 和 Al-Si-Cu-Mg 三类。Si 含量从 5 wt%到 22 wt%不等。添加的 Cu 和 Mg 可通过固溶强化提高产品 F 态的强度。经后续的 T5 或 T6、T7 热处理后，产品中析出 Mg_2Si、Al_2Cu、Al_2CuMg 等析出相，显著提升室温和高温下的机械性能。此外，提高 Si 和 Ni 的含量还可降低 3××.×铝合金的热膨胀系数并提高耐磨性，使该系合金适用于制造汽车发动机。其中，319.0 和 356.0/A356.0 主要通过砂型模和金属模铸造，360.0、380.0/A380.0 和 390.0 用于压铸，357.0/A357.0 用于许多类型的铸造，特别是较新商业化的挤压铸造技术。332.0 也是最常用的铸造铝合金之一，因为它几乎完全可以由回收的废料制成。采用熔模铸造工艺制造的 3××.×铝合金铸件，能够获得复杂的精细结构和优良的质量，广泛应用于汽车工业。

　　3）4××.×铝合金

　　4××.×铝合金是 Al-Si 二元合金，Si 含量控制在 5 wt%～12 wt%，是不可热处理铝合金，可采用砂型、金属型和压力铸造，拥有优异的流动性，能够制备复杂形状的铸件，具有中等强度和高韧性，其抗拉强度可以达到 120～175 MPa。这些合金已被应用于相对复杂的铸造部件，如打字机、计算机外壳和牙科设备，以及船舶和建筑应用中相当关键的部件。

4）5××.×铝合金

5××.×铝合金本质上是单相 Al-Mg 二元合金，不可热处理强化，可采用砂型、金属型和压力铸造，拥有优秀的耐腐蚀与机加工性能，用于制造集成铸件，可获得高尺寸与表面精度，具有中等/高强度，其典型抗拉强度可以达到 120～175 MPa。其中，杂质含量低的 512.0 和 514.0 铝合金具有中等强度和良好的伸长率，适用于制备暴露在海水或其他类似腐蚀环境中的部件。这些合金通常用于门窗配件，可以阳极氧化以提供多种颜色的金属表面。由于镁含量高，凝固区间大，其铸造性能不如铝硅合金，所以常被 355.0 取代。520.0 铝合金非常适合用于需要进行装饰性阳极氧化的压铸件。

5）7××.×铝合金

7××.×铝合金是可热处理铝合金，可采用砂型与金属型铸造，拥有优秀的机加工性能，具有非常好的表面质量和耐腐蚀性，仅靠自然时效其典型抗拉强度就可达到 210～380 MPa。由于 7××.×铝合金铸造难度大，因此，它们往往只用于具有优良的抛光特性和切削加工性的场合，代表性的应用包括家具、园艺工具、办公设备、农业和采矿设备。

6）8××.×铝合金

8××.×铝合金是可热处理铝合金，约含有 6 wt%的 Sn，为提高强度会添加少量的 Cu 和 Ni。可采用砂型与金属型铸造，拥有优秀的机加工性能，其典型抗拉强度可以达到 105～210 MPa。与 7××.×铝合金一样，8××.×铝合金相对较难铸造，一般只在需要具有良好表面光洁度和相对硬度的场合使用，主要用于需要大量加工的零件，以及轴套和轴承。

参 考 文 献

[1] Tański T，Snopiński P. Effect of the processing conditions on the microstructural features and mechanical behavior of aluminum alloys//Sivasankaran S. Aluminium Alloys：Recent Trends in Processing，Characterization，Mechanical Behavior and Applications. Rijeka：Intech Open，2017：137-139.

[2] Davis J R. Aluminum and aluminum alloys//Davis J R. Alloying: Understanding the Basics. Geauga County: ASM International，2001：351-416.

第2章

铝合金半连续铸造技术

2.1 半连续铸造概述

半连续铸造，又称直冷铸造或 DC 铸造（direct-chill casting），该技术分别在 1936 年和 1942 年被 W. Roth 和 W. T. Ennor 独立发明[1, 2]。它是一种生产挤压用圆锭和轧制用板坯的铸造工艺。DC 铸造工艺虽然已经被发明了 80 多年，但仍然是铝合金研究中的热点之一。这主要是为了提高产品质量和生产率而对工艺的效果和效率的不断追求。另外，实现一些难铸合金，如 7055 铝合金的铸造工艺，也是 DC 铸造不断发展的原动力。在文献[3]～[5]中综述了近年来在 DC 铸造研究中的成果。

DC 铸造工艺根据铸造方向的不同可分为竖直和水平 DC 铸造，它们的区别在于铸锭的运动方向分别为竖直和水平。对于变形铝合金，90% 的铸锭是通过 DC 铸造工艺来获得的，因此 DC 铸造是一种标准的工业铸造技术。图 2.1 为铝合金 DC 铸造的圆棒铸锭和板坯铸锭。

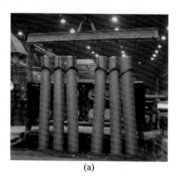

(a) (b)

图 2.1 铝合金 DC 铸造的铸锭

（a）圆棒铸锭；（b）板坯铸锭

图 2.2 为常用的竖直 DC 铸造过程。在铸造过程的开始阶段，引锭首先上升到结晶器内，打开冷却水。然后，铝熔体通过分流包被浇铸到由结晶器和引锭所围成的空间内。当铝熔体和结晶器、引锭发生接触时，铝熔体就会被结晶器和引锭所冷却并且沿其边界发生凝固。铝熔体在结晶器中达到一定高度后，并且凝固壳具有足够强度来支撑这些铝熔体时，引锭将以给定的铸造速度向下运动。已凝固的铸锭将随着引锭一起下降，当铸锭从结晶器被拉出时，二次冷却水直接喷到铸锭的表面，铸锭被迅速冷却下来。这样铝熔体将不断地被浇铸到结晶器内，而已凝固的铸锭也不断从结晶器内拽出，构成了一个连续的过程。

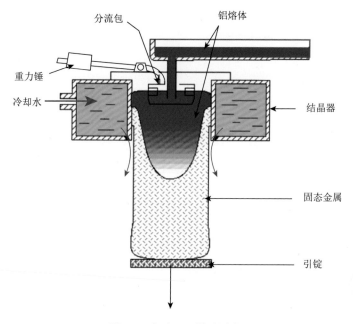

图 2.2　竖直 DC 铸造过程

在 DC 铸造过程中，合金由液态凝固成固态，释放大量热量，这些热量会被结晶器壁（一次冷却）和冷却水（二次冷却）带走，如图 2.3 所示，其中二次冷却带走的热量占总热量的 95%～98%。

1）DC 铸造的一次冷却

结晶器内的铝液受水冷结晶器壁的热传导冷却而凝壳以保证铝液不外泄。DC铸造过程的一次冷却主要由两部分组成：①熔融金属与结晶器壁的接触换热；②气隙换热[6]。当液态金属浇铸到结晶器内时，高温的液态金属与结晶器壁有很好的接触，所以对流换热系数很高。但这一阶段持续的时间很短，当液态金属凝固成固态时发生收缩，铸锭与结晶器壁间产生一个气隙。一旦气隙形成，该边界处的对

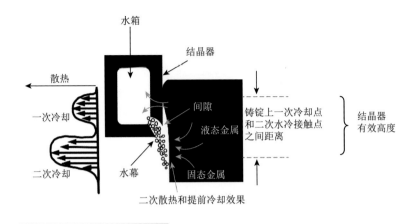

图 2.3 半连续铸造过程的换热

流换热将大大下降，这一现象如图 2.4 所示。尽管一冷边界输出的热量占系统总输出热量的 2%～5%[7]，但是结晶器处的热传输也是十分关键的，这是因为它对铸锭表面质量的影响至关重要[8]。另外，该处的换热决定了铸锭被拉出结晶器时的表面温度，从而决定了接下来的二次冷却水的换热形式[9]。Ho 和 Pehlke[10] 以及 Nishida 等[11] 做了一些关于结晶器冷却换热机制的研究。结果表明，液态金属与结晶器接触时它们之间的换热非常高（图 2.4 中的弯液面冷却区），但当气隙形成后它们之间的换热迅速下降，并且随着气隙的增大而降低。气隙处的换热形式主要是辐射传热和传导传热。当气隙变得很大时，铸锭的凝固壳将发生重熔，铸锭边部也会发生"回热"。通常，在结晶器处的对流换热系数为 $2000\sim4000\ \mathrm{W/(m^2 \cdot K)}$，而气隙处的对流换热系数非常低，估计为 $150\ \mathrm{W/(m^2 \cdot K)}$[10]。

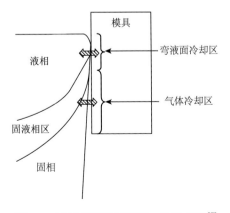

图 2.4 半连续铸造过程的一次冷却区[7]

2）DC 铸造的二次冷却

二次冷却是指经一次冷却凝壳的铸锭受到从结晶器腔体喷出的冷却水进一步冷却的过程。对于二冷边界换热的研究已经从开始的定性研究发展到现在的定量研究，这主要是因为二冷边界换热条件的准确与否直接影响到铸锭内温度场的分布及应力应变场的分布，因此该换热条件是所有边界条件中最为重要的。

通常，二冷边界处的对流换热系数被认为是铸锭表面温度（$T_{surface}$）的函数，它们之间的关系可用理想的沸腾曲线描述，如图 2.5 所示。从图中可以看出，随着表面温度的改变，二冷边界处的换热机制大不相同：

（1）在高温区的膜态沸腾（$T_{surface} > 350℃$）。

（2）过渡沸腾（$350℃ > T_{surface} > 200℃$）。

（3）核沸腾（$200℃ > T_{surface} > 100℃$）。

（4）在低温区的对流冷却（$T_{surface} < 100℃$）。

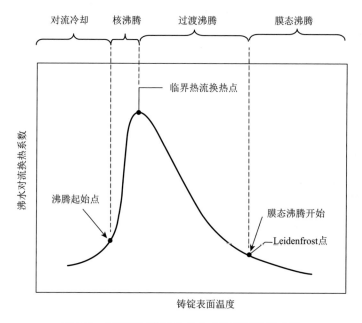

图 2.5　具有不同沸腾换热方式的理想沸腾曲线

另外，从图中还可以看到在沸腾曲线上存在着两个关键点：①最大热通量（或临界热流换热）点，该点说明冷却水通过核沸腾所能达到的最大换热能力；②Leidenfrost 点（又称 Leidenfrost 温度），该点是冷却水换热从膜态沸腾转变为过渡沸腾的温度值。

在过去的几十年里，为了定量研究二冷边界的换热，一些研究者做了大量的工作。Kraushaar 等[12]、Langlais 等[13]、Maermer 等[14]、Larouche 等[15, 16]、Opstelten 和

Rabenberg[17]、Zuidema 等[18]、Li 等[19, 20]和 Kiss 等[21]采用水膜冷却高温试样的淬火实验通过反热传输分析来确定沸腾曲线。Bakken、Jensen、Watanabe、Wiskel 和 Derezet 也是利用反热传输分析的方法来描述沸腾曲线，但是他们的数据都是通过在 DC 铸造过程中固定在铸锭中的热电偶测量获得的。另外，Weckman 和 Niessen 创建了一个经验公式[22]，而 Grandfield 也发展了另外一个关系式来描述 DC 铸造过程中的沸腾曲线。

从上述研究中可获得以下结论。

（1）虽然最大换热系数对于增加水流率不敏感，但是在 Leidenfrost 温度时的对流换热系数对水流率非常敏感，特别是当水流率很低时。Leidenfrost 温度被观察到随着水流率的增加而增加。另外，Leidenfrost 温度还会随冷却水动量的增加而增加，这是因为冷却水动量的增加将破坏膜态沸腾时产生的稳定气膜。Leidenfrost 温度及该温度下的对流换热系数随水流率的变化如图 2.6 所示。

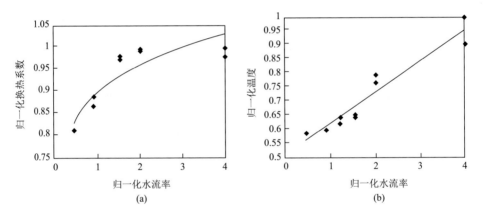

图 2.6　Leidenfrost 温度及该温度下的对流换热系数随水流率的变化

（a）换热系数的影响；（b）温度的影响

（2）铸锭表面与喷水点的距离强烈地影响最大换热系数的变化，如图 2.7 所示。从图中可以看出，在喷水点向上的反流区的对流换热系数很低，而在喷水点处对流换热系数达到最大值，这是因为冷却水在该点具有最大的动量。最后，由于冷却水失去动量而导致对流换热系数的下降。

（3）在没有膜态沸腾换热存在的情况下，铸锭表面从换热角度可分为明显区分的两个区域：①喷水区（在喷水点上下 10～15 mm 长，这取决于喷水孔的大小和角度），在该区域由于冷却水有足够的动量，铸锭会被突然冷却下来；②顺流区，位于喷水区的下方，由于冷却水失去了动量，对流换热系数随铸锭表面与喷水点距离的增加而减小。

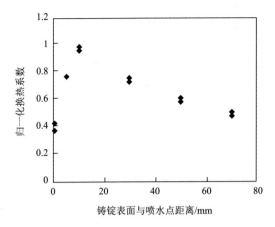

图 2.7　归一化换热系数随铸锭表面与喷水点距离变化曲线

（4）在喷水点的热流密度强烈地受到铸锭表面温度的影响。图 2.8 显示了在喷水区和顺流区热流密度随喷水点温度的变化情况。

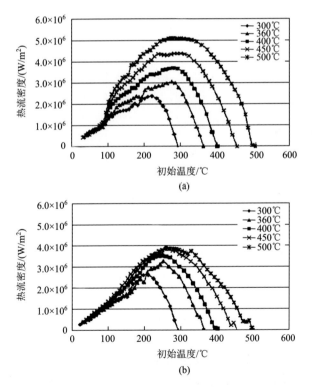

图 2.8　试样初始温度对在喷水区（a）和顺流区（b）处沸腾曲线的影响

（5）对于最大热流密度和对流换热系数，不同的研究者通过不同的技术得到了一致的结果：最大热流密度为 $1.0 \sim 5.0 \text{ MW/m}^2$ [12, 20, 22-26]，最大对流换热系数为 $40.0 \sim 50.0 \text{ W/(m}^2 \cdot \text{K)}$ [12, 14, 16, 21]。

在 DC 铸造过程的启车阶段，铸锭与冷却水之间的换热更为复杂。最典型的是在喷水点下方某一位置处的换热方式为稳定的膜态沸腾。由于这种膜态沸腾的形成，铸锭与冷却水之间的换热将变得非常复杂，这是因为膜态沸腾形成的蒸汽将冷却水弹离铸锭表面，这个过程如图 2.9 所示。在冷却水被弹离铸锭表面的过程中，在喷水点下方铸锭与冷却水之间的换热率将大大下降，这主要是因为仅有少量冷却水或没有冷却水与铸锭相接触。随着铸造过程的进行和冷却水流率的增加，稳定的气膜被逐渐破坏。在工业上，通常在铸造的启车阶段使用小流量的二冷水，这样做主要是为了使铸锭在一段时间内具有相对高的温度，从而削弱铸锭的冷却，避免应力的过分积累和严重的"butt curl"（butt curl 为 DC 铸造过程中铸锭底部外侧翘曲的一种现象）。然而，过量的膜态沸腾将导致局部热点和皮下热裂纹。

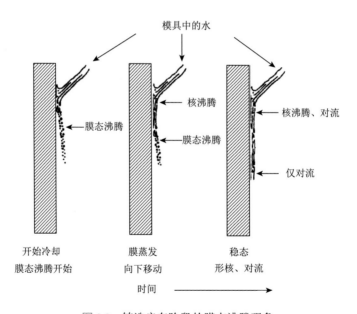

图 2.9　铸造启车阶段的膜态沸腾现象

通常认为 DC 铸造过程是一个准稳静态过程，但是从其整个过程而言却是一个非稳态过程，实际上非稳态的 DC 铸造过程可分为三个阶段。第一阶段称为瞬态阶段或启车阶段[3]。在这个阶段中，温度场、凝固前沿和铸锭的形状都是随时间变化的。第二阶段是一个近稳静态区域建立的阶段，称为准稳态阶段。第三阶段是铝熔体停止浇铸并且铸锭完全冷却，称为结束阶段。

在 DC 铸造过程开始时，铝熔体被浇铸到结晶器内与引锭直接接触，由于引锭温度很低，所以熔体与引锭之间的热交换率非常高。但经过很短的时间后，熔体的凝固使铸锭与引锭之间形成了一个微小的气隙，导致它们之间的热交换率大大下降。在这个界面一直保持着这个气隙直到铸锭被从结晶器中拉出接触二冷水后，发生强烈的"butt curl"。"butt curl"逐渐变化使铸锭底部不同位置经历了不同的热传输形式。例如，铸锭底部中心部分与引锭有非常好的热接触，在该部分具有很高的热交换率。然而在铸锭的角部由于大的翘曲，该部分就有很低的热交换率。但正是这种大的翘曲使冷却水可以很容易地进入，从而又促进了热交换。

另外，冷却水进入铸锭与引锭之间气隙处导致了热传输的变化，这种变化强烈地受到沸腾曲线的控制，即该处的对流换热系数是铸锭底部温度的函数。然而，冷却水进入界面气隙的量完全取决于引锭底部排水孔的数量。界面换热的详细过程如图 2.10 所示。

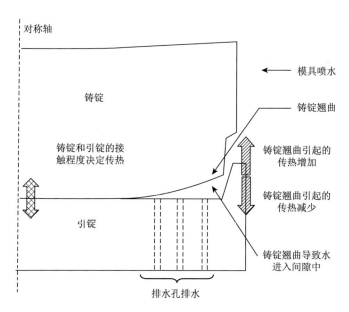

图 2.10　铸造启车阶段铸锭与引锭间各种换热过程

"butt swell"是在铝合金 DC 铸造启车阶段发生的另一种重要现象。"butt swell"是指铸锭底部的尺寸比其他部分的尺寸大的一种现象[27]。在"butt curl"发生后，在铸锭和引锭之间会形成一个很小的缝隙。而冷却水能够进入这个缝隙从而改变铸锭的冷却速度，这必将导致铸锭收缩的减少。因此，在铸造过程的启车阶段，铸锭的尺寸基本和结晶器内腔的尺寸一样。当启车阶段结束后，液穴的深度比启车阶段的要大，相应的结果便是铸锭的收缩也将增大。因此，铸锭底部相对于其他部分是膨胀的，称为 "butt swell"。

无论是 "butt curl" 还是 "butt swell"，都必须在铸锭使用前被切削掉，这样必将导致生产效率的下降和生产成本的增加。然而，在铸造过程中，另外一个问题更为重要，即铸造过程中产生的残余应力，这些应力能够使铸锭中产生一些微裂纹，更严重情况下能够使铸锭完全开裂，发生危险。图 2.11 显示了铸锭裂纹的两种形式[28]。

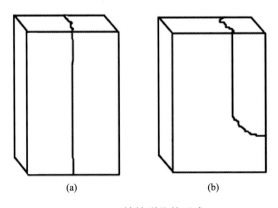

(a)   (b)

图 2.11   铸锭裂纹的形式

（a）中心裂纹；（b）边部裂纹

图 2.12 显示了通过铸造获得的成品与半成品的比例分布。从图中可以清楚地看出，挤压坯和板坯占铸造产品的 79%，并且它们中绝大多数是通过半连续铸造来获得的。因此，半连续铸造工艺在铝合金生产中占有十分重要的地位。为了更好地提高铝合金半连续铸造产品的质量与成品率，各国研究者与工程师开发了多项先进铝合金半连续铸造技术，这些技术的最终目标是提高表面质量、改善组织和抑制缺陷产生。

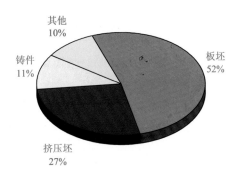

其他
10%

铸件
11%

板坯
52%

挤压坯
27%

图 2.12   铸造获得的成品与半成品的比例分布

2.2　铝合金圆锭半连续铸造技术

半连续铸造技术发展方向之一是解决铸锭表面质量问题。在铸造过程中，熔体经结晶器一次冷却后，由于凝固收缩铸锭表面会脱离结晶器表面形成间隙，也称为气隙，气隙的形成导致来自结晶器壁的传热急剧下降，几乎形成了隔热层，刚凝壳的铸锭表面受到还是熔化状态的铝熔体的传热，表面在气隙中再加热，导致富含溶质的液体渗出形成了偏析瘤缺陷。此外，一次冷却后形成的半固态外壳和模具之间的相互作用可能会导致表面粗糙，出现不同类型的缺陷，如波浪形缺陷、斑点缺陷，如图 2.13 所示。同时，半连续铸锭的表面区域形成尺寸不同的微观组织，并在表面形成特定的偏析层，化学成分差异很大，如图 2.14 所示。这影响了表面和次表层材料的质量，并可能导致在后续工序，如轧制和挤压中出现问题。为了消除表面缺陷与偏析层，铸锭的圆周外表面需要通过剥皮进行去除。因此，生产出良好的铸锭表面直接用于后续加工，而不进行或尽量进行少量剥皮处理，将有效降低生产成本与提高生产效率。

图 2.13　DC 铸锭表面照片[28, 29]

（a）光滑表面；（b）规则波浪形表面缺陷；（c）斑点缺陷；（d）无规则波浪形表面缺陷

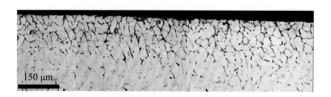

图 2.14　DC 铸锭表面偏析层[29]

为了改善 DC 铸造的铸锭质量不稳定、生产效率较低等缺点，20 世纪 70 年代 G. Trupied 在传统 DC 铸造基础上发明了热顶（hot-top，HT）铸造技术。经美铝公司、加拿大铝业公司等进一步研究和应用，现已达到较高水平，多用于铝合金圆锭铸造，在扁锭铸造方面的应用还停留在实验阶段，工艺及控制尚不成熟，易出现铸锭表面质量差等诸多问题。HT 铸造因自动化程度高、工艺流程简单且便于操作、铸锭质量优良等特点成为铝合金铸造行业应用最为广泛的铸锭生产方式之一。在此之后，HT 铸造技术在全球范围内得到快速发展。日本昭和电工株式会社于 20 世纪 70 年代末在传统 HT 铸造技术基础上开发出气压 HT 铸造技术，通过压入一定量气体在铝熔体与结晶器之间形成气隙避免二者直接接触，从而减少铸锭冷隔等缺陷，有效提高了铸锭的表面质量和冶金质量，提高了铸锭成品率。

美国 Wagstaff 公司于 1980 年和 1982 年相继开发出 Maxi Cast 铸造技术（同水平 HT 铸造技术）和气滑（air-slip）DC 铸造技术，多用于生产铝合金圆锭。二者均采用高纯石墨环作为结晶器内壁，前者通过润滑油供给系统将一定量的润滑油压入结晶器本体与石墨环接合处，利用石墨的多孔通道，润滑油自动渗入到内壁，达到润滑效果；后者利用从石墨环渗出的润滑油与气体在铸锭与石墨环之间形成油气隙，避免熔体凝壳与石墨直接接触，得到的铸锭表面质量良好，如图 2.15 所示。

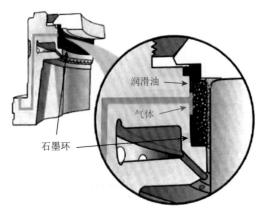

图 2.15　气滑 DC 铸造工作原理示意图[30]

　　1982 年气滑 DC 铸造工艺在铝合金圆锭中得到应用，现已成为圆锭铸造的标杆工艺，也是铝合金品质的"标准"。结晶器是由整块铝精加工而成的，坚固结实，采用有专利权的 Dual-Jet 增强冷却技术，显著地增大了铸锭的冷却强度，从而提高了铸造速度。气滑 DC 铸造法可以说是一种绿色铸造工艺：油耗低，油系统清洗工作量大为下降；水的用量得到较精准控制，用量减少，成本下降；与传统铸造工艺相比，铸锭表面壳层薄得多，因而挤压速度可以提高；与传统圆锭铸造相比，枝晶得到细化，因此均匀化处理时间可以缩短。

　　气滑 DC 铸造法所用结晶器（图 2.16）不但设计精巧，而且加工也精细，可获得很大的冷却速度，这种结晶器被称为 Dual-Jet 结晶器。结晶器长（高）度大大优化，具有高的冷却速度，同时有独立的出水口与独特的空气支承，所制备的圆锭品质显著提高，表面光滑，偏析壳层薄，成品率上升。

图 2.16　气滑圆锭结晶器[31]

气滑 DC 铸造技术是通过水冷带走铝熔体的热量使其凝固的：首先熔体与结晶器壁接触得到冷却（一次冷却），带走一部分热量，其次是出结晶器后的直接水冷（二次冷却），二次冷却带走的热量占绝大多数。对于气滑结晶器而言，其二次冷却水带走的热量可以达到 88% 以上，液穴较浅，仅相当于传统方法的约 27%（图 2.17）。

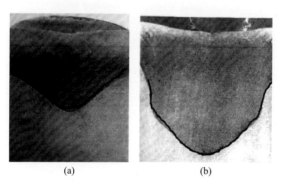

(a)　　　　　　　　　(b)

图 2.17　气滑铸造与传统铸造的液穴深度比较[32]

（a）气滑结晶器；（b）传统结晶器

在气滑结晶器中采用增强冷却技术，有两套冷却水出口孔（图 2.16）：一次喷水孔的喷水冲击角大，大于 40°；二次喷水孔的喷水冲击角小，小于 25°。这两排喷水孔增强了热传导，可在更长的距离内抑制蒸汽膜的形成和防止水从圆锭表面反弹，因而冷却效率大为提高，与传统的沟槽式结晶器或仅有一排喷水孔的结晶器相比，可使用温度高一些的温水和更小的水流率。

MuMax 圆锭结晶器如图 2.18 所示，是由一个铝合金材质的结晶器本体、对中部件、石墨环和耐火材料转接板，以及一些紧固件和 O 形环组成。MuMax 结晶器也采用 Dual-Jet 增强冷却技术，通过采用优化的结晶器高度和增强冷却技术，确保高效的二次水冷却特性和良好的持续的热量排出，因而可铸造各种不同尺寸的铝合金圆锭，如图 2.19 所示。采用 MuMax DC 铸造法铸造的铸锭品质不如气滑法铸造的，但具有更高的生产效率和短的维护时间，因而生产成本有所下降，不过所产铸锭的品质（表面状态和内部金组织）还是优于 Maxi Cast 法或传统法生产的圆锭。

图 2.18　MuMax 圆锭结晶器[32]

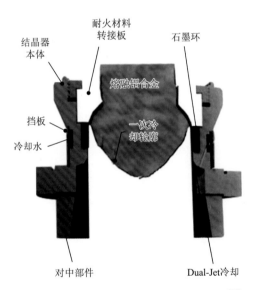

图 2.19　MuMax DC 铸造工作原理示意图[32]

MuMax 结晶器的独特几何结构可显著提高冷却效率，引锭头的对中装置可在原位更换，整个结晶器本体由一块铝合金加工而成。与 Maxi Cast 结晶器相比，MuMax 结晶器具有如下优点：更快的铸造速度，更小的维护工作量，润滑油消耗量低，圆锭的可挤压速度快。

美国 Wagstaff 公司的 ARC 大圆锭铸造法是近期开发的一种新的铸造工艺，用于铸造航空航天用的硬合金大圆锭，其直径不小于 530 mm。作为锻造重要锻件的坯料，所铸的 2××× 系及 7××× 系铝合金大圆锭具有稳定的、均匀一致的显微组织。ARC 大圆锭结晶器见图 2.20，其特点是：内置石墨环之外有多点喷油器，可快速均匀地输送润滑油；配置有单排喷水孔的输水环和挡水板，可提供足够高的冷却强度，降低裂纹率和保持显微组织的细小、均匀，如图 2.21 和图 2.22 所示。

图 2.20　ARC 大圆锭结晶器[32]

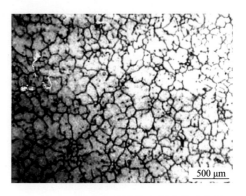

图 2.21　ARC DC 铸造技术制备的直径为
785 mm 的 2024 铝合金铸锭中心的微观组织[32]

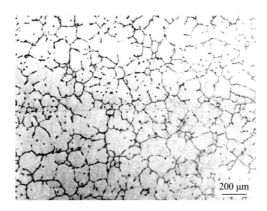

图 2.22　ARC DC 铸造技术制备的直径为 785 mm 的 7050 铝合金铸锭中心的微观组织[32]

2.3　铝合金扁锭半连续铸造技术

对于铝合金扁锭而言，其铸造技术发展的目标是致力于提高铸锭质量，有效控制铸锭尺寸偏差，获得平整光滑的铸锭表面，消除或减少铸锭粗晶层、偏析瘤等表面缺陷，减少铸锭底部变形，使铸锭在热轧前尽可能减少铣削量，提高铸锭利用率。其中到目前为止应用最广、效果最优的技术当属美国 Wagstaff 公司于

1994 年开发的低液位（low head composite，LHC）铸造技术。通过后期对 LHC 铸造技术不断深入细化研究，针对多种牌号铝合金（主要是低成分含量的铝合金）、多种规格铸锭进行 LHC 结晶器开发工作，并在 1998 年开发出 Varimold 扁锭铸造技术，包括铸锭轧制面尺寸可以在一定范围内调节的可调式 LHC 结晶器、多规格厚度夹片及可调式引锭头，可使用一套结晶器铸造多种规格的铝合金扁锭，减少了铸造不同规格扁锭时更换平台及装配结晶器的时间，提高了企业的生产效率。可调式结晶器最早应用于日本[33]，可调宽度 200 mm；加拿大铝业公司于 2000 年前后开发出 560 mm×（1230～1580）mm 结晶器，可通过手工完成全部调整，铸锭宽度连续可调[34]。

　　LHC 铸造技术是 Wagstaff 公司的专有技术，受到熔铸行业广泛关注，利用该技术铸造 1×××、3×××、5××× 系铝合金扁锭，锭坯表面平滑无偏析瘤，偏析深度仅 200～500 μm，铸锭壳区厚度 $\delta \leq 1$ mm（通常 $\delta \leq 0.5$ mm），枝晶臂间距约 20 μm，可减少扁锭大面的铣削量 50% 以上，减少热轧切边量达 17%；同时提高了铸造速度。相比于传统的 DC 铸造，LHC 铸造技术核心主要体现在低液位控制技术、铸造自动控制技术、LHC 结晶器三个方面。

1. 低液位控制技术

　　LHC 铸造技术通过工艺控制将结晶器内铝熔体液面控制在较低水平，如图 2.23 所示。传统 DC 铸造的液位控制在 63.5～88.9 mm，LHC 铸造要求液位控制在 31.8～44.5 mm。LHC 铸造凝固过程可分为结晶器激冷（IMC）区、慢激冷（SC）区和超前冷却（AC）区三个阶段[35]，如图 2.23（c）所示。结晶器内壁与铝合金熔体接触的一次冷却区（即 IMC 区）高度因石墨环较低的热导率而减小；逆流导热距离（upstream conduction distance，UCD，即靠二次冷却水产生的向上冷却距离）顶端以上的一次冷却区也减小，铸模单独冷却距离（MAL，即单靠结晶器壁在铸锭表面上产生的向下冷却距离）减小；在稳定铸造时 AC 区由于直接被水冷却而凝固，大大缩短了 SC 区，铸锭表面质量大大提高[36, 37]。铸造过程中要想得到具有较好的表面质量的铸锭，MAL 不得超过 25.4 mm，最好不超过 12.7 mm，LHC 铸造技术

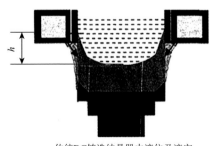

传统DC铸造结晶器内液位及液穴

(a)

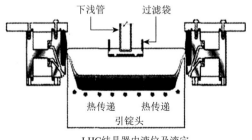

LHC结晶器内液位及液穴

(b)

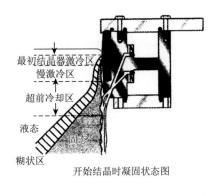

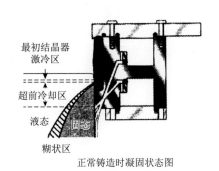

开始结晶时凝固状态图　　　　　　正常铸造时凝固状态图

(c)

图 2.23　传统 DC 铸造与 LHC 铸造比较[35]

（a）传统铸造；（b）LHC 铸造；（c）LHC 铸造过程的换热

同样如此。因此，在扁锭铸造过程中保持较低的液位是该技术工艺的核心。结晶器内液位过高易造成铸锭表面偏析瘤严重；液位过低易造成漏铝，容易出现安全事故。一般采用激光液位控制设备对结晶器内的液位进行监测。液位控制装置属于精密仪器，其位置安排应不仅保证其正常工作，还要顾及现场生产过程中能够便于工人操作。

2. 铸造自动控制技术

LHC 铸造技术包含了铸造自动控制技术[38]。铸造自动控制技术嵌入了成熟的铸造工艺参数，控制结构中连锁条件比较完善，采用人机对话方式的预检查功能保障了铸造的成功率，提高了工作人员的操作安全性，并大量运用高精度高可靠性的设备，以及通过高级的控制手段有效地提高了铸锭的质量，减少了铸锭的后续加工工作量，合理的设计理念及设备布局也减轻了日常的维护检修负担。控制系统中的关键工艺参数有铸造速度、冷却水流量和液位。传统 DC 铸造往往采用手动或自动浮漂漏斗来控制结晶器内部铝熔体液位，控制精度不高，铸造过程中液位偏差较大，导致铸锭质量随区域不同而相差较大。LHC 铸造要求结晶器内铝熔体液位的精确控制（液位波动可控制在 ±1 mm），采用高精度的激光液位检测仪器配合相应的执行机构自动控制铝熔体流量，从而保证铸锭的表面质量非常好且均匀一致。

3. LHC 结晶器

LHC 铸造技术的关键点是采用独特设计的 LHC 结晶器，如图 2.24 所示。与常规结晶器相比，LHC 结晶器主要有两点变化：一是 LHC 结晶器将特定尺寸的石墨内衬嵌于铝制结晶器本体作为工作带，石墨是一种天然润滑物，它的润滑油消耗仅是传统 DC 铸造的 3%～5%。开始铸造前在石墨内衬表面轻轻地刷一层润滑油即可非常有效地满足铸造过程中的需要，同时石墨的相关惰性及耐熔融铝腐蚀等优良性能能够保证石墨内衬较长的使用寿命，延长了更换周期。二是 LHC 结晶器采用独特的双层水腔和不同角度的双排冷却水孔设计，在铸造开始和稳定铸造两个阶段，通过调整冷却强度使铸锭得到最优的热量传输率。

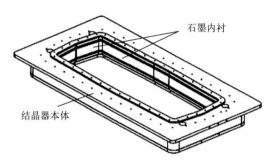

图 2.24　LHC 结晶器示意图[39]

LHC 结晶器主要包括结晶器本体、顶盖和底盖、石墨内衬、引锭头、冷却水控制阀、冷却水过滤装置及自动对准气缸等组件。

1）结晶器本体

LHC 结晶器本体包括全螺纹嵌件、双重水密封垫、对称的上下水腔和机加工挡水板，其中机加工挡水板可提供优异的冷却水分配特性和水流均匀性。该结晶器能够独立控制两级冷却喷水水流，优化铸造开始和运行阶段的铸造条件。此设计在稳定铸造状态下能产生较高的冷却效率，并且可形成光滑的铸锭表面和良好的冶金质量。

常规结晶器分水板是一个独立的部件，靠上下定位卡槽固定，结晶器在本体上设计台阶，铣出一个水槽，端头用密封条密封，台阶上面钻孔，然后将分水板安装到结晶器本体上。与常规分水板相比，LHC 结晶器分水板集成于本体，具有结构简单、性能可靠的优点，如图 2.25 所示。

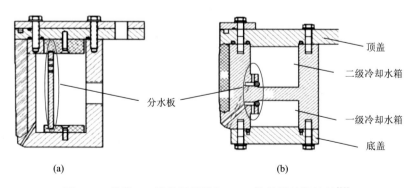

图 2.25　传统 DC 铸造结晶器与 LHC 结晶器结构比较[39]

（a）传统 DC 铸造结晶器（分水板独立）；（b）LHC 结晶器（分水板集成）

LHC 结晶器采用 Split-Jet 增强冷却技术独立控制两级冷却喷水水流，优化铸造开始和运行阶段的铸造条件，冷却水流如图 2.26 所示。此设计在稳定状态下不仅能有效消除铸锭的偏析层，还能利用水流冲击"中间喷泉效应"增加水流的湍流效果，产生较高的冷却效率，并且可使铸锭形成光滑的表面和良好的冶金质量。

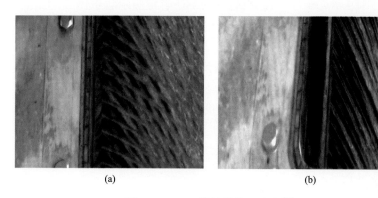

(a)　　　　　　　　　　　　　(b)

图 2.26　LHC 结晶器的二冷水[39]

（a）双排水；（b）单排水

2）顶盖和底盖

LHC 顶盖和底盖设有锁定台阶，从而增强结晶器的整体刚度与坚固性。顶盖稳固夹紧与结晶器内壁紧贴的石墨内衬条。底盖内部设有密封气道，用于连接压缩空气管路、自动对准气缸及结晶器双水腔冷却水分水气阀，自动对准气缸底座、压缩空气接头与冷却水进水接头也安装在结晶器底盖上。

3）石墨内衬

LHC 结晶器石墨内衬包含四片石墨条，四角斜接。石墨内衬在铸造时为结晶器内壁提供非沾湿性铝熔体接触表面。石墨内衬为多孔结构，可存贮和自渗透铸造润滑油，同时石墨本身也是良好的金属润滑载体，从而为铝合金铸锭表面提供双重润滑作用。用于 1×××系铝合金扁锭铸造的 LHC 结晶器石墨内衬为上下对称设计，使其在某一侧的铸造工作表面损坏后，可翻转安装继续使用，从而使石墨内衬的使用寿命增加一倍。

石墨内衬的加工精度要求很高，须与结晶器本体贴合均匀、紧密，否则会导致铸锭产品表面周向不均匀，在铸造后期会出现拉裂等严重缺陷。另外，石墨内衬所允许的工作温度控制要求高，当石墨温度超过一定值后，其冷却效果急剧下降导致铸锭凝固的壳层强度变差，同时润滑效果急剧下降造成石墨表面黏铝，最终引起铸锭表面开裂。

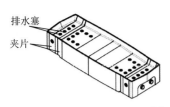

图 2.27　LHC 引锭头示意图[39]

排水塞

夹片

4）引锭头

LHC 引锭头采用平面-凹座设计，凹座上表面带有中心凸起，边缘平面设计有自动排水孔并安装排水塞，排水孔数量根据铸锭尺寸的变化而改变。通过排水塞将冷却水从引锭头末端排出，避免铸锭尾部弹跳。LHC 引锭头示意于图 2.27。

5）冷却水控制阀（分水气阀/气动水阀）

LHC 结晶器的双水腔各有一圈喷水孔且倾角不同，由冷却水控制阀控制。铸造开始时，气动水阀依靠压缩空气气动锁闭，阻断两水腔的连通，LHC 结晶器采用单水腔单排水孔喷水冷却铸锭；随着铸造过程的进行，调节水阀气动控制，打开结晶器内部水阀，两水腔连通并同时供水，实现双排水孔喷水冷却。结晶器内置气动水阀位于结晶器本体四个角部附近，通常处于常闭状态。

气阀组件包括一个容易更换的单体式不锈钢插装阀，阀门柱塞为可更换部件，易于拆装。气动水阀中设有滑动式密封件和机械联动的磨损件，气动控制系统提供精确与可重复性的阀门定位，以及多阀门打开的同步操作。气动水阀示意于图 2.28。

6）冷却水过滤装置

过滤网由上下接头连接安装在结晶器内，贯穿双水腔，用于过滤掉影响冷却水纯度及干扰水分布的杂质，保证冷却水质量。冷却水过滤网容易拆装，可定期拆下清理。标准过滤装置如图 2.29 所示。

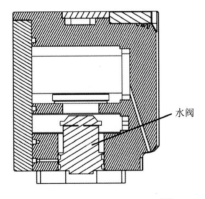

水阀

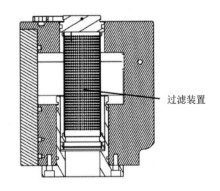

过滤装置

图 2.28　气动水阀示意图[39]　　　　图 2.29　冷却水过滤装置示意图[39]

7）自动对准气缸

LHC 结晶器与引锭头的自动对准是 LHC 结晶器配备的标准功能，采用安装在结晶器底盖上的八组气缸及其底座，自动对正结晶器与引锭头，并避免损坏结晶器内孔。气缸底座固定在底盖下部，自动对准气缸被精确定位在气缸底座上，并用暗销锁定。结晶器与引锭头对正后，各气缸活塞杆被调整到刚好接触引锭头的位置。自动对准气缸如图 2.30 所示。

在结晶器与引锭头对准过程中，首先松开结晶器气动固定夹，通压缩空气启动对准气缸，气缸活塞杆伸出，并接触到引锭头壁，随后结晶器移动，直到对准引锭头为止。结晶器与引锭头对正后，气动固定夹重新压紧结晶器，对准气缸活塞杆自动退回。结晶器与引锭头自动对准过程如图 2.31 所示。

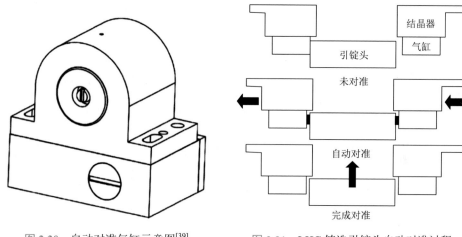

图 2.30　自动对准气缸示意图[39]　　　图 2.31　LHC 铸造引锭头自动对准过程
示意图[39]

2.4　外场作用半连续铸造技术

2.4.1　电磁铸造工艺

20 世纪 60 年代，苏联铝合金专家 Getselev[40, 41]在铝合金半连续铸造工艺基础上开发了电磁铸造（electromagnetic casting，EMC）工艺，通过交变电磁场产生的洛伦兹力约束金属熔体（金属液），并维持一定的液柱高度，替代了结晶器的支撑作用，实现了无模铸造。设备主要由感应线圈、屏蔽体和冷却水套组成。为了获得支撑熔体所需的约束力，在熔体表面必须形成足够的磁感应强度梯度，EMC 采用的电磁场频率通常为 2000～3000 Hz。

EMC 的工作原理如图 2.32 所示。当感应线圈中通过交变电流 J_0 时，在线圈内产生交变磁场 B，磁场作用于金属液，产生与 J_0 方向相反的感应电流 J，磁场与感应电流交互作用，产生向内的电磁力 $F = J \times B$，F 从侧面约束金属液使其保持柱面平衡。电磁力可以分解为径向分量（非转动部分）和竖直分量（转动部分），径向分量与金属静压力保持平衡，从而形成弯月面；而竖直分量能起到搅拌金属液、形成强制对流的作用。

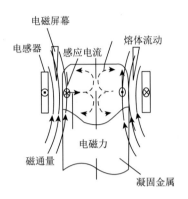

图 2.32 EMC 原理示意图

在感应器的下方对铸锭进行喷水冷却，由于金属液与感应器没有物理接触，因而金属液在保持自由表面的状态下水冷凝固。但是，在较强交变磁场作用下金属液形成的弯月面往往不稳定，为了得到预期稳定的断面形状，有必要保持液柱侧面的垂直状态。为此一般采用磁屏蔽罩，作用是自上而下逐渐减弱磁场，以便形成熔体的静压力与电磁压力和表面张力平衡。电磁场载持金属熔体条件为

$$\rho g h = p_E + p_S \qquad (2.1)$$

式中，ρ 为金属液密度；g 为重力加速度；h 为液柱高度；p_E 为电磁压力；p_S 为表面张力。

在铸锭较大时，表面张力产生的压力 p_S 较小，一般可忽略，则式（2.1）可改写为

$$\rho g h = p_E \qquad (2.2)$$

只要在液固线附近满足式（2.2）就可实现正常铸造，即金属液柱保持稳定向下移动，同时从上方不断注入金属液，保持液柱高度 h 不变就可连续铸造出表面光滑的铸锭。

电磁铸造出现后，迅速在捷克斯洛伐克、匈牙利、民主德国等国家率先普及，日本三菱工业株式会社在 1972 年 10 月引进了该技术。美国 Kaiser、Alusuisse、Alcoa、Reynolds 和 Pechiney 等公司的大型铝厂也都相继在同时期引进了该项专利，其中 Kaiser 和 Alusuisse 两家公司在引进苏联专利的基础上，投入巨资经数

年努力，实现了多块（4~5 块）铸造和大断面（500 mm×1300 mm）连续铸造铝合金的技术要求。目前，在美国和欧洲，每年大约有 120 万吨铝合金采用 Alusuisse 公司的电磁连铸技术进行生产。我国的电磁连铸技术研究始于 20 世纪 70 年代中期，东北轻合金加工厂采用电磁铸造技术曾成功地铸造出直径 320 mm 的铝合金圆锭，后来，西南铝加工厂在引进民主德国的电磁铸造技术上，经不断研究，铸造出多种合金的铸锭[42]。大连理工大学也进行了大量实验，获得了表面光洁的圆锭、方坯和薄板坯。图 2.33 显示了 EMC 铸锭光滑表面与传统 DC 铸锭表面的比较。

图 2.33　EMC 铸锭光滑表面（a）与传统 DC 铸锭表面（b）的比较[43]

但是，EMC 以改善铸锭表面为目标，采用中、高频电磁场来实现无模铸造，对设备控制系统要求较高，非常容易出现拉漏现象。同时，由于频率较高，EMC 工艺对铸锭内部熔体的流动场与温度场影响有限，在铸造难度较高的硬铝与超硬铝合金大尺寸铸锭生产过程中，难以获得均匀的铸态组织并消除铸锭内应力。

2.4.2　细晶电磁铸造工艺

Vives[44, 45]提出的细晶电磁铸造（casting refining electromagnetic，CREM）工艺是指在 DC 铸造结晶器外布置感应线圈，线圈中施加 50 Hz 的工业频率交流电，通过其在金属熔体中产生的电磁场作用达到细化晶粒和改善表面质量的目的，如图 2.34 所示。采用该技术进行的 320 mm 直径 2214 铝合金圆锭半连续铸造实验结果表明，CREM 工艺能够有效地细化晶粒、改善表面质量，如图 2.35 所示。

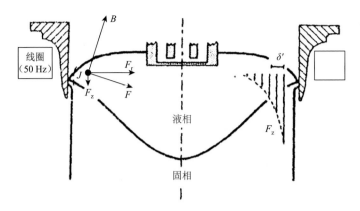

图 2.34　CREM 原理示意图[44]

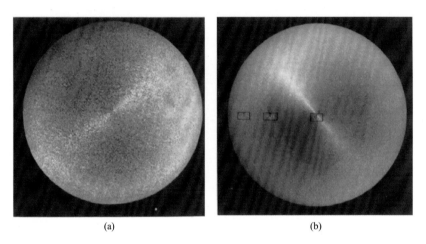

(a)　　　　　　　　　　　　(b)

图 2.35　直径为 320 mm 的 2214 铝合金铸锭宏观组织[44]

（a）传统 DC 铸造；（b）CREM

　　线圈内的交变电流在熔体内部产生垂直方向的交变电磁场，金属熔体内部的感生电流与磁场交互作用，使熔体受到洛伦兹力的作用。铸锭与结晶器几何形状在垂直方向的不对称性，使得磁力线相对于铸锭的中心线发生了显著偏转，导致熔体内部洛伦兹力的时间平均值同时存在垂直分量和水平分量。其中，水平分量为与金属静压力梯度平衡的有势力，而垂直分量为有旋场，起到了搅拌熔体的作用。洛伦兹力水平分量使得熔体自由表面形成凸起的弯月形，从而减小了熔体与结晶器接触高度和接触压力，实现了所谓的软接触，改变一次冷却区热通量的大小与分布情况，起到减弱一次冷却强度的作用，使初生凝固壳形成位置下降，表面渗出现象减弱，表面偏析层厚度随输入功率的增加而呈线性减小。与 EMC 一样，也可以有效地提高铸锭的表面质量，但对铸锭横截面上大尺寸范围内的宏观偏析没有产生显著的影响。随着输入功率的增大，铸锭表面的环状波纹逐渐减小，当输入功率达到 2.2 kW 时，熔体与结晶器的接触高度趋于 0，得到光滑的铸锭表面，消除了表面偏析区，提高了成品率。洛伦兹力垂直分量形成的有旋场起到了电磁搅拌的作用，流动场与无心感应炉中熔融金属的流动场类似，测量表明熔体内部的温度场受到电磁搅拌的强烈影响，有旋分量产生的强制对流将中心区域的过热熔体带向铸锭的边缘区域，因此消除了中心区域的局部过热，减小了整个液相区内温度差，使熔体温度低于液相线温度。对于具有较宽结晶温度区间的合金，两相区可能扩展到整个液相区，强制对流将初生凝固壳处形成的枝晶臂熔断并带入液穴内部形成异质结晶核心，起到了晶粒细化和抑制枝晶生长的作用，铸锭由均匀细小的近球形和蔷薇形微观组织构成。

采用 CREM 工艺时结晶器电导率对熔体内部磁感应强度的分布具有重要影响[44]，采用电导率较低的结晶器能够减小电磁场的涡流损耗，大幅度提高有效功率。Vives 还研究了 CREM 铸造圆锭与扁锭过程中熔体内部电磁场的分布规律[45]，分别在采用传统的铝制结晶器、分瓣铝结晶器、石墨结晶器及不锈钢结晶器的条件下，测量熔体内部电磁力垂直和水平分量与感应线圈距离之间的关系，并测量了电磁场存在条件下熔体内部的流动场。结果表明，结晶器材质对熔体内部电磁力强度产生了显著的影响，采用电导率较小的结晶器能够明显加强搅拌效果。还采用水银作为实验介质，通过在铝槽中装入水银构建的物理模型上研究了电磁场存在条件下熔体内部的流动场。测量结果表明，流动速度最大值达到 5 cm/s，但考虑到铝合金熔体的密度约为水银的 1/5，同时其电导率约为水银的 4 倍，所以实际上铝熔体中流动场速度峰值的数量级可达到 30～60 cm/s。

2.4.3　低频电磁铸造工艺

低频电磁铸造（low-frequency electromagnetic casting，LFEC）工艺[46-53]是在 EMC、CREM 半连续铸造工艺基础上发展起来的，施加在感应器上的电流为低于工业频率 50 Hz 的低频电流。EMC 工艺通过高频电磁场提供约束力替代结晶器的支撑作用，能够有效提高铝合金铸锭的表面质量从而提高成品率。但高频电磁场的集肤深度很小，对铝合金熔体内部流动场与温度场的影响有限，而低频电磁场的渗入深度比较大，可以通过洛伦兹力驱动的强制对流调节熔体内部的温度场，使晶粒细化、液穴深度减小、促进过热的排出。低频电磁场驱动的强制对流促使固体界面的悬浮颗粒被运走并分散于低过冷熔体中，在这一条件下，结晶发生在整个充满悬浮颗粒的液穴中，增加形核，促进细等轴晶的出现。

因此，低频电磁铸造工艺具有以下优点：第一，电磁场存在条件下铸造组织得到了明显细化，在整个铸锭横截面上得到均匀细小的等轴晶组织，如图 2.36 所示。第二，电磁场能够影响溶质元素的微观分布情况。电磁场存在条件下，晶内溶质元素的含量明显提高，低频电磁场更有利于溶质元素的固溶，减少在晶界上的析出量。第三，在铝合金半连续铸造过程中，可以通过施加交变电磁场的方法有效消除宏观偏析、提高产品质量。随着感应线圈中交变电流强度的增加，熔体与结晶器接触线高度减小，一次冷却强度减弱，初生凝固壳形成位置下降，熔体内部强制对流加强，合金元素的反偏析现象逐渐减弱。频率作为一个重要工艺参数，显著影响了铸锭中合金元素的宏观分布规律，如图 2.37 所示。第四，铝合金半连续铸造过程中，洛伦兹力驱动的强制对流能够减小熔体内部的温度梯度与液穴深度，通过调节电磁场频率可以获得理想的流动场，最大限度地减小温度梯度与液穴深度，如图 2.38 所示。

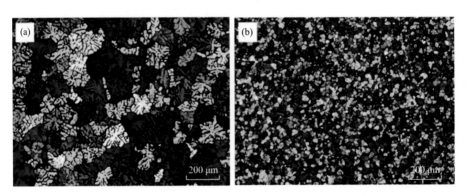

图 2.36　直径为 200 mm 的 7×××铝合金铸锭微观组织[54]

（a）传统 DC 铸造；（b）LFEC

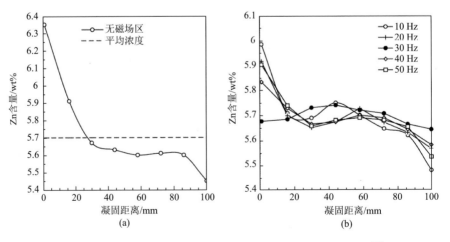

图 2.37　直径为 200 mm 的 7×××铝合金铸锭 Zn 元素分布[55]

（a）传统 DC 铸造；（b）LFEC

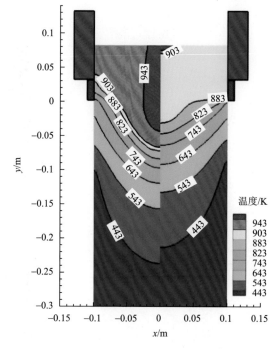

图 2.38　传统 DC 铸造（左）与 LFEC（右）温度场的比较[56]

2.4.4　电磁振荡铸造工艺

Vives[57-59]在 CREM 的基础上，在 DC 半连铸结晶器外同时施加与重力矢量方向平行的稳恒磁场 B_0 和低频周期性交变磁场 $B(t)$，实现了电磁振荡铸造（EVC）。实验结果表明，电磁振荡铸造直径为 320 mm 的 2214 铝合金圆锭时的细化组织效果优于 CREM。其原因是，两种类型磁场同时存在条件下，洛伦兹力不但产生搅拌作用，而且还有振荡效果，正是洛伦兹力的振荡分量在晶粒细化过程中起到了重要的作用。另外，还比较了交变磁场频率分别为 50 Hz 和 100 Hz 时电磁力在熔体中的穿透情况，结果表明，在熔体内部，频率为 50 Hz 时振动作用较强。

稳恒磁场 B_0 和低频周期性交变磁场 $B(t)$ 分别由通直流电和频率为 f 的交流电的两个感应线圈产生。交变磁场又在熔体内部诱发形成相同频率的感应电流密度 J，三者之间交互作用，在熔体内部产生力场，促使熔体进行受迫运动。电磁振荡产生原理如图 2.39 所示。根据磁流体力学观点，此运动可看作是三种运动的叠加，即频率分别为 f 和 $2f$ 的交变振荡运动，可分解为一个稳恒分量和一个自由分量的不稳定再循环运动，以及由电磁制动作用产生的逆熔体流动方向的运动。

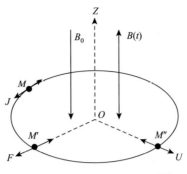

图 2.39　电磁振荡产生原理[56]

　　崔建忠等[60, 61]也在 LFEC 的基础上开发了低频电磁振荡技术。在铸造直径为 200 mm 的 7075 铝合金锭坯时,发现低频电磁振荡技术比 CREM 的细化能力更强,而且改善合金元素分布、提高合金元素晶内含量、减小宏观和微观偏析的效果也更为明显。图 2.40 显示了传统 DC 铸锭与 EVC 铸锭的微观组织比较。

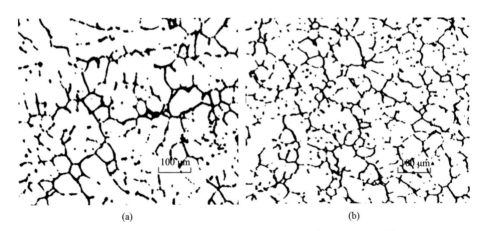

图 2.40　传统 DC 铸锭(a)与 EVC 铸锭(b)的微观组织[62]

2.5　异型半连续铸造技术

　　异型半连续铸造也称为近终型 DC 铸造(near net shape DC casting),是指在满足最终产品质量所需压下变形量的前提下,铸锭形状更接近于终端产品形状的铸造技术。近终型 DC 铸造是金属材料研究领域里的一项前沿技术,最早起源于钢铁冶炼领域,它的出现为钢铁冶金业带来了革命性变化,改变了传统冶金工业中薄型钢材的生产过程。传统的薄型钢材生产工艺包括多道次热轧和反复冷轧等工序，工艺流程多、生产周期长、能耗大、成本高。采用近终型薄带连铸技术，生产工序简化，产品成本显著降低，而且产品质量不亚于传统工艺。此外，利用近终型薄带连铸技术的快速凝固效应，还能生产出常规轧制工艺难以生产的特殊钢种，进一步扩大了近终型铸造技术的应用。

铝合金和钢材相比，由于热导率高、结晶潜热低、铸锭凝固迅速、液穴深度较浅，因此近终型铝合金的应用远不如钢材普遍。20 世纪 90 年代后期，随着汽车工业的发展，二氧化碳排放的限制，环境保护的呼声日益高涨，汽车轻量化的需求不断增加，急需采用高强轻质的铝合金材料来替代钢制零部件。应用最为广泛的承载结构件是汽车的底盘零部件，如控制臂、转向节等。由于其对材料的综合性能要求高，普遍采用锻造工艺来生产制造，但是控制臂等底盘零部件结构复杂，铝合金锻件制备相对其他工艺而言工序过于烦琐，如何减少锻件生产的流程，特别是车用部件是车企控制成本的关键。一般铝合金锻件的制备方式为半连续铸棒经挤压成小直径圆棒，根据锻件大小和形状切断，辊锻、折弯、粗模锻、模锻成型等多道工序才能最终成型。如果能够直接铸造出类似锻件截面形状的近终型铸锭，就可极大地缩短加工工序、降低制造成本。在这样的背景下，1999 年日本轻金属株式会社提出了近终型铸锭的半连续铸造技术，并成功生产出了多种复杂形状的异型铸锭。

图 2.41 是典型的异型铸造装置的示意图。异型铸造装置由热顶（绝热材料）、分流器、高热导率的铜制结晶器及底座组成。由于异型铸锭的形状复杂，铝液在进入结晶器时必须配置合适的分流器，以便铝液能均匀分配到结晶器内的各部分，保障铸锭的各部分能够均匀凝固。

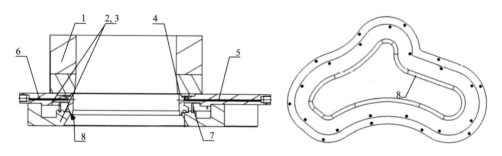

图 2.41　异型铸造装置示意图[63]

1. 热顶；2. 结晶器；3. 底座；4. 油盖；5. 进油路；6. 分流器；7. 挡水板；8. 二冷水

异型铸锭形状复杂，与普通圆锭铸造相比，异型铸造的难点在于：异型铸坯截面各处曲率、薄厚均不同，在铸造过程中曲率小、厚度薄的位置先发生凝固，导致"抱结晶器"和热裂纹的发生。如何控制截面各处冷却、凝固顺序及其内应力演变规律，是实现异型铸锭均匀凝固的关键。图 2.42 显示了异型铸造的一个例子，首先当铝液通过分流器进入结晶器和底座形成的空间，填充满后，铝液先和结晶器壁接触凝壳，然后二次冷却水喷射在铸锭表面，铸锭以一定的铸造速度开始往下拉。由于异型铸锭的复杂形状，铸锭的各部分从表面开始凝固的速度不相同，与中心部分相比，双足部和颈部的凝固进行得更快。由于各部分的凝固速度大不相同，铸造时双足部向内侧产生凝固收缩，与结晶器发生接触。如果双足部内侧和结晶器外壁接触时其接触压力超过铸锭下降的牵引力，则双足部会抱住位于内侧的结晶器，导致铸造失败。另一方面，类似图 2.42 所示形状的异型铸锭颈部，在铸造过程中由于颈部细窄而且距离铸锭中心位置较远，颈部的凝固速度要远高于中心部分，所以颈部会先凝固收缩。随着铸造的进行，铸锭中心部分开始凝固收缩，但是颈部与结晶器接触，限制其收缩，所以在铸锭中心部分会受到一个拉应力作用，进而产生热裂纹，如图 2.43 所示。

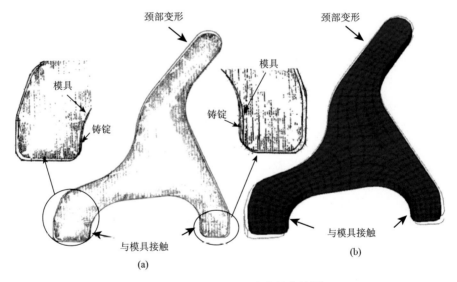

图 2.42　异型铸造过程合金的收缩[64]

(a) 实验；(b) 计算

　　本书作者张海教授在日本及回国后，均进行了异型铸造的研究。基于自主开发的 HS65 和 6B10 铝合金开展异型铸造研究，利用热裂纹缺陷的研究成果，结合数值模拟计算，获得了铸造过程中应力演变规律，揭示了裂纹产生与"抱结晶器"缺陷的形成机制，合理调控铸造过程中的冷却与铸造速度，实现铸锭均匀凝固，获得无缺陷异型铸锭，形成异型铸造的关键技术。其研究结果如图 2.44 和图 2.45 所示。

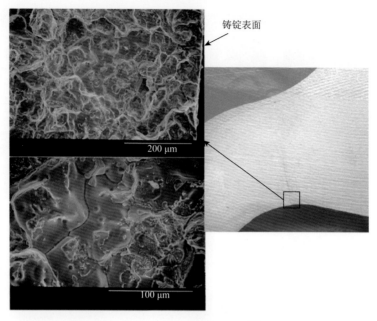

图 2.43　异型铸造的裂纹[64]

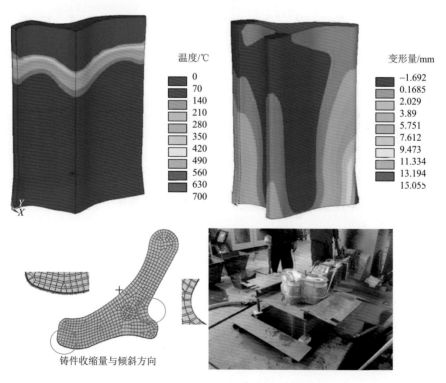

图 2.44　异型铸造过程数值模拟与实验结果

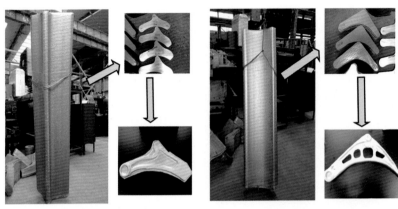

近终型铸锭生产控制臂流程　　　　　　　　近终型铸锭生产控制臂流程

图 2.45　基于异型铸造的控制臂近终成型实例

2.6　复合铸造技术

半连续铸造法投入商业运行后约 10 年，铝行业的工程师与材料科学工作者就想用此法铸造多层复合锭，美铝公司与苏联航空材料研究院都为此做了许多工作与探索，但都未获得成功。加拿大铝业公司在此之前也做了多年的研究工作，2005 年 1 月 Novelis 公司从加拿大铝业公司分离出来后加大了开发研究力度，经过几个月的强化工作，复合锭铸造于第四季度进入商业化生产阶段，Novelis 公司成为世界上首家进行商业化复合锭铸造的企业，创造了复合铸造技术"Novelis Fusion^{TM} technology"。现在此法已在多个国家取得了多项专利。加拿大铝业公司奥斯威戈轧制厂已形成 70 kt/a 复合锭生产能力，并在 Novelis 韩国有限公司（Novelis Korea Limited）与瑞士 Novelis 公司所属的谢尔轧制厂建设了复合锭铸造生产线。2006 年 6 月 13 日美国 Novelis 公司对外宣布：经过多年的研究开发，该公司的复合锭铸造法（Novelis Fusion^{TM}）[65, 66]已用于商业化生产。该公司位于纽约州的奥斯威戈轧制厂已铸造出 50 多种不同规格的铝合金锭，同时已将所生产的复合板带材发往用户试用，并收到一些反馈意见，认为产品性能良好，能完全满足设计与使用要求。

复合扁锭的商业化生产有着相当大的经济与技术意义，在铝合金半连续铸造工艺发展过程中具有里程碑意义，突破了传统的工序多、劳动强度大、结合不甚理想、生产成本较高的压接焊合法，理论上可以生产由任何铝合金组合的复合板带材，产品品质也有所提高，为汽车散热器复合板带箔与包铝轧制的 2××× 系及 7××× 系铝合金生产开辟出一条优质低成本的途径，极大地扩大了复合铝合金板带箔的品种，许多用传统复合法难以生产或甚至根本无法生产的轧制材料现在都可以生产了。

采用 Novelis Fusion™ 法铸造复合锭常用的工具有常规的 DC 铸造结晶器、引锭、二次热交换装置（隔板）、水冷系统与熔体水平传感装置。这种隔板非常重要，以保证表面合金熔体的热能使已凝固的芯层合金外壳温度上升到熔点以上，形成一层半固态支撑层，使表面合金与芯层合金凝固为一体。这种半固态层是芯层合金与表层合金能形成牢固冶金结合的先决条件，其既可在芯层上形成也可在表层合金上形成，取决于哪种合金的液相线、固相线温度更高一些。

铸造复合锭的基本过程如图 2.46 所示。当第一种合金熔体流入结晶器凝固一段时间后，立即使引锭下降，待下降到设定高度时，导入第二种合金（表面合金）熔体，使其充满隔板下的液穴（距隔板下表面有一小段距离），两种合金在冷却的作用下形成复合锭。

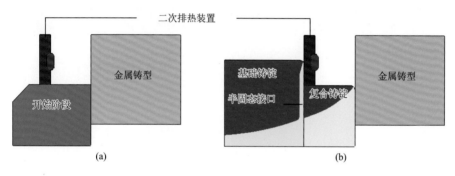

图 2.46　Novelis Fusion™ 法铸造复合锭示意图[66]

（a）开始阶段；（b）稳定阶段

为了获得最佳的结合强度，保持第二种合金熔体上表面与隔板下沿之间的距离相对恒定在所有铸造情况下都是至关重要的。奥斯威戈轧制厂采用特制的流量控制传感器与压力传感器控制两种合金熔体水平。复合锭结合界面的特征取决于作为支撑层的第一种合金半固态层与第二相熔体接触层之间的原子扩散，有时在结合面两侧的一定范围内还可观察到两种合金的混合区。通常复合锭可视为单一合金锭经铣面、加热后进行热轧、冷轧，但有些复合锭则必须按专门的轧制率表进行热轧。通常可采用大的压下率，因为 Novelis Fusion™ 复合锭的结合面比传统的复合锭牢固得多，与单一合金锭相差无几。

现有的铝合金复合圆锭生产技术，大部分属于单纯的液固或固固复合，其生产工艺烦琐，且产品界面处易出现气孔、夹杂等缺陷。铸造复合技术受到国内外学者的广泛关注，上面介绍的 Novelis Fusion™ 复合铸造法开启了铝合金层状复合材料制备的新纪元。东北大学蒋会学等[67-69]研究了 420 mm×160 mm 的 3004/4045 铝合金两层锭坯和 500 mm×420 mm 的 4045/3004/4045 铝合金三层锭坯铸造复合过程中的温度场、流场及热量传输，结合复合铸造实验，确定了获得高质量复合锭坯的铸造设备和工艺参数，其铸造设备示意图如图 2.47 所示。

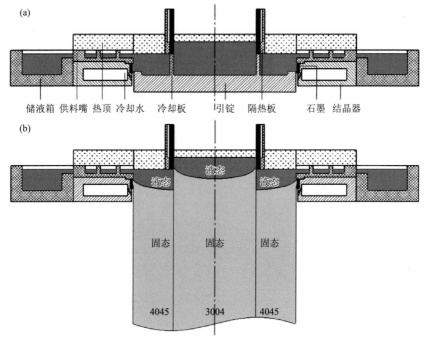

图 2.47 铸造复合实验装置示意图

（a）开始阶段；（b）稳定阶段

该装置主要包括分体结晶器、合金液分配器、热顶和引锭。分体结晶器是在传统结晶器中安装了冷却板，将结晶器分为三个空腔，3004 铝合金熔体通过分流槽流入两块冷却板之间的空腔中形成一个熔池，4045 铝合金熔体通过分流槽流入两侧的储液箱内，储液箱内熔体液面上升到一定高度时就会经供料嘴均匀流入结晶器宽面和冷却板之间的空腔中形成两个熔池。3004 铝合金熔体与冷却板接触后开始凝固，在冷却板上形成一个固态支撑层，然后 4045 铝合金熔体被浇进来与支撑层接触，铸造机启动开始铸造。两种合金结合为三层并在冷却作用下形成复合锭坯。通过研究冷却板接触高度、铸造温度、铸造速度、冷却板冷却强度四个工艺参数对铸造复合过程的影响，确定了 4045/3004/4045 铝合金三层锭坯铸造复合过程的最佳工艺参数：3004 铝合金与冷却板的接触高度为 40 mm，3004 铝合金和 4045 铝合金的铸造温度均为 1000 K，铸造速度为 45 mm/min，冷却板的冷却强度为 1500 W/(m^2·K)。采用该工艺制备的复合锭界面结合强度为 88～107 MPa。

本书作者东北大学的张海涛主要研究开发了静磁场下的铸造复合技术和热顶＋同水平铸造复合新技术，在实验室获得了大量的实验结果，包括尺寸为 400 mm×500 mm 的 4045/3004/4045 铝合金三层复合铸锭，500 mm×200 mm 的 7075/1050 铝合金两层复合铸锭，以及各种尺寸和合金组合的圆包覆铸棒。并且采用该技术生产出 630 mm（厚）×1500 mm（宽）×5500 mm（长）的 4045/3004/4045 铝合金三层复合铸锭，铸锭界面平直、无气孔和夹杂。采用该铸锭轧制出高质量的汽车钎焊复合带，成品率提高 10%～15%，仅此项每吨可以增加利润 2000 元，取得了良好效果。图 2.48 为界面处的微观组织和元素分布。在此基础上又开发研究了铝合金包覆铸锭，并生产出尺寸为 Φ160 mm（皮材）/Φ148 mm（芯材）×5000 mm（长度）的包覆铸锭，界面平直、无气孔和夹杂，如图 2.49 所示。将包覆铸锭挤压成复合管材，成品率较其他方法提高 30%，具备良好的经济效益。

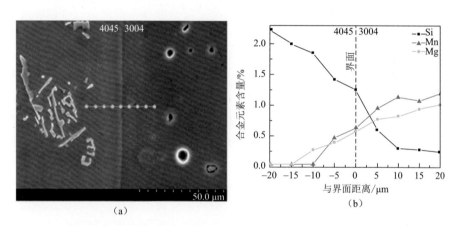

图 **2.48**　4045/3004/4045 铝合金三层复合铸锭微观组织（a）和界面处元素分布（b）

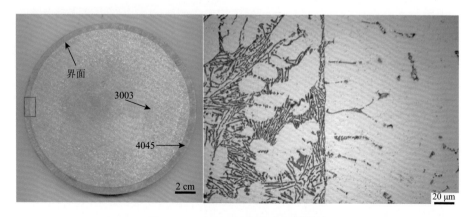

图 **2.49**　4045/3003 铝合金包覆铸锭

2.7 低压半连续铸造技术

铸锭表面偏析区包括表面富溶质区与皮下贫溶质区，这个偏析区在后续的均匀化热处理与挤压过程中会发生重熔或者造成最终产品严重的成分偏差。特别是对于高合金化的铸锭，这个偏析区更厚，甚至在表面形成较大偏析瘤缺陷，所以在进行挤压前必须进行较大尺寸的扒皮处理。同时，先进的气滑 DC 铸造发明至今已有 40 余年，被认为是获得最优铸锭表面质量的极限技术，但是对于这种高合金化的铝合金铸锭铸造表面质量的提升与减小表面偏析区却十分有限。基于此，2014 年 Hydro 公司开发了一种新 DC 铸造技术，称为低压 DC 铸造（low pressure DC casting，LPC）技术[70]。该技术可以获得比气滑 DC 铸造更光滑的铸锭表面、更薄的表面偏析层，并且对于 2××× 与 7××× 的硬合金同样可以获得光滑的表面与薄的偏析层厚度。

铝合金 DC 铸锭表面偏析是由溶质元素的反偏析造成的。这种反偏析形成原因被认为是合金凝固收缩导致晶间富溶质液相向结晶器壁运动的结果，并且严重时会在铸锭表面形成偏析瘤。铸锭表面偏析瘤多出现在高合金化的铝合金中，这是因为合金化程度越高，其凝固末期富溶质液相越多，凝固后铸锭表面微观组织中晶间低熔点化合物就越多，并且形成的反偏析越严重。当铸锭经一冷冷却后二冷冷却前的阶段，铸锭由于收缩将脱离结晶器表面形成空气隙，此时铸锭冷却急剧下降，铸锭表面温度升高，表面偏析层内晶间低熔点化合物发生熔化变为液相。在静压力作用下，这些富溶质液相由于毛细效应被挤出表面，在表面形成富溶质的偏析瘤，同时在铸锭皮下由于富溶质液相被挤出而形成皮下贫溶质区。这两部分共同形成高合金化铝合金铸锭的表面偏析层。

因此，高合金化铝合金铸锭表面偏析瘤形成的驱动力主要来源于液体的静压力，如图 2.50 所示，其表达式为

$$\Delta P = \rho g h$$

式中，ρ 为铝合金熔体密度；g 为重力加速度；h 为液面高度。

LPC 技术的目的就是消除静压力，进而减小偏析层厚度，其原理如图 2.51 所示。LPC 技术通过在铸盘上方进行抽真空，使得铸盘上方形成负压，利用虹吸原理将流道中的铝熔体吸入铸盘，完成浇铸过程。这个过程由流道上方的压力控制阀与抽真空系统控制。在铸造过程中，开启图 2.51 中的阀门，结晶器内弯液面处与大气相通，导致该处与流道熔体液位相同，压力均为大气压，并且铸盘内液体的高度由大气压与铸盘上方负压差值保持，所以只要控制流道内熔体液位高度就能够准确控制结晶器内弯月面的高度。另外，在铸锭表面偏析层凝固后在结晶器

与铸锭形成空气隙处，虽然晶间低熔点化合物发生重熔，但是由于结晶器内弯月面处的压力为大气压，与铸锭表面压力相同，这些重熔的富溶质液相丧失了向铸锭表面运动的驱动力（静压力），因此，LPC 技术能够有效地抑制偏析瘤的形成。

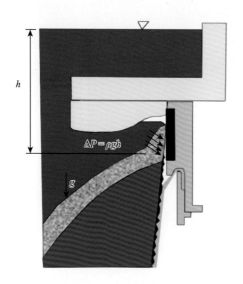

图 2.50　LPC 示意图[70]

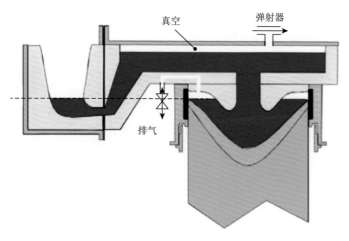

图 2.51　LPC 工作原理示意图[70]

图 2.52 显示了气滑 DC 铸造技术与 LPC 技术生产的 AA6082 铸锭表面与偏析层。从图中不难看出，LPC 技术获得的铸锭表面更光滑，偏析层更薄。这是因为：在气滑 DC 铸造过程中气体供应到模腔中后，其模具内的气体体积逐渐增长，直到气体向下逸出或向上冒泡。在此之后，气体体积减小，将开始新的脉冲序列。因此，坯料

表面上的典型环形图案与铸造期间模腔内气体的这种脉动有关。另一方面，LPC 技术不需要额外气体来维持弯月面，仅仅需要与大气相通，以控制流道液面高度来对其进行控制，且整个铸造过程中无变化。因此，LPC 技术获得的铸锭表面不会出现环形图案，表面光洁度相对于气滑 DC 铸造技术更加光滑。

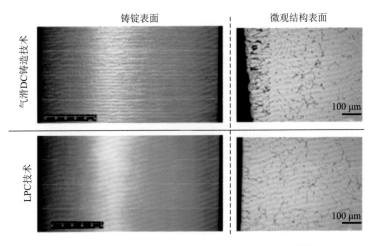

图 2.52 气滑 DC 铸造与 LPC 铸锭表面的比较[70]

图 2.53 显示了 48 根 LPC 铸盘示意图与实际生产现场照片。该技术能够应用于铝合金的各合金系，具体应用举例如下。

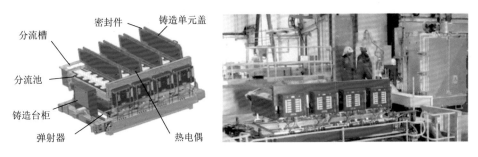

图 2.53 LPC 铸盘示意图与生产现场照片[70]

1）6×××铝合金的低压半连续铸造

图 2.54 显示了直径为 203 mm 的 AA6060 铝合金 DC 铸造过程模腔中熔体压力与反偏析区（inverse segregation zone，ISZ）宽度之间的关系。结果表明，随着熔体压力的减小，铸锭反偏析区厚度减小。LPC 技术获得的铸锭反偏析区厚度为 20 μm，仅为传统气滑 DC 铸造的四分之一。

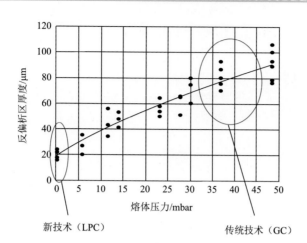

图 2.54　熔体压力与反偏析区厚度的关系曲线[70]

$$1\ bar = 10^5\ Pa$$

　　图 2.55 显示了铸锭尺寸与铸造技术对 AA6060 铝合金铸锭反偏析区厚度的影响。结果显示无论铸锭尺寸如何，传统气滑 DC 铸造与 LPC 获得的铸锭反偏析区厚度远远低于传统技术（热顶铸造），并且 LPC 与气滑 DC 铸造相比，拥有更薄的反偏析区。

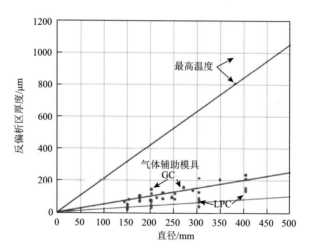

图 2.55　铸锭尺寸与铸造技术对铸锭反偏析区厚度的影响[70]

　　2）硬铝合金的低压半连续铸造

　　图 2.56 显示了尺寸为 $\Phi152\ mm$（6 in，1 in = 2.54 cm）2024 铝合金 LPC 获得的铸锭及其表面的微观组织。从图中可以看到，该铸锭拥有非常光洁的表面，并且表面微观组织显示几乎没有明显的反偏析区。

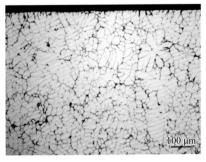

图 2.56　2024 铝合金铸锭及其表面的微观组织[70]

图 2.57 显示了尺寸为 Φ152 mm（6 in）7075 铝合金 LPC 获得的铸锭及其表面的微观组织。从图中可以看到，该铸锭拥有与 2024 铝合金 LPC 铸锭一样的光洁表面，并且表面微观组织显示几乎没有明显的反偏析区。

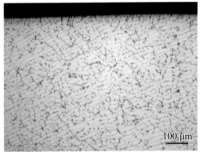

图 2.57　7075 铝合金铸锭及其表面的微观组织[70]

参 考 文 献

[1]　Roth W. Verfahren zum gießen von metallblöcken mit ausnahme solcher aus le ichtmetallen：BRD974203. 1936-05-04.

[2]　Ennor W T. Method of casting：US2301027. 1942-11-03.

[3]　Emley E F. Continuous casting of aluminium. International Metals Reviews，1976，21（1）：75-115.

[4]　Grant P S，Cantor B，Rogers S，et al. A computer model for the trajectories and thermal histories of atomised droplets during spray forming. Cast Metals，1991，4（3）：227-232.

[5]　Grandfield J F，McGlade P T. DC casting of aluminum：process behaviour and technology. Materials Forum，1996，20：29-51.

[6]　Trovant M，Argyropoulos S. Technique for the estimation of instantaneous heat transfer at the mold/metal interface during casting//Huglen R. Light Metals 1997. Proceedings of the Technical Sessions Presented by the TMS Aluminium Committee at the 126th TMS Annual Meeting. Orlando：Minerals，Metals & Materials Society，1997：

927-931.

[7]　Drezet J M. Direct chill and electromagnetic casting of aluminum alloys: thermomechanical effects and solidification aspects. Department of Materials, Ecole Polytechnique Federal de Lausanne, Lausanne, Switzerland, 2000.

[8]　Schneider W, Reif W. Present situation of contiuous casting for aluminum wrought alloys. Proceedings of the 6th Arab International Aluminum Conference, Arab Federation for Engineering Industries, 1994.

[9]　Weckman D C, Niessen P. A numerical simulation of the D.C. casting process including nucleate boling heat transfer. Metallurgical Transactions B, 1982, 13 (4): 593-602.

[10]　Ho K, Pehlke R D. Metal-mold interfacial heat transfer. Metallurgical Transactions B, 1985, 16 (3): 585-594.

[11]　Nishida Y, Droste W, Engler E. The air-gap formation process at the casting-mold interface and the heat transfer mechanism through the gap. Metallurgical Transactions B, 1986, 17 (4): 833-844.

[12]　Kraushaar H, Jeschar R, Heidt V, et al. Correlation of surface temperatures and heat transfer by D.C. casting of aluminum ingots//Evans J. Light Metals 1995. Proceedings of the Technical Sessions Presented by the TMS Aluminium Committee at the 124th TMS Annual Meeting. Las Vegas: Minerals, Metals & Materials Society, 1995: 1055-1059.

[13]　Langlais J, Bourgeois T, Caron Y, et al. Measuring the heat extraction capacity of D.C. casting cooling water//Evans J. Light Metals 1995. Proceedings of the Technical Sessions Presented by the TMS Aluminium Committee at the 124th TMS Annual Meeting. Las Vegas: Minerals, Metals & Materials Society, 1995: 979-986.

[14]　Maermer L, Magnin B, Caratini Y. A comprehensive approach to water cooling in D.C. casting//Huglen R. Light Metals 1997. Proceedings of the Technical Sessions Presented by the TMS Aluminium Committee at the 126th TMS Annual Meeting. Orlando: Minerals, Metals & Materials Society, 1997: 701-708.

[15]　Larouche A, Caron Y, Kocaefe D. Impact of water heat extraction and casting conditions on ingot thermal response during D.C. casting//Welch B. Light Metals 1998. Proceedings of the Technical Sessions Presented by the TMS Aluminium Committee at the 127th TMS Annual Meeting. San Antonio: Minerals, Metals & Materials Society, 1998: 1059-1064.

[16]　Larouche A, Langlais J, Bourgeois, et al. An integrated approach to measuring D.C. casting water quenching ability//Eckert C. Light Metals 1999. Proceedings of the Technical Sessions Presented by the TMS Aluminium Committee at the 128th TMS Annual Meeting. San Diego: Minerals, Metals & Materials Society, 1999: 235-245.

[17]　Opstelten I J, Rabenberg J M. Determination of the thermal boundary conditions during aluminum D.C. casting from experimental data using inverse modeling//Eckert C. Light Metals 1999. Proceedings of the Technical Sessions Presented by the TMS Aluminium Committee at the 128th TMS Annual Meeting. San Diego: Minerals, Metals & Materials Society, 1999: 729-735.

[18]　Zuidema J, Katgerman L, Opstelten L J, et al. Secondary cooling in D.C. casting: modeling and experimental results//Anjier J. Light Metals 2001. Proceedings of the Technical Sessions Presented by the TMS Aluminium Committee at the 130th TMS Annual Meeting. New Orleans: Minerals, Metals & Materials Society, 2001: 873-878.

[19]　Li D, Wells M A, Lockhart G. Effect of surface morphology on boiling water heat transfer during secondary cooling of the DC casting process//Anjier J. Light Metals 2001. Proceedings of the Technical Sessions Presented by the TMS Aluminium Committee at the 130th TMS Annual Meeting. New Orleans: Minerals, Metals & Materials Society, 2001: 865-871.

[20]　Wells M A, Li D, Cockroft S L. Influence of surface morphology, water flow rate, and sample thermal history

on the boiling-water heat transfer during direct-chill casting of commercial aluminum alloys. Metallurgical Transactions B，2000，32（5）：929-939.

[21] Kiss L I，Meenken T，Charette A，et al. Experimental study of the heat transfer along the surface of a water-film cooled ingot//Schneider W. Light Metals 2002. Proceedings of the Technical Sessions Presented by the TMS Aluminium Committee at the 131th TMS Annual Meeting. Washington：Minerals，Metals & Materials Society，2002：981-985.

[22] Weckman D C，Niessen P. Mathematic models of the DC continuous casting process. Canadian Metallurgical Quarterly，1984，23（2）：209-216.

[23] Bakken J A，Bergstrom T. Heat transfer measurements during DC casting of aluminum，part Ⅰ：measurement technique//Miller R. Light Metals 1986. Proceedings of the Technical Sessions Presented by the TMS Aluminium Committee at the 115th TMS Annual Meeting. Warrendale：Minerals，Metals & Materials Society，1986：883-889.

[24] Tarapore E D. Thermal modeling of DC continuous billet casting//Polmear I. Light Metals 1989. Proceedings of the Technical Sessions Presented by the TMS Aluminium Committee at the 118th TMS Annual Meeting. Las Vegas：Minerals，Metals & Materials Society，1989：875-879.

[25] Watanabe Y，Hayashi N. 3-D solidification analysis of the initial state of the DC casting process//Hale W. Light Metals 1996. Proceedings of the Technical Sessions Presented by the TMS Aluminium Committee at the 125th TMS Annual Meeting. Anaheim：Minerals，Metals & Materials Society，1996：979-984.

[26] Wiskel J B，Cockcroft S L. Heat-flow-based analysis of surface crack formation during the start-up of the direct chill casting process. Part Ⅰ：development of the inverse heat-transfer model. Metallugrical and Materials Transactions B，1996，27（1）：129-137.

[27] Drezet J M，Rappaz M. Modeling of ingot distortions during direct chill casting of aluminum alloys. Metallurgical and Materials Trisections A，1996，27（10）：3214-3225.

[28] Carlberg T，Jarfors A E W. On vertical drag defects formation during direct chill（DC）casting of aluminum billets. Metallurgical and Materials Transactions B，2014，45（1）：175-181.

[29] Bayat N，Carlberg T. Surface structure formation in direct chill（DC）casting of Al alloys. JOM，2014，66（5）：700-710.

[30] Erdegren M. Understanding surface defects on direct chill cast 6XXX aluminium billets. Sundsvall，Sweden：Mid Sweden University，2012.

[31] Grandfield J，Eskin D G，Bainbridge I. Direct-chill Casting of Light Alloys：Science and Technology. New Jersey：John Wiley & Sons，2013.

[32] 王祝堂. 瓦格斯塔夫铝合金圆锭铸造机及其铸造工艺. 2018 年全国铝、镁合金熔铸技术交流会论文集. 哈尔滨：中国有色金属加工工业协会轻金属分会，2018：141-149.

[33] Marek P，Chow B，Weaver C，et al. An adjustable mould for sheet ingot production//Eckert C. Light Metals 1999. Proceedings of the Technical Sessions Presented by the TMS Aluminium Committee at the 128th TMS Annual Meeting. San Diego：Minerals，Metals & Materials Society，1999：1197-1201.

[34] Pouly P，Caloz E. Automation & data acquisition tools for easier and safer casting//Peterson R. Light Metals 2000. Proceedings of the Technical Sessions Presented by the TMS Aluminium Committee at the 129th TMS Annual Meeting. Nashville：Minerals，Metals & Materials Society，2000：635-640.

[35] 孙继陶，杨怀军，蔡有萍. 低液位铸造技术在铝合金扁锭生产中的应用. 轻合金加工技术，2007，35（1）：25-30.

[36] 石峰. 影响连续铸造时逆流导热距离 UCD 值的因素与应用. 2007 年全省有色金属学术交流会论文集. 济南：

山东省科学技术协会，2007：109-115.

[37]　江亚龙. 6061 铝合金热顶半连续铸造数值模拟及性能预测. 赣州：江西理工大学，2016.

[38]　孙兆霞，王德满，关东滨. 铝合金半连续铸造的工艺过程控制. 工业铝型材技术专集. 广州：中国有色金属加工工业协会轻金属分会，2006：89-93.

[39]　林师朋，刘金炎，钟鼓，等. 铝合金扁锭先进半连续铸造技术研究现状. 轻合金加工技术，2018，46（11）：1-7.

[40]　Getselev Z V. Casting in an electromagnetic field. Journal of Metals，1971，23（10）：38-44.

[41]　Lavers J D，Bringer P P. Electromagnetic transport and confinement of liquid metals. IEEE Transactions on Magnetics，1989，25（3）：495-502.

[42]　韩至成. 电磁冶金学. 北京：冶金工业出版社，2001.

[43]　Evans J W. The use of electromagnetic casting for al alloys and other metals. JOM，1995，47（5）：38-41.

[44]　Vives C. Electromagnetic refining of aluminum alloys by the CERM process，part Ⅰ：working principle and metallurgical results. Metallurgical Transactions，1989，20（5）：623-629.

[45]　Vives C. Electromagnetic refining of aluminum alloys by the CREM process，part Ⅱ：specific practical problems and their solutions. Metallurgical Transactions，1989，20（5）：631-643.

[46]　张北江. 低频电磁场作用下铝合金半连续铸造工艺与理论研究. 沈阳：东北大学，2002.

[47]　张北江，崔建忠，路贵民，等. 电磁场频率对电磁铸造 7075 铝合金微观组织的影响. 金属学报，2002，38（2）：215-218.

[48]　张北江，崔建忠，路贵民，等. 外加电磁场对半连续铸造 7075 铝合金宏观偏析规律的影响. 东北大学学报，2002，23（10）：63-65.

[49]　Zhang B J，Lu G M，Cui J Z. Effect of electromagnetic frequency on microstructures of continuous casting aluminum alloys. Journal of Materials Science and Technology，2002，18（5）：401-403.

[50]　Zhang B J，Cui J Z，Lu G M，et al. Effect of electromagnetic field on macrosegregation of continuous casting 7075 aluminum alloys. Transactions of Nonferrous Metals Society of China，2002，12（4）：545-548.

[51]　Dong J，Cui J Z. Effect of low-frequency electromagnetic casting on the castability，microstructure，and tensile properties of direct-chill cast Al-Zn-Mg-Cu alloy. Metallurgical and Materials Transactions A，2004，35（8）：2487-2495.

[52]　Dong J，Cui J Z，Zeng X. Effect of low-frequency electromagnetic field on microstructures and macrosegregation of Φ270 mm DC ingots of an A-Zn-Mg-Cu-Zr alloys. Materials Letters，2005，59（12）：1502-1506.

[53]　Zuo Y B，Cui J Z，Zhao Z H，et al. Effect of low frequency electromagnetic field on casting crack during DC casting superhigh strength aluminum alloy ingots. Materials Science and Engineering A，2005，406(1-2)：286-292.

[54]　Zuo Y B，Cui J Z，Zhao Z H，et al. Mechanism of grain refinement of an Al-Zn-Mg-Cu alloy prepared by low-frequency electromagnetic casting. Journal of Materials Science，2012，47（14）：5501-5508.

[55]　Zhang B，Cui J Z，Lu G. Effect of low-frequency magnetic field on macrosegregation of continuous casting aluminum alloys. Materials Letters，2003，57（11）：1707-1711.

[56]　Zhang H T，Nagaumi H，Zuo Y B，et al. Coupled modeling of electromagnetic field，fluid flow，heat transfer and solidification during low frequency electromagnetic casting of 7xxx aluminum alloys. Part 1：development of a mathematical model and comparison with experimental results. Materials Science and Engineering A，2007，448（1）：189-203.

[57]　Vives C. Solidification of tin in the presence of electric and magnetic field. Journal of Crystal Growth，1986，76（1）：170-184.

[58] Vives C. Effects of forced electromagnetic vibrations during the solidification of aluminum alloys: part I. Solidification in the presence of crossed alternating electric fields and stationary magnetic fields. Metallurgical and Materials Transactions B, 1996, 27 (3): 445-455.

[59] Vives C. Effects of forced electromagnetic vibrations during the solidification of aluminum alloys: part II. Solidification in the presence of collinear variable and stationary magnetic fields. Metallurgical and Materials Transactions B, 1996, 27 (3): 457-464.

[60] 张勤, 崔建忠, 路贵民, 等. 电磁振荡强度对半连铸 7075 铝合金微观组织的影响. 中国有色金属学报, 2002, 12 (5): 222-226.

[61] 张勤. 低频电磁半连续铸造铝合金工艺及理论研究. 沈阳: 东北大学, 2003.

[62] Dong J, Cui J Z, Ding W J. Theoretical discussion of the effect of a low-frequency electromagnetic vibrating field on the as-cast microstructures of DC Al-Zn-Mg-Cu-Zr ingots. Journal of Crystal Growth, 2006, 295 (2): 179-187.

[63] 郭世杰, 长海博文, 刘金炎, 等. 铝合金近终形铸锭用半连续铸造结晶器: CN203917841U. 2014-11-05.

[64] Nagaumi H, Takeda Y, Umeda T. FEM simulation in the casting process of neat net shape DC billet. Journal of Japan Institute of Light Metals, 2005, 55 (10): 463-467.

[65] Mark D A. Method for casting composite ingot: US20060185816 A1. 2006-05-05.

[66] Bischof T F, Hudson L G, Wagstaff R B. Novelis Fusion™: a novel process for the future//Grandfield J, Eskin G. Essential Readings in Light Metals. Cham: Springer Nature, 2016 (3): 628-632.

[67] Jiang H X, Zhang H T, Qin K, et al. Direct-chill semi-continuous casting process of three-layer composite ingot of 4045/3004/4045 aluminum alloys. Transactions of Nonferrous Metals Society of China, 2011, 21 (8): 1692-1697.

[68] Jiang H X, Qin K, Zhang H T, et al. A new composite material produced by semicontinuous casting. Acta Metallurgica Sinica, 2010, 23 (4): 255-260.

[69] Jiang H X, Zhang H T, Qin K, et al. A new method for manufacturing composite ingot of 3004/4045 aluminum alloy. Advanced Materials Research, 2011, 152-153: 1203-1207.

[70] Håkonsen A, Hafsås J E, Ledal R. A new DC casting technology for extrusion billets with improved surface quality//Grandfield J. Light Metals 2014. Proceedings of the Technical Sessions Presented by the TMS Aluminium Committee at the 143rd TMS Annual Meeting. San Diego: Minerals, Metals & Materials Society, 2014: 873-878.

第3章

铝合金锻造技术

3.1 ▶ 锻造概述

　　锻造是一种古老的成型工艺，几乎与纯金属的规模化生产同时诞生，人类发现和使用金属的几千年历史都伴随着锻造技术的发展。锻造是机械制造工业的基础工艺之一，不仅能够获得机械零件的形状，还能够有效地改善材料的内部组织结构，提供更好的力学性能。对于受力大、力学性能要求高的重要机械零件，大多数采用锻造工艺生产，因此锻件被广泛应用于飞机、兵器、汽车、电力工业中的主要承力部件，如图 3.1 所示。由此可见，锻造零件在机械与装备中占有很重要的地位，同时锻造技术已成为国民经济发展的重要支持。

图 3.1　铝合金锻件的应用

铝合金材料已经在社会各类行业中普遍使用，其具有密度较小、比强度和比刚度相对较高等特点，且铝合金锻件在各个工业部门中已成为机械零件不可或缺的材料。但是在国内铝材中，锻件占的比例并不大（接近2%），与工业发达国家相关企业所产锻件的占比相差不大。随着科学技术的进步和国民经济的发展，对材料提出越来越高的要求，迫使铝合金锻件向大型整体化、高强高韧化、复杂精密化的方向发展，大大促进了中、大型液压机和锻环机的发展。随着我国交通运输业朝现代化、高速化方向发展，交通运输工具的轻量化要求日趋强烈，以铝代钢的呼声越来越高，特别是轻量化程度要求高的飞机、航天器、铁道车辆、地下铁道、高速列车、货运车、汽车、舰艇、船舶、火炮、坦克及机械设备等重要受力部件和结构件，近几年来大量使用铝及铝合金锻件和模锻件以替代原来的钢结构件，如飞机结构件几乎全部采用铝合金模锻件。汽车（特别是重型汽车和大中型客车）轮毂、保险杠、底座大梁，坦克的负重轮，炮台机架，直升机的动环和不动环，火车的气缸和活塞部，木工机械机身，纺织机械的机座、轨道和绞线盘等都已应用铝合金模锻件来制造。目前，锻件正在呈大幅度增长趋势，甚至某些铝合金铸件也开始采用铝合金模锻件来代替。当前，我国铝合金锻造技术，在技术装备和模具设计与制造等方面与发达国家相比还有很大的发展空间。而在产品规模和产量、生产效率和规模化生产，以及产品的质量和效益等方面已经取得了明显的进步，铝合金锻造技术在我国初步建成了铝合金锻造体系，为我国国民经济的发展提供了坚实的基础。近几年，我国铝合金锻造生产技术方面虽然取得了很大的发展，但是与国外先进水平还有着较大的差距，对于国内外市场对高性能铝合金锻件不断增长的需求还不能满足，对于飞机、轮船、高速火车等交通运输的轻量化要求还不能够很好满足。

先进的设备、一流的工艺是优质锻件成功生产的关键因素。同一质量要求的锻件采用不同的锻造工艺，其生产成本及生产效率有极大差别，因此，发展低成本、高效率的铝合金锻造新技术对锻造业的发展至关重要。

目前，在全球低碳经济背景下，对铝合金锻件要求越来越高，主要体现在：①要求高力学性能的同时拥有更高的服役性能，如抗疲劳、耐腐蚀等性能；②更高的尺寸精度与表面质量；③更短的制备流程与更低的制造成本。特别是对于铝合金锻件应用量最大的汽车行业，对于这些需求更加明显，因此本章重点集中介绍车用锻件制备技术，同时介绍两种先进的铝合金锻件制备技术——等温锻造与精密锻造技术。

3.2　车用铝合金锻件制备技术

汽车已成为世界能源消耗和污染物排放的主要来源。发达国家均制定严格的法规来限制燃油消耗和温室气体的排放，欧盟到 2030 年 CO_2 排放量须降至 59 g/km，美国到 2026 年须降至 82 g/km，日本到 2030 年须降至 161 g/km。我国规定到 2030 年须降至 75 g/km，同时工业和信息化部出台了《乘用车燃料消耗量限值》（GB 19578—2021），规定乘用车平均油耗 4.9 L/100 km。据统计，汽车每减轻 100 kg，节省燃油 0.3～0.5 L/100 km，可减少 CO_2 排放 8～11 g/100 km。为了完成汽车行业的节能减排，最终实现汽车的零排放，新能源汽车备受关注，各国都出台相关政策大力倡导和促进发展新能源汽车。2021 年我国新能源汽车产销量分别为 354.5 万辆和 352.1 万辆，同比分别增长 159.5% 和 157.5%。但新能源汽车的最大问题是续航距离，有效的解决方法是增加电池容量和降低汽车整备质量。据统计，每减少 100 kg 的整备质量可以增加续驶里程 10%，节约电池成本 15%～20%。因此，汽车轻量化是解决新能源汽车续航问题的必然选择。

综上，无论是燃油车的节能减排还是新能源车的续航提升，都清晰地勾勒出汽车轻量化是未来汽车发展的必然趋势。

轻量化材料的开发和应用是实现汽车轻量化最直接有效的方法。铝合金具有质量轻、耐腐蚀性好、易于加工等特点，是应用较早且技术成熟的轻量化材料。铝材可为汽车减重高达 30%～60%，被国内外车企广泛采用，如福特汽车公司的 F150、奥迪公司的 A8、捷豹汽车有限公司的 XF 等燃油车，特斯拉电动汽车，还有我国的自主品牌奇瑞 eQ1 小蚂蚁电动车等都具有较高的铝化率，特别是 SUV-蔚来 ES8 更是具有 96.4% 铝化率。据预测 2025 年国内汽车用铝量将达 250 kg/辆，新能源汽车可达 300 kg/辆，因此，铝合金越来越成为汽车制造商轻量化的"首选材料"。

汽车底盘的轻量化不仅有利于降低油耗和提高整车舒适性，更重要的是关系到车辆的行驶安全，因此各汽车厂家都加大力度开发各种铝制轻型底盘零件。汽车底盘主要由控制臂、转向节、副车架、连接杆等关键安保零件组成。汽车底盘作为支承、安装汽车各部件的总成，底盘零件是汽车的重要结构安全件，要求有良好的强度、刚度、抗疲劳及综合性能，因此，这些铝合金底盘零件多通过锻造的方式制备。然而，铝合金锻造底盘零件多应用于中高档乘用车中，其主要受限于综合性能与制备成本高。传统的铝合金锻件综合性能偏低，包括力学性能和抗疲劳性能，为解决这个问题各国都在开发用于生产锻件的新型 6××× 铝合金材料。例如，日本神户制钢所的 KD610 合金[1, 2]，屈服强度为 380 MPa，伸长率大于 10%，疲劳强度约为 140 MPa；肯联铝业公司的 HSA6 合金[3]，屈服强度大于 410 MPa，伸长率大于 10%，但其疲劳强度数据并没有报道。目前，国内只能生产 6061 和 6082 铝合金锻件，其屈服强度为 280 MPa，伸长率大于 10%，疲劳强度仅为 120MPa，且产品性能稳定性明显低于国外同等合金产品，特别是抗疲劳性能，其原因为形成了粗大再结晶晶粒，如图 3.2 所示。同时国内，由本书作者苏州大学的张海团队通过合金成分优化，生产过程控制弥散相尺寸与密度和晶粒结构（亚晶结构）有效抑制粗大再结晶晶粒的产生，开发了一种新型的锻造用 6××× 铝合金 ZR6001，其性能稳定达到：屈服强度为 385 MPa，伸长率大于10%，疲劳强度约为 140 MPa，目前已被中国第一汽车集团有限公司、中国长安汽车集团股份有限公司、浙江吉利控股集团等自主品牌车企作为底盘用锻件的首选合金。其次，车用铝合金锻件成本过高，其原因在于锻件制备流程长、成品率低。为了解决这个问题，日本神户制钢所使用水平连铸棒直接进行锻造，与常规挤压棒＋锻造的工艺相比，流程更短，能耗更低，成本平均降低 1000~2000 元/t。本书作者苏州大学的张海团队开发了一种先进的异型铸坯锻造技术，与日本神户制钢所的水平连铸直接锻造技术相比，节省了铸棒扒皮、弯曲、粗模锻等工序，是加工流程更短、制造成本更低的节能环保新型锻造技术。综上，目前车用铝合金底盘结构件锻造技术主要集中于：材料开发技术、晶粒控制技术、低成本锻造技术等。本节将从四方面介绍车用锻件制备技术，分别为车用铝合金锻件材料开发、高温锻造 T5 处理、铸棒直锻技术、异型铸坯锻造技术。

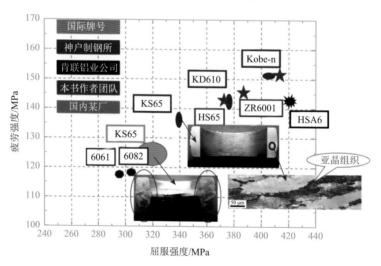

图 3.2　高性能锻造用 6××× 铝合金的屈服强度与疲劳强度

3.2.1　车用铝合金锻件材料开发

目前，车用锻造铝合金均为 6××× 铝合金，这些合金中最具代表性的是 6061和 6082 铝合金，这也代表了两种材料开发的方向。6061 铝合金为含 Cu 的 6×××铝合金，成分如表 3.1 所示，其主要优势是利用添加的 Cu 使合金在时效热处理过程中形成 Q 相，增加其析出相数量，因此获得更高的力学性能。但是该合金仅通过 Cr 元素在均匀化过程中形成的 α 弥散相，数量较少，在锻造及后续固溶处理过程中对位错的钉扎作用偏弱，所以易产生粗大晶粒，导致合金抗疲劳性能较低或波动较大。另一方向为含 Mn 的 6082 铝合金，成分如表 3.1 所示，其主要优势是利用添加的 Mn 元素使合金在均匀化热处理过程中形成 α 弥散相。由于采用高含量 Mn 导致 α 弥散相数量大增，在锻造及后续固溶处理过程中对位错的钉扎作用显著增加，即使固溶后晶粒内仍然会有亚晶存在，但有效抑制粗晶形成，并能够提高强度，抗疲劳性能也会显著增加，因此底盘件中更多地使用 6082 铝合金。然而，这两种合金由于屈服强度和疲劳强度偏低无法满足目前汽车轻量化的需求，因此对于车用铝合金锻件的材料开发均同时采用这两种思路，即采用 Mg、Si、Cu + Mn、Cr 的合金化思路。对于这类合金的开发，目前日本神户制钢所做得最好，遵循了"使用一代、储备一代、研发一代"的应用型材料的开发原则。从表 3.1 中可以看出，神户制钢所先后开发了三代锻造用 6××× 铝合金，第一代为 KS65，采用低 Cu 含量低 Mn 含量的合金化思路，其经 T6 热处理后的性能达到：屈服强度大于 340 MPa，疲劳强度大于 130 MPa。第二代合金为 KD610，是在 KS65 的基础上增加了 Mg、Si 含量，同时采用中 Cu 含量高 Mn 含量的合金化思路，其经 T6 热处理后的性能达到：屈服强度大于 380 MPa，疲劳强度大于 140 MPa。KD610 相对于 KS65 性能显著提高，其原因为：①通过提高 Mg、Si 含量同时配合较高的 Cu 含量，这样合金在 T6 热处理时析出的强化相（β″ 与 Q′）更多。热力学计算结果显示，KS65 合金中的 β 相与 Q 相的质量分数分别为 0.65 wt% 和 1.48 wt%，而 KD610 合金中的 β 相与 Q 相的质量分数分别为 0.27 wt% 和 2.66 wt%，比较发现 KD610 相对于 KS65，β 相减少 Q 相增多，总量（β + Q 相）增加了 0.8 wt%，这是 KD610 强度高于 KS65 的主要原因。②通过提高 Mn 含量，合金在均匀化热处理过程中析出的亚微米 α 相（AlFeMnCrSi 相）也会增加。热力学计算结果显示，KS65 合金中 α 相的质量分数为 1.6 wt%，而 KD610 合金中 α 相的质量分数达到了 3.2 wt%，比较发现 KD610 相对于 KS65，α 相增加了一倍，导致 KD610 合金在锻造和后续 T6 热处理中能够很好地限制位错运动，有效抑制粗晶，因此抗疲劳性能显著提升。近几年，神户制钢所又开发了新合金 Kobe-n，其合金成分与 KD610 几乎相同，但其屈服强度大于 400 MPa，疲劳强度大于 150 MPa。从 KD610 到 Kobe-n 期间跨度近 15 年，其原因在于：对于 6××× 铝合金，KD610 中 Mg、Si、Cu 的含量接近极限，进一步增加 Mg、Si 含量会导致过剩的 β 相与 Q 相在固溶时无法回溶到铝基体中，残留在晶界处，导致锻件韧性、抗疲劳性能、耐腐蚀性能显著降低；如果增加 Cu 含量，那么在合金中的强化相将发生变化，即随着 Cu 含量增加，β 相减少 Q 相增加，另外 Cu 含量在增加时，将产生 θ 相同时 β 相消失，这样虽然可以进一步增加强度，但是引进的 θ 相将显著降低合金的耐腐蚀性能。综上，对于车用锻件 6×××铝合金而言，其 Mg、Si、Cu 含量通常分别控制在 Mg 含量小于 1 wt%、Si 含量小于 1.2 wt%、Cu 含量小于 0.6 wt%。因此，通过优化和改变 Mg、Si、Cu 含量很难提高合金的性能。那么 Kobe-n 在与 KD610 合金成分相同的情况如何提高性能，其主要是通过锻造及后续 T6 热处理中控制晶粒取向及核心平均取向差（kernel average misorientation，KAM）值来提高综合性能。

表 3.1　高性能锻造用 6×××铝合金成分　　　　　（单位：wt%）

合金	成分								
	Si	Mg	Cu	Mn	Cr	Fe	Li	Zr	Zn
6061	0.65	1	0.32	0.15	0.27	0.2	0.15	—	—
6082	1.1	1	0.1	0.75	0.2	0.2	0.1	—	—
KS65	0.97	0.87	0.3	0.31	0.13	0.15	0.1	—	0.01
KD610	1.2	1	0.54	0.7	0.2	0.22	0.03	0.1	0.01
Kobe-n	1.2	1	0.5	0.7	0.2	0.04	0.04	0.1	0.12
HSA6	1.3	0.89	0.74	0.53	0.1	0.16	0.2	0.13	0.1
HS65	1	0.83	0.4	0.37	0.27	0.15	0.1	—	—
ZR6001	1	0.83	0.45	0.6	0.3	0.12	0.1	—	—

　　上面回顾了日本神户制钢所开发的三代高强韧 6×××铝合金，不难发现通过合金化手段对时效析出的强化相优化已经接近极限，未来车用锻件铝合金的发展趋势将是对晶粒结构的控制，那么如何控制晶粒结构将成为车用锻件铝合金的研究重点。车用铝合金锻件内部的晶粒结构与很多因素有关，其中最为重要的因素为弥散相。通过控制弥散相的种类、尺寸、密度、分布能够有效限制合金中位错运动，对位错有效钉扎，控制合金回复与再结晶过程，使其晶粒内部形成细小亚晶，从而提高锻件的力学与服役性能。车用锻造铝合金中的弥散相最主要的就是 α 相（AlFeMnCrSi 相），其获得方法是在合金中添加 Mn、Cr 等过渡族元素，在均匀化热处理时与 Fe、Si 形成弥散分布的 α 相。该相体密度高、热稳定性强，所以能有效控制材料热变形后的回复、再结晶及晶粒长大过程，进而控制材料的晶粒结构。研究结果显示，与铝基体半共格的亚稳态 β′相可作为 α 弥散相的形核质点，促进 α 弥散相的析出。其过程为：合金在均匀化升温过程中，中间相 u 相在 β′相上形核，且富含 Mn 和 Cr 元素，然后 α 弥散相在 u 相上非均质形核，如图 3.3 所示。α 弥散相中 Mn 元素的含量与 α 弥散相的形状和尺寸有着密切关系。在高 Mn 含量的合金中，α 弥散相中的长宽比会增加。如图 3.4 及表 3.2 所示，长宽比较大的 α 弥散相中 Mn 元素的比例也较高。这意味着在开发新合金的过程中，Mn、Cr、Fe 元素的含量不仅会极大地影响 α 弥散相的数量，同时对 α 弥散相的形

貌也有着极大作用。α 弥散相是可以在亚稳态 Q 相上异质形核的。如图 3.5 所示，在 α 弥散相的析出初期，亚稳态 Q 相及刚刚析出的 α 弥散相同时存在。随着析出的进行，亚稳态 Q 相逐渐溶解，而 α 弥散相在亚稳态 Q 相上形核长大。这意味着可以通过控制亚稳态 Q 相的形态、结构和数量，达到控制 α 弥散相析出的目的。为了获得高密度纳米级 α 弥散相，必须为其提供充足的形核质点，因此采用双级均匀化热处理是有效的方法。通过低温均匀化热处理，获得高密度均匀异质形核质点，为后续高温均匀化热处理形成 α 弥散相提供形核质点，促进高密度纳米级 α 弥散相析出。

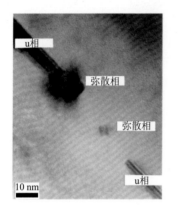
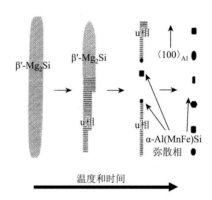

图 3.3　α 弥散相形成机制[4]

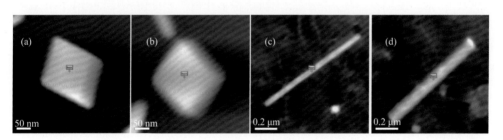

图 3.4　块状及长条状 α 弥散相

表 3.2　对应图 3.4（a）～（d）中块状及长条状 α 弥散相的化学成分

图号	尺寸/nm	形状	长宽比	原子分数/%			Mn/Fe 原子比	Mn/Cr 原子比
				Cr	Mn	Fe		
(a)	168	块状	1	2.3	11.0	2.9	3.7931	4.7826
(b)	172	块状	1	1.8	7.7	1.9	4.0526	4.2778
(c)	1030	条状	21	—	6.6	—	—	—
(d)	1002	条状	8.8	—	6.5	—	—	—

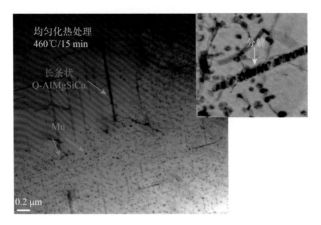

图 3.5 经过均匀化热处理 460℃/15 min，长条状 Q 相和块状 α 弥散相，以及长条状 Q 相分解成块状 α 弥散相

总之，对于车用铝合金锻件材料开发重点将集中于通过优化合金成分，同时改变或优化锻件制备工艺以获得最优的晶粒结构，保持其高的力学性能与服役性能。

3.2.2 高温锻造 T5 处理

目前，车用铝合金锻件最主要的制备工艺为：DC 铸造 → 均匀化热处理 → 挤压 → 锻造 → T6 热处理。采用这种工艺的主要原因是：①由于车用锻件使用的毛坯尺寸较小，多为直径 30～70 mm，铸造较难获得；②通过挤压过程的挤压效应使毛坯料形成纤维组织，使得锻件拥有较好流线。目前，70% 以上的车用铝合金锻件均采用该工艺，但是该工艺对整个制备过程的工艺参数要求严格，工艺窗口较窄。因为合金经过挤压后储存了大量的变形能，在后续锻造时继续积累变形能，在高温固溶处理时，前期大量积累的变形能释放使合金发生再结晶甚至晶粒粗大，这些晶粒将造成最终产品内部组织不均匀，严重影响零部件的耐腐蚀和抗疲劳性能。

以 6082 铝合金锻件为例，产品如图 3.6 所示。6082 铝合金通过半连续铸造和均匀化热处理后进行挤压制备锻造用的毛坯料。图 3.7 显示了不同挤压出口温度下合金的晶粒结构。从图中可以看出，挤压坯料主要是由纤维组织构成，中心到边部逐渐变细，并且在坯料表面有一层细小等轴晶形成。这些表面细小等轴晶是由于表面位置的合金受到的应变与温度梯度最大，发生了动态再结晶而形成细小等轴的再结晶晶粒，成为表面再结晶区。另外，通过比较不同挤压工艺发现，压力机出口温度对再结晶区厚度的影响不明显。

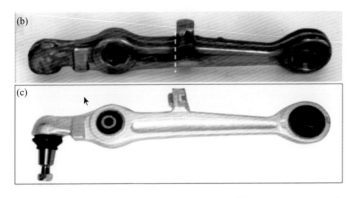

图 3.6　6082 铝合金锻件[5]

（a）挤压棒；（b）锻；（c）总成

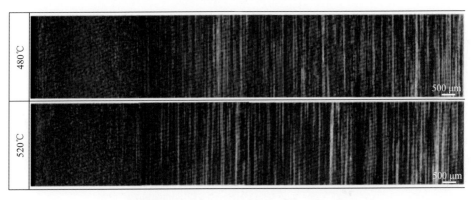

图 3.7　6082 铝合金在不同挤压出口温度下的晶粒结构[6]

　　图 3.8 显示了 6082 铝合金锻造后的晶粒结构，结果发现：①锻造后表面都会形成较为粗大的晶粒，并且这部分厚度与挤压坯料中细小等轴晶区大小相一致，这表明挤压过程中形成的细小等轴再结晶晶粒在锻造时发生二次再结晶，相互吞并长大形成粗晶，其形成示意图如图 3.9 所示。同时发现挤压出口温度对锻造后晶粒结构有显著的影响，挤压温度越高粗晶区越小。这是由于在低挤压温度的情况下，储存了更大的变形能，导致在热形成之前加热期间发生严重再结晶和晶粒的生长。②从表面粗晶区向里到中心，外层会形成细小等轴晶，心部会形成薄饼状组织。这些组织形成原因是挤压过程中形成的纤维组织储存了大量变形能，在锻造前加热或锻造过程中发生再结晶，但是中心部分在锻造过程中不仅发生了再结晶而且受到金属流动的影响，再结晶晶粒被拉长，形成薄饼状晶粒，其形成示意图如图 3.9 所示。细小再结晶晶粒与薄饼状晶粒的分界线受到锻件与模具摩擦的影响，这个摩擦力限制了皮下合金的流动，晶粒没

有被拉长而保持细小再结晶晶粒结构，所以这个分界线就是可流动金属与不可流动金属的分界线。

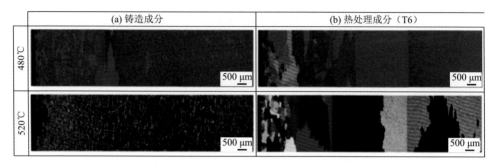

图 3.8　6082 铝合金锻造后的晶粒结构[6]

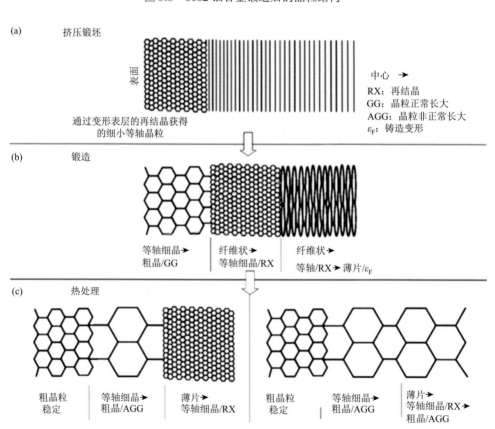

图 3.9　铝合金锻件晶粒结构形成机制[6]

　　图 3.8 显示了 6082 铝合金经 T6 热处理后的晶粒结构。结果发现，经过 T6 热

处理后，表面粗晶层几乎没有变化，但是细小等轴晶与薄饼状晶区的晶粒均发生严重的粗化现象。其机制如图 3.9 所示，表面粗晶层在锻造时已经发生了粗大再结晶，将变形能完全释放，在后续的固溶处理时，丧失了晶粒继续长大的驱动力。而细小等轴晶与薄饼状晶区在锻造过程中虽然发生了动态再结晶，同时也发生变形，并且储存了大量的变形能，在后续的固溶处理时，在应变能的驱动下发生静态二次再结晶，形成粗大晶粒。

综上，车用铝合金锻件粗晶区形成的影响因素为挤压毛坯的制备工艺、锻造工艺和固溶处理，其中固溶处理影响最大，因此可以通过高温锻造后直接淬火再进行时效处理，从而避免晶粒的异常长大。

高温锻造 T5 处理技术是通过锻造前加热到固溶温度并保温使合金元素固溶到铝基体中，然后进行锻造及随后淬火，最后再进行时效热处理。该技术的原理是利用锻前高温加热与延长时间，完全消除挤压过程储存的应变能，同时使合金元素完全溶解在基体中，实现固溶处理过程；锻造时随金属流动形成显著流线，微观晶粒结构呈现纤维状，同时锻造后立刻淬火，使合金元素来不及析出形成过饱和固溶体，省略了后续的固溶处理，晶粒结构不会发生变化，并且在时效时合金元素还会有足够的过饱和量，在经过 T5 热处理后，合金内部呈现纤维状晶粒结构，同时拥有与 T6 热处理后一样的析出强化效果，因此合金的力学性能与服役性能均大于常规生产获得的锻件。同样以图 3.6 显示的 6082 锻件为例，采用两种不同工艺，一种是常规工艺生产，另一种为高温锻造 T5 热处理工艺制备，工艺路径如图 3.10 所示，具体工艺参数如表 3.3 所列。挤压毛坯料的微观晶粒结构如图 3.11 所示，从表面到中心分别为细小再结晶组织、细小的纤维组织和粗大的纤维组织。拥有这样组织的挤压坯料经过两种不同工艺路径获得的锻件的宏观组织如图 3.12 所示，不难发现常规工艺下在锻件表面形成较大宽度的粗晶层，而新工艺下锻件几乎观察不到粗晶，正如前面分析的不进行固溶处理能够保留在锻造过程中储存的变形能，内部形成亚晶，因此对其力学性能与服役性能都有所提高。表 3.4 显示了两种工艺下制备的锻件性能。

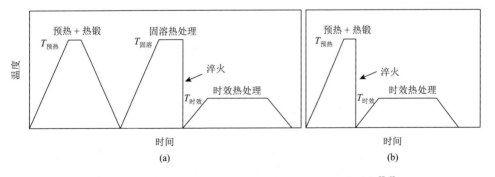

图 3.10　常规（a）与高温锻造 T5 热处理（b）工艺路径[7, 8]

表 3.3　常规与高温锻造 T5 热处理工艺参数[7, 8]

组号	过程	工艺细节
1	W/固溶处理	预热至 500℃ → 热锻 → 水淬 → 520℃固溶淬火 → 180℃时效
2	W/O 固溶处理	预热至 520℃ → 热锻 → 水淬 → 180℃时效

图 3.11　挤压毛坯料的微观晶粒结构[7]

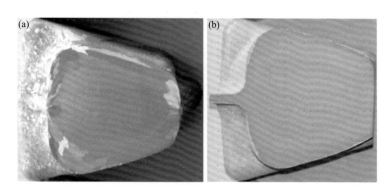

图 3.12　常规（a）与高温锻造 T5 热处理（b）工艺生产的锻件的宏观组织照片[8]

表 3.4　常规与高温锻造 T5 热处理工艺生产的锻件的性能[8]

过程	v_y/MPa	σ_{TUS}/MPa	A_{50}/%	硬度(HB)	断裂次数 NR	冲击能/J
W/固溶处理	313	342	8.6	106±3	204625±128756	14±0.6
W/O 固溶处理	305	329	10.3	106±1	211265±134111	31±1

注：σ_y 为屈服强度，σ_{TUS} 为抗拉强度，A_{50} 为伸长率。

3.2.3　铸棒直锻技术

前面已经提到影响车用锻件粗晶的因素之一为挤压过程储存的变形能，变形能储备得越多，锻件中产生粗晶越多，性能越低。例如，挤压机出口温度越低，变形能储备越多，锻件经 T6 热处理后越容易产生粗晶。图 3.13 显示了不同挤压机出口温度的坯料锻造再经 T6 热处理后宏观组织照片，不难发现挤压机出口温度越低，经 T6 热处理后产生粗晶越多。因此，如果锻件不是由挤压坯料进行锻造而得，而是使用铸造棒直接进行锻造，将大幅度降低固溶前合金储备的变形能，进而在固溶过程中不发生粗大再结晶甚至再结晶。同样以图 3.6 锻件为例，一种工艺路径为传统路径，另一种为由铸棒（水平连铸）获得。图 3.14 显示了传统工艺与铸棒直锻工艺下坯料、锻造后及 T6 热处理后锻件的宏观组织照片。从图中

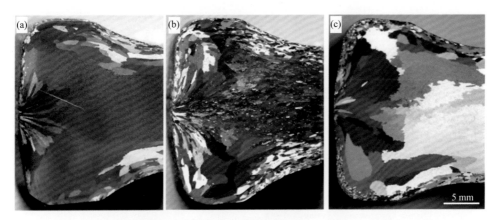

图 3.13　不同挤压机出口温度的坯料锻造再经 T6 热处理后的宏观组织照片[9]

（a）500℃；（b）460℃；（c）430℃

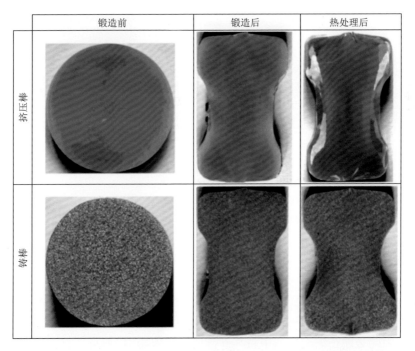

图 3.14　传统工艺与铸棒直锻工艺下坯料、锻造后及 T6 热处理后锻件的宏观组织照片[6]

可以看出，铸棒直锻工艺能够很好地解决传统工艺下易产生粗晶的问题。同时，铸棒直锻省略了挤压工序，缩短锻件制备流程，降低锻件制备成本。目前神户制钢所就是采用该工艺制备车用铝合金锻件。

3.2.4 异型铸坯锻造

用铸棒作为锻造坯料是一种高效、经济的生产车用锻件的工艺路径，并且能够更好地抑制粗晶产生，提高锻件的服役性能。但是即使采用铸棒直锻工艺来制备车用锻件，特别是麦弗逊式独立悬架用的近三角形控制臂，仍然要经历复杂的工艺路径：辊锻→弯曲→粗模锻→模锻成型→切边，如图3.15所示。如何缩短车用锻件的制备流程成为其节能增效降本的关键。前面章节介绍了异型铸造技术，获得的异型铸坯能够很好地缩短车用锻件的制备流程，其取消了辊锻与弯曲工序，如图3.15所示。

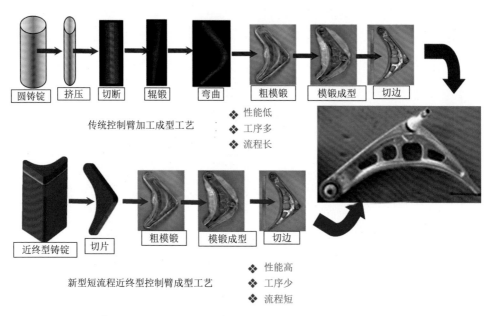

图 3.15 铝合金锻件传统工艺与异型铸坯锻造工艺比较

异型铸坯锻造技术，是利用异型半连续铸造获得断面接近锻件的铸锭直接进行锻造，其技术难点在于以下两方面。

（1）异型铸坯截面设计。坯料设计不合理将导致锻造过程充不满或者飞边多且大，成品率下降。另外，由于异型铸坯表面存在偏析层，并且无法通过车削加工去除，因此必须在锻造过程中将其外排至飞边中切掉。以图3.16所示锻件为例，首先根据锻件投影形状设计坯料基本截面形状［图3.17（a）］，经过计算机辅助工程（CAE）分析发现从形状上，异型铸造基本可以实现。但锻造过程是否将偏析层及缺陷排到飞边内还需验证。因此对坯料的锻造过程进行了点追踪，在距离表面 2 mm 处取了 11 个节点，追踪这 11 个节点在锻造后的位置，如图 3.17（b）所

图 3.16　控制臂锻件结构图

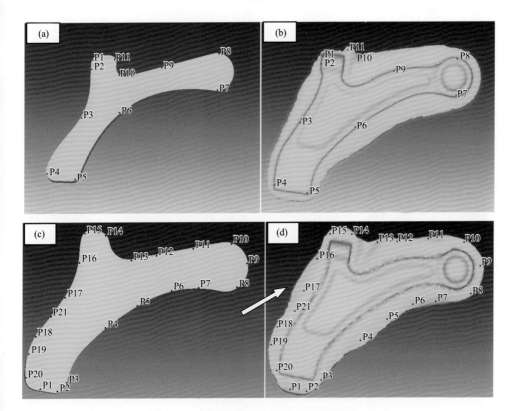

图 3.17　控制臂锻造过程点追踪模拟结果

初始坯料锻造前（a）和锻造后（b）；修改后坯料锻造前（c）和锻造后（d）

示。锻造后坯料表面的偏析层及缺陷会留在零件上而不会被排除，因此仍然要继续加大坯料的外轮廓，以保证坯料锻造之后成型的零件充型良好，如图 3.17（c）和（d）所示。同时对该坯料的锻造过程进行了点追踪，选取距离坯料表面 2 mm 的参考点，结果可以看出所有的点都在零件外，说明距离坯料表面 2 mm 之内的偏析层及缺陷均被排除在飞边里面，因此获得异型铸坯截面，如图 3.18 所示。

图 3.18　控制臂坯料形状

（2）锻件内晶粒结构控制。6×××铝合金锻件优异的力学性能一部分来自时效强化，还有一部分来自加工硬化，即形成足够的亚晶组织。另外，为保证锻件的抗疲劳性能，在热处理后不能出现粗晶。利用设计的锻造毛坯截面设计结晶器，进行半连续铸造生产获得异型铸锭（ZR6001 铝合金），切片后进行锻造和 T6 热处理，其制备过程如图 3.19 所示。在锻件加强筋上取样，其宏观组织如图 3.20 所示，从图中可以看出截面由流线构成，没有发现粗晶。在图 3.20 中①～④位置

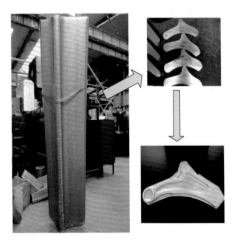

图 3.19　异型铸坯锻造生产流程

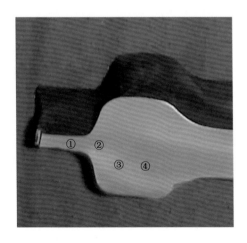

图 3.20　ZR6001 锻件宏观组织照片

图 3.21 ZR6001 锻件不同位置 EBSD 结果

分别取样，进行电子背散射衍射（EBSD）分析，结果发现晶粒内分布着大量的亚结构（图 3.21），其占比超过 70%，因此，ZR6001 铝合金锻件力学性能可以达到屈服强度为 385 MPa，伸长率大于 10%，疲劳强度约为 140 MPa。

综上，异型铸坯锻造技术是一种近终型成型技术，是目前世界上生产车用铝合金锻件流程最短、成本最低的新技术。与传统生产技术相比，该技术的成本可降低 15%～25%，生产效率提升 15%～25%。

3.3 等温锻造技术

在常规锻造条件下，一些成型性差的铝合金，如 5×××、7××× 铝合金，锻造温度范围较窄，特别是在锻造具有薄的腹板、高筋和薄壁的零件时，毛坯的热量散失较快，导致温度迅速下降，变形抗力增加，塑性性能急剧下降，此时需要大幅度提高设备吨位，并且易造成锻件开裂，同时温度降低导致变形能储备过大，在后续热处理过程中发生二次再结晶，形成粗大晶粒，使产品的服役性能严重下降。因此在不改变工艺的情况下，只能增加锻件厚度及加工余量，这样将大大降低材料利用率，增加成本。而等温锻造技术的发展很好地解决了以上问题。

等温锻造是一种先进的锻造技术，在模锻的整个成型过程中，将模具和坯料温度加热到锻造温度，整个锻造过程中模具与坯料温度始终保持一致，并在较慢的成型速度下完成成型，进而确保锻造过程产生的加工硬化有足够时间发生再结晶，其示意图如图 3.22 所示。在较高温度条件下，锻件以较低的应变速度变形，变形材料能够充分再结晶，从而可以大部分或全部克服加工硬化的影响。

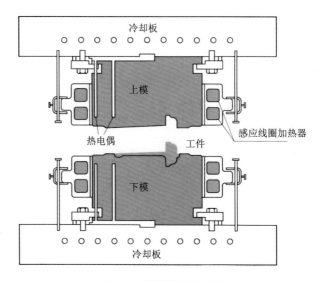

图 3.22　等温锻造示意图

相比于常规锻造，等温锻造具有如下优点：①显著提高了金属材料的成型能力。等温锻造过程中坯料的冷却速度与应变速度均降低，降低了材料的变形抗力，导致使用的设备吨位可降低至 1/10～1/5。例如，用 5MN 的液压机等温锻造可替代常规锻造时 20MN 水压机。又如，美国伊利诺斯理工学院为军用飞机 F15 生产的隔框锻件，经等温锻造后锻件的质量仅为常规锻造的 1/10 左右，材料利用率由原来的 6.3%提高到 61%。②锻件微观组织更均匀和综合性能更好。等温锻造过程中的低应变速度与恒定温度，消除了常规锻造中的模具冷却、局部过热和变形不均的问题，使锻件发生充分的动态再结晶，所以锻件的微观组织和综合性能均匀且一致。③锻件尺寸精度高。恒温使锻造过程金属的填充性能好，锻件尺寸精确，机加工余量很小，故可以通过少切削或完全无切削的方式生产出复杂零件，可大大节省原材料，降低生产成本。④锻造载荷小。由于减少或消除了模具激冷和料应变硬化的影响，不仅锻造载荷小，设备吨位大大降低，而且还有助于简化锻造成型过程，因此，可以锻造出形状复杂的大型结构件和精密锻件。

3.3.1　等温锻造的特点及分类

等温锻造技术具有的特点：在锻造过程中坯料保持恒温和低应变速度。①恒温性。锻造过程中恒温可以保证坯料最佳的变形塑性和小的变形抗力，并为动态回复与再结晶提供充足的能量。②应变速度低。低的应变速度为动态回复与再结晶提供了充足的时间，使坯料一直处于再结晶软化状态，同时保证了坯料在锻造过程中各部位变形温度及温升基本一致，获得的锻件组织均匀，整体性能优异。一般等温锻造要求液压机活动横梁的工作速度为 0.2～2 mm/s。因此，温度的准确控制与应变速度的精确控制是等温锻造顺利生产的必要条件。与常规锻造相比，恒温与低应变速度导致在等温锻造过程中坯料变形抗力大幅度降低，所以使用小吨位的设备可生产出大投影面积的模锻件，设备投资显著降低。

等温锻造与常规锻造不同之处在于，其恒温特性很好地消除了坯料与模具之间的温度差，进而使坯料在整个锻造过程中为恒塑性，同时保证以较低的应变速度成型，从而解决了在常规锻造时由变形金属表面冷却所引起的金属流动阻力和变形抗力增加的问题，以及由坯料内部变形不均匀而引起的锻件组织与性能的差异。

等温锻造温度通常是指坯料加热的温度，其不包括坯料在变形过程中产生的热效应。其原因为变形热效应与金属成型时的应变速度有关，所以为了消除热效应的影响，等温锻造过程要尽可能地采用较低的应变速度，尽可能选用运动速度低的设备，如波压机。

热模锻造是等温锻造前期的工艺方法，实质上是将模具加热到比变形金属的始锻温度低 110～225℃的温度。模具温度的降低，可以较广泛地选用模具材料，但成型很薄、几何形状复杂工件的能力稍差。等温锻造与热模锻造的原理相似，而等温锻造比热模锻造具有更大的难度。因此，只要掌握了等温锻造工艺方法，实现热模锻造就更容易些。等温锻造的锻件具有以下特点。

（1）锻件纤维连续、力学性能好，各向异性不明显。等温锻造毛坯一次变形量大而金属流动均匀，锻件可获得等轴细晶组织，使锻件的屈服强度、低周疲劳性能及抗应力腐蚀能力显著提高。

（2）锻件无残余应力。由于毛坯在高温下以极慢的应变速度进行塑性变形，金属充分软化，内部组织均匀，不存在常规锻造时变形不均匀所产生的内外应力差，消除了残余变形，热处理后尺寸稳定。

（3）材料利用率高。采用了小余量或无余量锻件尺寸精密化设计，使锻件材料利用率由常规锻造时的 10%～30%提高到等温锻造时的 60%～90%。

（4）金属材料的塑性提高。在等温慢速变形条件下，变形金属中的位错来得及回复，并发生动态再结晶，使难变形金属也具有较好的塑性。

从等温锻造技术的研究与发展看，等温锻造可分为以下三类。

（1）等温精密模锻。金属在等温条件下锻造得到小斜度或无斜度、小余量或无余量的锻件。这种方法可以生产一些形状复杂、尺寸精度要求一般、受力条件要求较高、外形接近零件形状的结构锻件。

（2）等温超塑性模锻。金属不但在等温条件下，而且在极低的应变速度（10 s^{-1}）条件下呈现出异常高的塑性状态，从而使难变形金属获得所需形状和尺寸。

（3）粉末坯等温锻造。这类工艺方法是以粉末冶金预制坯（通过热等静压或冷等静压）为等温锻造原始坯料，在等温超塑条件下使坯料产生较大变形、压实，从而获得锻件。这种方法可以改善粉末冶金传统方法制件的密度低、使用性能不理想等问题，为等温锻造工艺与其他压力加工新工艺的结合树立了典范。

上述三类等温锻造工艺方法，可根据锻件选材及使用性能要求选用，同时还应考虑工艺的经济性和可行性等。

3.3.2　等温锻造工艺与应用

等温锻造与常规锻造相比，具有以下特点。

（1）等温锻造一般在运动速度较低的液压机上进行。根据锻件外形特点、复杂程度、变形特点和生产效率要求，以及不同工艺类型，选择合理的运动速度。一般等温锻造要求液压机活动横梁的工作速度为 0.2～2.0 mm/s 或更低，在这种条件下，坯料获得的应变速度低于 0.01 s^{-1}，坯料在这种应变速度下具有超塑性趋势。应变速度的降低，不仅使流动应力降低，而且还改善了模具的受力状况。

（2）可提高设备的使用能力。由于变形金属在极低的应变速度下成型，即使没有超塑性的金属，也可以在蠕变条件下成型，这时坯料所需的变形力是相当低的。因此，在吨位较小的设备上可以锻造较大的工件。

（3）由于等温锻造时坯料一次变形程度很大，如再配合适当的热处理或形变热处理，锻件就能获得非常细小而均匀的组织，不仅避免了锻件缺陷的产生，还可保证锻件的力学性能，减小锻件的各向异性。

等温锻造方法能使形状复杂、壁薄、筋高和薄腹板类锻件一次模锻成型，不仅改变了模锻设计方法，还实现了组合件整体锻造成型。通过简化零件外形结构及结构合理化设计，等温锻造能达到净形、降低材料消耗、缩短制造周期和降低总制造费用的目的。下面以 7A85 铝合金机翼节点为例，其拥有薄壁高筋结构，如图 3.23 所示。该部件外形尺寸为 550 mm×180 mm×174 mm，最小厚度仅为 20 mm，其传统制备方法为自由锻造后机械加工。采用传统方法获得的机翼节点后废料的质量达到 62 kg，超过其自身质量 5 倍。另外，由于锻造后进行了机械加工，且去除量大，部件内部锻造形成的流线被完全破坏，其抗疲劳性能大大降低。因此，为了提高成品率与抗疲劳性能，结合其结构特点，机翼节点这一部件更适合采用等温锻造技术制备。等温锻造过程为：首先将坯料与模具加热到 450℃，保温 4 h，以较慢的速度进行锻造，然后以 470℃/4 h 固溶处理，最后进行双级时效 120℃/4 h + 157℃/8 h。

图 3.24 显示了等温锻造过程中速度和载荷与行程的关系曲线。从图中可以看出，等温锻造过程可以分为四个阶段。在第一阶段，模具和锻造坯料的接触区域很小，坯料处于镦粗阶段，故载荷及其增长速度都比较缓慢。在第二阶段，当模具行程达到 65 mm 时，锻造载荷开始急剧增加，因为模具与锻造坯料完全接触，此后，锻造进入反向挤压的应力状态。在第三阶段，当模具行程到达 72 mm 时，根据速度设定程序，上部模具的速度降至 0.002 mm/s，载荷有所下降，这是因为弹-塑性体的松弛效果，金属在锻造过程中的流动速度无法立即降低，从而导致锻造坯料和模具之间的速度差异。之后，负载急剧增加。在第四阶段，当等温锻造过程结束时，锻造载荷升至最大载荷，约 3000 t。

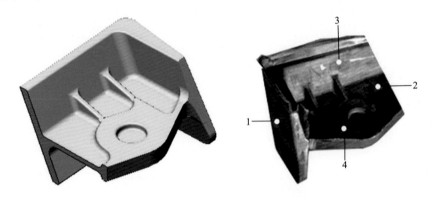

图 **3.23**　7A85 铝合金机翼节点结构图[10]

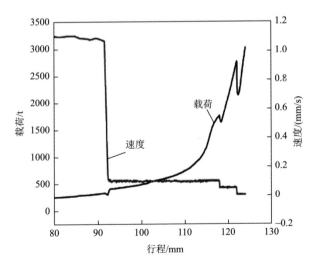

图 **3.24**　等温锻造过程中速度和载荷与行程的关系曲线[10]

表 3.5 列出了等温锻造与传统自由锻造制备的机翼节点锻件在不同方向上的

性能，可以观察到等温锻造获得锻件的强度与韧性远高于传统自由锻造。由于冷模的作用，传统自由锻造过程锻件的变形温度低于等温锻造，故其变形过程仅仅发生轻微的动态回复。同时，传统自由锻造过程锻件中保留了大量应变能，从而降低了再结晶温度。因此，在固溶与时效处理过程中，再结晶在很大程度上会导致产生粗大晶粒和较低的拉伸强度。而在等温锻造过程中，锻造温度保持恒定，因此在塑性变形过程中保留的应变能相对较小。热处理期间的再结晶受到极大抑制，因此提高了其力学性能。由于消除了传统锻造过程中冷模的效果，等温锻造温度场和应力场是均匀的，因此在变形过程中金属的流动更加平稳，变形更均匀。图 3.25 显示了等温锻造锻件在 L 方向横截面细小的流线与不同位置具有均匀的晶粒。由于温度场和应力场的均匀性远远超过了传统自由锻造过程的均匀性，因此变形过程中产生的位错和空位均匀分布。GP 区域和 η′ 相更容易在低应变能和界面能的位错和空位周围形成。因此，可以得出结论，它们通过等温锻造在基质中的均匀沉淀提高了机械性能的均匀性。

表 3.5　等温锻造与传统自由锻造制备的机翼节点锻件在不同方向上的性能[10]

锻造方法	在图 3.23 中位置	方向	拉伸强度/MPa	屈服强度/MPa	伸长率/%	断裂韧性 K_{IC}/(MPa·m$^{1/2}$)
等温锻造	1	L	587.5	517.5	7.5	—
		T	542.5	460	6.4	
		S	522.5	472.5	6.4	36.3
	2	L	560	545	9.17	—
		T	570	507.5	8.33	
		S	517.5	445	5.28	38.8
	3	L	565	500	9.44	—
		T	571.67	461.67	10.92	
		S	555	510	5.28	39.8
	4	L	561.67	451.67	12.41	—
		T	537.5	500	10.28	
		S	560	551.6	9.07	37.0
传统自由锻造		L	510	474	11.00	—
		T	511	483	10.54	
		S	490	441	4.37	28.1

注：L 表示纵向，T 表示横向，S 表示 45°方向。

　　上述分析表明，等温锻造过程不仅可以改善锻件的机械性能，还可以显著提高组织与性能的均匀性。

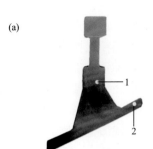

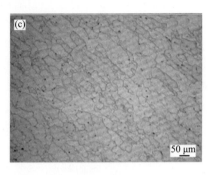

图 3.25　7A85 铝合金机翼节点锻件宏观与微观组织[10]

（a）宏观组织；（b）位置 1 的微观组织；（c）位置 2 的微观组织

3.4　精密锻造技术

精密锻造是一种高效率、高精密的材料成型方法，锻件尺寸与成品零件的尺寸几乎相同，所以能够减少切削或实现无切削加工，节约大量材料。其工艺流程与常规热模锻造相比，需增加精压工序，对坯料制备和后续切削加工常有特殊要求：一般用于难以切削加工或费工时的，以及对服役性能要求高的零件，如齿轮、涡轮扭曲叶片、航空零件等。

实现精密锻造的设备多为模锻锤、高速锤、热模锻压力机、摩擦压力机和无砧座锤等。在模锻锤上精密模锻叶片时，模具应做适当导向，以提高上模、下模的对中性；为减小模锻时的侧推力，模膛要相对水平面倾斜适当角度。当用高速锤模锻时，锻坯表面润滑是个很重要的问题，必要时还需对坯料表面电镀一层很薄的减摩金属，再涂以高效润滑剂。精密锻造前必须进行表面清理，这是保证锻件最终质量的重要因素，清理后要求坯料表面不允许有油污、氧化皮、夹渣点、碰伤和凹坑等缺陷。精密锻造的模膛和普通锻造的基本相同，但模膛表面粗糙度要求略高，尺寸精确略高。精密锻造的余量要适当：余量过大，模具寿命降低；余量过小，精锻后锻件表面粗糙，通常精密锻造余量为 0.5～1.2 mm 合适。

　　基于精密锻造的特点，其具有如下优点：①高材料利用率。与自由锻件相比，材料利用率提高80%以上，与普通模锻件相比，材料利用率提高60%以上。②短机械加工工时。精密模锻件通常不需要进行机械加工或只需少量机械加工即可装配使用。与自由锻件相比，机械加工量减少80%以上。③高生产效率。对于形状复杂的零件（如轮毂、叶片、高肋薄膜板零件等），精密锻造的成型方法优势明显，主要体现在高的生产效率和与机械加工相同的精度。

　　通常精密锻造工艺流程主要包括：①精锻件及其模具设计。设计精锻件图时，分模面不允许设计在精锻部位上。同时，精密模锻设有顶出装置，并且可设计小出模斜度，圆角半径按零件图确定。零件尺寸精度设计需根据其使用要求确定，并非所有尺寸都满足高精度，仅部分尺寸要求高精度。精锻模具通常采用组合锻模，并设有预锻、精锻两个工序及两套或两套以上锻模模具。精锻模膛尺寸精度要高于锻件二级，且要求小的表面粗糙度。一般预锻模膛在高度方向上要比精锻模膛大 0.5～1.2 mm，以保证精锻时以镦粗方式充满模膛。②毛坯料制备。为了保证下料的准确，通常应采用锯切方法，长度偏差±0.2 mm，端口平直，不歪斜。同时坯料需经表面清理，如打磨和抛光，去除氧化皮、油污、夹渣等。③坯料的加热。坯料加热过程要求坯料少或无氧化发生，所以尽可能采用工频或中频感应电炉快速加热。④精密模锻设备与工艺。精密模锻可在大型液压锻压机、摩擦压力机、热模锻压力机、高速锤及液压螺旋压力机等设备上进行，并要求其具有高的结构刚度与大的吨位，以保证高精度尺寸充分压靠，获得尺寸精度较高的精密锻件。精密模锻工艺有一火或多火两种。一火精密模锻是先将坯料进行无氧化加热，然后经制坯和预锻，最后精锻。多火精密模锻是先将坯料进行普通模锻，留出 1～2 mm 的压下量。锻件经酸洗和表面清理后，喷涂一层防氧剂，再加热到500℃左右，在精确的锻模内进行精密模锻后，然后进行切毛边。一般在锻件形状复杂且没有无氧化加热设备和多模膛设备的情况下，采用多火精密模锻工艺。⑤锻件的冷却。精锻后的零件需要在保护介质中冷却，或者在有机介质中进行淬火等。

　　以 7075 铝合金圆柱外壳部件为例，如图3.26所示。为了进行等温锻造并平稳地从模具中卸下锻件，应采用合并的凹模和合理的加热装置，图3.27为模具的示意图。凹模的结构是模具设计的关键，为了方便从模具中取出锻件和被加工的模具，设计了一个四片的组合模具，其分隔平面位于沿轴心的耳朵中间。凹模的每个部分都由四个关键插槽组合在一起。凹模和它

图3.26　7075铝合金圆柱外壳部件照片[11]

的衬套设计为圆锥形，以便可以轻松地从模具中卸下锻件，并可以将组合的凹模紧密地连接在一起。一个电阻加热设备安装在凹模的成套中，以便可以自动测量和控制温度。

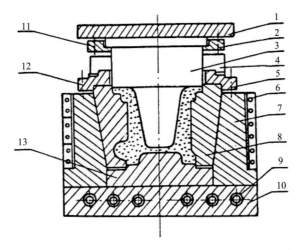

图 3.27　7075 铝合金圆柱外壳锻件精密锻造模具示意图[11]

1. 上垫板；2. 夹板；3. 阳模；4. 活动衬套；5. 夹板；6. 加热器；7. 阴模衬套；8. 组合阴模；9. 加热器；10. 下垫板；11，12. 锚杆；13. 下冲头

将模具预热至 460℃，坯料加热温度也为 460℃，并在锻造过程中保持在相同的温度。石墨与水混合胶用作润滑剂。实验结果表明，翅片和法兰位置已在 12 MN 的压力下 5 min 完全填充。然而，在形成过程中，坯料的变形很大，新产生的表面增加，并且铝合金材料尤其具有在高温下黏附在模具上的趋势。因此，锻造表面上有许多缺陷，如凹坑、压入和气泡，最后都需要进行第二次锻造去除。在 9 MN 的压力下保压 3 min，可以锻造具有良好表面的锻件，如图 3.26 所示。表 3.6 列出了超出所有需求的锻造组件机械性能的测试结果。图 3.28 显示晶粒尺寸是均匀且小的，而且没有粗晶和褶皱等缺陷，晶粒流线遵循锻造的轮廓。

表 3.6　7075 铝合金圆柱外壳锻件性能[11]

	测试方向	σ_b/MPa	$\sigma_{0.2}$/MPa	δ/%	硬度（HB）
要求	纵向	≥455	≥385	≥6	≥130
测试结果	纵向	507	427.4	10.9	150
要求	横向	≥403	≥365	≥2.5	—
测试结果	横向	475	406.4	5.21	—

注：σ_b 为抗拉强度，$\sigma_{0.2}$ 为屈服强度，δ 为伸长率。

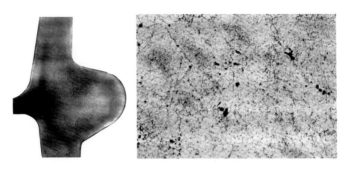

图 3.28　7075 铝合金圆柱外壳锻件宏观与微观照片[11]

综上，精密锻造技术是一种高效、可靠生产铝合金复杂结构锻件的方法。

参 考 文 献

[1] Inagaki Y，Fukuda A. Weight reduction of forged-aluminum automative suspension. Kobe Steel Engineering Reports，2009，52（2）：22-26.

[2] Inagaki Y，Nakai M，Fukuda A. Aluminum alloy forgings and process for production thereof：US12527083. 2010-04-15.

[3] Skubich A，Jarrett A，Bertherat M. Ultra high strength 6XXX forged aluminium alloys：WO2016071257A1. 2016-05-12.

[4] Lodgaard L，Ryum N. Precipitation of dispersoids containing Mn and/or Cr in Al-Mg-Si alloys. Materials Science and Engineering A，2000，283（1-2）：144-152.

[5] Birol Y，Ilgaz O. Effect of cast and extruded stock on grain structure of EN AW 6082 alloy forgings. Materials Science and Technology，2014，30（7）：860-866.

[6] Birol Y. Effect of extrusion press exit temperature and chromium on grain structure of EN AW 6082 alloy forgings. Materials Science and Technology，2015，31（2）：207-211.

[7] Birol Y，Gokcil E，Guvenc M A，et al. Processing of high strength EN AW 6082 forgings without a solution heat treatment. Materials Science and Engineering A，2016，674（30）：25-32.

[8] Gokcil E，Akdi S，Birol Y. A novel processing route for the manufacture of EN AW 6082 forged components. Materials Research Innovations，2015，19（10）：S10-311-S10-314.

[9] Birol Y，Ilgaz O，Akdi S，et al. Comparison of cast and extruded stock for the forging of AA6082 alloy suspension parts. Advanced Materials Research，2014，939：299-304.

[10] Hu J L，Yi Y P，Huang S Q. Analysis of isothermal forging process and mechanical properties of complex aluminum forging for aviation. Journal of Central South University，2014，21（7）：2612-2616.

[11] Shan D B，Wang Z，Lu Y，et al. Study on isothermal precision forging technology for a cylindrical aluminium-alloy housing. Journal of Materials Processing Technology，1997，72（3）：403-406.

第4章

铝合金挤压技术

挤压作为铝合金常用机械加工工艺的一种，常被用于将铝锭转换为复杂截面的连续长度的型材。挤压高效的生产方式及低廉的成本，使其产品广泛应用于建筑业、运输业及 3C 电子产品等。挤压可分为正向挤压和反向挤压，其示意图如图 4.1 所示。正向挤压过程中挤压模具固定不动，挤压杆推动铸锭经过模具形成复杂截面的型材。反向挤压则相反，铸锭固定不动，挤压模具推动铸锭通过模具变形成为型材。与正向挤压相比，反向挤压具有挤压抗力低（25%~50%），在挤压过程中挤压抗力波动较稳定、温度升高较低、金属变形均匀和成品率高等特点。但反向挤压工艺的单次挤压周期长，对铸锭尺寸和挤压杆限制较多，型材表面质量差，并且无法进行在线淬火，因此在大规模工业化生产中普遍采用正向挤压的方式。不同的产品对型材的要求也各不相同，例如，3C 电子产品要求型材具有良好的表面质量及阳极氧化效果；运输行业要求型材具有高强度、高韧性及高服役性能；建筑业要求型材满足在一定强度的情况下还能具有高生产效率。这就为铝合金的型材生产带来不同的要求和工艺制度。目前作为金属材料的一种热加工方式，挤压的工艺流程主要由以下几部分组成：首先对铸锭进行均匀化热处理，将铝合金铸锭加热到工作温度来降低其变形抗力及提高其延展性，随后铸

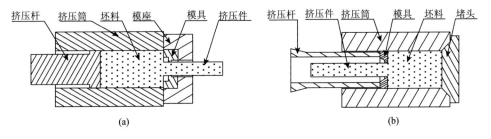

图 4.1　正向（a）和反向（b）挤压示意图

锭被装入挤压筒内并在液压驱动的挤压杆压力下从模具挤出来获得所设计的截面的型材，型材经在线冷却（空冷、风冷、水雾冷却、在线淬火）后切割，并拉伸校直，最后经自然时效或人工时效使型材获得良好的机械性能。

挤压工艺是个复杂的过程，涉及变形参数和挤压材料的高温性能。从理论上来讲能控制的工艺参数有挤压速度、挤压温度和挤压比。但通常挤压比由挤压模具决定，因此实际上可操控的变量只有挤压温度和挤压速度。从挤压材料的角度出发则涉及铸锭的晶粒尺寸，析出相的共格度和分布，再结晶程度，晶粒/亚晶粒的大小和形状，织构，弥散相的大小和分布及金属间化合物等，这些微观结构将决定着产品的最终性能。因此，为了使产品获得优异的性能，需要通过全工艺流程调控合金的微观组织。

所谓全流程调控涉及合金的设计、半连续铸造、均匀化热处理及挤压工艺。挤压工艺需要调控如铸棒的温度、温度梯度、模具温度、挤压速度和挤压筒温等工艺参数来获得需要的微观组织。本章将主要从基本原理和组织演化角度分别介绍提高产品性能均匀性的恒温挤压技术，提高型材生产效率的高速挤压技术，缩短工艺流程的变截面挤压技术，以及简化工艺流程避免加工缺陷的挤压直弯技术。

4.1 恒温挤压技术

为降低碳排放，新能源汽车得到大力推广。车身的轻量化不仅可节省能量消耗，还可增加驾驶里程，并带来驾驶和操控的舒适感。铝合金优异的综合性能使其成为汽车轻量化的首选材料。如图 4.2 所示[1]，奥迪 A8 车身框架采用了大量的铝合金挤压型材。型材在弯曲成型后和其他零部件进行冷连接或焊接。型材的组织和机械性能波动，以及在弯曲成型后的回弹量各不相同，致使型材变形未

图 4.2　奥迪 A8 汽车铝车身框架[1]

达到设计形状。这就需要对弯曲的型材进行二次加工，从而降低了成品率和生产效率。这就需要铝合金的型材在挤压过程中变形参数保持恒定，进而实现微观组织和机械性能的超均匀性。因此，需要保证挤压过程中型材在模具出口处的变形温度和应变速度恒定不变，以至于获得变形组织和机械性能均一的型材，即恒温挤压技术。为实现恒温挤压的效果，本小节将从介绍挤压变形机制开始，说明挤压过程中载荷、组织和温度变化规律，并给出实现恒温挤压的解决方案。

　　与轧制和拉拔工艺不同，挤压过程往往要更为复杂。变形过程中挤压筒和铸锭之间存在极大的摩擦力，致使铸锭的不同区域变形并不均匀，所以挤压并不是真正准静态的变形过程，只有铸锭在良好的润滑情况下，挤压过程才会接近准静态变形。在工业化生产中，铝合金的挤压通常是在无润滑的状态下进行，由于摩擦力的影响，在铸锭的表层下会发生塑性剪切变形，而且变形区域不稳定。在挤压过程中，按照金属的流动程度区别可大致分为三个区域：流入区（inflow zone，IFZ）、剧烈剪切区（shear intensive zone，SIZ）和死（金属）区（dead metal zone，DMZ）。图 4.3 展示了这三个变形区域在水淬后的挤压铸锭中的位置分布[2]。流入区主要分布于铸锭的中心区附近，死（金属）区则分布在挤压模具和挤压筒转角处所形成的三角区，剧烈剪切区则分布在二者中间。

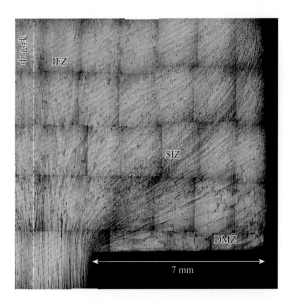

图 4.3　水淬后的挤压铸锭中三个变形区域位置的分布[2]

　　在反向挤压的情况下，由于铸锭和挤压筒之间的摩擦力较小，铸锭的表层被挤出成为型材的表层，降低了型材的表面质量，如图 4.4 所示。因此，反向挤压所使用的铸锭通常要进行剥皮处理。正向挤压在有润滑的状态下（对应图 4.4 中

摩擦系数 $m = 0 \sim 0.5$），在模具处虽然也有死（金属）区存在，但由于挤压筒和铸锭之间的剪切并不剧烈，因此仍有部分的铸锭表层进入挤压型材表面。在无润滑正向挤压的情况下（对应图 4.4 中 $m = 1$），由于挤压材料与挤压筒之间摩擦力的作用，铸锭的表层并不会挤压出去，而是堆积在铸锭的尾部，并最终流入型材的中心富集在挤压型材的最后 10% 左右。因此工业生产中基本很少或不对挤压筒使用润滑剂，尤其是在 3C 电子产品的生产中采用铸锭剥皮的方式来提高型材阳极氧化后的表面质量。在后续篇幅中提及的挤压方式均为正向挤压。

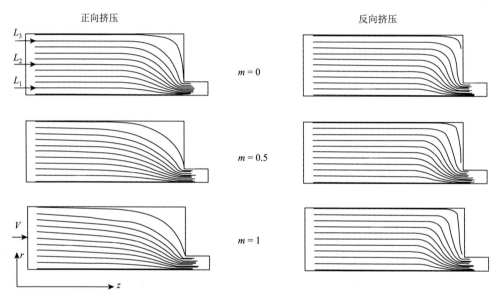

图 4.4　摩擦力对挤压过程中金属流动行为的影响[3]

$L_1 \sim L_3$ 表示不同位置挤压流线，V 表示挤压速度，r 表示径向，z 表示挤压方向

4.1.1　挤压过程中的载荷变化

大部分关于挤压过程的理论分析集中于挤压载荷和预测变形区域的金属流动。以 $2\times\times\times$ 铝合金为例，图 4.5 展示了典型铝合金在挤压过程中载荷随挤压活塞位移的变化规律[4]，显然变形过程中并不存在稳定阶段，Sheppard[4] 将其细分为五个区域：

（1）在 A 阶段发生的主要是局部变形，集中在与挤压筒接触的部分和挤压模具的出口位置。在该阶段中，位错墙开始零散形成。

（2）随着进一步的挤压（B 阶段），位错墙开始增多并形成亚结构。随着变形逐渐增多，亚结构逐渐富集在模具附近。

（3）随着挤压载荷达到峰值（C 阶段），DMZ 和由等轴亚晶组成的 SIZ 完全形成。若要达到稳定变形段，需进一步提高位错密度，形成峰值载荷[5]。

（4）当变形进入稳定段后（D 阶段），型材的微观组织由纤维状晶粒组成。该阶段并不是严格意义上的稳定阶段，在该阶段变形过程中变形温度会逐渐升高，摩擦力会逐渐减小，因此挤压载荷才会持续降低。在一些合金内具有能钉扎位错运动的第二相颗粒、析出相和固溶元素等，使它们很难达到变形的稳定阶段。

（5）在挤压的最后阶段（E 阶段），剩余的挤压材料变短，金属流动受到限制，致使挤压载荷陡然增高。在实际生产中挤压过程往往不会达到该阶段。

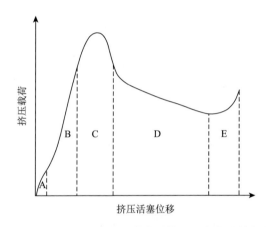

图 4.5　2×××铝合金挤压载荷随挤压活塞位移的变化[4]

4.1.2　挤压过程中的微观组织演变

为了观察挤压过程中的金属流动情况，Sheppard 等制备了不添加再结晶抑制颗粒的 Al-5%Mg 合金[6]。粗大的初始晶粒有利于分辨挤压过程中三个变形区域。在变形的初始阶段只有在模具出口位置的金属有些许变形，随着挤压过程开始，进入模具出口的晶粒被拉长变形，剪切变形区也逐渐形成 [图 4.6（a）]。进一步增加挤压载荷，但挤压活塞并未明显移动。在该过程中挤压材料整体上变化不大，也没有形成可明显分辨出的死（金属）区，但铸锭表层下的圆柱形剪切区开始扩展至铸锭的整体 [图 4.6（b）]。进一步增加变形量后，挤出的型材才具有近似典型挤压型材的宏观变形组织 [图 4.6（c）]。当挤压载荷达到峰值时 [图 4.6（d）]，挤出的型材才开始展现出典型的纤维状结构。可见挤压载荷达到图 4.5 所示 C 区域的时刻并不是挤压过程的开始。在该阶段死（金属）区明显形成，并且剪切变形区开始逆向扩展回铸锭内部，中心变形区（流入区）内的晶粒被拉长。图 4.6（e）为挤压进行到图 4.5 所示 D 区域时的宏观组织，在该阶段挤压活塞已推进很长的距离。在该阶段中流入区完全形成，准静态剧烈剪切区开始形成，铸锭的尾部也发生变形。图 4.6（f）显示了挤压进入稳定生产阶段的宏观组织，准静态剧烈剪切区和死（金属）区清晰可辨。在中心变形区和剧烈剪切区中间还存在着轻度变形的缓冲区。从型材的截面来看，其 35% 来自剧烈剪切区，55% 来自中心流入区，剩余的 10% 源自于二者之间的缓冲区。

(a) (b) (c)

(d) (e) (f)

图 4.6 挤压过程中模具出口附近的宏观组织演化

图 4.7 展示了进入稳定变形阶段后 6082 铝合金，挤压筒内剩余铸锭和挤出型材的宏观组织[7]。在该阶段变形过程中造成的位错密度升高，引发的加工硬化与动态软化达到了动态平衡。相较于图 4.6（f），图 4.7 展示了更整体的宏观变形组织，从中可以看出显著的剪切变形区域，从模具出口扩展至铸锭中心，从模具出口沿着死（金属）区边缘延伸到铸锭表面。如上所述，型材组织主要由剧烈剪切区和中心流入区的挤出材料组成，型材的微观组织存储了上述两个区域的微观组织演化信息。受限于光学显微镜的观测能力，采用 EBSD 并结合有限元模拟可进一步了解挤压过程中的组织演化，结果如图 4.8 所示[7]。P0 为铸锭中未变形区域，P1～P6 为沿着剪切变形区分布的区域。图 4.8（c）展示了亚晶组织在变形过程中的演化。在挤压变形过程中原始晶粒逐渐拉长，等轴晶开始形成。在挤压模具出口处由于变形量增大，大角度晶界开始锯齿化并被掐断（几何动态再结晶）。挤压过程中金属的动态软化机制有动态回复和动态再结晶。铝合金在

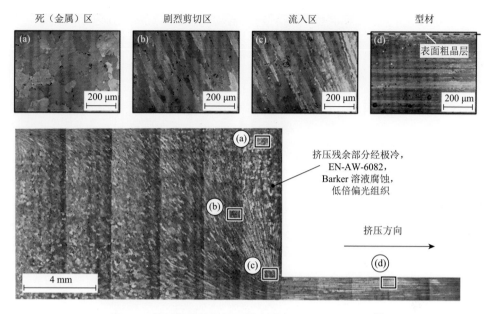

图 4.7　挤压稳定阶段挤压筒内剩余组织的宏观形貌[7]

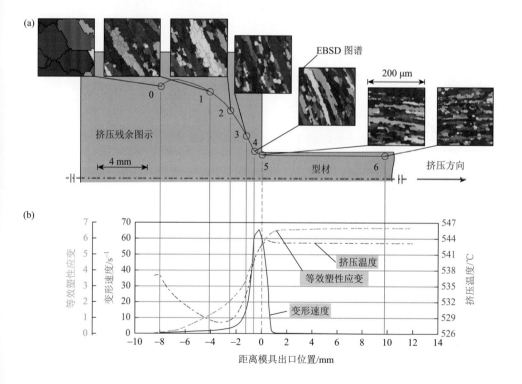

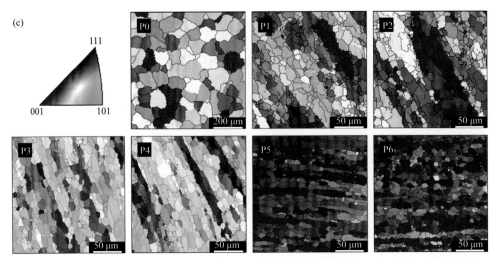

图 4.8　挤压稳定阶段不同位置的微观结构（a）、其他物理参数变化（b）和上述位置的亚结构演化（c）[7]

挤压过程中的动态软化机制以动态回复为主，亚晶始终保持等轴状态并且尺寸和取向差几乎不变。型材离开挤压口后开始发生静态再结晶。挤压型材的组织通常可分为两部分，内部为等轴亚晶组成的纤维状晶粒，外层环绕着无亚结构的粗大再结晶晶粒，其晶界被第二相粒子钉扎限制了继续迁移。形成型材表层材料经受的剧烈变形为再结晶提供了充足的驱动力，而内部区域则缺少再结晶驱动力，因而形成了这种双层结构。

4.1.3　挤压过程中的温度影响因素

通过数值模拟结果可知，材料的应变量、应变速度和变形温度随着接近挤压模具出口逐渐升高，在挤压出口处达到峰值，随后变形温度和应变量逐渐稳定不变，应变速度下降为 0。上述模拟结果展示出变形过程中影响变形组织的主要参数有应变量、变形温度和应变速度，而在挤压过程中对应的参数则是挤压比、铸锭温度和挤压速度。

挤压型材的出口温度对其机械性能起着决定性的作用。影响型材出口温度的因素如下：

（1）挤压材料在挤压筒内变形过程中产生的热量。

（2）挤压材料与挤压筒之间摩擦产生的热量。

（3）挤压材料通过模具过程中由于摩擦产生的热量。

（4）挤压材料与接触的挤压筒、挤压垫和模具等产生的热交换。

如果变形和摩擦产生的热量超过了挤压材料和挤压筒等零部件之间的热传导

带来的热量损失，型材的出口温度就会升高，反之则会降低。由于热传导通常较慢，在挤压比和挤压速度固定的生产过程中型材的出口温度会逐渐升高。在极快的挤压速度下可能会出现绝热剪切带，即没有热量流失到周围组织中，变形所产生的热量都保留在变形的材料中。这是要极力避免的，但在实际生产中通常不会遇到这种情况。如果要对挤压过程实现精准控制，如保持恒定的出口温度，就必须了解挤压过程中各个参数之间相互影响的规律。

Akeret[8, 9]开发了一种近似的数值方法，假定单纯由变形功引起的温度升高几乎全部转化为热量[3]：

$$\Delta T_1 = \frac{\bar{\sigma}\ln R}{\sqrt{3}\rho_{Al}C_{p(Al)}} \tag{4.1}$$

式中，ρ_{Al} 为铝合金的密度；$C_{p(Al)}$ 为铝合金的热容；$\bar{\sigma}/\sqrt{3}$ 为剪切应力；R 为挤压比。假设挤压过程中不发生热量损失，温度升高只维持在挤压棒材的表层，则由挤压筒和挤压棒材摩擦引起的温度升高可表述为

$$\Delta T_2 = \frac{\bar{\sigma}}{4\sqrt{3}\rho_{Al}C_{p(Al)}}\sqrt{\frac{V_R L_B}{\alpha_{Al}}} \tag{4.2}$$

式中，V_R 为挤压活塞移动速度；L_B 为挤压棒材长度；α_{Al} 为热扩散率，等于 $k/\rho_{Al}C_p$，k 为铝的热导率。由模具摩擦引起的型材表面的温度升高可表示为

$$\Delta T_3 = \frac{\bar{\sigma}}{4\sqrt{3}\rho_{Al}C_{p(Al)}}\sqrt{\frac{V_E L_D}{\alpha_{Al}}} \tag{4.3}$$

式中，V_E 为型材的挤出速度；L_D 为模具的工作带长度。由此原因引起的温度升高影响厚度为

$$y_D = \sqrt{\frac{\alpha_{Al}L_D}{V_E}} \tag{4.4}$$

在铝合金的挤压过程中，由于挤压速度高，挤压材料和模具接触时间短，摩擦和剧烈的剪切变形带来的温度升高集中在型材表面，尤其是在型材的尖角处。这就造成了型材内外层温度的不均匀分布，也是型材表层发生再结晶的另一个主要原因。图 4.9 所展示的 7003 铝合金型材在边缘处腐蚀后的宏观形貌正说明了上述现象。在服役过程中，型材的疲劳裂纹常常萌生在其表面的再结晶晶界处，而且粗晶层处易发生解理断裂，降低了型材的韧性，因此应尽量避免或者抑制粗晶层的形成和扩展。

在实际生产中，由于出口温度或挤压速度太高，型材的边缘极易发生撕裂并扩展至型材中心。图 4.10 展示了 6082 铝合金在提高挤压速度过程中在型材边缘

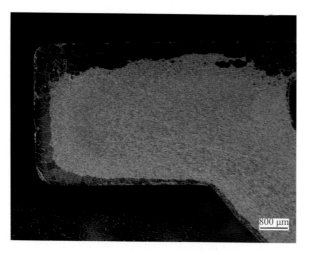

图 4.9　7003 铝合金型材边缘处腐蚀后组织形貌

处发生的撕裂现象。微裂纹萌生在型材表面，当接近型材的边缘处裂纹尺寸明显增大。因此无论从提高生产效率，提高型材表面质量和机械性能，以及实现恒温挤压的目的，均需要了解挤压过程中在不同挤压速度和挤压比情况下挤压型材在出口处的温度变化规律。

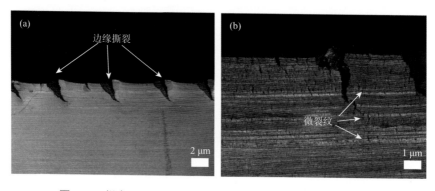

图 4.10　提高 6082 铝合金挤压速度时型材发生的表面撕裂现象

Lange[10]假设挤压过程中型材的心部温度恒定，边缘处的温度升高是中间处的两倍，基于此计算了挤压过程中，在不同长度模具工作带条件下，方形型材直角处的温度升高与挤出速度的关系。Lange 的计算结果和 7075 挤压实验中检测的型材出口温度结果[3]如图 4.11 所示。无论从计算的结果还是实验测得数据均说明挤压速度越快型材的出口温度越高。此外模具工作带越长，型材的出口温度升高越多，说明型材在挤压过程中的摩擦对温度升高有着更显著的影响。

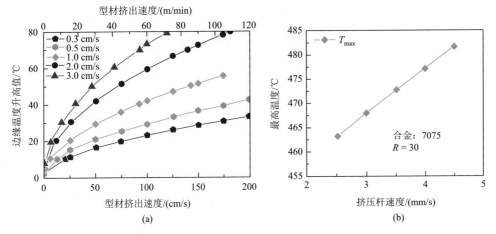

图 4.11 方形型材边缘处温度升高（a）和 7075 挤压实验中最高温度（b）与挤压速度的关系[10, 3]

图 4.12 展示了恒速挤压情况下，挤压比对 7075 铝合金挤压出口最高温度的影响规律[3]。随着挤压比增加，变形量增大，变形产生的热量致使型材的出口最高温度升高。从图 4.11 和图 4.12 可以清晰地发现，挤压出口最高温度的升高既有变形量（挤压比）和应变速度（挤压杆速度）带来的变形热，也有摩擦（工作带长度）带来的温度升高。模具对型材的出口温度、表面质量和变形组织及性能有着重要的影响。

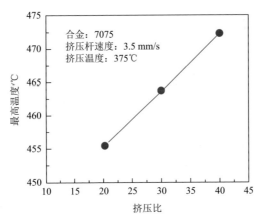

图 4.12 挤压比对型材出口最高温度的影响规律[3]

型材的出口温度难以测量，通过挤压过程中模具出口处的温度变化可以间接反映型材的温度变化。图 4.13 显示了具有 2.25℃/m 温度梯度的 6063 铝合金在恒速挤压过程中模具表层的温度升高情况[11]。当进入稳定的恒速挤压阶段（阶段 3）时，模具的温度开始急剧上升，随后温度的增加速度逐渐放缓。由此可知，在挤压过程中由于模具和型材的摩擦，二者温度均会升高，所以型材的出口温度难以保持恒定。

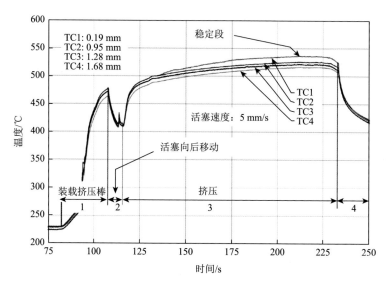

图 4.13　6063 铝合金在恒速挤压过程中的模具温度变化[11]

TC1～TC4 表示距离模具表面不同距离下热电偶测得的数据

4.1.4　恒温挤压方法

从上述结果中可以看出，变形过程中温度的升高主要源于材料变形，材料和接触的零件之间的热交换，以及和模具摩擦时产生的热量。挤压过程中对型材出口温度有影响的变形参数有挤压棒温、温度梯度、挤压筒温、模具温度及挤压杆速度等。恒温挤压可通过调整铸棒温度梯度和挤压杆速度来实现。有效控制好挤压过程中模具和型材的温度，并协同调控挤压参数是实现恒温挤压的关键。变形参数之间的关系可以用 Zener 及 Sellars 和 Tegart[12]等提出的本构方程来描述，表述为

$$Z = A\big[\sinh(\alpha\sigma)\big]^n = \dot{\varepsilon}\mathrm{e}^{\frac{Q}{RT}} \tag{4.5}$$

式中，Z 为温度补偿应变速度，更通常的叫法为 Z（Zener-Hollomon）参数；A、α 和 n 均为材料常数。Q 为合金的热变形激活能，被认为是达到加工硬化和动态软化机制的动态平衡状态所需的临界能量。通常将 Q 作为常数处理，接近于铝合金的自扩散激活能（153 kJ/mol）。但最近的研究成果表明 Q 是与微观组织演变有关的变量[13,14]，动态析出、回复和再结晶的激活都会对其产生影响。R 为摩尔气体常数；

$\dot\varepsilon$ 为应变速度；T 为变形温度；σ 为合金稳定变形阶段的流变应力。挤压过程中型材在截面上不同区域的应变量和应变速度不同，其平均应变速度可通过 Feltham[15] 提出的计算公式得出

$$\dot\varepsilon = \frac{6D_B^2 V_R \ln R}{D_B^3 - D_E^3} \tag{4.6}$$

式中，$\dot\varepsilon$ 为型材的平均应变速度；D_B 和 D_E 分别为挤压棒材和型材的直径；V_R 为挤压杆的移动速度；R 为挤压比，D_B^2 / D_E^2 [3]。本构方程中的其他参数为材料常数，在不同合金中的值可见表 4.1。上述关系式中的常数可以通过拉伸和压缩实验来获得。该公式广泛应用于铝合金的热变形工艺，如挤压、锻造和轧制工艺。

表 4.1　常用铝合金本构方程中的材料常数[3]

合金	α	n	$Q/(kJ/mol)$	$R/[J/(mol\cdot K)]$	$\ln A$
1050	0.037	3.84	156888	8.314	26.69
1100	0.045	5.66	158300	8.314	24.67
2011	0.037	3.712	142000	8.314	19.2
2014*	0.0118	5.86	176867	8.314	31.43
2014	0.0152	5.27	144408	8.314	24.41
2024	0.016	4.27	148880	8.314	19.6
3003	0.0316	4.45	164800	8.314	26.9
3004	0.0344	3.6	193850	8.314	28.21
3005	0.0323	4.96	183100	8.314	29.87
3150	0.0248	4.83	179300	8.314	29.98
4047	0.04	2.65	129300	8.314	20.47
5005	0.029	5.8	183576	8.314	26.65
5052	0.016	5.24	155167	8.314	24.47
5054	0.015	5.43	173600	8.314	26.61
5056	0.015	4.82	166900	8.314	23.05
5083	0.015	4.99	171400	8.314	23.11
5182	0.062	1.35	174200	8.314	22.48
5456	0.0191	3.2	161177	8.314	23.5
6061	0.045	3.55	145000	8.314	19.3
6082	0.045	2.976	153000	8.314	19.29
6063	0.04	5.385	141550	8.314	22.5
6105	0.045	3.502	145000	8.314	20.51
7004	0.035	1.28	153000	8.314	20.12
7050	0.0269	2.86	151500	8.314	22.85

*不同研究者得到的实验数据。

　　传统挤压过程中，在挤压筒温度固定的情况下，挤压速度根据铸棒温度和模具温度确定，并在挤压过程中保持不变。太高的挤压速度会造成温度急剧升高，导致挤出的型材发生局部熔化或热撕裂，尤其是在挤压过程的最后阶段。Tapas Chanda 等[16]认为恒温挤压的目的是在挤压过程中实现恒定的 Z 参数控制。如果变形速度恒定，就需要对挤压铸锭施加温度梯度实现型材在出口处的温度恒定。另一种方法就是对应着变形温度的升高来调整挤压速度实现出口温度的恒定。一些工厂采用一种闭环控制系统实现了铝合金型材的恒温挤压[17]。其通过红外测温仪获得挤压棒材温度及挤压过程中的型材出口温度，并实时反馈回控制系统，通过调节挤压活塞速度和液氮冷却挤压模具来调整变形温度和应变速度，从而实现铝合金型材的恒温挤压过程。该闭环控制系统的流程示意图如图 4.14 所示[17]。图 4.15 展示了恒挤压速度（1）和自动控制系统（2）操控下的挤压过程中型材出口温度和挤压载荷、挤压速度的对比。在型材出口温度的反馈下，自动控制系统调节冷却模具的液氮流量，实现了模具温度的恒定；同时调节挤压活塞速度，实现了型材变形温度的恒定。

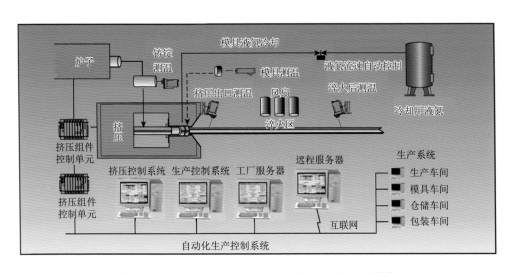

图 4.14　Williamson 恒温闭环挤压控制系统示意图[17]

　　但从挤压模具出口处到型材可以测试出口温度的位置仍有 0.5～1 m 的距离，难以获得可信的出口处温度[16]。目前很多研究集中于通过有限元数值模拟分析的方法优化挤压速度来实现恒温挤压[16, 18-21]。通过数值模拟在不同挤压速度下型材温度在挤压过程中的演化［图 4.16（a）］，可以发现只有在低挤压速度情况下型材温度波动较小。在较高的挤压速度下型材温度随挤压活塞位移增加而升高，升高的幅度随挤压速度增大而增大[21]。而且如图 4.16（b）所示，挤压速度对型材温

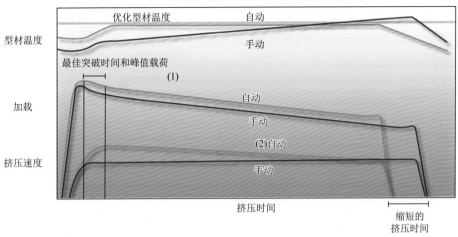

图 4.15　Williamson 恒温闭环挤压控制系统对挤压参数的调控效果[17]

度的升高影响规律并不是线性的[21]。因此，需要通过模拟和实验等手段对挤压速度进行进一步的优化。

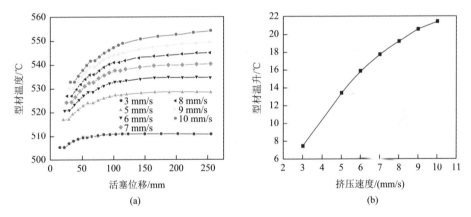

图 4.16　数值模拟分析挤压速度和活塞位移对型材温度（a）和型材温升（b）的影响规律[21]

　　Tapas Chanda 等[16]采用 DEFORM™ 模拟了阶梯式挤压速度对 6063 型材出口温度的影响，结果如图 4.17 所示。相比于恒定挤压速度挤压，阶梯式降低挤压速度可以降低出口温度，使其维持在一个相对稳定的温度但波动较大。Jie Yi 等[21]和 J. Zhou 等[18]将阶梯式挤压速度改进为连续降低挤压速度，通过有限元模拟并测量了 6063 铝合金和 7075 铝合金型材出口温度随挤压活塞位移的变化，结果如图 4.18 所示。实际测量的型材出口温度展现出良好的稳定性。

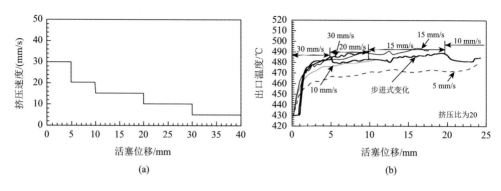

图 4.17　DEFORM™ 模拟阶梯式挤压速度对型材出口温度的影响[16]

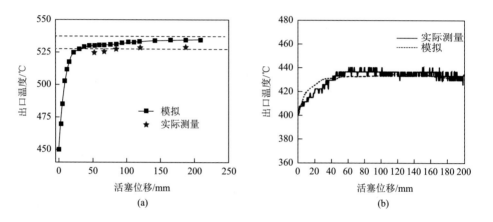

图 4.18　有限元模拟和实验测量连续降低挤压速度对 6063 铝合金（a）和 7075 铝合金（b）型
材出口温度的影响[18, 21]

　　但动态调整挤压速度的方法仍有局限，例如，通过调控挤压速度的方法仅能保证型材的出口温度恒定，不能保证型材的变形组织稳定，也就不能保证型材的机械性能均匀性；频繁地变换挤压速度也会造成型材的尺寸公差变化；目前的挤压机普遍为液压驱动，由于动力响应延迟很难达到设计的变速挤压条件。目前工业化生产中为了获得恒温挤压效果，普遍采用的方法是对挤压棒材进行梯度加热。梯度加热示意图如图 4.19 所示，靠近挤压模具一侧的挤压棒材的温度高，靠近挤压活塞一侧的挤压棒材温度低。实现温度梯度的方法有感应加热和永磁体加热。同时，棒材与挤压活塞和挤压筒之间也会发生热传导而降温。

　　Chen 等[22]通过 HyperXtrude™ 模拟了 ZK60 镁合金挤压过程中不同挤压速度下及施加 50℃/m 温度梯度情况下出口温度的变化，模拟结果如图 4.20 所示。与图 4.16 结果相似，在较低挤压速度下型材的出口温度相对恒定，但难以达到在线淬火所需要的出口温度，型材也难以获得需要的机械性能。而较高的挤压速度又

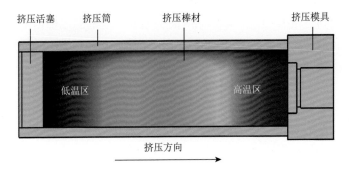

图 4.19 挤压棒材梯度加热示意图[22]

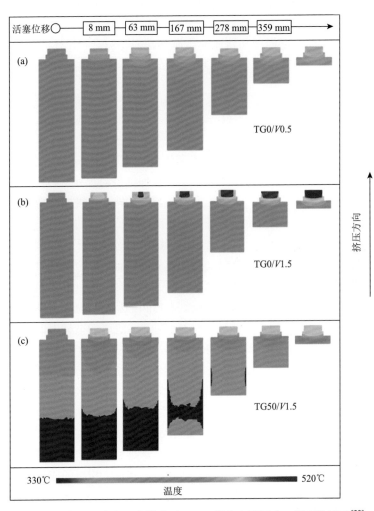

图 4.20 挤压速度和温度梯度对 ZK60 镁合金型材出口温度的影响[22]

TG 表示温度梯度；V 表示挤压速度

会造成型材出口温度升高［图 4.20（b）］。只有在适当的温度梯度情况下才能实现高速恒温挤压效果［图 4.20（c）］。通过有限元模拟并结合实验结果修正是在工业化生产中实现恒温挤压的有效途径。

4.1.5　小结

恒温挤压主要是为了获得机械性能和微观组织均匀的型材。目前通过调整铸棒温度梯度或调整挤压速度来使型材在挤压模具出口处获得恒定的变形温度，从而保证整根型材的性能均匀性。上述方法的局限性是需要试错或不断调整变形参数。为降低成本，可通过调控前期合金的变形行为和性能的本构方程参数积累，通过商用模拟软件来计算分析不同合金在不同模具形状、挤压比、模具温度、挤压筒温、棒温、铸棒温度梯度和挤压速度等参数对型材在模具出口温度的影响规律，通过调整计算参数获得最佳的工艺窗口，并指导生产实践。

4.2　高速挤压技术

由于高速挤压技术可以提高型材的生产效率，减少机时降低生产成本，正逐渐成为各挤压厂关注的焦点。高速挤压技术需要在保证型材尺寸、公差、表面质量和机械性能的基础上提高挤压速度。挤压产品的尺寸、外观和机械性能受挤压参数和材料微观组织的影响。除了挤压参数外，影响挤压产品质量的因素还包括挤压棒材微观组织的均匀性，各种合金元素的含量，铸锭的状态及挤压前的预热条件。从挤压材料的角度出发，存在两个因素限制挤压过程的进行。一个是材料在高温下固有的变形抗力，其大小决定了型材变形所需的挤压机吨位。挤压机的吨位是有限的，因此材料的变形抗力过高则无法挤压，需升高材料的温度来降低其变形抗力。但材料在挤压过程中所能承受的变形温度也是有极限的。过高的型材出口温度会造成型材的局部区域熔化，进而形成表面撕裂等缺陷，这就是另一个限制挤压过程的主要因素。上述内容可以简单归纳为如图 4.21 所示的示意图。当挤压棒材的温度逐渐升高时，其变形抗力逐渐降低，所能实现的挤压速度也逐渐增大。但挤压温度进一步升高又容易形成型材的表面缺陷。如 4.1 节所述，降低挤压速度会降低型材的出口温度，可缓解上述现象。这两个影响因素共同限制了可实施的挤压加工的工艺窗口。狭义上讲，选取适合的棒材温度就可实现最快挤压速度，但挤压棒材的微观组织特征限制了挤压温度的提升，也就限制了挤压速度的提高。棒材的成分及变形组织又限制了其变形所需的挤压力，因此实现高速挤压应从上述两个方面入手。棒材的微观组织特征主要取决于半连续铸造工艺、均匀化热处理制度及挤压前加热条件，因此合金的均匀化热处理制度是实现高速挤压的关键。

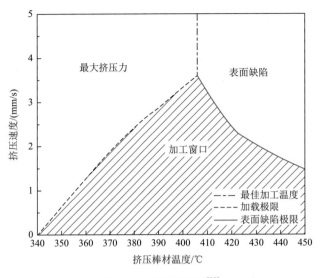

图 4.21　挤压极限图[23]

对于给定的合金不能简单地只表征一项微观组织。例如，型材的回复和再结晶程度，亚晶和再结晶晶粒尺寸和形状均受如下因素影响：①半连续铸造带来的非平衡凝固方式造成了铸锭的主要元素从边缘处到铸锭中心的宏观偏析；②晶粒内部从枝晶干到枝晶干间的微观偏析；③在凝固过程中形成并受凝固速度影响的初生第二相粒子尺寸；④非平衡凝固产生的低熔点伪共晶组织；⑤受成分和热处理影响的过剩可溶相；⑥难熔第二相粒子在机械加工过程中的破碎及分散程度；⑦受均匀化热处理制度影响的弥散相的数量和尺寸。因此，理解上述各因素的共同相互作用对理解变形组织的微观特征非常重要。

可通过均匀化热处理和挤压变形参数对上述各因素进行调整，改善并优化型材的变形组织、机械性能和生产效率。其中，均匀化热处理主要为了消除或改善半连续铸造带来的微观组织的不均匀性，要实现的主要目标如下：

（1）消除非平衡凝固带来的微观偏析和伪共晶组织等低熔点相；

（2）促使金属间化合物通过相变方式发生形貌转变（针状β铁相→球化α铁相）；

（3）促使固溶的过渡族微量元素析出，形成大量细小的纳米级弥散相。

根据主要添加合金元素的不同，变形铝合金被分为七个主要类别。由于添加合金元素的差异，每一类都表现出不同类型的微观结构，每一系列的均匀化热处理制度和要实现的目标各不相同。根据合金是仅通过加工硬化还是通过热处理强化（析出强化），可以将变形铝合金分为两类。前者适用于 1×××、3×××、4××× 和 5××× 铝合金，而后者适用于 2×××、6××× 和 7××× 铝合金。

2××× 铝合金中主要添加 Cu 和 Mg 元素，形成的析出强化相为 $Al_2Cu(\theta)$ 和

$Al_2MgCu(S)$。添加少量 Si 会促使形成 Mg_2Si 和 Al_6Mg_4Cu，$Al_5Si_6Mg_8Cu_2$ 和 $Al_5Si_2(CuFeMn)_3$。添加 Ti 和 B 主要为了细化晶粒。作为杂质元素的 Fe 在 2××× 铝合金中会形成 $Al_6(CuFe) + Al_7FeCu_2$ 降低材料的韧性，其含量应尽可能地降低。Mn 添加后大部分会固溶在铝基体中，在均匀化过程中与 Fe 结合形成细小的 $Al_{15}(CuFeMn)_3Si_2 + Al_6(CuFeMn)$ 弥散相，既降低了 Fe 的危害，又可在热变形过程中抑制晶界和亚晶界的迁移阻止再结晶的发生。

3××× 铝合金中添加的合金元素主要是 Mn，在铸造过程中形成的金属间化合物为 $Al_6(MnFe)$，在后期的均匀化热处理过程中固溶的 Mn 会析出为 $Al_{12}(FeMn)Si$ 弥散相。此外，3××× 铝合金中还会形成 α-Al(FeMn)Si 弥散相。

鉴于 5××× 铝合金堪比纯铝的耐腐蚀性，主要用于航空器和船舶的制备。因为该系合金在加工温度范围内的变形抗力都非常大，在高温下挤压容易发生初熔并造成表面撕裂。5××× 铝合金主加元素是 Mg，与 Al 在 450.7℃下 Mg 含量为 34.5 wt%时发生共晶反应，其二元平衡相图如图 4.22 所示。Al-5%Mg 合金的 GP 区形成温度为 0℃，在该温度下 Mg 在 Al 中的溶解度只有 1%，难以形核成长为细小均匀分布的析出相，也就没有多少析出强化效果。只有当 Mg 含量高于 7 wt%时才有明显的析出强化效果。由于成型问题和耐腐蚀性等问题，其添加量很少超过 5 wt%～6 wt%。所以 5××× 铝合金主要靠加工硬化提高机械性能。Mg 原子尺寸比 Al 原子大 12%左右，通过引入晶格畸变强化合金。

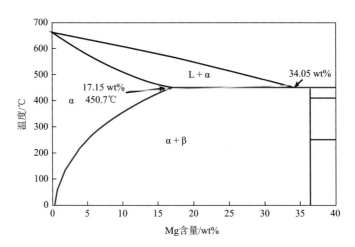

图 4.22　Thermo-Calc 计算的 Al-Mg 二元平衡相图

此外，5××× 铝合金中常会添加 Mn 和 Cr 元素，在均匀化热处理时析出亚微米级的 Al(MnCr)弥散相。Al(MnCr)弥散相可抑制再结晶和晶粒长大，改善产品的伸长率。加工硬化为主要强化方式的 5××× 铝合金具有更高的伸长率，可获得更好的机械性能，但弥散相分布不均匀，常集中分布于枝晶间，如图 4.23 所示。在临近晶界及晶界上粗大相附近没有弥散相析出。位错的迁移和晶界的滑移更容易集中发生在这些弥散相无析出区。

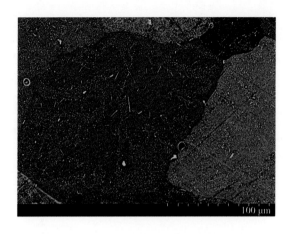

图 4.23　5383 铝合金均匀化后弥散相分布

在可挤压加工的铝合金牌号中，6×××铝合金占据了 85%，是最主要的挤压变形铝合金，其主加元素是 Mg 和 Si，这两种元素的添加可以追溯到 1918 年。该系合金加工后具有良好的耐腐蚀性、表面质量、可焊性、成型性能及中高强度，使其广泛应用于建筑行业和运输行业。近来得到大力推广的新能源汽车制造业对具有高强高韧高服役性能的 6×××铝合金需求更为迫切。该系合金主要靠纳米级 Mg_2Si 析出相强化，其伪二元相图如图 4.24 所示[24]。该系合金根据需求可粗略分为中等强度的 6060（0.69% Mg_2Si）和 6063（0.74% Mg_2Si）等，以及稍高强度的 6005（0.9% Mg_2Si）和 6082（0.96% Mg_2Si）。为进一步提高机械性能，将 Cu 添加到 6×××铝合金中形成纳米级 Q（$Al_5Cu_2Mg_8Si_7$）析出相，合金牌号如 6013（0.6%~1.0% Cu）、6110（0.2%~0.7% Cu）和 6111（0.5%~0.9% Cu）。

随着 Mg_2Si 含量增加，铝合金的加工性能随之降低。根据产品的需求，可通过调整 Mg_2Si 含量实现不同性能的合金，如高强度（1%）、通用（0.8%）和易加工（0.7%）的 6×××铝合金。例如，将 Mg_2Si 含量从 0.5% 增加到 0.95% 和 1.35%，挤压杆速度分别降低了 40% 和 70%[3]。在 6×××铝合金中 Si 更倾向于与 Fe、Mn 和 Cr 结合，因此实际参与形成 Mg_2Si 析出相的 Si 含量应扣除参与 Al(FeMnCr)Si 的部分。考虑到均匀化过程中 6×××铝合金中的 $\beta\text{-}Al_5FeSi$ 转变为 $\alpha\text{-}Al_{12}(FeMn)_3Si$[25-27]，实际的有效 Si 含量应扣除被 α 铁相占用的部分。过剩的 Si 元素每增加 0.01 wt% 会降低 0.4 m/min 的挤压杆速度，此外还会降低型材的韧性和阳极氧化后的表面质量。过剩的 Mg

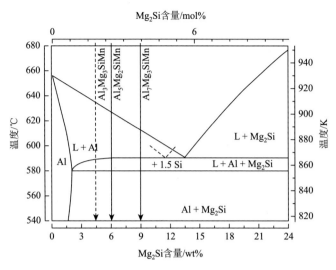

图 4.24　Al-Mg₂Si 伪二元相图[24]

L 表示液相

元素会增加耐腐蚀性，但同样会降低挤压速度，尤其是当Mg含量超过0.55 wt%时。添加少量的Cu可使合金中析出更细小的Q相，提高合金强度，并提高型材阳极氧化后的表面光亮度，但会降低合金的耐腐蚀性。

7×××铝合金是高强铝合金，主加元素为Zn、Mg、Cu等，也会少量添加Mn、Cr、Zr等过渡元素来细化晶粒，改善变形组织和耐腐蚀性。7×××铝合金可简单分为Al-Zn-Mg和Al-Zn-Mg-Cu合金。极高的Zn/Mg质量比，5.5%～6.2% Zn和0.3%～0.6% Mg可使Al-Zn-Mg合金获得良好的挤压加工性能，但超过4.5%的Zn含量会降低合金的耐腐蚀性。Zn和Mg元素的含量对合金性能的影响可归纳为图4.25。降低Zn＋Mg总量可提高合金的抗剥落腐蚀性能。减少时效后铝基体中固溶的Zn＋Mg总量可降低腐蚀的速度。

Zr的添加可形成L1₂结构的纳米尺度Al₃Zr相，起到与Mn和Cr相似的作用。其最佳的形成温度为380～420℃，超过500℃会转变为粗化速度快，具有正方晶体结构的Al₃Zr平衡相。因此，含Zr的7×××铝合金的均匀化热处理可采用40℃/h的加热速度来获得稳定细小的Al₃Zr颗粒。

Al-Zn-Mg-Cu合金的代表牌号有7075、7049和7050。Cu的添加会使合金发生两个准共晶反应形成α-Al/T（AlZnMgCu）和α-Al/M（AlZnMgCu）共晶组织。通常这些共晶组织在475℃下均匀化热处理16 h后可溶解回基体中，在这个过程中Mg和Zn从M相中扩散出来，同时形成低熔点的S（Al₂CuMg）相。S相会在后续的热变形过程中熔化并造成型材撕裂，因此有必要将均匀化热处理的时间延

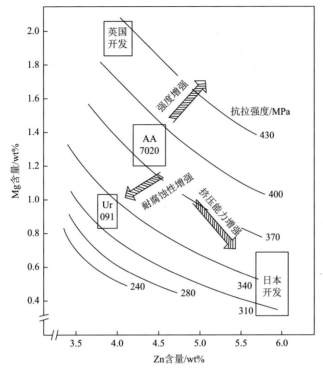

图 4.25　Al-Zn-Mg 合金中 Zn 和 Mg 含量对 T6 态合金性能的影响[3]

长至 24 h 以便彻底将其溶解。在此保温过程中还可促使含 Cr、Mn、Zr 等元素析出形成亚微米级弥散相。在工业化生产中，7×××铝合金常使用的均匀化热处理制度由三个阶段组成，如图 4.26 所示。阶段 I 是为了消除铸造过程中引入的残余应力；在阶段 II 中可消除大部分低熔点共晶相，防止其在阶段 III 中发生过烧；在最重要的阶段 III 中进一步溶解如 S 相的低熔点相，促进晶界上的粗大含 Fe 金属间化合物球化，促使析出形成大量均匀分布的细小的 $Al_{18}Cr_2Mg$、Al_7Cr、Al_6Mn、

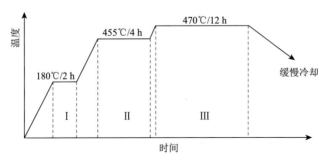

图 4.26　7×××铝合金均匀化热处理示意图

Al_3Zr 等弥散相。均匀化热处理过程中采用较慢的升温速度可以为 Mn、Cr 含量低的区域提供充裕的形核时间，提高形核率，从而改善弥散相的分布均匀性。同样均匀化热处理后的冷却速度也会影响微观组织，在 1000℃/min 的冷却速度下，Zn、Mg、Cu 等元素固溶在铝基体内，微观组织中只剩下弥散相。在 100℃/min 的冷却速度下，低熔点的 M 相（480℃）和 T 相（485℃）均会重新析出并形成粗大的颗粒，在后续的热变形过程中易引发初熔造成撕裂。

合金中添加的元素不同，形成的强化相、弥散相各不相同，因此适合的变形温度和变形难易程度也不相同。表 4.2 列举了变形铝合金的大致固相线温度，以及常用均匀化热处理温度和挤压温度。以 6063 铝合金的挤压难度为标准，其他常用铝合金的挤压难度如表 4.3 所示[3]。

表 4.2　变形铝合金的均匀化和挤压温度[3]　　　（单位：℃）

合金	固相线温度	均匀化热处理温度	挤压温度
1×××	640~650	560~605	450~550
2×××	500~650	480~530	400~480
3×××	630~645	530~620	480~520
5×××	570~630	380~550	400~480
6×××	580~620	560~600	430~500
7×××	>500	400~500	390~450

表 4.3　变形铝合金的相对挤压难度[3]

合金	难度	合金	难度	合金	难度	合金	难度
1100	77	2011	171	2014	202	2024	247
3003	112	3004	180	5083	281	5182	293
6063	100	6061	151	6082	197	6105	134
7004	157	7050	280	7150	269	7075	316

挤压机的极限功率是固定的，也就是所能施加的载荷 σ 是固定的，将挤压机的加工极限表述为 $Z = A[\sinh(\alpha\sigma)]^n$。因此，型材在不同温度下能实现的挤压速度（如图 4.27 中左侧的空心方框所示）可通过式（4.5）$Z = \dot{\varepsilon}e^{\frac{Q}{RT}}$ 计算得出。考虑到型材的亚晶尺寸 d 与 Z 参数有如下关系[28-30]：

$$d^{-1} = A + B\ln Z \tag{4.7}$$

式中，A 和 B 为材料常数。在挤压机功率固定的情况下，不同亚晶尺寸在不同温度下的挤压速度可以计算得出，结果如图 4.27 所示[3]。可见亚晶尺寸从 2 μm 细化到 1 μm 时，能实现的最大挤压速度也明显提升，这样既降低挤压所需载荷，又降低实现最大挤压速度的棒温进而增大加工窗口，提高挤压速度。

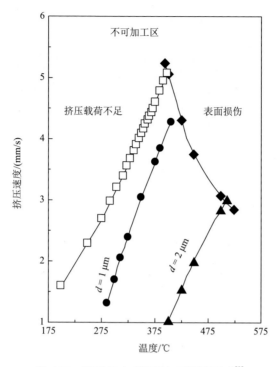

图 4.27　亚晶尺寸对挤压加工图的影响[3]

铝合金在均匀化热处理过程中形成的亚微米级弥散相可有效钉扎亚晶界和晶界的迁移，从而抑制再结晶的发生。因此，弥散相是细化变形组织既经济又有效的手段。如 4.1 节所述，动态软化机制主要有动态再结晶和动态回复两种机制。动态再结晶可分为连续动态再结晶和不连续动态再结晶。不连续动态再结晶伴随着再结晶晶粒形核和晶界迁移长大的过程，而连续动态再结晶则无形核过程。连续动态再结晶的发生伴随着亚晶的倾转，进而形成大角度边界。图 4.28 为连续动态再结晶和不连续动态再结晶过程示意图及对应的变形组织[10, 31]。由于铝合金的层错能较高，位错的攀移受限，因此铝合金热变形过程中的动态软化机制以动态回复为主。

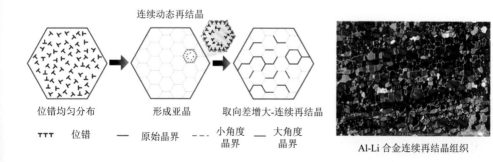

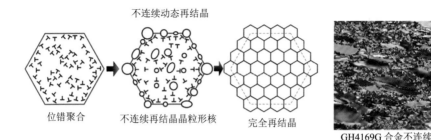

不连续动态再结晶

位错聚合　　　不连续再结晶晶粒形核　　　完全再结晶

GH4169G 合金不连续再结晶组织

图 4.28　连续动态再结晶和不连续动态再结晶过程示意图及对应的变形组织[31]

为了实现在线淬火效果，6×××和 7×××铝合金的挤压出口温度要达到固溶温度线之上，所以在型材离开挤压口后易发生静态再结晶。图 4.29（a）展示了 6111 铝合金型材在弯曲变形后断口处的形貌，发现裂纹沿晶界扩展[32]。图 4.29（b）展示了 Al-4Zn-2Mg 合金在应力腐蚀条件下腐蚀裂纹沿着晶界扩展[33]。从图中可见再结晶不仅会降低型材的伸长率和弯曲能力，而且会损害合金的耐腐蚀性，应极力避免。

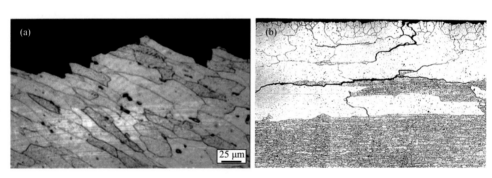

图 4.29　（a）6111 铝合金弯曲后断口处的形貌[32]；（b）Al-4Zn-2Mg 合金应力腐蚀裂纹扩展路径[33]

图 4.30 展示了基本无弥散相的 6063 铝合金和含有大量纳米级弥散相的 Al-Mg-Si-Mn 合金挤压型材沿着挤压方向的微观组织。从中可以看出 6063 铝合金发生了再结晶，而含有弥散相的 Al-Mg-Si-Mn 合金的微观组织以动态回复为主和少量的连续动态再结晶。

不同系列铝合金中形成的弥散相各不相同，但都有一共性问题，就是在晶内的析出和分布不均匀。以 6×××铝合金为例，在均匀化热处理过程中晶内的 Al(FeMn)Si 弥散相有粗化区、细小均匀区及无析出区，其在晶内的分布如图 4.31 所示。弥散相的粗化区主要集中在枝晶干处，细小均匀区分布在枝晶干间。弥散相对亚晶界运动的抑制效果可以用钉扎力（Zener drag）公式来表示：

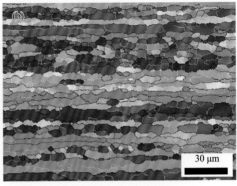

图 4.30　6063 铝合金和 Al-Mg-Si-Mn 合金挤压后 T1 态的微观组织

$$P_Z = \frac{3\gamma_{GB}F_V}{D} \tag{4.8}$$

式中，P_Z 为弥散相对亚晶界的钉扎力；γ_{GB} 为晶界的界面能；F_V 和 D 分别为弥散相的体积分数和平均直径。所以较高的 F_V/D 值可以实现较高的 P_Z 以延缓再结晶发生。

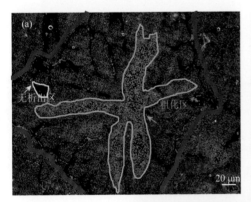
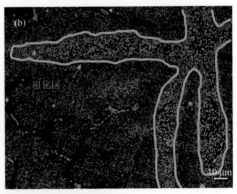
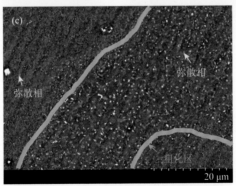

图 4.31　高强 Al-Mg-Si-Cu 合金在 550℃下均匀化热处理 10 h 后弥散相分布[34]

因此，只有细小且大量均匀分布的弥散相才可更有效地抑制再结晶的发生。所以有必要细化弥散相并改善弥散相的分布均匀性。图 4.32 展示了 6×××铝合金中的元素在铸态条件下的微观偏析[34]。其中形成弥散相的 Mn 和 Fe 并无明显偏析，分布较为均匀；Mg 和 Si 存在明显的微观偏析，由于共晶反应二者主要分布于枝晶干间。

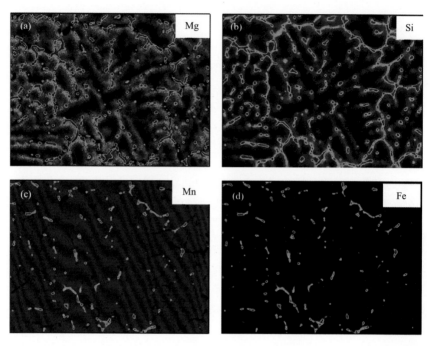

图 4.32　6×××铝合金在铸态条件下 Mg（a）、Si（b）、Mn（c）和 Fe（d）的微观偏析[34]

在均匀化热处理升温过程中 Mg_2Si 析出，随后 Al(FeMn)Si 弥散相以前者为非均质形核质点析出[35]，并在随后的保温过程中逐渐粗化，该过程如图 4.33 所示[34]。由于 Mg 和 Si 在铸态下存在微观偏析，因此在枝晶干处只有少量 Mg_2Si 形成。所以 Al(FeMn)Si 弥散相在该处缺少形核位置降低了形核率，也就形成了弥散相粗大区。由于 Mo 元素与铝合金发生包晶反应而富集在枝晶干，在均匀化热处理时可在枝晶干处析出，改善 Al(FeMn)Si 弥散相的分布均匀性，也可降低均匀化热处理的升温速度，或在 300℃下保温一定时间促使 Mg 和 Si 元素在枝晶干处的扩散和析出，为后续形成的弥散相提供形核质点。图 4.34 显示了单级和双级均匀化热处理后的弥散相分布及对变形组织的影响规律[34]。由于单级均匀化热处理后合金内存在弥散相粗大区，对再结晶的抑制能力稍弱，合金变形后原始晶粒内部存在再结晶区域［图 4.34（c）］。从图 4.34（b）可见，双级均匀化热处理明显改善了弥散相的分布均匀性，并且保证了变形后的组织均匀性。

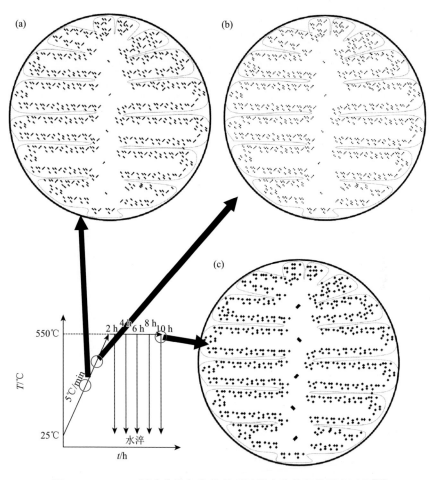

图 4.33　6×××铝合金均匀化热处理过程中弥散相的形成过程[34]

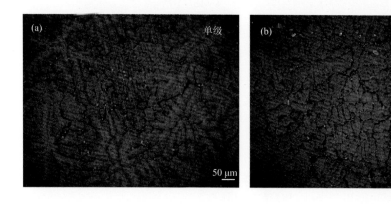

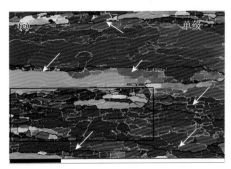

图 4.34　6×××铝合金经单级和双级均匀化热处理后的弥散相分布及相应的变形组织[34]

　　为了溶解 Mg₂Si 或 Q 相（AlMgCuSi）等非平衡共晶组织，6××× 铸棒通常要在较高温度下长时间保温，在此过程中 Al(FeMn)Si 弥散相会逐渐粗化并弱化对亚结构的钉扎能力。因此，需要降低 Al(FeMn)Si 弥散相在高温下的粗化速度。稀土元素在铝合金中形成的纳米级弥散相具有细小的尺寸、良好的热稳定性和较低的粗化速度[13, 36-44]。然而稀土元素价格可达铝合金的几十倍或上百倍，而且部分元素的热处理条件苛刻[13, 41-44]。因此，采用稀土元素替代 Al(FeMn)Si 弥散相并不适合民用产品和大规模工业化生产。在研究中发现提高第二相粒子与基体的共格度可以降低第二相粒子的界面能，从而降低其粗化速度提高热稳定性[41, 45-50]。本书作者张海团队经研究发现，含 Cu 的 6××× 铝合金在均匀化热处理初期形成弥散相与铝基体保持共格关系，如图 4.35 所示[50]，在后续的保温过程中有效地延缓了 Al(FeMn)Si 弥散相的粗化。

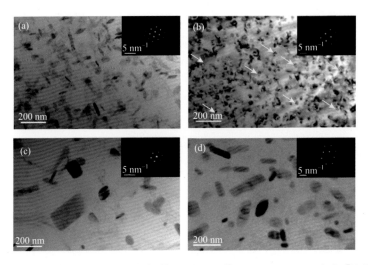

图 4.35　500℃保温过程中 Al-Mg-Si 合金［（a）和（c）］及 Al-Mg-Si-Cu 合金［（b）和（d）］中弥散相的演化[50]

此外，还可通过添加扩散速度低且能与弥散相相互代位的元素降低弥散相的粗化速度[41, 51-53]。例如，Mo、V、Cr、Zr 等过渡族元素在均匀化热处理过程中析出成亚微米级的弥散相。这些弥散相可抑制型材在挤压过程中发生再结晶，形成纤维状晶粒，改善型材韧性和耐腐蚀性，尤其是薄壁件更为显著。

由于 Mn 和 Cr 元素价格适中，常被添加到铝合金中，鉴于 Cr 元素在高温下比 Mn 元素扩散速度更低[54, 55]，适量的 Cr 添加可延缓 Al(FeMn)Si 弥散相的粗化。研究结果表明，6×××铝合金中控制适当的 Mn/Cr 比例可使弥散相在均匀化热处理过程中既完全析出又保持细小尺寸，从而使 T6 后的变形组织再结晶比例最低，亚晶尺寸最小和亚晶占比最大（图 4.36），因此，降低了变形所需载荷，提高了合金的挤压加工能力。

提高铝合金型材挤压速度必须在保证型材具有良好的机械性能和表面质量基础之上。6×××作为最主要的挤压加工铝合金，其主要强化方式为析出强化。6×××铝合金型材采用在线固溶随后时效处理的方式提高其机械性能。在挤压过程中材料的温度变化如图 4.37 所示。阶段 1 为挤压前铸棒升温预热；阶段 2 为挤压加工过程，棒材变形并与模具等摩擦产生热量使型材温度升高到固溶线温度和固相线温度之间，并在模具出口处达到最高温度；阶段 3 为型材离开模具

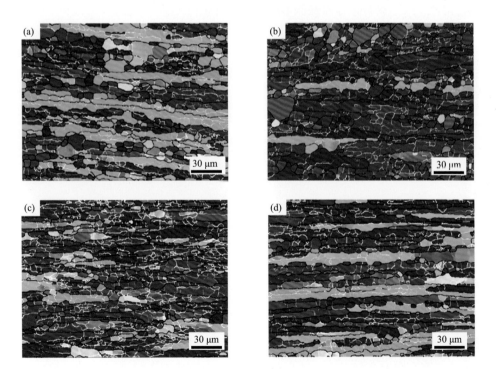

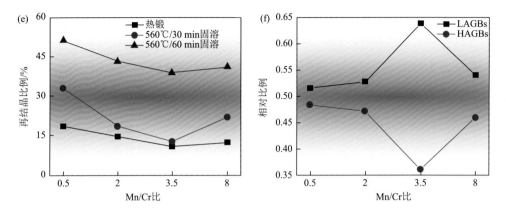

图 4.36　Mn/Cr 比例［Mn/Cr 比 0.5（a），Mn/Cr 比 2（b），Mn/Cr 比 3.5（c），Mn/Cr 比 8（d）］
对 6×××铝合金 T6 处理后变形组织的影响；Mn/Cr 比对再结晶比例（e）及大角度晶界（LAGBs）
和小角度晶界（HAGBs）含量（f）的影响

出口；阶段 4 为型材通过强风或水雾或喷水冷却达到准固溶态。由于在线固溶简化了常规的挤压工艺步骤，减少了能量消耗，节省 25%～30%的成本，已得到广泛应用。在挤压过程中由于变形不均匀，铸锭表面和心部的变形温度可能会相差 140℃[3]，这种现象在厚截面型材上体现得尤为严重。由于 2×××和 7×××铝合金的固溶线和固相线温差较小，难以保证达到在线固溶效果情况下不超过固相线温度。因此，目前 6×××铝合金和不含 Cu 的 7×××铝合金采用在线固溶的方式进行挤压生产。2×××铝合金和含 Cu 的 7×××铝合金挤压则采用离线淬火加时效的方式提高型材强度。

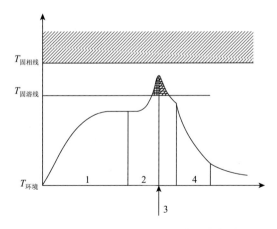

图 4.37　在线固溶工艺过程中温度变化

在挤压变形过程中，型材的变形温度达到固溶处理的时间非常短暂。为了实现在线淬火效果来获得最佳的时效强化效果，需要使 Mg_2Si 相在挤压过程中完全回溶。为了保证上述效果就需要 6××× 铝合金中的初生 Mg_2Si 相在均匀化过程中完全溶解。在均匀化后的冷却过程和挤压前的加热过程中，Mg_2Si 会以析出相的形式析出并粗化。为了降低挤压时合金的变形抗力，需要固溶的强化元素完全析出。要提高在线固溶的效果，就需要合金中 Mg_2Si 析出相的尺寸尽可能细小，并且分布均匀。在均匀化后的冷却过程中，α-Al 中析出的 Mg_2Si 的总量和尺寸受冷却速度影响。

　　型材的表面缺陷有表面撕裂、起皮（pick-up）、模具线（die-line）和微模具线（micro-die line）等。限制型材挤压速度提升的主要是表面撕裂。图 4.38 为 6082 铝合金在挤压过程中发生表面撕裂处（图 4.10）的断口形貌。6082 型材撕裂处的断口形貌为典型的解理断裂［图 4.38（a）］。从图 4.38（b）中可以看出，在晶粒的表面（晶界）分布着球形颗粒。在挤压过程中，变形温度过高易引发动态再结晶。第二相粒子可有效地钉扎晶界或亚晶界的迁移，因此晶界停留在粗大 Mg_2Si 颗粒处。当变形温度进一步升高时，粗大的 Mg_2Si 颗粒无法在短时内回溶进而发生了熔化，使晶界的结合能力大幅下降，进而在型材和模具摩擦产生的应力下型材的表面出现了撕裂现象［图 4.38（c）］。所以表面撕裂处的断口为解理型断裂。当熔化的低熔点第二相（Mg_2Si）冷却凝固后便在晶界处重新凝固成球形小颗粒［图 4.38（b）］。型材的边缘与模具的两个接触面产生摩擦，致使在边缘处变形温度最高，所以在其边缘处表面撕裂现象最为严重。因此，控制低熔点第二相的尺寸是保证型材生产效率、机械性能和表面质量的关键因素。

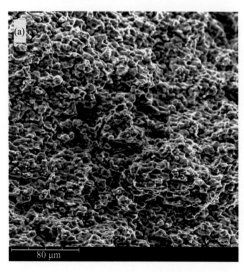
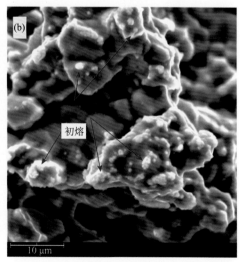

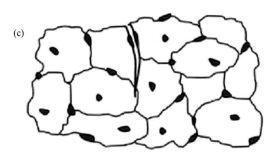

图 4.38　6082 型材挤压后边缘撕裂的断口组织（a）、断口再结晶晶粒表面熔化颗粒（b）和断裂机制（c）

图 4.39 展示了均匀化后分别以 133℃/h［图 4.39（a）和（c）］和 296℃/h ［图 4.39（b）和（d）］的速度冷却的 6082 铝合金挤压型材的表面质量[56]。可见低冷却速度的合金表面发生了明显的撕裂现象，裂纹多呈现 120°的转角，说明表面撕裂主要沿着晶界扩展。当提高冷却速度后，在相同的挤压条件下型材表

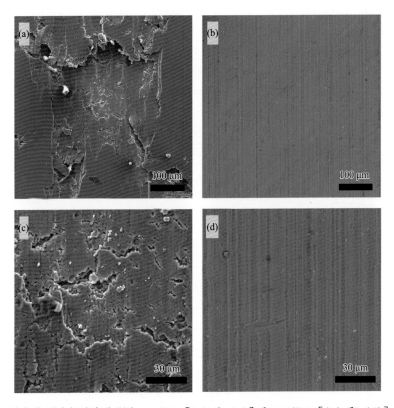

图 4.39　均匀化后冷却速度分别为 133℃/h ［（a）和（c）］和 296℃/h ［（b）和（d）］的 6082 铝合金型材表面质量[56]

面则无撕裂发生。这说明调控均匀化后冷却速度是控制 Mg_2Si 析出相尺寸，改善型材表面质量的有效手段。细化了的 Mg_2Si 析出相更容易在挤压温度达到 Mg_2Si 共晶温度前溶解，因此可进一步提高挤压的临界温度，获得更高的挤压速度。

均匀化后的冷却速度需要调控在既保证析出相完全析出，又要保证形成细小且弥散的析出相的范围内。Mg_2Si 析出相在 316～417℃ 的温度范围内会迅速粗化，粗化的析出相在挤压过程中无法完全溶解进铝基体而降低后续的强化效果，并且会造成局部熔化形成表面撕裂，在后续的阳极氧化过程中还会造成表面发乌。在工业化生产中，铸锭在均匀化热处理后使用冷却炉降温。为了避免析出相粗化，应在铸锭降温至 417℃ 之前尽快转移至冷却炉中，并且在后续的挤压前加热过程需要在短时间内实现设定的挤压温度和温度梯度。

Mg_2Si 的尺寸取决于冷却速度，在均匀化后的冷却过程中 Mg_2Si 的尺寸演变属于非等温粗化过程。如何预测 Mg_2Si 的尺寸便成为指导实践生产的关键。传统的恒温粗化模型如式（4.9）所示：

$$r^n - r_0^n = Kt \qquad (4.9)$$

式中，r_0 为析出相的初始半径；r 为在一定温度下经过 t 时间保温后的析出相半径；K 为在该温度下的粗化速度；n 为粗化指数，当粗化在扩散机制主导下取 $n = 3$[57]。为此，秦简等针对 Al-Mg-Si 和 Al-Zn-Mg 等三元合金体系建立了在变温下的颗粒动态粗化模型：

$$r = \iint (r_0^n + K_T t)^{1/3} \, \mathrm{d}T \mathrm{d}t \qquad (4.10)$$

动态粗化模型预测的结果和实验结果的对比如图 4.40 所示。该模型虽然不能精准地预测第二相颗粒在冷却过程中粗化后的尺寸，但其计算的结果的大体趋势和实际的测试结果基本相同，所以大体上可计算最佳的均匀化后冷却速度。为实现最佳的型材机械性能、表面质量和生产效率，Mg_2Si 的尺寸应控制在 500 nm 以下，对应的均匀化冷却速度应在 500K/h 以上。

近年，铝合金型材逐渐应用于 3C 电子产品领域，经阳极氧化后型材的表面缺陷更加明显，所以对型材的表面质量要求也随之提高。除了表面撕裂外，限制挤压提速的表面缺陷还有起皮和模具线等。挤压铸坯除了α-Al 外，由金属间化合物和第二相粒子等组成。在挤压过程中由于剧烈的剪切变形，铝合金中的金属间化合物与模具紧密接触并被压入其中。α-Al 在该位置被剪切并堆积，在型材表面形成断续的长度常在 3～12 mm 的划痕，最终金属间化合物从模具脱落镶嵌入型材划痕的尾部形成起皮。随着变形温度的升高，起皮愈发严重，限制了挤压速度的提升。起皮的形成主要受以下三个因素影响：①合金的微观组织和热处理状态；②模具和设备表面质量；③挤压的工艺参数。其中，合金的微观组织和热处理状态对起皮的形成影响最大。图 4.41（a）展示了 6082 铝合金中

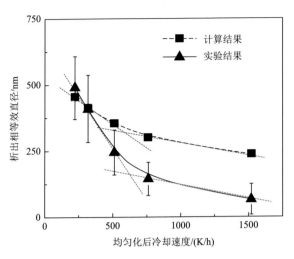

图 4.40　6082 铝合金均匀化后 Mg_2Si 析出相的尺寸随冷却速度的变化关系及模型计算结果[58]

铸态组织，作为杂质元素的 Fe 会在 6××× 铝合金中形成针状 $\beta\text{-}Al_5FeSi$ 相，在变形过程中易造成应力集中降低型材的表面质量和韧性。通过均匀化热处理可将其转变为危害小的球状的 α-铁相［图 4.41（b）］。但工业化的均匀化热处理常常不够充分，无法使 β-铁相完全球化，并且还会残留部分未完全溶解的初生 Mg_2Si，这二者都会加剧起皮的产生。除了热处理外，还可通过合金化的方法消除上述不利因素。例如，添加 Mn 可在凝固过程中直接将 β-铁相转变为危害更小的汉字状 α-铁相。此外，添加 Cr、V、Mo 等中间过渡族元素均有类似效果，而且还可改善其中的弥散相分布均匀性。

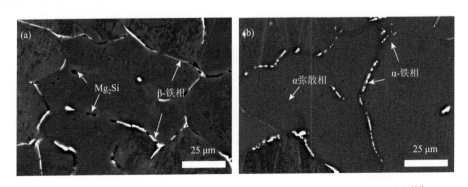

图 4.41　6082 铝合金均匀化热处理前（a）和热处理后（b）的铁相转变[56]

模具线是沿着挤压方向在型材表面形成的线形的凸起或凹陷，如图 4.39（b）和（d）所示。模具线主要是由模具的表面缺陷造成的，可通过调整变形温度来降低其危害。图 4.42 展示了挤压棒温对型材表面粗糙度的影响[3]。在 550℃ 的高温下，铝合金的流变应力比较低，材料会更紧密地贴合在模具表面，所以模具的表面缺陷会体现得更明显，型材的粗糙度也就更大。当挤压棒温在 350℃ 的低温时，铝合金的流变应力增大，挤压载荷也随之增大，模具随之发生挠曲变形致使铝合金黏着在部分工作带上，因此增大了挤出型材在该处的粗糙度。在 425～475℃ 挤压时，铝合金与模具发生紧密接触，但又不同于高温挤压的情况，有效地降低了型材的表面粗糙度。

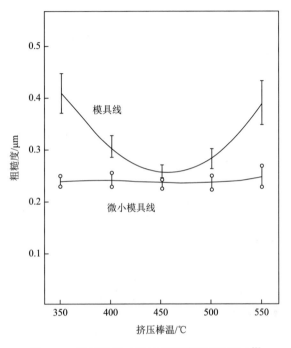

图 4.42　挤压棒温对型材表面粗糙度的影响[3]

　　除了挤压温度，工作带长度也会对型材的表面粗糙度产生影响。调整工作带长度可有效改善型材表面粗糙度。图 4.43[3] 展示了型材表面粗糙度与工作带长度的关系，可见当工作带控制在适宜的范围内可获得最佳的表面质量。

　　当型材用于 3C 电子产品时，挤压过程中型材表面生成的粗晶层会对后续阳极氧化后的表面质量造成不利影响。目前挤压厂采取的是高温慢速挤压降低 Z 参数方法来减少或消除粗晶层的出现。但高温加热带来的附加成本和慢速挤压造成的占机时间长都增加了生产成本。粗晶层区域的合金变形量大，变形速度高，与模具摩擦造成变形温度高。前二者导致了该区域的合金变形后的形变储能高，而温度升高则促使再结晶发生在型材表面形成粗晶层。通过挤压模具可优化型材的变形行为，进而控制型材表面的粗晶层厚度。挤压模具的工作带为

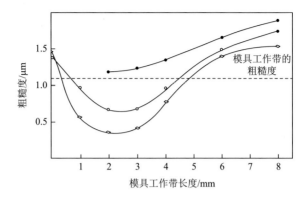

图 4.43　工作带长度对型材表面粗糙度的影响[3]

图中三条曲线代表不同型材的挤压测试结果

0 mm 时型材在与模具接触位置发生的变形最为剧烈，所以表面的再结晶最容易发生。如图 4.44（b）所示，将模具的工作带优化可有效改善材料在流经模具工作带处的变形均匀性，从而降低型材表面组织的形变储能［图 4.44（c）］，进而达到抑制粗晶层产生的效果［图 4.44（d）］[59]。

　　高速挤压不仅仅是实现提高挤压速度这一个目标，而是要在保证产品表面质量、内部微观组织及最终机械性能的基础上实现提高生产效率这一目的。目前的研究仅是通过优化均匀化热处理制度来提高挤压速度，关于最初的合金成分设计和最后的挤压模具优化方面的工作并不多。高速挤压还存在的问题有：材料变形抗力大，变形温度过高引发再结晶降低产品伸长率等。挤压抗力的产

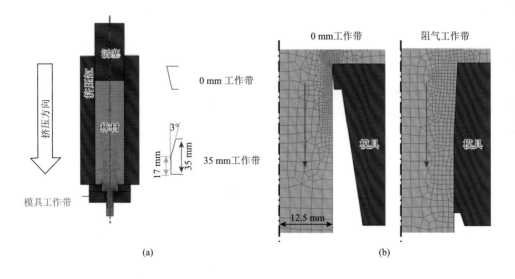

(a)　　　　　　　　　　　　　　　　　　(b)

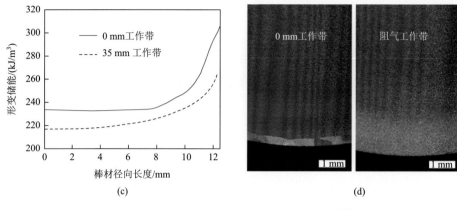

(c)　　　　　　　　　　　　　　　(d)

图 **4.44**　　模具工作带优化对变形组织的影响[59]

生源自于合金中添加的各种强化元素，优化各种元素的比例减少不必要的元素添加既可降低型材的变形抗力，还可节约成本。通过模具的优化设计可避免型材局部变形剧烈，使型材在模具内的变形更均匀，进而获得理想的纤维状变形组织和机械性能。

4.3　变截面挤压技术

传统铝合金型材挤压生产过程中，其轴向截面形状通常单一不变。然而，在汽车、船舶、石油化工、航空航天等工业领域，某些构件需要变换型材截面，如汽车、船舶中的梁体所应用的变截面矩形管材，飞机机翼及铝合金钻杆等。另外，交通运输工具轻量化是实现节能减排的重要途径，而轻量化的实现手段除采用轻质结构材料，如铝合金、镁合金等，替代传统钢铁材料外，结构优化设计对于产品轻量化也具有关键作用，其中，在等强度、等刚度的基础上，选用变截面结构型材是实现交通工具轻量化的有效途径之一。

对于变截面型材，传统生产工艺包括滚弯、拉深、旋压和挤压镦粗等二次加工方式。采用以上工艺虽然可以获得变截面型材产品，但其普遍存在以下缺点：成型难度高、工艺加工工序复杂、生产成本高且易导致型材表面缺陷。对于换模顺序挤压法，由于生产方法简单，在变截面挤压型材生产中得到了广泛应用[60]。这一方法采用多个不同截面的可拆卸式模具，在挤压过程中，通过顺序安装、拆卸不同模具，实现挤压型材截面变化。虽然该方法操作原理简单，但其缺点也极为明显，即挤压过程需要停机更换模具，严重降低生产效率；同时，换模后挤压型材表面存在明显的过渡痕迹。

为了克服以上缺点，国外学者开发了变截面型材一次挤压成型工艺技术，通常被称为连续变截面挤压技术[61-64]。其主要通过采用可移动模具，挤压过程通过调整模具与挤压筒相对位置，来改变挤出型材壁厚甚至形状等截面特征，实现变截面型材挤压生产，示意图如图 4.45 所示。通过示意图可以看出，除模具结构设计外，活动模具的位移精确控制是决定变截面挤压型材截面形状、尺寸及精度的关键。因此，在挤压工艺设计中，必须综合考虑挤压速度、截面面积变化、铸棒长度等因素，保证挤压模具移动与挤压型材之间的位置匹配关系[62]。挤压过程中，当达到稳态后可以认为模具出口的金属体积流量恒定，在此基础上确定活动模具的瞬时位置。该技术相比于传统变截面型材生产工艺更为成熟，生产效率与型材质量也较高，但其适用于截面形状变化小且变化维度单一的型材挤压，如图 4.46 所示，型材在纵向上存在截面形状变化。

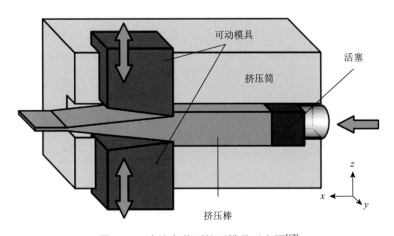

图 4.45　连续变截面挤压模具示意图[62]

2014 年，Giaier 等报道了一种针对高分子聚合物材料的变截面挤压模具设计，模具实物如图 4.47 所示，通过设置可调节的多组块组成模具，在挤压过程中，根据截面变化需求对各模具组块位置进行调节，实现变截面挤压。与上面所介绍应

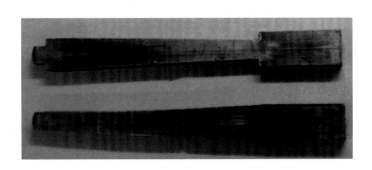

图 4.46 连续变截面挤压所得变截面型材[62, 63]

用于铝合金变截面型材挤压生产所用模具设计相比，这种设计方法更为灵活，且可实现型材周向的轮廓变化，生产所得变截面刀柄如图 4.47 所示。然而，这种变截面挤压方法尚未发现应用于金属材料变截面型材挤压生产。

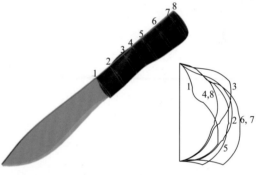

图 4.47 变截面挤压模具[65]

4.4 挤压直弯技术

铝合金优异的综合性能使其成为汽车、船舶等交通工具轻量化的理想材料，除底盘零部件、车身覆盖件外，全铝车身框架结构可有效实现车身减重，已成功应用于奥迪 A8、捷豹等高端车型。图 4.2 为奥迪 A8 所采用的全铝车身框架，可以发现，车身框架结构采用了大量的铝合金挤压型材。同时，由图中框架结构也可以看出，考虑到结构与外观设计方面需求，挤压型材多具有一定的曲率。因此，弯曲成型是车身框架制造的重要工序。此外，通过挤压与弯曲成型工艺生产得到的框架型材，并非一体化，需后续经过焊接组装工序将各型材组装连接为成体框架，这就对型材的尺寸精度与质量提出了较高要求。但受限于型材弯曲截面变形、回弹等缺陷影响，如何实现高精度弯曲成型是制造全铝框架结构的一项关键技术。

传统的弯曲型材生产工艺主要分为型材挤压和型材弯曲两步工序，即通过挤压获得的铝合金型材进行冷弯曲成型，弯曲工艺主要包括拉弯、绕弯、压弯和滚弯等[66]。然而，型材，尤其复杂截面型材，弯曲过程可能在型材表面产生缺陷，如起皱、减薄甚至开裂、截面变形等。同时，由于弯曲过程中除塑性变形外，材料还存在弹性变形区，而型材截面内外层材料应力状态或受力大小不同，因此，弯曲力矩卸载后，弹性变形区将立即恢复，致使型材产生回弹。回弹是型材冷弯成型难以避免的问题，这些直接影响型材的弯曲成型精度与质量。虽然在传统的弯曲加工过程中，可通过优化加工工艺来减轻上述弯曲缺陷，但通常是通过在型材内部填充芯杆等填充物的方式实现，这为整个弯曲工艺增加了两道生产工序，极大地降低了生产效率。因此，如何实现铝合金型材的高效高精度弯曲成型，目前仍然是制约铝合金型材在交通工具轻量化领域大规模推广应用的主要难点之一。

为解决上述问题，2006 年，Müller 提出了挤压直弯技术（或挤压-弯曲一体化成型技术）[67]，原理如图 4.48 所示。该技术将常规的挤压与弯曲工艺流程整合为一体，通过在挤压模具出口处安装一系列引导模，型材由模具出口进入引导模，相邻引导模之间设定一定的位向差（取决于型材的弯曲曲率），以实现对型材的弯曲变形。同时，该技术还可以通过调整引导模相对位置来控制型材的目标曲率。Müller 通过有限元模拟研究指出，型材弯曲效果与弯曲引导模和挤压模具出口间距离有关。挤压模具出口与弯曲引导模入口型材截面金属流速动

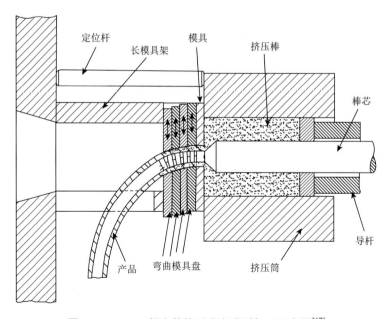

图 4.48　Müller 提出的挤压直弯成型加工示意图[67]

态变化，导致当引导模与挤压模具出口间距增大后，型材弯曲后壁厚不均（外侧减薄，内侧增厚）。由此可以看出，弯曲引导模布置位置应紧邻型材挤压出口，以获得理想的弯曲效果。然而，众所周知，挤压生产过程，型材流出模具后的冷却速度对型材产品的时效硬化能力至关重要，但对于如何在实现挤压直弯工艺的同时保证型材产品力学性能，Müller 并未提及。此外，该项技术在国外铝合金型材生产中是否得到推广应用，效果如何，后续也未见相关的进一步报道。

国内学者李落星教授对挤压-弯曲一体化成型技术开展了更为深入细致的研究工作[68-71]。与 Müller 所开发的装置不同的是，李落星教授提出了挤压-弯曲-淬火一体化成型装置（原理见图 4.49），将型材出口的引导模改为布置等间距的 N 组辊轮组成的弯曲引导块（图 4.50）。弯曲辊轮通过滑座可进行 4 个自由度的移动，

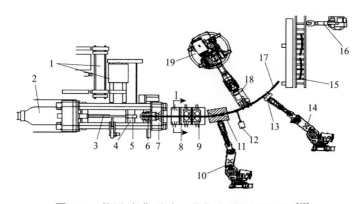

图 4.49　挤压-弯曲-淬火一体化成型装置原理图[68]

1. 加热炉；2. 液压缸；3. 挤压杆；4. 挤压筒；5. 棒料；6. 模具；7. 模套；8. 矫直辊；9. 弯曲辊；10、14、19. 牵引机器人；11、13、18. 抓手；12. 温度传感器；15. 成品型材；16. 转移机器人；17. 弯曲型材

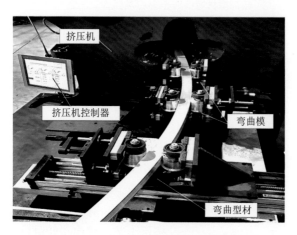

图 4.50　挤压-弯曲-淬火一体化成型装置[68]

通过伺服电机精确控制辊轮的相对位置，实现型材弯曲曲率的控制。并且，在弯曲的同时采用淬火装置对型材进行同步淬火，以保障型材产品的力学性能。研究结果表明，实验型材传统拉弯工艺 T4 态回弹 5.1 mm，T6 态回弹 9.25 mm，而挤压-弯曲-淬火一体化加工所得型材回弹为 2.3 mm。相比于传统拉弯成型工艺，挤压-弯曲-淬火一体化成型工艺加工得到的型材回弹得到了有效控制 [图 4.51（a）]，同时显著降低了型材的截面畸变。挤压-弯曲-淬火一体化成型工艺对于型材的弯曲回弹控制与型材弯曲成型温度直接相关，如图 4.51（b）所示。此外，若挤压出口型材截面不同位置温度不均匀，则不同位置型材的屈服强度与弹性模量将有所差异，这将导致型材弯曲后截面变形与回弹差异。因此，除在线弯曲工艺与设备设计外，4.1 节所介绍的恒温挤压技术也是实现挤压-弯曲-淬火一体化成型的关键。

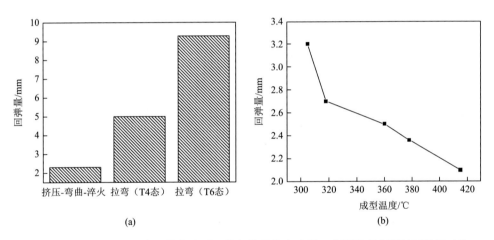

(a)   (b)

图 4.51 （a）挤压-弯曲-淬火一体化成型工艺与传统拉弯成型工艺所得弯曲型材回弹量对比；
（b）型材弯曲成型温度对回弹量的影响[68]

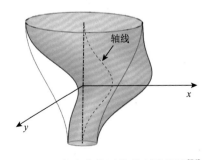

图 4.52 自弯曲挤压模具型腔设计[76]

除上述所介绍的通过在挤压型材出口布置在线弯曲设备外，另外一种挤压直弯技术实现方式是通过改变挤压模具结构设计，使挤压过程中合金材料在模具内发生不均匀流动，从而使得型材挤出后发生自然弯曲，如双凸模差速挤压成型[72, 73]、分流结构设计[74-76]（图 4.52）、多模孔偏心挤压成型[77, 78]。这一方法与传统弯曲工艺或上述所介绍挤压-弯曲-淬火一体化成型工艺相比，对于模具的结构设计、加工精度及挤压工艺等提出了较高的要求。

参 考 文 献

[1]　Smith M. 2013 audi A8 body structure.（2013-03-30）[2022-06-08]. http://www.boronextrication.com/2013/03/30/2013-audi-a8-body-structure/.

[2]　Sun Y，Bai X，Klenosk Y D，et al. A study on peripheral grain structure evolution of an AA7050 aluminum alloy with a laboratory-scale extrusion setup. Journal of Materials Engineering and Performance，2019，28（8）：5156-5164.

[3]　Sheppard T. Extrusion of Aluminium Alloys. Boston：Springer，1999.

[4]　Sheppard T. Metallurgical Principles and the Control of Properties During the Extrusion Process. London：DGM and Metals Society，1982.

[5]　Castle A F，Sheppard T. Pressure required to initiate extrusion in some aluminium alloys. Metals Technology，1976，3（1）：465-475.

[6]　Sheppard T，Flower H M，Tutcher M. The development of recovered dislocation sub-structures during plastic flow in the extrusion process. Journal of Materials Science，1979，6：473.

[7]　Güzel A，Jäger A，Parvizian F，et al. A new method for determining dynamic grain structure evolution during hot aluminum extrusion. Journal of Materials Processing Technology，2012，212（1）：323-330.

[8]　Akeret R. Untersuchungen uber das strangpressen unter besonderer beruck-sichtigung der thermischen vorgange. Aluminium，1968，44：412.

[9]　Akeret R. Das verhalten der strangpresse als regelstrecke（aluminum extrusion as a controlled system）. Metal，1980，34：737-741.

[10]　Lange G. Der wärmehaushalt beim strangpressen：teil Ⅰ：berechnung des isothermen preßvorganges. International Journal of Materials Research，1971，62（8）：571-577.

[11]　Terčelj M，Kugler G，Turk R，et al. Measurement of temperature on the bearing surface of an industrial die and assessment of the heat transfer coefficient in hot extrusion of aluminium：a case study. International Journal of Vehicle Design，2005，39（1-2）：93-109.

[12]　Sellars C M，Tegart W J M. Hot workability. International Metallurgical Reviews，1972，17（1）：1-24.

[13]　Qin J，Zhang Z，Chen X G. Evolution of activation energy during hot deformation of Al-15%B4C composites containing Sc and Zr. AIMS Materials Science，2019，6（4）：484-497.

[14]　Wang X，Qin J，Nagaumi H，et al. The effect of α-Al(MnCr)Si dispersoids on activation energy and workability of Al-Mg-Si-Cu alloys during hot deformation. Advances in Materials Science and Engineering，2020.

[15]　Feltham P. Extrusion of metals metal treatment and drop forging. Metal Treatment，1956，23：440.

[16]　Chanda T，Zhou J，Duszczyk J. A comparative study on iso-speed extrusion and isothermal extrusion of 6061 Al alloy using 3D FEM simulation. Journal of Materials Processing Technology，2001，114（2）：145-153.

[17]　Williamson. https://www.williamsonir.com/aluminum/extrusion/.

[18]　Zhou J，Li L，Duszczyk J. Computer simulated and experimentally verified isothermal extrusion of 7075 aluminium through continuous ram speed variation. Journal of Materials Processing Technology，2004，146（2）：203-212.

[19]　Bastani A F，Aukrust T，Brandal S. Study of isothermal extrusion of aluminum using finite element simulations. International Journal of Material Forming，2010，3（SUPPL.1）：367-370.

[20]　Barella S，Gruttadauria A，Gerosa R，et al. Predictive tools for in-line isothermal extrusion of 6xxx aluminum

alloys. Materials Proceedings，2021，3（1）：24.

[21]　Yi J，Liu Z W，Zeng W Q. Isothermal extrusion speed curve design for porthole die of hollow aluminium profile based on PID algorithm and finite element simulations. Transactions of Nonferrous Metals Society of China （English Edition），2021，31（7）：1939-1950.

[22]　Chen L，Cheng Q，Tang J，et al. Numerical and experimental study on extrusion of ZK60 Mg alloy using billet with temperature gradient. Journal of Materials Research and Technology，2021，14：3018-3028.

[23]　Sheppard T，Raybould D. New approach to the construction of extrusion-limit diagrams，giving structural information with application to superpure aluminium and Al-Zn-Mg alloys. The Japan Institute of Metals，1973，101：73-78.

[24]　Prach O，Hornik J，Mykhalenkov K. Effect of the addition of Li on the structure and mechanical properties of hypoeutectic Al-Mg$_2$Si alloys. Acta Polytechnica，2015，55（4）：253-259.

[25]　Kuijpers N C W，Kool W H，Koenis P T G，et al. Assessment of different techniques for quantification of α-Al(FeMn)Si and β-AlFeSi intermetallics in AA 6xxx alloys. Materials Characterization，2002，49（5）：409-420.

[26]　Xu Z，Zhang X，Wang H，et al. Effect of Mn/Fe ratio on the microstructure and properties of 6061 sheets obtained by twin-roll cast. Materials Characterization，2020，168（April）：110536.

[27]　Sarafoglou P I，Serafeim A，Fanikos I A，et al. Modeling of microsegregation and homogenization of 6xxx Al-alloys including precipitation and strengthening during homogenization cooling. Materials，2019，12（9）：1421.

[28]　Mcqueen H J，Evangelista E，Bowles J，et al. Hot deformation and dynamic recrystallization of Al-5Mg-0.8Mn alloy. Metal Science，1984，18（8）：395-402.

[29]　Duan X，Sheppard T. Simulation and control of microstructure evolution during hot extrusion of hard aluminium alloys. Materials Science and Engineering A，2003，351（1-2）：282-292.

[30]　Spigarelli S，Evangelista E，Mcqueen H J. Study of hot workability of a heat treated AA6082 aluminum alloy. Scripta Materialia，2003，49（2）：179-183.

[31]　Wang Y，Zhao G. Hot extrusion processing of Al-Li alloy profiles and related issues：a review. Chinese Journal of Mechanical Engineering（English Edition），2020，33（1）：1-24.

[32]　Friedman P A，Luckey S G. Failure of Al-Mg-Si alloys in bending. Journal of Failure Analysis and Prevention，2002，2（1）：33-42.

[33]　Day M K B，Cornish A J，Dent T P. The relationship between structure and stress-corrosion life in an Al-Zn-Mg alloy. Metal Science Journal，1969，3（1）：175-182.

[34]　Li Z，Qin J，Zhang H T，et al. Improved distribution and uniformity of α-Al(Mn, Cr)Si dispersoids in Al-Mg-Si-Cu-Mn （6xxx）alloys by two-step homogenization. Metallurgical and Materials Transactions A，2021，52（8）：3204-3220.

[35]　Muggerud A M，Mørtsell E，Li Y J，et al. Dispersoid strengthening in AA3xxx alloys with varying Mn and Si content during annealing at low temperatures. Materials Science and Engineering A，2013，567：21-28.

[36]　Nie Z，Jin T，Fu J，et al. Research on rare earth in aluminum. Materials Science Forum，2002，396-402（3）：1731-1736.

[37]　Jin J J，Nie Z R，Jin T N，et al. Effects of rare earth element Er on structure and properties of Al-4Cu alloy. Journal of the Chinese Rare Earth Society，2002，20：159-162.

[38]　Weiss D. Improved high-temperature aluminum alloys containing cerium. Journal of Materials Engineering and Performance，2019，28（4）：1903-1908.

[39]　Xiao D H，Wang J N，Ding D Y，et al. Effect of rare earth Ce addition on the microstructure and mechanical properties of an Al-Cu-Mg-Ag alloy. Journal of Alloys and Compounds，2003，352（1-2）：84-88.

[40] Li H Z, Liang X P, Li F F, et al. Effect of Y content on microstructure and mechanical properties of 2519 aluminum alloy. Transactions of Nonferrous Metals Society of China, 2007, 17 (6): 1194-1198.

[41] Qin J, Zhang Z, Chen X G. Mechanical properties and strengthening mechanisms of Al-15 Pct B4C composites with Sc and Zr at elevated temperatures. Metallurgical and Materials Transactions A, 2016, 47 (9): 4694-4708.

[42] Qin J, Zhang Z, Chen X G. Effect of hot deformation on microstructure and mechanical properties of Al-B4C composite containing Sc. Materials Science Forum, 2014, 794-796: 821-826.

[43] Qin J, Zhang Z, Chen X G. Hot deformation and processing maps of Al-15%B4C composites containing Sc and Zr. Journal of Materials Engineering and Performance, 2017, 26 (4): 1673-1684.

[44] Qin J, Zhang Z, Chen X G. Mechanical properties and thermal stability of hot-rolled Al-15%B4C composite sheets containing Sc and Zr at elevated temperature. Journal of Composite Materials, 2017, 51 (18): 2643-2653.

[45] Knipling K E, Dunand D C, Seidman D N. Precipitation evolution in Al-Zr and Al-Zr-Ti alloys during aging at 450-600℃. Acta Materialia, 2008, 56 (6): 1182-1195.

[46] Chen Y C, Fine M E, Weertman J R. Microstructural evolution and mechanical properties of rapidly solidified Al-Zr-V alloys at high temperatures. Acta Metallurgica Et Materialia, 1990, 38 (5): 771-780.

[47] Parameswaran V R, Weertman J R, Fine M E. Coarsening behavior of Li_2 phase in an Al-Zr-Ti alloy. Scripta Materialia, 1989, 23 (1): 147-150.

[48] Zedalis M S, Fine M E. Precipitation and ostwald ripening in dilute Al base-Zr-V alloys. Metallurgical Transactions A, 1986, 17: 2187-2198.

[49] Liu C, Li Y, Zhu L, et al. Effect of coherent lattice mismatch on the morphology and kinetics of ordered precipitates. Journal of Materials Engineering and Performance, 2018, 27 (9): 4968-4977.

[50] Liu F Z, Qin J, Li Z, et al. Precipitation of dispersoids in Al-Mg-Si alloys with Cu addition. Journal of Materials Research and Technology, 2021, 14: 3134-3139.

[51] Fuller C B, Seidman D N. Temporal evolution of the nanostructure of Al(Sc, Zr) alloys: part Ⅱ: coarsening of $Al_3(Sc_{1-x}Zr_x)$ precipitates. Acta Materialia, 2005, 53 (20): 5415-5428.

[52] Karnesky R A, Dunand D C, Seidman D N. Evolution of nanoscale precipitates in Al microalloyed with Sc and Er. Acta Materialia, 2009, 57 (14): 4022-4031.

[53] Seidman D N, Marquis E A, Dunand D C. Precipitation strengthening at ambient and elevated temperatures of heat-treatable Al(Sc)alloys. Acta Materialia, 2002, 50 (16): 4021-4035.

[54] Javidani M, Larouche D. Application of cast Al-Si alloys in internal combustion engine components. International Materials Reviews, 2014, 59 (3): 132-158.

[55] Knipling K E, Dunand D C, Seidman D N. Criteria for developing castable, creep-resistant aluminum-based alloys: a review. International Journal of Materials Research, 2006, 97 (3): 246-265.

[56] Qin J, Nagaumi H, Yu C, et al. Coarsening behavior of Mg_2Si precipitates during post homogenization cooling process in Al-Mg-Si alloy. Journal of Alloys and Compounds, 2022, 902: 162851.

[57] Usta M, Glicksman M E, Wright R N. The effect of heat treatment on Mg_2Si coarsening in aluminum 6105 alloy. Metallurgical and Materials Transactions A, 2004, 35A (2): 435-438.

[58] 王孝国, 秦简, 刘方镇, 等. 新型高再结晶抗力 α-Al(MnCr)Si 弥散强化 Al-Mg-Si-Cu 合金研究. 材料导报, 2023, 37 (24): 208-215.

[59] Mahmoodkhani Y, Chen J, Wells M A, et al. The effect of die bearing geometry on surface recrystallization during extrusion of an Al-Mg-Si-Mn alloy. Metallurgical and Materials Transactions A, 2019, 50A (11): 5324-5335.

[60] 李良福. 变断面铝合金型材挤压方法的发展. 铝加工, 2000, 23 (2): 4.

[61] Kato M，Sano S H Y. Variable section extrusion die set and variable extrusion molding method：5989466. 1999-03-14.

[62] Makiyama T，Murata M. A technical note on the development of prototype CNC variable vertical section extrusion machine. Journal of Materials Processing Technology，2005，159（1）：139-144.

[63] Lin J，Xia X S，Chen Q. An investigation of the variable cross-section extrusion process. International Journal of Advanced Manufacturing Technology，2017，91（1-4）：453-461.

[64] 唐全波. 轻合金连续变截面构件的挤压成形模具设计. 锻压技术，2019，44（8）：142-145.

[65] Giaier K S，Myszka D H，Kramer W P，et al. Variable geometry dies for polymer extrusion. ASME International Mechanical Engineering Congress and Exposition. American Society of Mechanical Engineers，2014：46438：V02AT02A023.

[66] Vollertsen F，Sprenger A，Kraus J，et al. Extrusion，channel，and profile bending：a review. Journal of Materials Processing Technology，1999，87（1-3）：1-27.

[67] Müller K B. Bending of extruded profiles during extrusion process. International Journal of Machine Tools and Manufacture，2006，46（11）：1238-1242.

[68] 许亮，徐从昌，李落星. 成形温度对铝合金型材挤压-弯曲一体化成形回弹及截面畸变的影响. 锻压技术，2021，46（9）：154-162.

[69] 于立. 挤压-弯曲一体化成型装置及对型材弯曲成形性能的影响. 长沙：湖南大学，2011.

[70] 于立，刘志文，李落星. 挤压-弯曲一体化成型铝合金弯曲型材的质量与性能. 机械工程材料，2012，36（7）：72-76.

[71] 刘志文. 车身用复杂铝合金型材弯曲成形工艺及回弹控制研究. 长沙：湖南大学，2012.

[72] 宋继顺，杜德恒，马叙. 双凸模差速挤压方形弯曲管件工艺过程有限元模拟. 重型机械，2010（2）：6-11.

[73] 宋继顺，杜德恒，崔宏祥. 基于流动速度场控制的弯曲管件双凸模挤压过程有限元模拟. 应用力学学报，2010，27（2）：392-396.

[74] 闵范磊，朱光明，常征. 方管铝型材自弯曲挤压工艺. 中国有色金属学报，2020，30（9）：2032-2040.

[75] Min F，Zhu G，Yue B，et al. Influence of exit velocity distribution on self-bending extrusion. Engineering Research Express，2020，2（1）：1-13.

[76] Min F，Liu H，Zhu G，et al. Self-bending extrusion molding of distorted channels. Journal of Mechanical Science and Technology，2021，35（5）：1945-1953.

[77] Chen F K，Chuang W C，Torng S. Finite element analysis of multi-hole extrusion of aluminum-alloy tubes. Journal of Materials Processing Technology，2008，201（1-3）：150-155.

[78] Jia Z H，Ding L P，Weng Y Y，et al. Effects of high temperature pre-straining on natural aging and bake hardening response of Al-Mg-Si alloys. Transactions of Nonferrous Metals Society of China（English Edition），2016，26（4）：924-929.

第5章

铝合金轧制技术

轧制技术概述

随着汽车轻量化进程的快速推进，铝材被认为是目前应用于轻量化领域综合性能最佳的轻质材料。为迎接世界汽车用铝高峰的到来，各国对汽车铝材的生产装备及工艺进行了新一轮的升级，以提升它们在汽车铝材生产方面的市场竞争力[1-3]。2021 年，全球原铝产量 6700 万吨，比 2020 年多约 200 万吨；中国原铝产量 3890 万吨，约占全球总产量的 58%。其中，平轧铝产品（flat rolled aluminium products，FRPS）约占 32%，预计在 2022～2025 年期间以 3%的复合年均增长率增长，到 2025 年需求量将达到 3.5 Mt[2]。汽车行业发展，尤其是新能源汽车的迅速发展是未来几年推动铝合金平轧产品市场增长的主要原因之一，这也是汽车工业对铝合金板材需求旺盛的必然趋势。汽车用铝板材可分为：通用板，用于制造各类型的零部件；车身薄板（auto body sheet，ABS），用于冲制外覆盖钣金件。

目前，生产汽车用铝板材的轧制技术有很多种，最主要有铸锭热轧、连铸连轧和冷轧三种。铝铸锭热轧法是一种使用了 100 多年的铝板带生产加工工艺。按照产品可将铝铸锭热轧法分为：航空、民用和厚板专用铝板材。连铸连轧是一种先进的带坯生产工艺，与铸锭热轧比，它具有节能减排、生产成本低、节约投资成本等诸多优势。目前，已经实现工业化应用的连铸连轧技术主要包括黑兹莱特连铸（Hazelett caster）技术和法塔亨特连铸（Fata Hunter caster）技术。除了热轧厚板外，大部分铝板带需要经过冷轧工艺才能加工成市场需要的铝板、带、箔产品。冷轧的主要优点包括尺寸精确、组织性能均匀、表面质量高；缺点主要包括能耗高、生产成本高、碳排放量大等。除上述常用轧制工艺之外，目前市面上也出现了其他可以提高生产效率、改善产品质量并符合节能减排理念的轧制技术，例如：①美铝（Alcoa）公司 Micromill 技术，在薄板生产领域具有很大优势；②异步轧制技术，可减小（中）厚板的厚度方向变形差异。上述两种技术都具有高精度成型、高性能成型、节能减排等特点，将在未来铝板材的生产制备中占有一席之地[2-4]。本章将对近年来开发的这两项新型轧制技术进行重点介绍。

5.2　Micromill 技术

2014 年底，美铝公司公布了一项铝合金板带铸造和轧制的新生产技术，目标针对高端铝合金板带市场。据称该工艺可以极大地缩短板带生产时间、减少能源消耗，并且在合金品种和生产方面具有很大的弹性，制备的板材在强度、成型性和表面质量方面相比常规工艺都有很大的提升。美铝公司将这项技术商业化命名为"Micromill™"，并就此技术在全球申请了 130 多项专利[5-14]。该项技术的现场设备如图 5.1 所示。

(a)　　　　　　　　　　　　　(b)

图 5.1　Micromill 技术现场装备图

（a）装备正面；（b）装备侧面

5.2.1　Micromill 技术发展历程

1996 年，美国凯撒铝业公司（Kaiser Aluminum Corporation）在内华达州建设了一条 Micromill 的实验线。

1997 年，美国凯撒铝业公司 Micromill 开始产品试生产，项目投入估计 4500 万美元。

1998 年，美国凯撒铝业公司基于资金和战略考虑，决定寻求合作伙伴转让该技术。

2000 年，美铝公司购买了 Micromill 全套装备和知识产权，以及位于加利福尼亚州 Pleasanton 和内华达州 Reno 的实验工厂和生产线。

2009 年，美铝公司采用 Micromill 试生产的铝板初步成功投入市场，并开始从技术研究与开发阶段转向商业化规模。

2014 年，美铝公司公开了达到商业化应用水平的 Micromill 技术。

2015 年，美铝公司与福特汽车公司签订了汽车铝板（用于 F-150）供货协议，向其提供铝板，如图 5.2 所示，并且将该技术授权达涅利集团（Danieli Group）进行装备商业化。

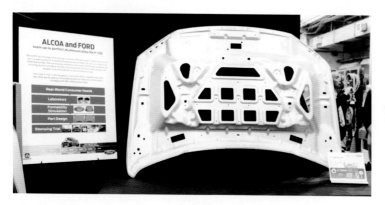

图 5.2　美铝公司 Micromill 技术为福特汽车公司提供汽车铝板（ABS）

5.2.2　Micromill 技术特点

（1）强度提升 30%（相比传统 6×××）。

（2）成型性提升 40%（相比传统 6×××）。

（3）合金板带组织均匀细小。

（4）达到 6×××合金 A 级表面质量。

（5）板材生产周期 20 min（常规 20 天）。

（6）能源消耗降低 50%。

（7）占地面积为传统轧机的 1/4。

（8）产品合金"一键切换"。

5.2.3　Micromill 技术分析

1. 高速铸造机

Micromill 是一种高度集成的技术，利用高速铸造机（caster）制备坯料后直接喂料给后续一系列轧机，以此实现铝液到最终厚度产品的整个高效连续生产过程。Micromill 技术的核心装备是铸造机，快速凝固的特性使得生产效率和表面质量得到保证。在铸造方面，美铝公司直接应用了凯撒 Micromill 铸造法和美铝双辊铸造机的专利技术。以下将详细介绍有关 Micromill 技术的铸造机。

1）凯撒 Micromill 铸造机

美国凯撒铝业公司成功地开发出冷却钢带式连铸机[15,16]，如图 5.3 所示，主要用于生产罐体料，其生产速度大大高于现有连铸连轧工艺。这种冷却钢带连铸机为双辊型，一个流槽把铝水引入一对相对旋转的内冷式辊缝内，这一对铸轧辊对凝固金属施加压力，从而引起金属的热变形。这种连铸机在生产中容易启动，并且 15 min 内就能生产出合格的铸造板带，消除铸板的黏附现象，提高了板坯表面质量，同时大大提高了后续工序的在线热轧温度。其具体技术特征参数如下所述：

板坯铸造方式：双钢带式。

板坯规格：厚度 2.54 mm（实例数据）。

铸造工艺参数：铸造速度约为 122 m/min，通过调整铸模鼓或滑轮的相对位置来同时控制铸造间隙和铸嘴间隙。

技术特性：①钢带在外环路进行冷却，减少变形；②2.54 mm 铝铸坯采用 2.03 mm 钢带，钢带入口温度 149℃，出口温度 427℃；采用 1.52 mm 钢带，钢带入口温度 149℃，出口温度 482℃。

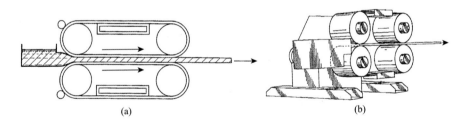

(a) (b)

图 5.3　凯撒 Micromill 铸造机

（a）双钢带式连铸机工作原理简图[15]；（b）双钢带式连铸机设备简图[16]

2）美铝双辊铸造机

美铝公司发明了一种双辊连铸铝合金的方法[17]，如图 5.4 所示（US20020153123）。熔融铝合金在辊子之间输送到辊子夹中，并以半熔融状态进入辊夹，随后一条实心的铝合金板坯高速离开夹板。其具体技术特征参数如下所述：

板坯铸造方式：双辊式。

板坯规格：厚度 2.54～6.35 mm。

铸造工艺参数：铸造速度 7.6～121 m/min，铸嘴与轧辊间隙 0.25 mm。

技术特性：①铸坯断面呈三明治结构，中间层厚度为总厚度的 20%～30%；

②轧辊表面处理成凹凸结构（5～50 μm 的小凸起，20～120 个/in），提高传热面积，并表面镀铬或镀镍，防止黏辊；③Si、Fe、Ni、Zn 在铸坯中心贫乏，Ti、V、Zr 在铸坯中心富集。

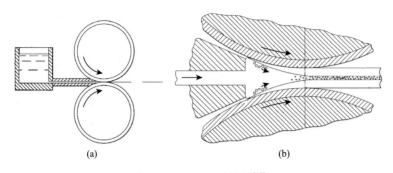

图 5.4　美铝双辊铸造机[17]

（a）铸造机结构简图；（b）板材成型原理

2. Micromill 技术装备和工艺路线

凯撒 Micromill 技术最初应用于罐料生产[18]，坯料厚度 5 mm 以内，宽幅 600 mm 以内，板材表面质量高（相比 Hazellett 技术），生产效率高。美铝 Micromill 技术目前主攻汽车铝板，坯料厚度也是 5 mm 以内，宽幅 1700 mm 左右，板材表面质量高，生产效率也很高。综合看，除了宽幅，两者具有很高的相似度。

1）凯撒 Micromill 技术装备和工艺路线

凯撒 Micromill 技术包括两个连续的在线操作步骤[15, 19]，如图 5.5 所示，首先在线操作形成铝合金带材，通过轧制带材以减少其厚度，并迅速冷却带材，从而大大减少合金元素的偏析。其中，步骤 1 包括热轧、卷取、卷材自退火的连续在线步骤，步骤 2 包括连续的在线步骤，即开卷、淬火（无中间冷却）、冷轧和卷取。以下是其具体的在线操作技术参数。

步骤 1：

a. 带坯连铸：1.27～5.08 mm，3.56 mm。

b. 热轧：进料宽度＜2540 mm。轧后厚度下降 40%～99%，热轧温度区间为 316℃至固相线温度，出轧温度为 316～538℃。

c. 高温卷取：温度区间为 260～510℃。

d. 再结晶固溶：退火和固溶处理温度区间为 399℃至固相线温度，时间为 2～120 min。

步骤 2：

a. 开卷。

b. 淬火：淬后温度＜149℃。

c. 冷轧：轧后厚度下降 20%～75%。

d. 剪切、修剪、卷取。

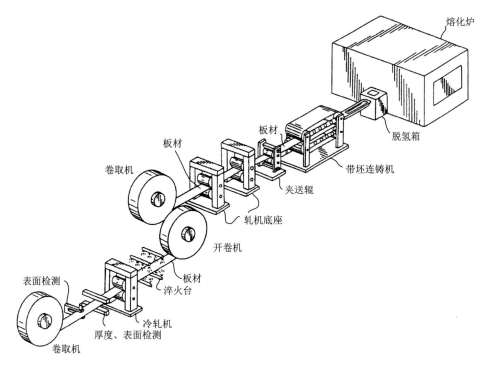

图 5.5　凯撒 Micromill 技术工艺路线[19]

2）美铝 Micromill 技术装备和工艺路线

美铝公司购买凯撒铝业公司的 Micromill 生产线和专利后，经过 10 多年研发，最终还是沿用了相同的技术名称，它们的主要技术装备和工艺路线比较相似。其中，美铝 Micromill 技术的主要设备构成包括：铸轧机铝液供应系统、双辊式或双钢带式铸轧机、铸坯风冷系统、过渡平台、圆盘剪切机、碎边机、双机架冷连轧机（全油轧制）、辊筒式飞剪、卷取机（两台）、皮带助卷器（两台）等，如图 5.6所示。该设备总长 76.2 m，从熔体到卷取时间为 30 s。该工艺可得到厚度为 0.1778～1.95 mm 的薄板。该技术的主要设备工艺参数[20-22]：

带坯连铸机：带坯厚度为 1.524～6.35 mm。

出连铸机温度：538℃。

淬火台 1：液体或气体（如水、空气、液态 CO_2 等）喷射，淬后温度为 204～482℃。

热温轧机：轧制温度 204～549℃，出轧机时温度 149～454℃，厚度 0.508～3.81 mm，最好是 0.762～2.032 mm。

加热器：加热退火温度和时间与材料相关。

淬火台 2：最佳方法采用高温水淬＋低温气淬。

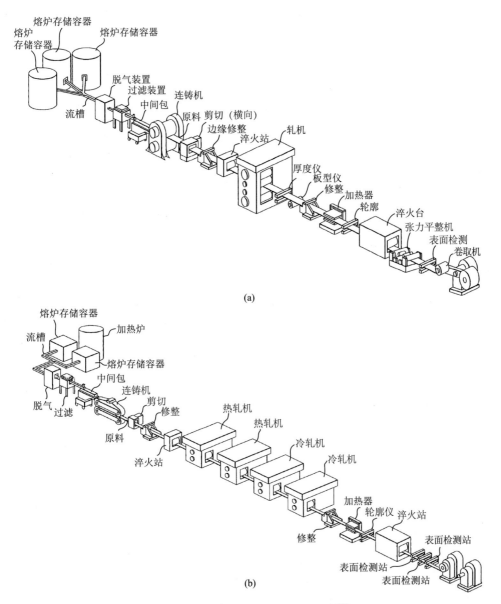

(a)

(b)

图 5.6　美铝 Micromill 技术工艺路线[22]

（a）双辊式；（b）双钢带式

目前已利用美铝 Micromill 技术制造出用于汽车面板的 6022 铝合金板材，其主要工艺参数是：铸造速度为 76.2 m/min，铸坯厚度为 2.159 mm，单道次在线热轧到成品厚度 0.889 mm，在线加热至 526℃，固溶处理 1 s，喷水淬火至 71℃并卷取，随后进行 T4 或 T43 热处理。对该板材性能进行评价（卷边测试、单轴拉伸、等双轴拉伸、烤漆），结果表明，该技术制备的薄板比采用铸锭热轧-冷轧生产所得薄板，具有相同或者更好的性能。另外，美铝 Micromill 技术也可制造用于汽车内部面板和增强板的 5754 铝合金板材，主要工艺参数是：铸造速度为 76.2 m/min，铸坯厚度为 2.159 mm，喷水冷却至 371℃，单道次在线热轧到成品厚度 1.0 mm，在线加热至 482℃，再结晶退火 1 s，喷水淬火至 87.7℃并卷取。对该板材性能进行评价，结果表明，该技术制备的薄板比采用铸锭热轧-冷轧生产所得薄板，同样具有相同或者更好的性能。从工艺参数和产品质量来看（表 5.1），美铝 Micromill 技术比其他铸轧/连铸连轧工艺具有更大优势及更广阔的应用前景。

表 5.1 **Micromill 技术与常见铸轧/连铸连轧技术工艺参数对比**[14, 21-23]

板材生产技术	铸坯厚度/mm	最大宽度/mm	铸造速度/(m/s)	适用牌号	产品表面质量
美铝 Micromill	2.3～5.1	2000	27～61	大部分铝合金	好
凯撒 Micromill	2.0～5.0	600	30～100	3×××、5×××	好
水平/倾斜式铸轧机	2.0～10	2134	1～5	1×××为主	一般
立式铸轧机	1.0～3.0	600	60～120	3×××、5×××	一般
Hazellett 技术	15～38	2000	3～9	1×××、3×××、5×××	一般

5.2.4 Micromill 技术的主要难点及发展趋势

1. 超薄超宽带坯快速制备技术

目前普通的辊式铸轧机一般钢辊套的铸轧速度为 0.8～1.5 m/min，即使采用进口铜辊套，铸轧速度也只能达到 1.1～3.4 m/min。而 Micromill 的铸轧速度最高达 61 m/min。如果要提高铸轧速度，那么必须增强轧辊的冷却强度，在保证板坯质量的前提下，使其凝固点控制在轧辊中心线附近。一般铸轧带坯的出口温度为 225～315℃，而 Micromill 技术为 567℃，推测带坯出口温度高与铸轧速度快有关。初步判断该铸轧机为双辊带式"铸造机"，铸轧辊为旋转铜套式结晶器，配合冷却带。实现超薄带坯凝固过程中不发生变形、抑制中心偏析和裂纹，以及轮带式冷却方式和控制是此设备在带式铸轧过程中的关键。

众所周知，采用直冷铸造（direct chilling，DC）和热机械加工（包括均质化处理、热轧、冷轧等）生产合金薄板，工艺复杂、制造成本高且耗时[24]。此外，由于传统凝固过程中的低冷却速度，晶界处可能会出现粗大的金属间化合物。而双辊铸造（TRC）工艺直接从熔体中生产薄板，具有流程短、节能、成本低等优点[25]。此外，它作为亚快速凝固方法之一，可以扩展固溶度，促进相的选择，提高成分的灵活性[26]。近些年有关快速铸轧技术研究比较多[27-30]，其中比较著名的是日本学者 T. Haga 及其团队设计的一种铝合金板带高速铸轧机，如图 5.7 所示。它可将 3003 铝合金、5182 铝合金、Al-6Si 合金和 Al-12Si 合金以高达 60 m/min 的速度铸成厚度为 1～3 mm 的带材。另外，此铸造机不仅可以生产出比传统的铝合金双辊铸造机更薄的带材，并且生产过程没有使用润滑剂来防止带材的粘连。这是因为铜辊的作用和低分离力的影响，所以没有发生粘连。使用该方法铸造的带材的机械性能更好、微观结构更均匀，因此可用于铝合金带材的高速轧制铸造。

图 5.7　日本大阪工业大学微型高速铸轧机

与传统 DC 工艺相比，TRC 工艺的高冷却速度可以改善铝合金内析出相的形成、分布、状态等。例如，由 TRC 工艺产生的 Al-Mg-Si 铸态微观结构的初级晶粒更细，二次枝晶臂间距（secondary dendrite arm spacing，SDAS）约为 7 μm，如图 5.8（c）所示。相比之下，DC 工艺制备的铸态微观结构更粗大，并且二次枝晶臂间距约为 32 μm，如图 5.8（f）所示[24]。

另外，在 TRC 铸态样品中形成了 π-AlFeMgSi 相，而在 DC 铸态样品中形成了 β-AlFeSi 相。含铁相的差异归因于 TRC 工艺促进包晶反应形成 π-AlFeMgSi 相。另外，在 550℃和 2 h 均质化处理后，TRC 铸态样品中的 π-AlFeMgSi 相完全分解成细小的 β-AlFeSi 相，而 DC 铸态样品中 β-AlFeSi 相部分溶解。这是由于 π-AlFeMgSi 相的溶解温度低于 β-AlFeSi 相。π-AlFeMgSi 相的分解增加了固溶度并促进了时效沉淀，使在峰值时效处理期间 TRC 样品的屈服强度明显高于 DC 样品。

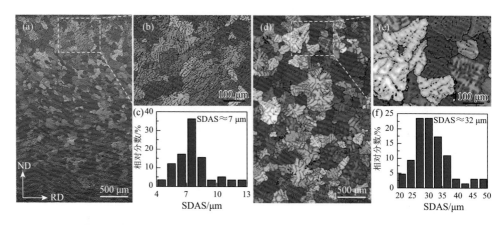

图 5.8　TRC［（a）～（c）］和传统 DC［（d）～（f）］铸态 AA6005 样品中的显微组织和二次枝晶臂间距分布[24]

ND 表示法向，RD 表示轧制方向

　　有学者通过添加一些合金元素调节含铁相和宏观偏析提高双辊铸造 Al-Mg-Si 合金的力学性能[24, 31-33]。例如，添加不同含量 Mn 将对 TRC Al-0.5Mg-0.7Si-0.1Fe 合金的含铁相形成、宏观偏析行为和力学性能产生明显影响[32]，如图 5.9 所示。TRC-T4 合金的表面区域第二相颗粒几乎是球形的，并且在 0Mn-T4 合金中没有观察到反偏析现象。而在 0Mn-T4［图 5.9（e）］和 0.5Mn-T4［图 5.9（h）］合金中仍然可以观察到中心偏析。在 0.1Mn-T4 合金中［图 5.9（b）］，第二相颗粒均匀，面积分数高，平均长度（约 0.46 μm）与 0Mn-T4 合金相似。另外，由 T4 合金的 EBSD-IPF（反极图）结果（图 5.10）可以看出，尽管四种合金都完全再结晶，但在晶粒形态和晶粒尺寸方面仍存在差异。由图 5.10（a）和（b）可以清楚地看出，

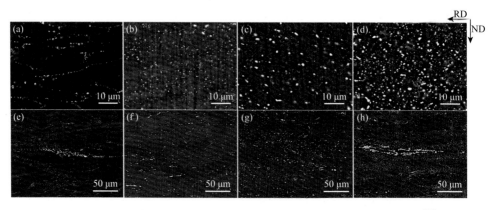

图 5.9　不同含量 Mn 的 TRC-T4 态合金表面的第二相尺寸、形态和分布[32]

（a）0Mn-T4 表面；（b）0.1Mn-T4 表面；（c）0.3Mn-T4 表面；（d）0.5Mn-T4 表面；（e）0Mn-T4 中心区域；
（f）0.1Mn-T4 中心区域；（g）0.3Mn-T4 中心区域；（h）0.5Mn-T4 中心区域

0Mn-T4 合金截面中晶粒的平均直径（约 40 μm）高于 0.1Mn-T4 合金（约 33 μm）。然而，0Mn 合金中的晶粒沿 RD 方向拉伸，而 0.1Mn-T4 合金中的晶粒是等轴晶，并且晶粒尺寸均匀分布。在 0.3Mn-T4［图 5.10（c）］和 0.5Mn-T4 ［图 5.10（d）］合金中晶粒尺寸分布不均匀，即存在细晶区和粗晶区。另外，0.3Mn-T4 和 0.5Mn-T4 合金中较高的颗粒面积分数可以抑制固溶处理过程中晶粒的粗化，导致 0.3Mn-T4 和 0.5Mn-T4 合金的晶粒平均直径更小，分别约为 23 μm 和 21 μm。

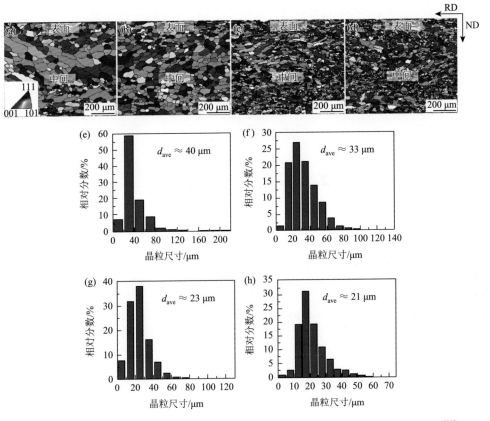

图 5.10 不同含量 Mn 的 TRC-T4 态合金的 EBSD-IPF（反极图）和晶粒尺寸分布[32]

（a）、（e）0Mn-T4；（b）、（f）0.1Mn-T4；（c）、（g）0.3Mn-T4；（d）、（h）0.5Mn-T4

熔体调节可增强形核，有利于等轴凝固前沿的推进，从而获得更细更均匀且无缺陷的微观结构。Barekar 等通过熔体调节，改善了双辊铸造工艺中铝合金板带中心线偏析的问题[34]。采用普通 TRC 工艺和通过熔体调节的双辊铸轧（MC-TRC）工艺制备了铝合金，其微观结构如图 5.11 所示。从图 5.11（a）可以看出，TRC 带材可分为内带和外带，内带的小区域具有更粗糙的微观结构。这是因为溶质富集降低了带材中心熔体的液相线温度，外带和中心带之间的明显界限是半固态金属触变性的结果[35,36]。另外，在 MC-TRC 带材样品中没有观察到类似带状结构[图 5.11（b）]。这归因于氧化物颗粒增强的异质成核。图 5.12 显示了 TRC 和 MC-TRC 铸态带材的晶粒形貌和晶界。其中，黑线是取向差大于 15°的高角度晶界，白线是取向差在 2°～15°之间的小角度晶界。TRC 带材的晶粒是等轴的，而 MC-TRC 带材的晶粒似乎在铸造方向上拉长。在 MC-TRC 工艺中氧化物颗粒的异质成核支配着凝固机制，这促使等轴凝固前沿从轧辊表面推进到带材中心。与 TRC 带材相比，MC-TRC 带材在铸造过程中的变形程度更高。这是 MC-TRC 过程的一个重要特征。

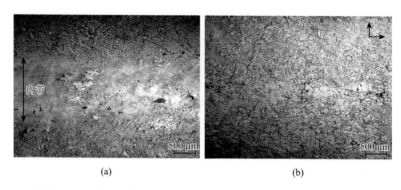

(a)   (b)

图 5.11 普通 TRC 工艺（a）和 MC-TRC 工艺（b）带材在光学显微镜下微观组织[34]

(a)   (b)

图 5.12 普通 TRC 工艺（a）和 MC-TRC 工艺（b）铸态带材的晶粒形貌和晶界[34]

CD 表示压缩方向

另外，一些学者结合宏观和微观条件建立了 TRC 过程相场和溶质场模型，以及温度、流场、相场、溶质场耦合的 TRC 模型，如图 5.13 表示[37]，实现了宏观和

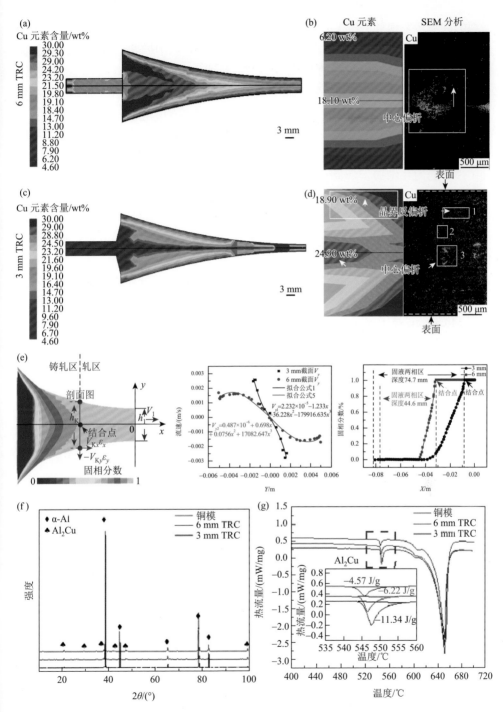

图 **5.13** 通过 TRC 制备的溶质场 [（a）和（c）]，溶质场对比与 SEM 分析 [（b）和（d）]，y 轴截面上的流速和中线上的固相分数（e），XRD 分析（f），DSC 分析（g）[37]

微观的联系，发现并分析了 TRC 带材边缘的高冷却速度、高固溶度和高宏观偏析现象。TRC 样品的显微组织由细晶、柱状晶和等轴晶区组成，晶粒尺寸与 DC 样品比下降了 69%。在 3 mm 厚的 TRC 板材中，随着深度成分过冷，冷却速度加快，晶粒细化率提高了 42.9%，等轴晶比例增加。此外，一些学者研究了外部物理场对亚快速凝固加工 Al-Mg-Si 合金的显微组织和力学性能的影响[38]。在外场作用下，α-Al 组织等轴细化，非平衡共晶相面积率大大降低。具体讲，利用静磁场和脉冲电流场产生的电磁制动效应和冲击波效应，改善了显微组织和成分分布的均匀性，提高了搅拌能力和增加了合金元素在基体中的固溶度。这些变化减小了厚度方向硬度和宽度方向力学性能的差异，最终提高了 AA6022 Al-Mg-Si 合金铸轧带材的整体力学性能。

众所周知，提高铸轧速度，实现超薄带坯凝固过程中不发生变形，抑制中心偏析和裂纹是开发 Micromill 技术的关键，这些均与铝合金微观组织和性能有着直接关系。上述有关 TRC 工艺的研究，为 Micromill 技术的开发提供了核心技术支持，也有助于人们了解此技术与合金微观组织及机械性能之间的联系。据推测，美铝 Micromill 技术也是在合金化设计、熔体调节及双辊铸轧参数等方面进行了调整和改善后才成功实现应用。目前，美铝 Micromill 技术正处于保密阶段，近些年来国内外对有关铸轧技术的研究，可以帮助人们大致了解美铝 Micromill 技术，也为我国开发属于自己的 Micromill 技术提供了一些思路。

2. 铸轧机供液系统

由于铸造速度非常快，铝液流量将达到 40 t/h，接近于立式铸造机的铝液流量，所以该铸轧机流槽、液温、液位的形式需要重新研究、开发和实验。

3. 铸轧后进入轧机前的冷却温度目标

由于铸造后坯料温度可达 565℃，无法直接进入连轧轧制，必须降温至 100℃左右，而冷轧入口温度又将影响材料的终轧性能，所以铸坯的快速冷却量、冷却时间、轧前温度也是需要研究的。

4. 针对汽车板铝合金的材料性能是否能够保证

即使铸造、冷轧成功，轧制的成品能否满足汽车板高成型性能、高强度等指标要求，也需要进行大量的研究工作。由于带坯不进行表面处理而直接冷轧，铸轧带坯的表面质量成为其能够被用于制备汽车板材产品的关键。

总之，从目前掌握的信息资料分析，Micromill 技术的开发难度相当大，主要集中在连铸和表面质量控制部分。以国内目前在该方面的技术基础，可能需要较长的开发周期。根据对国内该方面技术基础的了解，可以合作开发的较合适单位是东北大学的轧制技术及连轧自动化国家重点实验室（王国栋院士团队），他们在铝连铸连轧技术方面有较多的研发经历。在研发路径上，可以从窄带（400～600 mm 宽）铸轧技术入手，试制出铸造 6××× 铝合金的铸轧机（含炉子、铝液处理及供液系统），并形成高速铸坯卷式生产。完成 5.2.4 节中难点"1. 超薄超宽带坯快速制备技术""2. 铸轧机供液系统""3. 铸轧后进入轧机前的冷却温度目标"的研究，以及单机架冷轧后的材料性能测试。成功后扩大带宽至 1700 mm，试制标准的 6×××铝合金铸轧法生产卷材，并经过单机架冷轧机轧制达到汽车板性能要求的产品。最后将铸轧机与冷轧机串联形成规模化生产能力。

5.3　异步轧制技术

高强度铝合金板的传统加工路线（即同步轧制）受到单一塑性变形模式的限制，无法获得厚度方向上均匀的组织和性能[39, 40]。那么，通过增加铝锭厚度来实现板材总压下量或轧制压下量的增大，可以在一定程度上增强变形/应变对板中心的渗透，从而提高整个板材厚度方向上微观组织的均匀性。然而，此方法可能会受到铸造机和轧机的限制。异步轧制技术是一种非对称轧制工艺，与传统同步轧制相比，它将引入额外的剪切变形并导致所谓的"交叉轧制"区域，有助于将剪切变形渗透到板中心，从而改善厚度方向的变形分布[41]。该工艺已被证明可以显著细化晶粒，弱化织构，改善 Al、Mg 和 Ti 基合金板的微观结构和性能的均匀性[42-45]。异步轧制技术可以较大程度地降低轧制力、提高板带质量、提高生产效率和产品精度，同时使设备轻量化、降低能耗，在汽车工业领域具有非常广阔的应用前景。

5.3.1　异步轧制技术原理

异步轧制是一种速度不对等轧制，上、下轧辊表面线速度不相等以降低轧制力，因此又称差速轧制，也称搓轧。由于上、下轧辊的速度不相等，在变形区内形成表面接触摩擦力反向的区段，改变了变形区内的压应力状态，增加了剪切变形。在异步轧制过程中，轧辊直径、轧辊转速、轧制力矩、轧制件物理性能、轧制件变形量及应力分布状态、轧辊与轧制件接触面的摩擦系数等因素都会影响轧辊表面线速度[46]。基于上述因素，异步轧制可分为以下几种情况[47]：

（1）异径异步轧制，即轧机上、下轧辊直径不对称，由同一台电机驱动，上、下轧辊的转速相等。

（2）异速异步轧制，即轧辊直径大小相等，上、下轧辊单独驱动，轧辊转速不相等。

（3）轧制条件不对称的异步轧制，即轧机轧辊与轧制件接触摩擦系数不对称、轧制件厚度方向温差等条件引起的轧辊表面线速度不相等。

（4）轧制件材料物理属性不同引起的异步轧制。

上述异步轧制都实现了引入剪切应变，将变形区域的受力状态从"三向压应力"变为"两压一拉"，改善板材厚度方向的金属流动差异，从而提高整个厚度变形/微观组织的均匀性。因此，同步轧制与异步轧制的金属变形区存在很大差异，如图 5.14 所示。在同步轧制变形过程中，变形区仅存在前滑区和后滑区，主要集中在板材的上下表面，并且变形区上下表面中性点关于中性面呈现完全对称；而在异步轧制变形过程中，变形区出现三个不同区域，即前滑区、后滑区和搓轧区[48]。轧辊表面的线速度不同及其他不对称因素，导致上下表面中性点不再关于中性面对称，在搓轧区上下轧辊与板材接触产生的摩擦力方向相反，使接触面金属流动速度不同，进而在变形区域引入贯穿整个厚度方向的剪切变形。

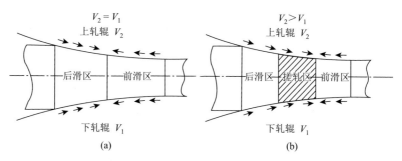

图 5.14 同/异步轧制变形区示意图[49]

（a）同步轧制；（b）异步轧制

为从理论上分析异步轧制的优越性，本书认为轧件的辊间变形为平面变形状态，从变形区选取一微分单元 abcd，如图 5.15（a）所示，分析其单位压力分布。设下、上轧辊的速度分别为 V_1 和 V_2，其中上辊为快速辊。该单元将沿着与上、下轧辊运动方向相反的方向滑动，其上表面 ac 往后滑（相对于上轧辊），下表面 bd 往前滑（相对于下轧辊），导致二者的接触摩擦力作用在不同的方向，因此该单元体的平衡条件为

$$\Sigma x = (\sigma_x + \mathrm{d}\sigma_x)(h_x + \mathrm{d}h_x) - \sigma_x h_x - 2p_x \tan\varphi_x \mathrm{d}x + \tau_x \mathrm{d}x = 0 \tag{5.1}$$

式中，p_x 为 x 处垂直方向上单位压应力；h_x 为 x 处两轧辊间距。整理后可得

$$\mathrm{d}\sigma_x - (p_x - \sigma_x)(\mathrm{d}h_x/h_x) = 0 \tag{5.2}$$

如果将塑性条件近似为 $p_x - \sigma_x = K$，$\mathrm{d}\sigma_x = \mathrm{d}p_x$，则式（5.2）可简化为

$$\mathrm{d}p_x/K = \mathrm{d}h_x/h_x \tag{5.3}$$

积分处理后，得

$$p_x = \ln h_x + C \tag{5.4}$$

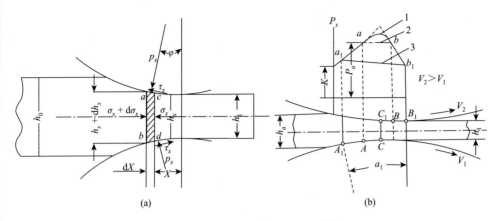

图 5.15　异步轧制作用力分布[50]

（a）轧制作用力简图；（b）单位压力分布

在异步轧制情况下，在经过 a 点的起始断面中，将取 $p_x = p_a$ 和 $h_x = h_a$，那么从该断面开始上下接触表面的摩擦力方向相反，此时：

$$p_x = p_a - K\ln(h_a/h_x) \tag{5.5}$$

由式（5.5）可知，在上下接触面摩擦力方向不同的一段距离上，单位压力将随着 h_x 的减小而降低，并且其分布规律如图 5.15（b）所示，其中左上方曲线表示同步轧制时单位压力分布情况。当两个轧辊的线速度出现差异时，随着下轧辊线速度的减小，其上的前滑区变大，临界面将由 C 点转移到 A 点，此点开始单位压力可由式（5.5）表示，即曲线 2 相当于同步轧制时曲线 1 被切去一部分。对于上轧辊，前滑区缩小，则临界面由 C_1 点移到 B 点。当下轧辊线速度继续下降时，B 点将有可能移到 B_1 点位置，此时上轧辊上的前滑区完全消失，因此可以依据式（5.5）获得曲线 3。而下轧辊上的前滑区变得更大，与后滑区的界线将由 A_1 点确定。由上述分析可知，在异步轧制时，两个轧辊的速度差越大，则单位压力下降越明显，进而降低轧制压力。

异步轧制的顺利实现要保证上下轧辊的线速度存在一定的关系。由图 5.15（b）可知，单位压力一直下降到上轧辊上前滑区消失为止，此刻上、下轧辊的线速度称为临界值，由式（5.6）计算：

$$V_1\cos\alpha_1 h_{a1} = V_2 h_1 \tag{5.6}$$

式中，V_1、V_2 分别为下、上轧辊的线速度；h_{a1} 为轧件在 A_1 处的厚度；h_1 为轧件出辊厚度；α_1 为厚度 h_{a1} 处所对应的圆心角。

由于通常轧件初始厚度与 A_1 处厚度相差不大，则可近似为 $h_{a1} = h_0$。那么，式（5.6）可简化为

$$V_2/V_1 = h_0/h_1\cos\alpha_1 \tag{5.7}$$

由式（5.7）可看出，当 $V_2/V_1 > h_0/h_1\cos\alpha_1$ 时，轧件与上轧辊接触部分全部为后滑区，此时轧件出辊速度由下轧辊控制。当 α_1 较小时，$\cos\alpha_1 = 1$，则式（5.7）简化为

$$V_2/V_1 = h_0/h_1 \text{ 或 } V_2/V_1 = \lambda \tag{5.8}$$

为保证异步轧制过程的实现，上轧辊线速度与下轧辊线速度之比不能低于延伸系数 λ 值，此值是设计异步轧制工艺，确定轧辊速度的重要依据。

5.3.2　异步轧制技术研究现状

对于异步轧制技术，国外起步较早，在 20 世纪 40 年代，部分学者研究发现使用不同圆周速度的工作辊可以降低轧制压力。1958 年美国通用电气公司发明了"CBS"轧机，可达到 90%的大变形量，轧制压力低，但由于在轧制过程小浮动辊不稳定，容易导致断带，同时轧辊冷却和穿带困难，因此没有应用于实际生产[49, 51]。在 20 世纪 60 年代初，根据 CBS 结构原理，通过添加一个浮动辊和一个支撑辊，英国发明了"S"轧机，然而在实际轧制过程中，四个变形区关系更为复杂，很难控制，因此只能停留在实验阶段。70 年代初期苏联学者魏德林教授发明了"Л-B"轧机，并发布了相应的轧制技术。这种轧制方法由于取消了小浮辊，增加了轧制稳定性，并降低了轧制压力。然而"Л-B"轧制法的稳定伸长率等于辊速比，即两辊需保持一定的速度差，因此只适用于生产小延伸轧件，并且由于润滑和穿带困难，"Л-B"轧机也未广泛使用。80 年代初日本推出的"直式"异步轧制机在轧制过程中可以调整张力，使轧制试样伸长率不受辊速比的限制，进而进行大延伸轧制，并且克服了穿带和润滑困难等缺点，从而得到了广泛应用。

我国的异步轧制技术研究开始于 20 世纪 70 年代末，吴隆华从静力学方面推导出变形区单位压力分布公式，以实现全异步轧制的工艺条件，并对"S"异步轧制法的张力特点进行分析讨论[52]。富麟教授团队则针对性研究了单机异步连轧问题，设计了五辊式单机异步连轧装置，并通过分析异步轧制条件，计算中性角，研究分析了力矩的分配与计算和轧制压力降低的原因。同时，在忽略轧件的宽展条件下，推导了其在平面应变下的轧制压力公式[53, 54]。另外，朱泉教授课题组对"直式"异步轧制过程做了针对性研究，提出通过增加前张力的方法来消除轧制过程中产生的振动问题，为异步轧制技术的工业应用奠定了基础[55]。Ma 等对 7050 铝合金板材进行了三种不同变形途径的异步轧制（ASR）和传统的同步轧制（CR）实验，结果表明 ASR 工艺因为引入了更多有效应变，改善了板材变形均匀性，进而提高了合金的延展性能[56]。Hou 等[39]研究表明，同步轧制板和异步轧制板的室温低循环疲劳寿命随着应变振幅的增加而降低，但同步轧制板具有更长的疲劳寿命和相对更好的断裂韧性。因为异步轧制会增加再结晶驱动力及产生较高含量的不溶性颗粒，从而导致早期裂纹的产生，使得异步轧制试样疲劳寿命更短。

在异步轧制过程中产生了附加剪切应变使铝合金板材显微组织发生明显变化，主要表现在再结晶和塑性各向异性行为等方面，即晶核数量增加使晶粒结构细化，同时在几何形状因子高值下观察到更均匀的应变分布，即表现为更好的塑性各向异性[57-59]。Cui 和 Ohori[41]研究发现异步轧制引入的剪切变形贯穿整个铝板厚度，并且会使板材变形均匀。左方青等[60,61]系统研究发现，纯铝异步轧制过程中，其剪切应变随压下量不断增加，表现得越来越明显，并计算了剪切演变的累积情况，同时报道了剪切变形对细化晶粒的影响。郑健[49]研究发现异步轧制搓轧区产生的附加剪切变形和常规轧制压缩变形的共同作用导致了晶粒细化并加速了金属流动，当压下率为70%时会弱化轧制纤维组织，使轧件平均硬度下降。黄涛[62]、刘立涛[63]通过异步轧制获取高铝箔，通过调控速比和变形量，再进行不同工艺退火，从而获得高的立方织构含量，以实现高比电容性能。杨兵[64]研究了不同速比的异步轧制对Al-12.7Si-0.7Mg 合金的组织和性能的影响，结果表明速比在 1.06 时可以改善合金的综合性能。李冰峰[65]分析了异步轧制技术在铝合金中的应用，结果表明异步轧制以其独特的变形特征，可以使板材在发生压缩变形的同时发生剪切变形，从而使金属表面质量、金相组织、晶体位相和力学性能变化，可以显著降低轧制压力，提高轧制效率。Zuo 等[66]对异步轧制对铝合金厚板剪切变形和板型控制进行研究，结果表明异步轧制对金属流变行为有明显影响，可以在一定程度上细化晶粒，提高合金性能的均匀性，同时相较同步轧制可以减少 5%～30%的轧制力。Amegadzie 和 Bishop[67]研究了异步轧制加工参数对 AA6061 铝合金的影响，结果表明在最少的轧制次数内实现净减量，异步轧制试样的拉伸性能优于同步轧制试样，原因在于减少轧制次数可以更有效地实现微观结构的均匀性。

许多专家学者对异步轧制过程中铝合金板材微观组织及性能进行数值模拟，例如，20 世纪 80 年代末期，Shivpuri 等[68]将有限元法（FEM）与异步轧制相结合，利用数值模拟方法研究异步轧制过程，初步模拟了两辊速不相等的平面应变轧制。随后不少学者开始效仿这种研究方法。Johnson 和 Needham[69]通过模拟铅板的异步轧制过程，发现板带的弯曲方向受板的弯曲情况、轧制力和轧制力矩的影响。Ji 等[70,71]利用 FEM 对比研究了同步和异步轧制的变形行为，根据异步轧制中性点不对称特点计算搓轧区距离，并对不同异步轧制形式进行了研究。袁福顺和孙蓟泉[72]利用三维大变形热-力耦合有限元法分析了辊速不等的非对称热轧板带变形区内轧件的变形情况，得到了不同辊速比条件下变形区内应力、应变和应变能量密度的分布规律。李立新等[73]通过蒙特卡罗（Monte Carlo）方法模拟了铝合金不同剪切角下的初始组织和再结晶演变过程，结果表明异速比促进了再结晶速度，并通过实验验证了模拟的准确性。另外，异步轧制过程中辊速不同会导致轧制板辊缝出口处产生翘曲，降低生产效率并对材料和设备产生危害。诸多学者[74,75]对热轧板带材产生翘曲的主要原因进行了分析，并通过建立力学模型及有限元模拟等方法，对轧辊异速比、上下表面温差对带钢头部弯曲的影响进行分析，发现翘曲情况与上下轧辊的直径差及上下表面冷却强度相关，可以通过调整轧辊直径改善板带的翘曲问题。也有学者[47]通过有限元数值模拟研究了异步轧制 7×××系铝合金的变形行为，获得了翘曲最小异步轧制的控制原理和工艺，通过优化轧制工艺参数，实现无翘曲连续异步轧制和板材制备。

综上所述，研究者通过实验和有限元数值模拟的方法对于异步轧制在铝合金板材中的应用进行研究。研究结果表明，异步轧制会产生附加的剪切应变，从而使合金除了受压应力之外还承受剪切应力，导致合金中应力分布更加均匀，使其显微组织细化，从而达到改善塑性各向异性和细化晶粒的目的。此外，异步轧制不合适的异速比会导致材料表面更剧烈变形，进而诱发裂纹的产生，进一步导致疲劳寿命的降低。因此调控合适的异速比，以及施加合适的热处理工艺是提升合金性能的有效途径。

5.3.3 异步轧制板材组织性能

先前有关异步轧制技术的研究重点主要集中在降低轧制力和轧制力矩方面，但近些年随着人们对金属材料各方面性能要求的不断提高，许多学者开始关注在异步轧制过程中板材的组织性能变形规律，并在此方面进行了大量的研究，主要包括晶粒细化及改善材料织构、提高板材组织均匀性和成型性等。

1. 晶粒细化方面研究

Kraner 等[76]通过异步轧制对 EN AW 5454 合金微观组织与力学性能进行了研究，在热处理前后晶粒大小分别为 17.5 μm、19.2 μm。与普通轧制工艺相比，晶粒尺寸大大减小，并且随着异速比的增加，晶粒不断细化。这是由于在同等轧制力下，异步轧制产生了更加剧烈的变形。同时又对厚板进行异步轧制，探究不同轧制参数对晶粒大小的影响。由实验结果可知，经过异步轧制，当压下量为 4 mm 时，晶粒尺寸为 17.7～26.4 μm；当压下量为 3.1 mm 时，晶粒尺寸为 17.5～23.3 μm，其组织与性能都更加均匀[77]。Wronski 和 Bacroix[59]将 AA6061 铝合金进行异步轧制，并将异速比分别设置为 1、1.05、1.1、1.3 和 1.5，最终对板材上表面、下表面及中心部分进行了 EBSD 分析，如图 5.16 所示。经过异步轧制工序后，由于施加了额外的剪切应力，其微观组织均发生了明显的变化，微观结构也从逐渐被拉长、细化的亚晶变为特征性的带状结构。

Uniwersał 等[78]研究了不同轧辊直径比对多晶 Cu 组织及力学性能的影响规律，其 EBSD 结果［图 5.17（a）～（d）］表明，随着轧辊直径比（A）的增加，多晶 Cu 的平均晶粒尺寸及平均纵横比先减小后增大；随着 A 的增加，晶粒平均取向差（GAM）增加和高角度晶界的数量增加，而在 $A = 1.3$ 时它们的值略微减小。

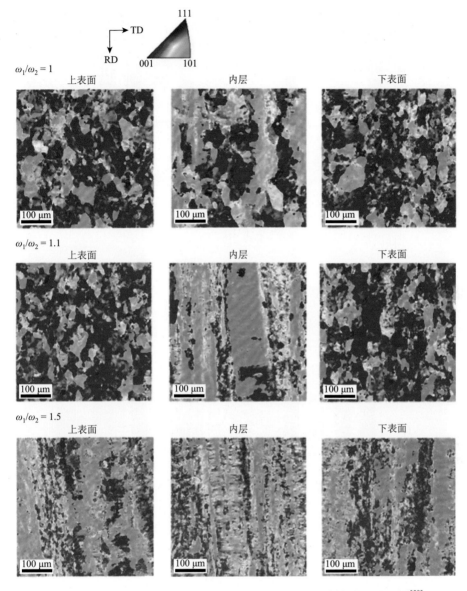

图 5.16　AA6061 铝合金异步轧制样品表面和内层轧制材料的 EBSD 图[59]

这是因为在 $A = 1.3$ 的情况下轧辊间隙形状发生改变。这表明直径较大的轧辊（即具有较高的线速度）占据较大部分的扭矩。另外，材料微观结构参数不仅取决于不同轧辊直径比，还取决于轧辊间隙的几何形状。Y. S. Kim 和 W. J. Kim[79]对 AZ91 铸锭进行高异速比的异步轧制，使轧板的晶粒细化，观测到纳米尺度的 β 相颗粒在晶界处及晶内析出。

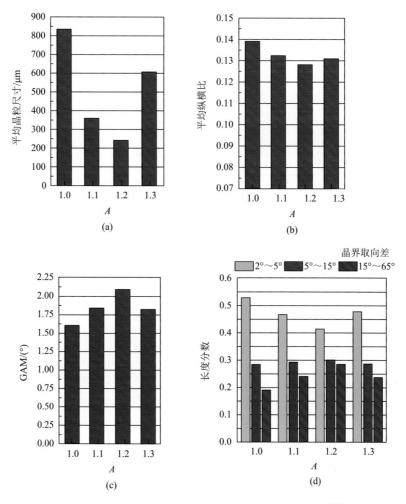

图 5.17 不同轧辊直径比对多晶 Cu 微观组织的影响[78]

（a）平均晶粒尺寸；（b）平均纵横比；（c）GAM；（d）晶界取向分布

　　贺晨[80]研究了异速比对 6016 铝合金微观组织及力学性能的影响规律，结果表明，随着异速比的增大，中性点越偏离中心，搓轧区范围越大，晶粒细化的效果越明显；但是当异速比为 1.13 时，晶粒细化效果已经达到峰值，因此此时的晶粒细化程度最高、力学性能最佳。沈宇腾[81]研究了异步轧制参数对 AZ31 镁合金组织及力学性能的影响规律，发现随着异速比的不断增大，晶粒越来越细小，当异速比为 1.5 时，AZ31 的晶粒最小，其取向差也分布得最均匀，如图 5.18 所示。

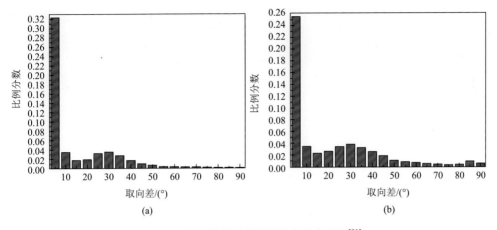

图 5.18　异步轧制后样品的取向差分布图[81]

（a）异速比为 1；（b）异速比为 1.5

2. 组织、性能均匀性

Sidor 等[43]研究了 6016 异步轧制板材的各向异性，与传统生产的材料相比，异步轧制确保了更细的再结晶晶粒组织，这是由于异步轧制工艺中施加了额外剪切变形，累积的应变越大，形核质点越多，晶粒越小，分布越均匀。Ma 等[56]对比了传统轧制（CR）与异步轧制（ASR）轧板的微观组织与力学性能，发现当进行异步轧制时会形成附加剪切应力，可以在中心板厚度处产生更高的等效应变。此外，由于相邻道次之间剪切应力的交叉，应变的全厚度均匀性也显著改善，如图 5.19 所示。Fatemeh 和 Roohollah[82]将常规轧制与异步轧制得到的 Al-Cu-Mg 板材进行比较，发现异步轧制后的 Al-Cu-Mg 合金由 Goss 织构、Rotated Goss 织构、Goss-Brass 织构和 α-纤维织构组成。通常，随着 Al-Cu-Mg 合金中应变的增加，Brass 织构组分升高，但是当变形量大于 40%后异步轧制样品的 Goss 织构组分趋

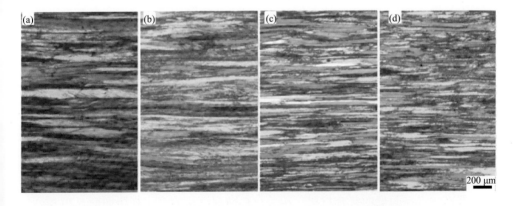

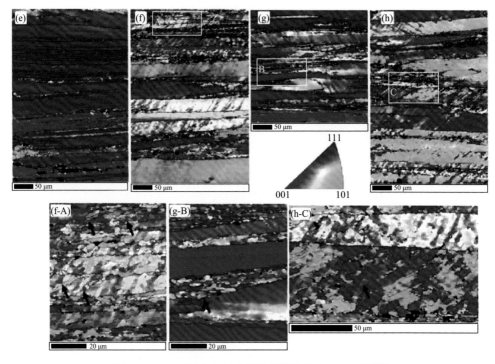

图 5.19　7050 铝合金的光学显微镜照片和 EBSD 图[56]

通过不同的轧制路线加工：（a）、（e）CR；（b）、（f）ASR-C；（c）、（g）ASR-T；（d）、（h）ASR-R；（g）中的插图是相应的反极图着色；（f-A）、（g-B）和（h-C）是不同路径的轧制板中剪切带的详细形态；ASR 后面字母 C 表示压缩方向，T 表示横向，R 表示轧制方向

于稳定，这表明异步轧制过程可有效降低 Al-Cu-Mg 合金中的 Goss/Brass 织构比。在变形量为 30%异步横轧（ACR）期间，发生了动态再结晶（DRX），这导致超大角晶界（EHAGB）的比例增加。龙智勇等[83]研究了预处理工艺对异步轧制 6016 板材织构及成型性能的影响规律，发现异步冷轧前进行热处理可以显著降低合金的各向异性，提高塑性应变比及杯突值。马存强等[84]对铝合金异步轧制过程进行了模拟计算，由计算结果可知，在异速比不断增加的过程中，中心部分的等效应变与厚度方向的均匀性均有显著提高。

3. 特殊异步轧制工艺研究

异步叠轧（AARB）法是一种超细晶材料的制备工艺，采用异步轧制与累积叠轧相结合的方法[85]。Godoi 等[86]采用 AARB 工艺在持续的动态再结晶过程中，晶粒得到细化，并且此时产生了 70%的大角度晶界，最终制备出尺寸为 0.6～1.0 μm 的超细晶材料。另外，AARB 还能用于生产多层复合材料。Magalhes 等[87]利用 AARB 技术制备了 1050/7050 多层复合材料，并可以通过控制轧制参数来制备波浪形或者平面型的复合材料，相关材料微观组织的演化规律如图 5.20 所示。

李磊[88]提出了一种梯温强剪切轧制技术，该技术是在进行异步轧制的同时对轧件表面喷水，使其在变形过程中产生温度梯度。该方法能够促进厚板中心层变形，提高中心层力学性能及厚度方向的均匀性。也有研究人员对异步轧机进行了进一步的改进，发明了蛇形轧制，如图 5.21 所示。将慢速轧辊朝着出口的方向产生一段错位，与普通异步轧制相比，轧制力更小、剪切力更大，还能解决中厚板在异步轧制过程中产生的弯曲问题[89]。

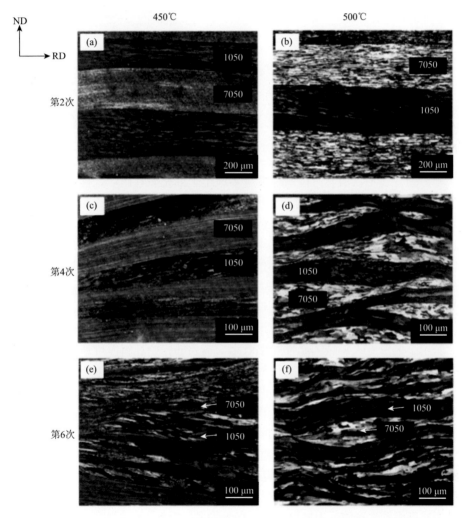

图 5.20　1050/7050 合金多层复合板在不同循环次数后的微观结构演变[87]

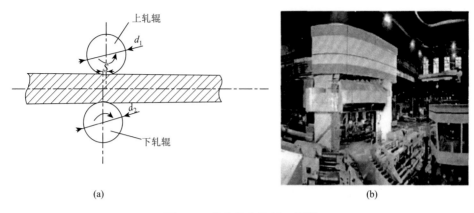

(a)   (b)

图 5.21　特殊异步轧制工艺[89]

（a）蛇形轧制示意图；（b）蛇形轧制现场；d_1 表示上轧辊直径，d_2 表示下轧辊直径，S 表示错位量

5.3.4　异步轧制技术应用及存在的问题

剧烈塑性变形（SPD）技术越来越多地用于细化微观组织，能够生产超细晶粒材料（UFGM）。在 UFGM 的多种生产制造技术中，最常用的是累积叠轧（ARB）和等径角挤压（ECAP），但二者目前均无法适用于工业化规模生产。异步轧制技术也属于剧烈塑性变形技术，可应用在钢、铝合金、镁合金等材料的晶粒细化。在合金板带材的生产中，异步轧制技术除了可以用来平整板带材，还可以细化合金晶粒、改善组织性能、降低轧制力、节约能耗等，并且其生产设备简单，易于商业化，具有广泛的应用前景。

目前，异步轧制技术已广泛应用于薄带材的平整，精密带材的精整矫直工艺等。应用于航空航天领域的高性能铝合金，需要的原始坯料厚度达到 1000 mm，现有的轧制熔铸设备很难实现。而异步轧制技术使得板材同时发生压缩变形及剪切变形，增加了板材的总变形量，并且使得变形区域深入到厚板的中心。例如，爱励铝业（镇江）有限公司采用蛇形轧制技术，将厚度 500～600 mm 的铸锭直接轧制成 250 mm 的厚板，且组织性能均匀[65]。

在双金属复合材料的生产中，通过异步轧制将较硬的组元金属与快速辊对应，较软的组元金属（如铝板）与慢速辊对应。在轧制过程中，调节两种金属组元厚度比和异步比从而可以得到平直的轧板。该方法利用了搓轧区内的相对滑动，使得相对滑动的界面发生摩擦，为界面的结合提供能量；此外，界面间的相对滑动促使了接触表面的污染层及氧化膜等破碎和挤出，从而产生新的表面。因此，界面的结合强度提高，平均轧制力降低。异步轧制还可应用在薄板材的冷复合加工，因其可大幅度降低轧制力，可以生产出复合强度高、表面光洁的冷轧复合薄板。

比电容是衡量高压电容器性能的决定性指标。通过异步轧制，可以降低高纯铝箔的变形储能，降低其再结晶温度，因此，在低温时更易形成强的立方织构。而研究表明，铝合金中立方织构含量与比电容成正比，因此，可以通过异步轧制技术提高铝合金中的立方织构，从而提高比电容。

异步轧制还存在以下问题需要解决。

1）跑偏现象

由于异步轧制的相对压下量更大，通常为同步轧制的 2～4 倍，因此在轧制过程中易引起带材的跑偏、折叠，从而使得铸锭在轧入后损伤辊面，正常轧制被迫中止。因此为改善跑偏，在异步轧制过程中要适当增大前张力，这有利于轧制过程稳定进行。

2）"震颤"现象

在异步轧制过程中，轧机有时会出现强烈的"震颤"现象，使得轧机出口的板带材上形成明显的横向条纹。如何预防"震颤"现象，还值得科研工作者深入研究。

3）需校核电机容量

由于异步轧制时压下量较同步轧制更大，轧机电流相应的也大 3 倍左右，因此在设计异步轧机时需对电机的选择进行校核。

4）更高的安全系数

在异步轧制时，通常人字齿轮的齿形和接轴处是轧制过程的薄弱环节，在这里会形成封闭的力矩，从而使得齿形断裂破坏或接轴头折断。因此在设计异步轧机时，要更加关注轧机的安全性，主传动装置要比同步轧机要求更为苛刻，安全系数要取高值。

5）上下表面存在差异性

研究发现，在异步轧制过程中，轧制后板材靠近快速辊表面一侧的变形要高于靠近慢速辊一侧。经多道次轧制的进行，上下两侧的差异会不断累积增大。

6）主要应用于薄板

异步轧制技术已经经历了几十年的发展，但应用范围主要集中在降低轧制力、提高轧制效率、调控组织性能等，主要应用于薄板。对厚板材的异步轧制鲜有实验研究，目前主要采用模拟仿真的方法进行分析。例如，对航空用 Al-Zn 系铝合金厚板的研究基本没有。因此，有必要对厚板材的异步轧制技术进行探索。

7）翘曲

在异步轧制过程中，上下轧辊辊速和辊径不同导致与上下辊接触的金属变形过程中流速不同，最终轧板在辊缝出口处产生翘曲（上翘或下扣）。上翘主要使得轧板的连续轧制过程受到影响，中断连续轧制过程，生产效率降低，危害相对较小；而下扣导致轧板出辊缝后与机架辊相撞，使轧辊承受巨大冲击，长时间的撞击会损坏轧机，降低其使用寿命，增加了设备的维护成本，大大影响生产效率，危害相对较大。此外，目前的研究包括 FEM 模拟、实验测量、理论分析等大多数建立在单个参数（如压下量、辊径等）对翘曲的影响，而综合考虑各项轧制参数对异步轧制翘曲现象的研究极少。在生产薄板带产品时，轧机两侧都有卷曲机打卷并进行后续热处理，运用异步轧制生产薄板带材时，前后张力的作用使得翘曲现象并不突出，因此，在研究薄板带材时不考虑翘曲。而在厚板材的异步轧制过程中，板型的好坏会对产品质量及生产的连续性产生直接影响，因此，在厚板材的异步轧制过程中不能忽视翘曲问题。

总之，异步轧制工艺最吸引人的特征是引入额外的剪切变形，对于增强/改善厚度方向变形均匀性或至少减轻（中）厚板的厚度方向变形差异具有特别的意义。然而，在异步轧制加工过程中，板材上下层之间的不同金属流动速度可能会导致板材翘曲，进而造成轧机的损耗，同时影响板材的质量。对于薄板，可以在用张力卷取轧制时抑制或消除翘曲；而遗憾的是，此法不能用于（中）厚板。尽管有专家学者进行了一些模拟以建立板材翘曲行为和轧制参数（即异速比、压下量、辊径等）之间的关系，试图找到解决这个问题的有效方法（即消除或削弱翘曲），但这一方法至今尚不成熟。接下来，需要进一步考虑每个异步轧制工艺参数对板材翘曲的影响。随后，多个参数协同优化轧制工艺，解决翘曲问题，为铝合金板材开发多道次异步轧制工艺，以提高厚度方向变形和微观结构的均匀性。

参 考 文 献

[1] 王祝堂. 第二代 ABS 铝合金及其生产工艺. 有色金属加工，2016，45（4）：1-4.

[2] 张琪，王祝堂. 美国平轧铝产品市场现状与发展趋势. 中国金属通报，2020（11）：7，9.

[3] Mt A，Ic B. Comparative study of the application of steels and aluminium in lightweight production of automotive parts. International Journal of Lightweight Materials and Manufacture，2018，1（4）：229-238.

[4] Mallick P K. Materials，Design and Manufacturing for Lightweight Vehicles. 2nd Ed. Cambridge：Woodhead Publishing Limited，2021：97-123.

[5] Godinho W D. High speed roll casting process and product：US05954117A. 1999-09-21.

[6] Harrington D G. Method and apparatus for controlling the gap in a strip caster：US6044896A. 2000-04-04.

[7] Sankaran S，Ranly D P. High speed transfer of strip in a continuous strip processing application：US6082659A. 2000-07-04.

[8] Wyatt-Mair G. Cooling device for belt casting：US6135199A. 2000-10-24.

[9] Matsumoto K，Yanagawa M，Takaki Y. Al-Mg-Si aluminum alloy sheet for forming having good surface properties with controlled texture：US06231809B1. 2001-05-15.

[10] Zonker H R，Baumann S F，Sanders R E，et al. Process and products for the continuous casting of flat rolled sheet：US6280543B1. 2001-08-28.

[11] Blake S L，Skiles J A，Mackin J D. Ultrafine matte finish roll for treatment for sheet products and method of

production：US6290632B1. 2001-09-18.

[12] Baumann S F，Sanders R E，Palmer S L. Method of producing aluminum alloy sheet for automotive applications：US6344096B1. 2002-02-05.

[13] Tomes D A，Wyatt-Mair G F，Timmons D W，et al. Strip casting of immiscible metals：US20080251230. 2008-10-16.

[14] Sawtell R R，Newman J M，Rouns T N，et al. Aluminum alloy and methods for producing the same：US20130334091A1. 2013-12-19.

[15] Wyatt-Mair G F，Westerman E J. Method of manufacturing aluminum alloy sheet：US5655593A. 1997-08-12.

[16] Harrington D G. Method and apparatus for continuous casting of metals：US6102102. 2000-08-15.

[17] Unal A. Casting of non-ferrous metals：US20030205357A1. 2003-11-06.

[18] 哈林顿，唐纳德. 连续铸造金属的方法和装置：CN1083421. 2023-06-25.

[19] Wyatt-Mair G F，Harrington D G. Method of manufacturing aluminum sheet stock using two sequences of continuous，in-line operations：US5496423A. 1996-03-05.

[20] Unal A，Wyatt-Mair G F，Tomes D A，et al. In-line method of making heat-treated and annealed aluminum alloy sheet：EP1733064B9. 2005-02-11.

[21] Unal A，Tomes D A，Timmons D W，et al. In-line method of making T or O temper aluminum alloy sheets：US12800805A. 2005-09-29.

[22] Sparks T D A，Jr，et al. Method for manufacturing an aluminium alloy intended to be used in automotive manufacturing：EP2698216A1. 2021-03-31.

[23] 斯图尔特，惠特尔，马达拉，等. 轧制金属的设备和方法：CN105080979B. 2018-02-06.

[24] Liu X，Wang C，Zhang S Y，et al. Fe-bearing phase formation，microstructure evolution，and mechanical properties of Al-Mg-Si-Fe alloy fabricated by the twin-roll casting process. Journal of Alloys and Compounds，2021，886：161202.

[25] Liu X，Ji Z，Song Y，et al. Synergistic effects of the TiC nanoparticles and cold rolling on the microstructure and mechanical properties of Al-Cu strips fabricated by twin-roll casting. Materials Science and Engineering A，2021，812：141110.

[26] Lavernia E J，Srivatsan T S. The rapid solidification processing of materials：science，principles，technology，advances，and applications. Journal of Materials Science，2010，45（2）：287-325.

[27] Haga T，Suzuki S. A high speed twin roll caster for aluminum alloy strip. Journal of Materials Processing Technology，2001，113（1）：291-295.

[28] Haga T，Suzuki S. Melt ejection twin roll caster for the strip casting of aluminum alloy. Journal of Materials Processing Technology，2003，137（1）：92-95.

[29] Haga T，Ikawa M，Wtari H，et al. 6111 Aluminium alloy strip casting using an unequal diameter twin roll caster. Journal of Materials Processing Technology，2006，172（2）：271-276.

[30] Kikuchi D，Harada Y，Kumai S. Surface quality and microstructure of Al-Mg alloy strips fabricated by vertical-type high-speed twin-roll casting. Journal of Manufacturing Processes，2019，37：332-338.

[31] Liu Z T，Wang C，Luo Q，et al. Effects of Mg contents on the microstructure evolution and Fe-bearing phase selection of Al-Mg-Si-Fe alloys under sub-rapid solidification. Materialia，2020，13：100850.

[32] Liu X，Jia H L，Wang C，et al. Enhancing mechanical properties of twin-roll cast Al-Mg-Si-Fe alloys by regulating Fe-bearing phases and macro-segregation. Materials Science and Engineering A，2022，831：142256.

[33] Wang X，Ma P K，Meng Z Y，et al. Effect of trace Cr alloying on centerline segregations in sub-rapid solidified

Al-Mg-Si（AA6061）alloys fabricated by twin-roll casting. Materials Science and Engineering A，2021，825：141896.

[34] Barekar N S, Das S, Yang X, et al. The impact of melt conditioning on microstructure, texture and ductility of twin roll cast aluminium alloy strips. Materials Science and Engineering A，2016，650：365-373.

[35] Lockyer S A，Yun M，Hunt J D，et al. Micro- and macrodefects in thin sheet twin-roll cast aluminum alloys. Materials Characterization，1996，37（5）：301-310.

[36] Yun M，Lokyer S，Hunt J D. Twin roll casting of aluminium alloys. Materials Science and Engineering A，2000，280（1）：116-123.

[37] Yu W，Li Y，Jiang T，et al. Solute inverse segregation behavior in twin roll casting of an Al-Cu alloy. Scripta Materialia，2022，213：114592.

[38] He C，Li Y，Li J，et al. Effect of electromagnetic fields on microstructure and mechanical properties of sub-rapid solidification-processed Al-Mg-Si alloy during twin-roll casting. Materials Science and Engineering A，2019，766：138328.

[39] Hou L G，Xiao W L，Su H，et al. Room-temperature low-cycle fatigue and fracture behaviour of asymmetrically rolled high-strength 7050 aluminium alloy plates. International Journal of Fatigue，2020，142：105919.

[40] She H，Shu D，Wang J，et al. Influence of multi-microstructural alterations on tensile property inhomogeneity of 7055 aluminum alloy medium thick plate. Materials Characterization，2016，113：189-197.

[41] Cui Q，Ohori K. Grain refinement of high purity aluminum by asymmetric rolling. Materials Science and Technology，2000，16（10）：1095-1101.

[42] Kang S B，Min B K，Kim H W，et al. Effect of asymmetric rolling on the texture and mechanical properties of AA6111-aluminum sheet. Metallurgical and Materials Transactions A，2005，36（11）：3141-3149.

[43] Sidor J，Petrov R H，Kestens L A I. Deformation，recrystallization and plastic anisotropy of asymmetrically rolled aluminum sheets. Materials Science and Engineering A，2010，528（1）：413-424.

[44] Kim W J，Lee J B，Kim W Y，et al. Microstructure and mechanical properties of Mg-Al-Zn alloy sheets severely deformed by asymmetrical rolling. Scripta Materialia，2007，56（4）：309-312.

[45] Kim W J，Yoo S J，Lee J B. Microstructure and mechanical properties of pure Ti processed by high-ratio differential speed rolling at room temperature. Scripta Materialia，2010，62（7）：451-454.

[46] Huh M Y，Kang H G，Kang C K. Effect of roll gap geometry on the evolution of strain states and textures during asymmetrical rolling in AA1050. Solid State Phenomena，2006，116：417-420.

[47] 马存强. 异步轧制 7xxx 系铝合金中厚板形变及翘曲优化研究. 北京：北京科技大学，2016.

[48] 庞玉华. 金属塑性加工学. 西安：西北工业大学，2005.

[49] 郑健. 异步轧制对铝及铝合金带材组织和性能的影响. 南宁：广西大学，2007.

[50] 杨守山. 有色金属塑性加工学. 北京：冶金工业出版社，1982.

[51] 翟新生. 异步轧制高压电子铝箔织构演化行为及机制研究. 沈阳：东北大学，2013.

[52] 吴隆华. "全异步"轧制的理论解析及其实现. 钢铁，1980，15（3）：25-33.

[53] 汤富麟. 异步轧制研究. 冶金设备，1980（6）：28-33.

[54] 徐秋实，汤富麟，徐守国. 异步单机连轧机轧制压力公式推导. 鞍钢技术，1998（12）：19-23.

[55] 于九明，贾广凤，朱泉. 异步轧制极薄带材的变形特点及"弹性塞"原理. 东北工学院学报，1982（3）：17-27.

[56] Ma C，Hou L，Zhang J，et al. Effect of deformation routes on the microstructures and mechanical properties of the asymmetrical rolled 7050 aluminum alloy plates. Materials Science and Engineering A，2018，733：307-315.

[57] Zanchetta B D，Silva V，Sordi V L，et al. Effect of asymmetric rolling under high friction coefficient on

recrystallization texture and plastic anisotropy of AA1050 alloy. Transactions of Nonferrous Metals Society of China，2019，29（11）：2262-2272.

[58]　Xra B，Yha B，Yu L，et al. Evolution of microstructure，texture，and mechanical properties in a twin-roll cast AA6016 sheet after asymmetric rolling with various velocity ratios between top and bottom rolls. Materials Science and Engineering A，2020，788：139488.

[59]　Wronski S，Bacroix B. Microstructure evolution and grain refinement in asymmetrically rolled aluminium. Acta Materialia，2014，76：404-412.

[60]　Zuo F Q，Jiang J H，Shan A，et al. Shear deformation and grain refinement in pure Al by asymmetric rolling. Transactions of Nonferrous Metals Society of China，2008，18（4）：774-777.

[61]　左方青. 纯铝异步轧制剪切形变直接观察及组织性能研究. 上海：上海交通大学，2008.

[62]　黄涛. 异步轧制高纯铝箔织构控制的研究. 沈阳：东北大学，2006.

[63]　刘立涛. 异步轧制双相钢的组织与性能研究. 上海：上海应用技术大学，2022.

[64]　杨兵. 异步轧制及热处理对 Al-12.7Si-0.7Mg 铝合金力学性能和组织的影响. 沈阳：东北大学，2013.

[65]　李冰峰. 异步轧制技术及其在铝合金中的应用. 有色金属加工，2013，42（5）：5-7.

[66]　Zuo Y B，Fu X，Cui J Z，et al. Shear deformation and plate shape control of hot-rolled aluminium alloy thick plate prepared by asymmetric rolling process. Transactions of Nonferrous Metals Society of China，2014，24（7）：2220-2225.

[67]　Amegadzie M Y，Bishop D P. Effect of asymmetric rolling on the microstructure and mechanical properties of wrought 6061 aluminum. Materials Today Communications，2020，25：101283.

[68]　Shivpuri R，Chou P C，Lau C W. Finite element investigation of curling in non-symmetric rolling of flat stock. International Journal of Mechanical Sciences，1988，30（9）：625-635.

[69]　Johnson W，Needham G. Further experiments in asymmetrical hot rolling. International Journal of Mechanical Sciences，1996，8：443-455.

[70]　Ji Y H，Park J J，Kim W J. Finite element analysis of severe deformation in Mg-3Al-1Zn sheets through differential-speed rolling with a high speed ratio. Materials Science and Engineering A，2007，454-455：570-574.

[71]　Ji Y H，Park J J. Development of severe plastic deformation by various asymmetric rolling processes. Materials Science and Engineering A，2009，499（1-2）：14-17.

[72]　袁福顺，孙蓟泉. 辊速不等的非对称轧制条件下变形区内的变形分析. 山东冶金，2010（6）：25-27.

[73]　李立新，李琴，郑良玉. 异步轧制铝合金再结晶组织的 Monte Carlo 模拟. 热加工工艺，2018，47（6）：70-74.

[74]　孙蓟泉，张海滨，于全成. 热轧带钢头部翘曲原因分析. 钢铁研究学报，2006（7）：5-6.

[75]　李学通，杜凤山，王敏婷，等. 热轧带钢头部翘曲有限元研究. 重型机械，2004（3）：41-44.

[76]　Kraner J，Fajfar P，Palkowski H，et al. Asymmetric cold rolling of an AA 5xxx aluminium alloy. Materials and Technologies，2020，54（4）：575-582.

[77]　Kraner J，Fajfar P，Palkowski H，et al. Microstructure and texture evolution with relation to mechanical properties of compared symmetrically and asymmetrically cold rolled aluminum alloy. Metals，2020，10（2）：156.

[78]　Uniwersat A，Wróbel M，Wierzbanowski K，et al. Mechanical and microstructural characteristics of polycrystalline copper rolled asymmetrically to a high deformation level. Materials Characterization，2018，148：214-223.

[79]　Kim Y S，Kim W J. Microstructure and superplasticity of the as-cast Mg-9Al-1Zn magnesium alloy after high-ratio differential speed rolling. Materials Science and Engineering A，2016，677：332-339.

[80]　贺晨. 合金元素及轧制工艺对 6000 系铝合金汽车板组织性能的影响. 沈阳：东北大学，2015.

[81]　沈宇腾. 异步轧制工艺对 AZ31 镁合金板材微观组织结构的影响. 重庆：重庆大学，2016.

[82]　Fatemeh G，Roohollah J. Asymmetric cross rolling（ACR）: a novel technique for enhancement of Goss/Brass texture ratio in Al-Cu-Mg alloy. Materials Characterization，2018，142: 352-364.

[83]　龙智勇，袁鸽成，陈成. 预处理对异步轧制 6016 铝合金板材成形性能的影响. 金属热处理，2020，45（12）: 76-81.

[84]　马存强，侯陇刚，庄林忠，等. 铝合金板材同步/异步轧制变形行为有限元分析. 塑性工程学报，2018，25（6）: 125-132.

[85]　刘润. 异步叠轧制备超细孪晶铜及性能研究. 昆明: 昆明理工大学，2013.

[86]　Godoi R D，Magalhaes D C，Avalos M，et al. Microstructure，texture and interface integrity in sheets processed by asymmetric accumulative roll-bonding. Materials Science and Engineering，2020，771: 138634.1-138634.14.

[87]　Magalhes D，Sordi V L，Kliauga A M. Microstructure evolution of multilayered composite sheets of AA1050/AA7050 Al alloys produced by asymmetric accumulative roll-bonding. Materials Characterization，2020，162: 110226.

[88]　李磊. 铝厚板梯温强剪切轧制变形均匀性及其弯曲调控研究. 南京: 南京航空航天大学，2020.

[89]　付垚. 高强高韧铝合金厚板的蛇形轧制研究. 北京: 北京有色金属研究总院，2011.

第6章

铝合金先进凝固技术

6.1 定向凝固技术

定向凝固技术是在金属凝固过程中采用强制手段，在固/液界面前沿建立沿特定方向的温度梯度，从而使凝固过程的固相晶体沿着与热流相反的方向，按要求的结晶取向进行凝固的技术。它是在高温合金的研制中建立和完善起来的。该技术被广泛用于获得具有特殊取向的组织和优异性能的材料，因而自诞生以来就得到迅速发展。应用定向凝固技术可以得到定向组织甚至单晶，可以明显地提高材料所需的性能。另外，定向凝固过程中温度梯度和凝固速度这两个凝固参数能够独立变化，成为凝固理论研究的重要手段。

工程应用的铝合金铸件很少采用定向凝固技术制备，但是定向凝固技术常用于多元多相铝合金凝固路径预测，包晶、共晶等多相反应机制的研究，以及金属间化合物生长行为与机制的研究，可以为高性能铝合金的开发和组织控制提供科学依据。本节首先介绍定向凝固技术的基本原理和发展历程；然后介绍几类简单铝合金定向凝固过程的组织形成和研发规律，为铸造铝合金设计和组织调控提供思路。

6.1.1 定向凝固传热特点

定向凝固过程的传热分析已不少见，有数值技术和解析方法两大类。数值技术对于实际系统可给出精确的二维解。解析方法不可被替代的作用是检验或指导数值分析，对实验参数进行敏感性分析，对加热装置进行优化。现以 Bridgman 定向凝固方法为例，讨论其传热过程的一些特点。定向凝固示意如图 6.1 所示。坩埚以恒定速度 V 下降，其下降速度与坩埚内的熔体自下而上的凝固速度 R 相同。

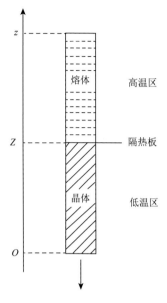

图 6.1　定向凝固示意图

定向凝固速度主要受控于单向热流，因此，可视为热量在一维空间的传热问题，可以用热传导连续方程表示。在热平衡的条件下[1]：

$$\lambda_S \left(\frac{dT_S}{dz} \right)_{z=Z} - \lambda_L \left(\frac{dT_L}{dz} \right)_{z=Z} = \rho_m L \frac{dz}{dt} \qquad (6.1)$$

式中，λ_S 和 λ_L 分别为晶体和熔体的热导率；ρ_m 为熔体的密度；L 为凝固潜热。假设坩埚在 z 方向是等截面，凝固速度 $R = \dfrac{dz}{dt}$，则式（6.1）可表示为

$$\lambda_S G_S - \lambda_L G_L = \rho_m L R \qquad (6.2)$$

$$G_L = \frac{\lambda_S G_S}{\lambda_L} - \frac{L R \rho_m}{\lambda_L} \qquad (6.3)$$

设 λ_S 和 λ_L 是常数，那么，在凝固速度一定时，液相温度梯度 G_L 和固相温度梯度 G_S 成正比；通过增大 G_S 来增加固相的散热强度，这是实际应用中获得大的 G_L 的重要途径。但是，固相散热强度的增加，在有利于提高 G_L 的同时，也会使凝固速度 R 增大。因此，为了提高 G_L，常常用提高固/液界面前沿熔体的温度方式来实现。定向凝固装置在凝固界面附近加上辐射挡板正是为此目的。当 G_L 大时，有利于抑制成分过冷，从而提高晶体的质量。但并不是温度梯度 G_L 越大越好，特别是制备单晶时，熔体温度过高会导致液相剧烈地挥发、分解和受到污染，从而影响晶体的质量。固相温度梯度 G_S 过大，会使生长着的晶体产生大的内应力，甚至使晶体开裂。

定向凝固系统的加热装置在理想情况下被划分为加热区、绝热区和冷却区三部分。但在实际装置中理想的绝热区是不存在的。加热区的工作温度与抽拉试样熔点之差远远小于试样熔点与冷却区工作温度之差，这就导致试样固/液界面的位置总是处于加热区中。因而在对定向凝固过程进行热分析时，按图 6.2 所示将加热装置划分为加热区和冷却区组成的二段式结构即可。对图 6.2 所示传热模型作以下假设。

（1）以试样固/液界面所处位置作为试样轴向坐标原点，并以此为界划分加热装置的加热区和冷却区。

（2）试样直径为 d，沿轴向为无限长，以恒定速度 V 由加热区向冷却区移动。

（3）系统稳态传热，试样中径向温度分布是均一的，液相中无自然对流传热。

（4）试样固相和液相热导率分别为 λ_S 和 λ_L，比热容分别为 C_P^S 和 C_P^L，熔体密度为 ρ_m，且这些热物性参数值不随温度变化。在加热区和冷却区中，试样通过坩埚与加热装置间的传热系数均为常数，分别记为 α_H 和 α_C。

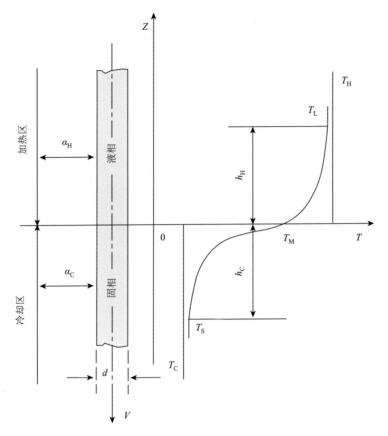

图 6.2　简化的传热模型

（5）试样固相温度为 T_S，液相温度为 T_L，固/液界面温度为 T_M。加热区和冷却区中的环境温度分布均匀，分别为 T_H 和 T_C。

在上述假设条件下，描述试样中轴向温度分布的微分方程为[2]

$$\frac{\mathrm{d}^2 T}{\mathrm{d}Z^2} \frac{VC_P \rho_\mathrm{m}}{\lambda} \cdot \frac{\mathrm{d}T}{\mathrm{d}Z} - \frac{4\alpha}{\lambda d}(T - T_\mathrm{f}) = 0 \qquad (6.4)$$

式中，T 为试样内温度，K；T_f 为与试样换热的环境温度，K；λ 为试样热导率，W/(m·K)；α 为通过坩埚与环境间换热的传热系数，W/(m²·K)；C_P 为比热容，J/(kg·K)；Z 为试样轴向以固/液界面为原点的位置坐标，m。

引入无量纲参数 $B_\mathrm{i} = \alpha d / \lambda$，$P_\mathrm{e} = \rho C_P V d / \lambda$，$\xi = Z / d$，则方程（6.4）可表示为

$$\frac{\mathrm{d}^2 T}{\mathrm{d}\xi^2} + P_\mathrm{e} \frac{\mathrm{d}T}{\mathrm{d}\xi} - 4B_\mathrm{i}(T - T_\mathrm{f}) = 0 \qquad (6.5)$$

由于在试样凝固过程中，固/液界面温度恒定为 T_M，远离固/液界面温度逐渐趋于试样换热的环境温度，如果 h 为一足够大的有限值，可确定如下边界条件：

$$\begin{cases} Z=0, & T=T_M \\ Z=h, & \left.\dfrac{dT}{dZ}\right|_{Z=h} \approx 0 \end{cases} \qquad (6.6)$$

联立式（6.6），可获得方程（6.5）的解为

$$T=T_f+\frac{T_M-T_f}{\varphi_2 e^{\varphi_2 h/d}-\varphi_1 e^{\varphi_1 h/d}}\Big[\varphi_2 e^{(\varphi_2 h+\varphi_1 Z)/d}e^{\varphi_1 \xi}-\varphi_1 e^{(\varphi_1 h+\varphi_2 Z)/d}e^{\varphi_2 \xi}\Big]\quad (\xi<h/d) \quad (6.7)$$

式中，$\varphi_1=\left(-P_e+\sqrt{P_e^2+16B_i}\right)\Big/2$，$\varphi_2=\left(-P_e-\sqrt{P_e^2+16B_i}\right)\Big/2$。

方程（6.4）的解可表示为

$$T=T_f+\frac{T_M-T_f}{\varphi_2 e^{\varphi_2 h/d}-\varphi_1 e^{\varphi_1 h/d}}\Big[\varphi_2 e^{(\varphi_2 h+\varphi_1 Z)/d}-\varphi_1 e^{(\varphi_1 h+\varphi_2 Z)/d}\Big]\quad (Z<h) \quad (6.8)$$

取足够小的正数 ε 为精度因子，令 $T\big|_{Z=h}-T_f=\varepsilon(T_M-T_f)$，则可由式（6.9）确定 h：

$$\frac{\varphi_2 e^{\varphi_2 h/d}-\varphi_1 e^{\varphi_1 h/d}}{(\varphi_2-\varphi_1)e^{(\varphi_1+\varphi_2)h/d}}=1/\varepsilon \qquad (6.9)$$

当加热装置与试样间的热耦合足够强，以致试样运动过程中质量携载所造成的传热可被忽略时，即 $P_e \ll B_i$，方程（6.8）可近似为

$$T=T_f+(T_M-T_f)\frac{\text{ch}\Big[2\sqrt{\alpha/\lambda d}(Z-h)\Big]}{\text{ch}\Big[2\sqrt{\alpha/\lambda d}h\Big]}\quad (Z<h) \qquad (6.10)$$

方程（6.9）可近似为

$$h=\frac{1}{2}\text{arcch}(1/\varepsilon)\sqrt{\lambda d/\alpha} \qquad (6.11)$$

在固/液界面附近，即 $Z\to 0$ 时，方程（6.10）可进一步近似为

$$T=T_f+(T_M-T_f)e^{[-2\sqrt{\alpha/(\lambda d)}Z]} \qquad (6.12)$$

由方程（6.12）可获得固/液界面前沿液相中的温度梯度：

$$G_L=\left.\frac{dT}{dZ}\right|_{Z=0}=2(T_H-T_M)\sqrt{\frac{\alpha_H}{\lambda_L d}} \qquad (6.13)$$

可见，G_L 随加热装置加热区温度的升高而增大。另外，小的试样直径 d 也有利于提高 G_L。图 6.3 为加热区中试样与加热装置间的传热模型示意图。试样内沿径向温度分布均匀；坩埚壁很薄，只考虑其中的径向导热；坩埚与加热装置之间通过炉气对流、传导及高温辐射传热；坩埚壁与试样紧密接触，温度为 T；坩埚外壁温度为 T_W，坩埚内径和外径分别为 r_1 和 r_2；加热体温度为 T_H。

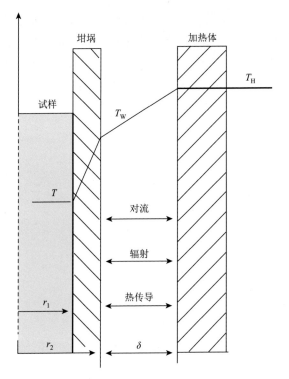

图 6.3　试样和加热装置间的传热模型示意图

加热区中试样与加热装置间的传热系数可表示为

$$\alpha_{\mathrm{H}} = r_2 / R_{\mathrm{t}} r_1 \tag{6.14}$$

式中，$R_{\mathrm{t}} = R_{\lambda} + \dfrac{R_{\mathrm{g}} \cdot R_{\mathrm{r}}}{R_{\mathrm{g}} + R_{\mathrm{r}}}$，为试样与加热装置间的传热热阻。其中，$R_{\lambda}$ 为坩埚的径向导热热阻，可表示为 $R_{\lambda} = r_2 \ln(r_2/r_1)/\lambda_{\mathrm{c}}$，$\lambda_{\mathrm{c}}$ 为坩埚的热导率；R_{g} 为坩埚与加热装置间炉气的导热热阻，假设炉气不流动，无自然对流换热，只有导热，其可表示为 $R_{\lambda} = r_2 \ln[(r_2 + \delta)/r_2]/\lambda_{\mathrm{g}}$，$\lambda_{\mathrm{g}}$ 为炉气的热导率；R_{r} 为辐射换热热阻，可表示为 $R_{\mathrm{r}} = 1/\alpha_{\mathrm{r}}$，$\alpha_{\mathrm{r}}$ 为坩埚外壁与加热装置内壁之间的辐射换热系数。在一定误差范围内，可忽略由于试样在定向凝固过程中质量携载所造成的传热影响：

$$V < 2 / (5\rho_{\mathrm{m}} C_P) \sqrt{\alpha_{\mathrm{H}} \lambda / d} \tag{6.15}$$

以 Ti-45at%Al（at% 表示原子分数，后同）合金为例，其热物性数据为：$\lambda = 23$ W/(m·K)，$\rho_{\mathrm{m}} = 3800$ kg/m³。试棒直径 $d = 6$ mm。坩埚材料为高纯刚玉，其中，$r_1 = 3$ mm，$r_2 = 4$ mm，热导率 $\lambda_{\mathrm{c}} = 8$ W/(m·K)。加热体为石墨材质，与刚玉坩埚的距离 $\delta = 10$ mm，当加热装置加热区温度 $T_{\mathrm{H}} = 1900$ K 时，石墨与刚玉坩埚外壁的辐射换热系数 $\alpha_{\mathrm{r}} = 5.17 \times 10^3$ W/(m²·K)。根据文献[3]，在 1700 K 左右，

炉气的热导率 $\lambda_g \approx 0.112$ W/(m·K)。由此可计算出：$R_\lambda = 1.438 \times 10^{-4}$ m²·K/W，$R_g = 0.0447$ m²·K/W，$R_r = 3.869 \times 10^{-4}$ m²·K/W，$R_t = 5.274 \times 10^{-4}$ m²·K/W，$\alpha_H = 2.528 \times 10^3$ W/(m²·K)。将上述数据代入方程（6.15）可得 $V < 369.3$ μm/s 时即可忽略移动速度所引起的传热。图 6.4 给出了由方程（6.13）确定的随加热区温度 T_H 变化的 Ti-45 at% Al 合金固/液界面前沿液相温度梯度 G_L，可见 G_L 随 T_H 呈线性增大。

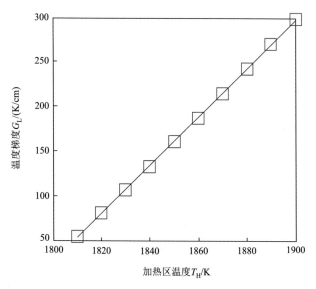

图 6.4　随加热区温度变化的固/液界面前沿液相温度梯度

6.1.2　定向凝固技术的发展过程

热流的控制是定向凝固技术中的重要环节，获得并保持单向热流是定向凝固成功的重要保证。伴随着对热流控制（不同的加热、冷却方式）技术的发展，定向凝固技术经历了由炉外结晶法、功率降低法、快速凝固法直到液态金属冷却法等的发展过程[4]。

1）炉外结晶法

炉外结晶法又称为发热剂法（EP 法），是定向凝固技术中最原始的方法之一。Versnyder 等早在 20 世纪 50 年代就将该方法应用于实验中，其原理如图 6.5 所示。在水冷模底部采用水冷铜盘，顶部覆盖发热剂，侧壁采用隔热层绝热，浇入金属熔体后，在金属熔体和已凝固金属中建立一个自下而上的温度梯度，使铸件自下而上实现定向凝固。由于所能获得的温度梯度小并随高度增加不断减小，而且很难控制，因此该法只可用于制造要求不高的零件。但该方法工艺简单、成本低，在小批量零件生产中仍然还有应用。

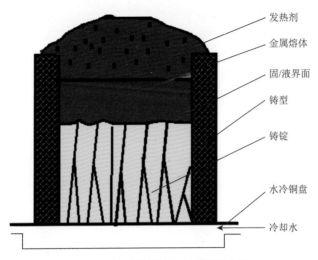

图 6.5　炉外结晶法定向凝固示意图

2）功率降低法

在 20 世纪 60 年代，Versnyder 等提出了功率降低法，其原理如图 6.6 所示。采用水冷铜盘，上面放一个底部开放的模壳，外面套有石墨罩，石墨上套有中间

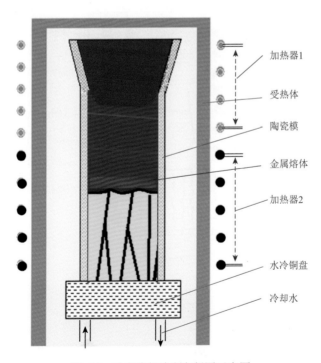

图 6.6　功率降低法定向凝固示意图

抽头的两组感应线圈，在模壳上安装有热电偶，在加入熔化好的金属液前建立所要的温度场。自下而上顺序关闭加热线圈，调节功率，使金属建立一个自下而上的温度梯度场，实现定向凝固。由于热传导能力随着离水冷平台距离的增加而明显降低，温度梯度在凝固过程中逐渐减小，轴向上的柱状晶较短。由于其生长长度受到限制，并且柱状晶之间的平行度差，合金的显微组织在不同部位差异较大，加之设备相对复杂且能耗大，限制了该方法的应用。

3）快速凝固法

快速凝固法（HRS 法）是 Erickson 等于 1971 年提出的，其装置和功率降低法相似，不过多了一个拉锭机构，可使模壳按一定速度向下移动，改善了温度梯度在凝固过程中逐渐减小的缺点。其原理如图 6.7 所示。在炉子底部设有一个挡板，上面有一个略大于铸件形状的开口，把炉子和外部分开。抽拉装置将铸件以一定的速度从炉子的开口中移出或将炉子移离铸件，铸件在空气中冷却，而炉子始终保持加热状态。这种方法避免了炉膛对已凝固层的影响，且利用空气冷却，因而可以获得相对较高的温度梯度和冷却速度，所获得的柱状晶较长，组织细密、挺直、均匀，使铸件的性能得以提高，在生产中有一定的应用。但 HRS 法是靠辐射换热来冷却的，获得的温度梯度和冷却速度都很有限。

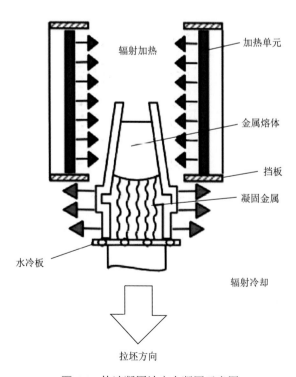

图 6.7　快速凝固法定向凝固示意图

4）液态金属冷却法

HRS 法是由辐射换热来冷却的，所能获得的温度梯度和冷却速度都很有限。为了获得更高的温度梯度和生长速度，在 HRS 法的基础上，将抽拉出的铸件部分浸入具有高热导率的高沸点、低熔点、大热容量的液态金属中，形成了一种新的定向凝固技术，即液态金属冷却法（LMC 法）。其原理如图 6.8 所示。这种方法提高了铸件的冷却速度和固/液界面的温度梯度，而且在较大的生长速度范围内可使界面前沿的温度梯度保持稳定，结晶在相对稳态下进行，能得到比较长的单向柱晶。

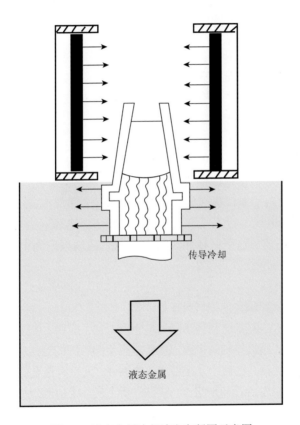

传导冷却

液态金属

图 6.8　液态金属冷却法定向凝固示意图

常用的液态金属有 Ga-In 合金和 Ga-In-Sn 合金，以及 Sn 液，前两者熔点低，但价格昂贵，因此只适于在实验室条件下使用。Sn 液熔点稍高（232℃），但由于价格相对比较便宜，冷却效果也比较好，因而适于工业应用。该法已被美国、苏联等用于航空发动机叶片的生产。

6.1.3 定向凝固技术的工程应用

1）制备高温合金铸件

定向凝固技术最初就是应用于高温合金的研制。20 世纪 70 年代之后，定向凝固和单晶合金的出现使得所有国家的先进新型发动机几乎无一例外地选用铸造高温合金制作最高温区工作的叶片，目前几乎所有先进航空发动机都以采用单晶叶片为特色，如推重比为 10 的发动机 F119（美国）、F120（美国）、GE90（美国）、EJ2000（英国、德国、意大利、西班牙）、M88-2（法国）、P2000（俄罗斯），以及其他新型发动机都采用单晶高温合金制作涡轮叶片。我国的西北工业大学凝固技术国家重点实验室利用特殊设计的双频双感应器成功地实现了多种截面形状的无接触电磁约束成型。中国科学院金属研究所应用定向凝固工艺成功研制出一种性能优异的低成本定向凝固镍基高温合金 DZ417G。该合金从室温至高温瞬时拉伸性能良好，无缺口敏感性，横向性能优异，其中最突出的优点是室温至高温的拉伸塑性优异，且室温冲击韧性高。

2）制备高温超导材料

氧化钇钡铜（YBCO，也称为钇钡铜氧）高温超导体由于具有高临界电流密度和低的热导率，是制作电线的潜在材料。如果要在超导磁储能（SMES）等方面有广泛的应用，为了减少热泄漏，并且在磁场中具有高临界电流密度，那么就必须需要大尺寸的电线。日本学者用定向凝固技术制备出长 150 mm 的大尺寸单畴 YBCO 超导棒条体。这个试样在温度为 77 K，磁场强度为 1 T 时，临界电流密度可达 $3.5 \times 10^4 \ A/cm^2$。

3）制备功能材料

压电陶瓷和稀土超磁致伸缩材料在换能器、传感器和电子器件等方面都有广泛的应用。定向凝固技术在制备这两种功能材料中也得到了应用。中国科学院上海硅酸盐研究所高性能陶瓷和超微结构国家重点实验室用定向凝固的方法制备出 PMN-0.35PT 定向陶瓷，其性能优良，已被广泛应用于各个领域。北京有色金属研究总院稀土材料国家工程研究中心采用自行开发的"一步法"新工艺，成功地制备出我国目前直径最大（直径 700 mm、长度 250 mm）的稀土超磁致伸缩材料。在低磁场条件下的磁致伸缩应变、力学性能、产品一致性和成品率等主要技术经济指标均达到国际先进水平。稀土超磁致伸缩材料具有任何传统磁致伸缩材料所无法比拟的优点。

4）制备复合材料及多孔材料

定向凝固技术也是一种制备复合材料的重要手段。西北工业大学在自行研制的具有高真空、高温度梯度、宽抽拉速度等特点的定向凝固设备上制备出自生 Cu-Cr 复合材料棒。经研究发现，Cu-Cr 自生复合材料的定向凝固组织是由 α 基体

相和分布于 α 相间的纤维状共晶体复合组成。随着凝固速度增加，各组织生长定向性变好且径向尺寸均得到细化。致密、均匀、规整排列的组织减少了横向晶界，微观组织中 α 基体相起导电作用，纤维状共晶体起增强作用。Cu-Cr 自生复合材料的强度、塑性、导电性均高于体积凝固试样，复合材料的综合性能得到提高。清华大学刘源等采用金属-气体共晶定向凝固（Gasar）新工艺，利用自行开发的 Gasar 装置成功制备了具有规则气孔分布的藕状多孔金属 Mg，并研究了铸型预热温度和气体压力等工艺参数对气孔率、气孔大小和分布的影响。

5）制备单晶连铸坯

高温热铸模式连续铸造（OCC）技术主要应用在生产单晶材料、复杂截面薄壁型材及其他工艺难以加工的合金连铸型材。OCC 技术制备的金属单晶材料表面异常光洁，又没有晶界和各种铸造缺陷，具有优异的变形加工性能，可拉制成极细的丝和压延成薄的箔。

西北工业大学在 OCC 技术基础上将定向凝固、高温度梯度与连续铸造结合起来制备出准无限长的铜单晶，为高频、超高频信号的高清晰、高保真传输提供了关键技术。北京科技大学采用优质的真空设备与先进的连续定向凝固技术相结合，开发了一种新型真空连续定向凝固方法。利用该方法制备出的棒材表面光洁，没有表面裂纹、冷隔、夹杂、表面氧化等缺陷，从真正意义上实现了镜面成型，而且纯净度高，在一定的工艺参数下还可得到单晶。

从定向凝固技术的发展过程可以看出，随着其他专业新理论的出现和日趋成熟、实验技术的改进和人们的不断努力，通过寻找新的热源或加热方式、借鉴快速凝固的技术及使用外加作用力等都有可能创造出新的定向凝固技术。同时，定向凝固技术必将为新材料的制备和新加工技术的开发提供广阔前景，也必将使凝固理论得到完善和发展。

6.1.4 定向凝固技术在铝合金中的应用

在很多工程应用铝合金的铸造过程中都会析出一些初生的金属间化合物相，这些相一般都具有高强度、高硬度及高的热稳定性，这对合金来说是很好的弥散强化相。然而，由于其特殊的键合结构及普遍复杂的晶体结构，在凝固过程晶体生长具有强各向异性，呈现出比较粗大且具有多样复杂形貌的晶粒，对合金的机械性能有很大影响。可以利用定向凝固技术工艺参数（温度梯度、抽拉速度）独立可控的优势，来研究化合物晶体生长的形貌演变和内在机制。下面，以 Al-Mn 过共晶合金系为例[5]，通过定向凝固技术研究初生相 Al_6Mn 化合物的生长形貌及其演变过程，揭示不同凝固条件对 Al_6Mn 化合物生长行为的影响规律，达到主动控制其尺寸、形貌、分布和体积分数的目标。

为了单独研究 Al_6Mn 相由熔体中直接析出的形核和生长机制，选择 Al-6wt%Mn 过共晶合金为研究对象。由图 6.9 所示的相图可看出，熔体冷却过程中，首先从熔体中析出初生的 Al_6Mn 相，即 $L \longrightarrow Al_6Mn$，随着温度的下降，在 658℃ 发生共晶反应 $L \longrightarrow Al + Al_6Mn$，生成 $Al + Al_6Mn$ 共晶体。在常规的凝固条件下，Al-6wt%Mn 合金的最终凝固组织为先析出的 Al_6Mn 相与 $Al + Al_6Mn$ 共晶体。

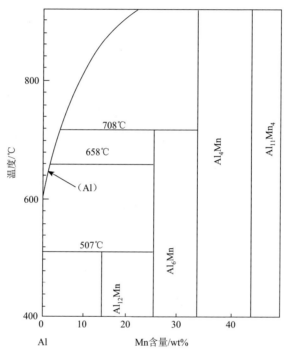

图 6.9 Al-Mn 合金局部相图

实验在高真空 LMC 定向凝固炉中进行，图 6.10 为原理图。其主要由以下几部分构成：炉体、加热系统、冷却系统、热区与冷区中间的隔热层、真空系统、抽拉系统和电源等。其加热系统是采用感应交流电通过铜制线圈在中空锥形石墨加热器内产生涡流而发热，然后加热器通过辐射的方式对试样进行加热。中空锥形石墨加热器不仅可以屏蔽电磁搅拌，而且可以减小强制对流影响固/液界面的稳定性，可以达到均匀加热的目的。为了减少横向散热，在石墨加热器和加热线圈之间用双层石英罩保温，以减少发热体的热量散失。抽拉系统主要由三部分组成，即结晶器、连接杆和抽拉杆。冷却系统采用外部循环供水泵进行供应。试样在加热系统作用下熔化，保温一定时间后，自上而下由抽拉系统以一定的速度从热区拉到 Ga-In-Sn 液态金属中冷却，实现一定温度梯度下的定向凝固。

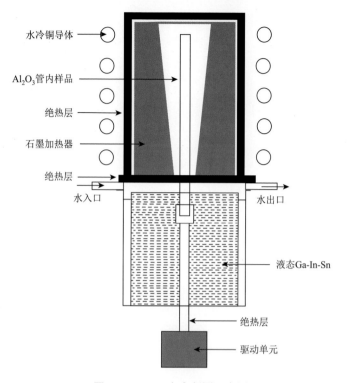

图 6.10 LMC 定向凝固示意图

图 6.11 为铸态 Al-6wt%Mn 合金的 X 射线衍射图，可以看出，铸态组织主要由 Al$_6$Mn 化合物相和 α-Al 固溶体组成。图 6.12 为铸态 Al-6wt%Mn 合金的微观组织，其中灰白色为 Al$_6$Mn 化合物相。依据 Al-Mn 二元合金的平衡相图可以看出，

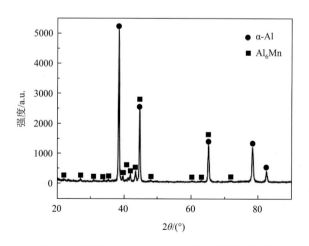

图 6.11 铸态 Al-6wt%Mn 合金的 X 射线衍射图

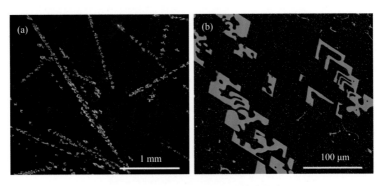

图 6.12　Al-6wt%Mn 合金的铸态组织

在 Al-6wt%Mn 合金的平衡凝固过程中，当温度下降至液相线温度以下时，初生的 Al_6Mn 金属间化合物首先由液相中析出，即 $L \longrightarrow Al_6Mn$。初生的 Al_6Mn 金属间化合物以某一确定方向排列，表现出强的各向异性特性。Al_6Mn 相的形态具有明显的尖锐棱角，呈现出明显的小平面生长行为。随着温度继续下降至 658℃发生共晶反应 $L \longrightarrow Al + Al_6Mn$，剩余的液相转变为共晶组织。

图 6.13 给出了 Al-6wt%Mn 合金在生长速度为 1 μm/s 时定向凝固试样的纵截面形貌及局部区域放大后的微观组织。其中，白色为 Al_6Mn 化合物相，黑色为共晶基体相。由图中可以看出，在定向凝固过程中，当温度降至 Al-6 wt%Mn 合金液相线温度以下时，Al_6Mn 化合物相自液相析出并长大。Al_6Mn 化合物的生长特征表现为强各向异性的小平面生长，具有尖锐棱角，其生长方向基本与热流方向平行。在生长起始，初生相 Al_6Mn 为与生长方向稍有偏离的实心多边形形貌，组织连续性较差。随着生长的进行，初生相 Al_6Mn 在多边形棱角处择优生长，组织沿生长方向拉长，形成连续细长的板条形貌，初生相 Al_6Mn 的尖端呈现中空和分叉结构。

生长方向

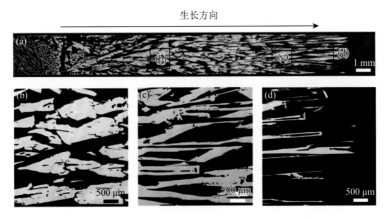

图 6.13　定向凝固 Al-6wt%Mn 合金的纵截面组织（V = 1 μm/s）

（b）～（d）为（a）中局部放大图

随着生长速度增加至 20 μm/s，如图 6.14 所示，Al$_6$Mn 化合物相自液相析出并长大时，在整个试样中变得杂乱无序，而且尺度明显减小，在生长方向上变得不连续。与图 6.13 相比，初生相 Al$_6$Mn 形貌仍然为具有尖锐棱角的多边形形貌，然而中空和分叉形貌更为常见。

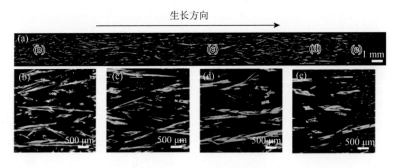

图 6.14　定向凝固 Al-6wt%Mn 合金的纵截面组织（$V=20$ μm/s）

当生长速度进一步增加至 100 μm/s 时，如图 6.15 所示，初生 Al$_6$Mn 相进一步细化，其整体组织再次变得有序。由图 6.15（a）可以看出，在生长起始，初生 Al$_6$Mn 相比较杂乱，生长开始后进行短暂调节，紊乱的初生 Al$_6$Mn 相逐渐转变为与生长方向平行的连续结构。通过图 6.15（d）放大的组织可以看出，连续的组织实际是由很多断续的亚单元组成，而且其形貌中尖锐的棱角逐渐消失，转变为具有很多侧枝的枝状形貌。这说明生长速度的增加使初生 Al$_6$Mn 化合物相的生长方式由小平面转变为非小平面。

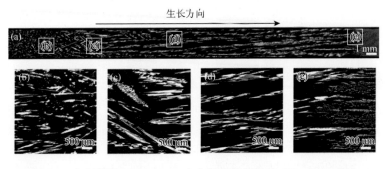

图 6.15　定向凝固 Al-6wt%Mn 合金的纵截面组织（$V=100$ μm/s）

为了反映初生 Al$_6$Mn 相更精确的形貌特征，利用 NaOH 和 KI 甲醇溶液，对不同抽拉速度下定向凝固试样进行了电化学深腐蚀，消除共晶基体，萃取初生 Al$_6$Mn 相。图 6.16 为 Al-6wt%Mn 合金在不同生长速度下获得的初生 Al$_6$Mn 相的三维形貌。通过细致的观察发现，初生 Al$_6$Mn 相的三维形貌可以分为三类：

①具有典型小平面特征的实心多面体近平衡形貌，如图 6.16（a）～（c）所示，这种形貌主要在较低生长速度条件下形成；②具有典型小平面特征的空心多面体或槽状形貌，如图 6.16（d）～（f）所示，这种形貌主要在中间生长速度条件下形成；③具有典型非小平面特征的圆棒或枝晶形貌，如图 6.16（g）～（i）所示，这种形貌主要在高生长速度条件下形成。

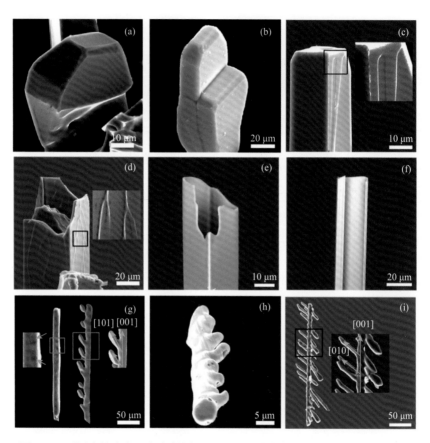

图 6.16　不同生长速度下定向凝固 Al-6wt%Mn 合金初生 Al_6Mn 相的三维形貌

（a）、（b）1 μm/s；（c）3 μm/s；（d）10 μm/s；（e）20 μm/s；（f）60 μm/s；（g）100 μm/s；（h）600 μm/s；（i）1000 μm/s

初生 Al_6Mn 化合物晶体生长形貌与其晶体结构密切相关。Al_6Mn 金属间化合物是一种晶格常数分别为 $a = 0.75518$ nm，$b = 0.64978$ nm，$c = 0.88703$ nm 的正交结构，空间群为 $Cmcm$，其晶体结构如图 6.17（a）所示。每个单胞中包含 4 个 Al_6Mn 单元，也就是包含 4 个 Mn 原子和 24 个 Al 原子。Mn 原子位于与(001)晶面平行的 1/4 和 3/4 高度的面上，8 个 Al3 原子也位于与(001)晶面平行的 1/4 和 3/4 高度的面上，每个 Al3 原子在同一面上具有 2 个最近邻的 Mn 原子。8 个 Al1 原

子位于 c 滑移面上，每个 Al1 原子也具有 2 个最近邻的位于(001)晶面上的 Mn 原子。剩余的 8 个 Al2 原子位于(010)晶面上，每个 Al2 原子具有 1 个在同一面上的最近邻 Mn 原子。因此，每个 Mn 原子周围具有 10 个最近邻的 Al 原子，包含 4 个 Al1 原子，2 个 Al2 原子和 4 个 Al3 原子。10 个 Al 原子构成一个复杂的十四面体，Mn 原子位于十四面体的中心，如图 6.17（b）所示，其中 8 个 Al 原子由两个十四面体共用。在 Al_6Mn 金属间化合物中同时存在 Al—Mn 键和 Al—Al 键，Al—Mn 和 Al—Al 之间的原子间距分别为 0.256 nm 和 0.278 nm。

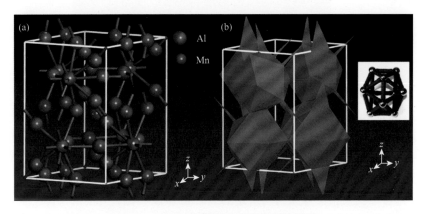

图 6.17　Al_6Mn 金属间化合物的晶体结构

图 6.18 为 Al_6Mn 金属间化合物晶体单胞分别沿[100]、[010]和[001]方向的投影图。由图中比较可以看出，虽然 Al_6Mn 结构中的层不是太明显，但仍然可以发现与(011)晶面平行的有点皱褶的密堆 Al 原子层，而其他一些层明显与(101)晶面平行。可以推断，在忽略其他因素的情况下，Al_6Mn 晶体的形貌可能由发达的 {110} 晶面组成。

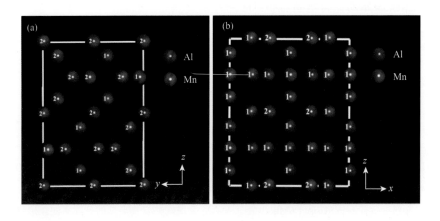

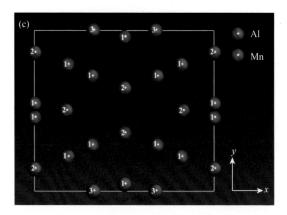

图 6.18 Al$_6$Mn 单胞沿不同方向上的投影图

（a）[100]；（b）[010]；（c）[001]

　　晶体的生长形貌是由各晶面间的相对生长速度决定的，而晶面生长速度大小主要是由本质的晶体结构和外部的生长条件共同决定。晶体结构决定了各晶面之间的夹角，这将会导致晶体生长为具有最小总表面自由能的平衡形貌，外部的生长环境则会促使晶体偏离平衡的形貌而生长为其他多样的形貌。

　　首先考虑仅仅由晶体结构所决定的 Al$_6$Mn 金属间化合物的近平衡生长形貌。晶体结构确定了各晶面的相对位置，而择优方向确定了晶体的生长方向，通过密排面和生长方向可以推断实际晶体形貌中的晶面指数。图 6.19 为低抽拉速度下获得的典型截顶多面体形貌及对应的晶面指数。由图 6.19（a）可以看出，试样中形成了大量的 Al$_6$Mn 金属间化合物晶体，大部分晶体形成由一系列尺寸为 20～30 μm 的截顶多面体构成的"簇"结构。这些截顶多面体具有相似的晶面构造，即具有相同的晶面指数，但是外观形貌有稍许差别，如图 6.19（a）中的Ⅰ和Ⅱ晶体，这主要是由不同生长环境决定的晶面竞争引起的。图 6.19（b）和（c）分别为一个独立的 Al$_6$Mn 金属间化合物晶体和对应的外表面晶面指数。

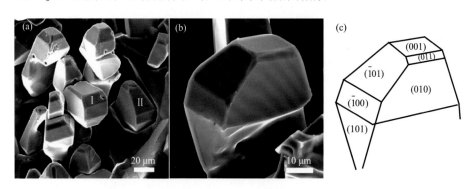

图 6.19 定向凝固 Al-6wt%Mn 合金中 Al$_6$Mn 金属间化合物典型的截顶多面体形貌

下面分析与晶体生长形貌密切相关的各晶面相对生长速度。为了简化，主要考虑决定 Al_6Mn 金属间化合物外观形貌的(001)、(011)和(101)晶面之间的竞争。假设 $R_{(101)} = (D_{(101)}/D_{(011)})R_{(011)}$ 和 $D_{(101)}/D_{(011)} = 0.911$，其中 $R_{(hkl)}$ 表示(hkl)晶面的生长速度，$D_{(hkl)}$ 表示单胞中心到(hkl)晶面的距离。在这种情况下，(011)和(101)晶面可以被认为是等价的。图 6.20 所示为 $R_{(001)}$、$R_{(011)}$ 和 $R_{(101)}$ 之间在立方形貌和完美八面体形貌时的基矢量关系。在一个完美的立方形貌中，如图 6.20（a）所示，(001)晶面的生长速度小于(011)和(101)晶面的生长速度，而且此时 $R_{(001)}/R_{(101)} = \cos\alpha_1 = 0.762$，$R_{(001)}/R_{(011)} = \cos\beta_1 = 0.807$。在一个完美的八面体中，如图 6.20（b）所示，八个面分为两组，即四个{011}晶面和四个{101}晶面。每个角都由两个{011}和两个{101}晶面包围相交而成，如图 6.20（b）中标记为 Cor1 角是由(011)、($01\bar{1}$)、(101)和($10\bar{1}$)相交而成。(001)晶面的生长速度大于(011)和(101)晶面的生长速度，而且此时 $R_{(001)}/R_{(101)} = \sec\alpha_2 = 1.543$，$R_{(001)}/R_{(011)} = \sec\beta_2 = 1.693$。

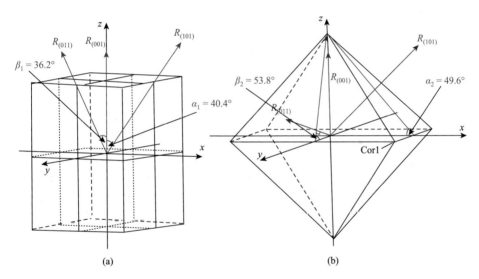

图 6.20　$R_{(001)}$、$R_{(011)}$和 $R_{(101)}$之间的基矢量关系

图 6.21 为 Al_6Mn 金属间化合物随(001)、(011)和(101)晶面之间生长速度比的形貌演变过程。当 $R_{(001)}/R_{(101)} \leqslant 0.762$，且 $R_{(001)}/R_{(011)} \leqslant 0.807$ 时，Al_6Mn 会生长为完美的立方体。所有的(011)和(101)晶面都会长出而消失，而所有的(001)、(010)和(100)晶面都保留下来，构成立方的形貌，如图 6.21（a）所示。当 $0.762 < R_{(001)}/R_{(101)} < 1.543$，且 $0.807 < R_{(001)}/R_{(011)} < 1.693$ 时，(001)、(010)和(100)晶面会逐渐缩小，而(011)和(101)慢慢出现，形成由(001)、(010)、(011)和(101)围成的截顶多面体形貌，如图 6.21（b）所示。当 $R_{(001)}/R_{(101)} \geqslant 1.543$，且 $R_{(001)}/R_{(011)} \geqslant 1.693$

时，所有的(001)、(010)和(100)晶面会衰退为一点或一条边而完全消失，Al_6Mn会生长为由(011)和(101)晶面围成的完美八面体，如图6.21（d）所示。以上是基于 $R_{(101)} = 0.911R_{(011)}$ 的假设获得的结果，假如 $R_{(101)} < 0.944R_{(011)}$，且 $0.762 < R_{(001)}/R_{(101)} < 1.543$，$0.807 < R_{(001)}/R_{(011)} < 1.693$ 时，部分(001)、(010)和(100)晶面消失，Al_6Mn 晶体就会形成如图6.21（c）所示的形貌。

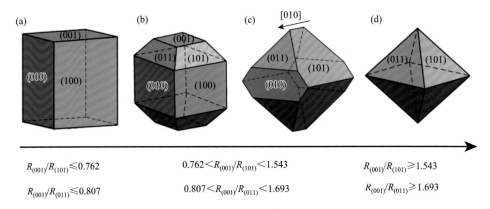

$$R_{(001)}/R_{(101)} \leqslant 0.762 \qquad 0.762 < R_{(001)}/R_{(101)} < 1.543 \qquad R_{(001)}/R_{(101)} \geqslant 1.543$$

$$R_{(001)}/R_{(011)} \leqslant 0.807 \qquad 0.807 < R_{(001)}/R_{(011)} < 1.693 \qquad R_{(001)}/R_{(011)} \geqslant 1.693$$

图6.21 初生 Al_6Mn 随(001)、(011)和(101)晶面之间生长速度比的形貌演变过程

除了要考虑晶体结构对初生 Al_6Mn 化合物相近平衡形貌的影响，还要考虑外部生长环境因素，如热流和溶质传输的不均匀、生长动力学等。图6.22为生长速度为 1 μm/s 时获得的不同近平衡形貌。可以看出，重要晶面的竞争生长导致初生 Al_6Mn 化合物相的三维形貌表现为拉长的、扭曲的、表面多呈凹面的复杂多面体。

Al_6Mn 呈现了五种典型的形貌，即立方体形貌、不规则八面体形貌、中空漏斗状形貌、截顶双椎体和双椎体形貌。这些形貌具有一些共同的特点：都具有尖锐的棱角，表现为小平面生长的界面特征；在生长方向上有伸长的趋势；很多表面呈现凹坑等。依据经典晶体学理论，具有高点阵密度的密排晶面一般具有较低的生长速度，而且高熔化熵会促使低指数面和高指数面之间的生长速度差异。因此，对于高熔化熵的化合物相，在晶体的生长过程中，生长速度较快的高指数面会很快长出并消失，而生长速度较慢的低指数面会保留下来，从而形成各向异性的形貌。

立方体和截顶双椎体形貌的出现主要是由于溶质和热流分布的不均匀，会使某些面的生长受到抑制，生长速度减缓直至比密排面的生长速度更慢，从而在晶体的外表面形成其他低指数面。如图6.22（a）中，六个{100}面都受到抑制而出现了立方体的形貌，而图6.22（e）中的截顶双椎体中只有(001)受到抑

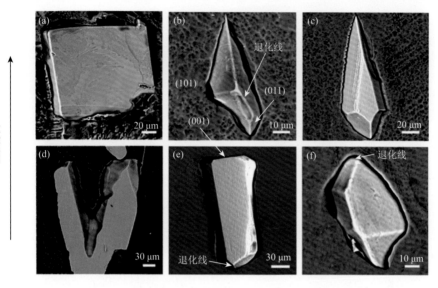

图 6.22　定向凝固 Al-6wt%Mn 合金中 Al₆Mn 金属间化合物的不同生长形貌

（a）立方体；（b）和（c）不规则八面体；（d）中空漏斗状；（e）截顶双椎体；（f）双椎体

制。同时，晶体中杂质的存在也会改变特定面的一些特性，甚至会吸收某些特定的面，使其生长速度减慢，从而引起形貌的改变[6]。因此，图 6.22（a）和（e）中{100}面的出现也可能是由于试样中杂质元素的毒化效应，杂质元素在一些{100}面上的富集阻碍了晶体沿⟨100⟩方向的生长。这样，{100}面成为主要的面，部分或完全的{100}面取代了{110}面，导致晶体生长为立方体或截顶双椎体的三维形貌。

若不考虑外界环境影响，仅考虑 Al₆Mn 晶体结构决定面生长速度，同时假设(011)和(101)晶面为等价面，即生长过程中(011)和(101)与侧面的交线在同一平面上，提出了一个 Al₆Mn 晶体的生长模型。图 6.23 是 Al₆Mn 晶体的生长过程示意图。类似于立方晶体[7]，在生长的初始阶段，正交晶体 Al₆Mn 的形貌为以(100)、(010)和(001)晶面为外表面的立方体形貌，如图 6.23（a）所示。如上所述，由于(011)和(101)晶面为密堆面，其点阵密度较其他低指数晶面高，生长速度要比(100)、(010)和(001)晶面生长速度慢。所以，随着生长的进行，(100)、(010)和(001)晶面逐渐缩小，如图 6.23（b）和（c）所示，甚至某些{100}面会长出而消失，如图 6.23（d）所示，然而(011)和(101)晶面保留下来，逐渐成为 Al₆Mn 晶体的外表面。与小平面 Si 晶体和 Mg₂Si 晶体不同的是，由于在初生 Al₆Mn 金属间化合物中晶格参数 $a \neq b \neq c$，因而其{100}面不会同时消失，某些{100}面会退化为一条直线，这也在图 6.22（b）、（e）和（f）的实际三维形貌中有所证实。

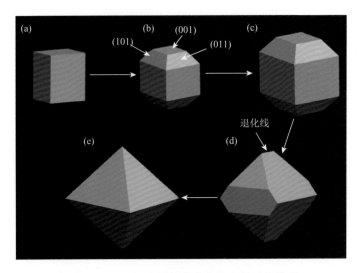

图 6.23　Al$_6$Mn 金属间化合物的生长过程模型

随着 Al$_6$Mn 晶体的进一步生长，其{100}面完全消失，转变为一点，晶体外形生长为完美的八面体。与正方晶体中八面体所不同的是，立方晶体中的八面体是由 8 个{111}面所构成，而初生 Al$_6$Mn 相晶体的八面体形貌是由 8 个{110}面所围成，其 6 个角分别与[001]、[00$\bar{1}$]、[110]、[$\bar{1}\,\bar{1}$0]、[$\bar{1}$10]和[1$\bar{1}$0]6 个方向相对应。需要说明的是，由于实际的初生 Al$_6$Mn 金属间化合物晶体结构中同一晶面族中存在某些面的不等价性，即 $a\neq b\neq c$，如(011)和(101)晶面，使晶体结构中对应面的点阵密度是不同的，因而这些面的生长速度也会不同，使得实际晶体形貌中的对应面不对称，如图 6.22（b）、（c）、（e）和（f）所示。

在单向热流的定向凝固过程中，初生 Al$_6$Mn 相平行于[001]方向生长。图 6.22（f）所示的双锥体形貌确实表明是由典型的八面体在定向热流作用下在[001]方向延长而获得的。同时，对 Al$_6$Mn 相的三维形貌进行仔细观察发现，朝向生长方向的(011)和(101)面积要比与生长方向相反的(0$\bar{1}$1)和($\bar{1}$01)面积大，如图 6.22（b）、（c）和（f）所示。这主要是由于(011)和(101)晶面邻近于择优的[001]生长方向，具有更快的生长速度，导致大的生长面。相反，(0$\bar{1}$1)和($\bar{1}$01)晶面偏离择优生长方向较远，生长速度较慢，所以生长面较小。

图 6.22（d）所示的中空形貌说明此晶体的生长过程是由体积扩散所控制的。在这种生长环境中，晶体的角和边更容易将 Al 原子扩散到大的熔体主体中，使角和边的固/液界面生长前沿仍然富含 Mn 原子。然而，对于晶体表面中心，Al 原子扩散比较困难，随着时间的推移和晶粒尺寸的增加，小平面上的富铝层逐渐变厚。另外，角和边生长过程中排出的杂质也会积聚在晶面中心，阻碍了晶面中心的生长。因此，与角和边相比，晶面中心生长速度较慢，发生边和角的加速

生长，即 $R_{Corner} > R_{Center}$，$R_{Edge} > R_{Center}$。随着初生 Al$_6$Mn 相的生长，晶面中心逐渐产生凹坑，使得晶体表面多呈凹面，晶体内部呈现中空的结构。图 6.24 示意给出边和角的加速生长过程。抽拉速度的进一步增大会加快这个过程，形成中空的棱柱或槽状形貌。同时，杂质浓度的增加也会形成凹坑或中空形貌。

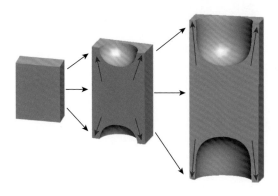

图 6.24　角和边加速生长示意图

综上所述，利用定向凝固技术并结合化合物晶体结构及晶体生长理论，可以深入分析铸造铝合金凝固过程金属间化合物晶体的生长行为与机制。上述研究可以拓展至分析 Al-Si 系合金中共晶硅、α-Al(FeMnCr)Si 等相的生长，尤其对于铝再生过程中利用合金化除 Fe 过程涉及的含 Fe 化合物相控制等有重要指导意义。

6.2 快速凝固技术

6.2.1 金属快速凝固的概念

在金属凝固过程中，凝固系统的传热强度及凝固速度对凝固过程及合金组织有着直接而重要的影响。快速凝固指的是在比常规工艺过程中快得多的冷却速度下，金属或合金以极快的速度从液态转变为固态的过程。常规工艺下金属的冷却速度一般不会超过 10^2℃/s。例如：大型砂型铸件及铸锭凝固的冷却速度为 10^{-6}～10^{-3}℃/s；中等铸件及铸锭为 10^{-3}～100℃/s；薄壁铸件、压铸件、普通雾化为 100～10^3℃/s。快速凝固金属的冷却速度一般要达到 10^4～10^9℃/s。经过快速凝固的合金，会出现一系列独特的结构与组织现象。1960 年，美国加州理工学院 Duwez 等采用一种特殊的熔体急冷技术，首次使液态合金在大于 10^7℃/s 的冷却速度下凝固。他们发现，在这样快的冷却速度下，本来属于共晶系的 Cu-Ag 合金出现了无限固溶的连续固溶体；在 Ag-Ge 合金系中出现了新的亚稳相；而共晶成分 Au-25%Si 合金竟然凝固为非晶态的结构，称为金属玻璃。这些发现，在世界物理冶金和材料科学工作者面前展现了一个新的广阔的研究领域。

在铝合金薄壁件（如手机散热板等）压铸过程，可以达到快速凝固的冷却速度。利用快速凝固可以细化铝合金铸态组织（尤其是共晶硅相和金属间化合物相等）。例如，Fe 元素是铸造铝合金的有害元素，在普通铸造过程中形成粗大长条状含铁化合物相，恶化力学性能。有学者采用快速凝固技术，可以将含铁化合物相转变为细小纤维状或颗粒状，使 Fe 元素变为有益元素。因此，本节首先介绍快速凝固的原理和方法，然后介绍典型铝合金在快速凝固条件下的组织形成与演化规律。

6.2.2 快速凝固方法、传热特点与组织结构特征

1. 快速凝固方法[6]

1）气枪法

气枪法（gun technique）的基本原理如图 6.25 所示，将溶解的合金液滴在高压（>50 atm，1 atm = 1.01325×10^5 Pa）惰性气体流（如 Ar 或 He）的突发冲击作用下，射向高热导率材料（通常为纯铜）制成的急冷衬底上，由于极薄的液态合金与

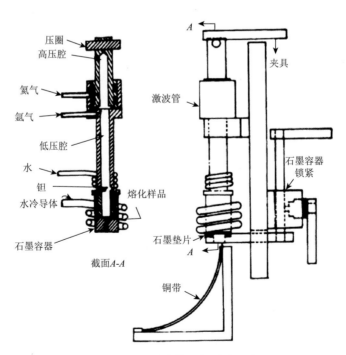

图 6.25 气枪法快速凝固原理图

衬底紧密相贴，因而获得极高的冷却速度（$>10^9℃/s$）。这样得到的是一块多孔的合金薄膜，其最薄的厚度小于 0.5～1.0 μm（冷却速度达 $10^9℃/s$）。Duwez 等首次获得熔体急冷合金时使用的就是这种方法。这是一种简单、精密和多用途的制备微量（毫克量级）快速凝固金属和合金的实验技术，目前在某些实验室研究工作中仍被使用。

2）旋铸法

如图 6.26 所示，旋铸法（chill block melt-spinning）是将熔融的合金自坩埚底孔射向一高速旋转的且以高热导率材料制成的辊子表面。由于辊面运动的线速度很高（$>30～50$ m/s），故液态合金在辊面上凝固为一条很薄的条带（厚度不到 15～20 μm）。合金条带在凝固时是与辊面紧密相贴的，因而可达到 $10^6～10^7℃/s$ 的冷却速度。显然，辊面运动的线速度越高，合金液的流量越大，所获得的合金条带就越薄，冷却速度也就越高。利用这种方法可获得连续、致密的合金条带，不但可以方便地用于各种物理、化学性能的测试，而且可以作为生产快速凝固合金的工艺方法来使用，目前已成为制取非晶合金条带较为普遍采用的一种方法。

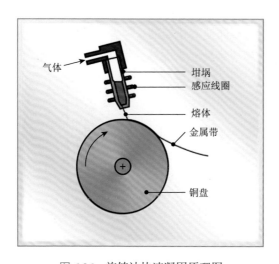

图 6.26　旋铸法快速凝固原理图

3）表面熔化与自淬火法

如图 6.27 所示，用激光束或电子束扫描工件表面，使表面极薄层的金属迅速熔化，热量由下层衬底金属迅速吸收，使表面层（>10 μm）在很高的冷却速度（$>10^7℃/s$）下重新凝固，即表面熔化与自淬火法（surface melting and self-quenching）。这种方法可在大尺寸工件表面获得快速凝固层，是一种具有工业应用前景的技术。

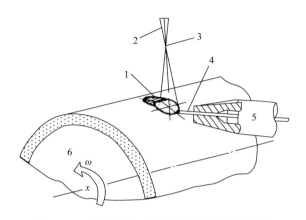

图 6.27　表面熔化与自淬火法快速凝固原理图

1. 光照区；2. 光束；3. 聚焦；4. 丝或粉流；5. 喷嘴；6. 内部水冷

4）雾化法

如图 6.28 所示，普通雾化（atomization）法的冷却速度不超过 $10^2 \sim 10^3$℃/s。为加快冷却速度，采取冷却介质的强制对流，使合金液在 N_2、Ar、He 等气体的喷吹下雾化凝固为细粒，或使雾化后的合金在高速水流中凝固。另一种雾化法是将熔融的合金射向一高速旋转（表面线速度可达 100 m/s）的铜制急冷盘上，在

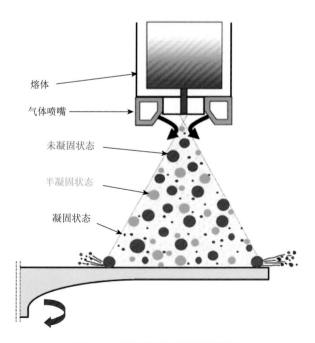

图 6.28　雾化法快速凝固原理图

离心力作用下，合金雾化凝固成细粒向周围散开，通过装在盘四周的气体喷嘴喷吹惰性气体以加速冷却。用雾化法制得的合金颗粒尺寸一般为 10～100 μm，在理想条件下可达到 10^6℃/s 的冷却速度。这些合金粉末通过动态紧实、等热静压或热挤等工艺，制成块料及成型零件。

2. 传热特点

目前主要的快速凝固技术（包括离心法雾化在内），都是通过薄层液态合金与高热导率的冷衬底之间的紧密相贴来实现极快的导热传热。由于合金薄膜的顶面和边缘不与冷衬底接触，散热相对来说是很有限的，故问题可简单归纳为单向的传热。影响温度场及冷却速度的最主要因素是：金属/衬底界面状况及试样金属的厚度。

根据界面传热系数 h 的大小及试样金属的厚度 d 和热导率 λ_s，可以用准则(hd/λ_s)的数值来判断哪种冷却方式起主导作用。计算表明，对于高热导率的衬底（如铜、银等），当(hd/λ_s)>30 时，为理想冷却方式。h 极大，试样及衬底中的温度梯度都较大，界面上无温差存在。当(hd/λ_s)<0.015 时，为牛顿冷却方式。h 非常小，在试样及衬底中的温度梯度都很小，界面上有较大的温差。当 30>(hd/λ_s)>0.015 时，为中间冷却方式。在目前的大部分快速凝固技术中，试样厚度一般为几微米到几十微米，界面传热系数一般为 10～30 W/(cm²·℃)。可见，其散热多属于牛顿冷却方式或靠近牛顿冷却方式的中间冷却方式。在表面熔化及自淬火法中，由于界面传热系数很大，故可视为接近理想方式的中间冷却方式，或者就是理想冷却方式。当在气体或液体介质中以雾化法进行快速冷却凝固时，传热过程取决于雾滴/介质界面上的传热系数，介质热导率及流速增大，以及雾滴直径减小，界面传热系数将增大。

3. 快速凝固晶态合金及非晶态合金的组织与结构特征

合金的组织结构与其凝固模式密切相关。而合金的凝固模式主要取决于一定形核及传热条件下的界面推进速度。典型的快速凝固应属于在很高的界面推进速度下出现的半界面凝固，或属于无偏析凝固。

1）过冷度对快速凝固模式的影响

根据开始结晶前所达到的过冷度，可分为三种情况：即超快速冷却（hyper-cooling）、临界过冷冷却（critical under cooling）及次快速冷却（hypo-cooling）。在次快速冷却的情况下，凝固前期可按无偏析模式进行，后期温度回升至临界温度 T_k 以上，发生溶质元素再分配和偏析。如果快速冷却达到临界过冷冷却的条件，那么一定成分的合金可发生完全的无偏析凝固。在某些冷却中，足够大的过冷度还可能促使形成新的亚稳相。如果过冷度更大，则在熔体过冷到玻璃化转变温度 T_g 时形核过程还未开始，凝固过程的结果是形成非晶态合金。这可视作超快速冷却的一种特殊情况。即快速凝固的实质在于通过某种技术手段，使液态合金在很大的冷却速度下达到足够大的过冷度，使凝固过程尽可能按无溶质再分配、无扩散、无偏析的模式进行。

需要指出的是，除了冷却速度对过冷度有直接影响外，非均质形核在决定凝固开始前的过冷度及凝固模式方面也起着重要的作用。削弱或消除非均质形核的潜在核心，将使合金在较低的冷却速度下，仍然能达到进行无偏析凝固所必需的过冷度。从普通铸造生产中的冷却速度到冷却速度为 10^2℃/s 左右，由于凝固过程中枝晶粗化的时间缩短，因此结晶组织（包括显微偏析）不断细化。进一步提高冷却速度时，熔体的热过冷逐渐加深，固/液界面越来越离开平衡状态，溶质元素界面不断发展，最后成为完全的无扩散、无偏析的凝固。

2）快速凝固合金的组织及结构出现的新变化

在过冷不断加深的过程中，合金的组织及结构主要发生的新变化为：扩大了固溶极限，超细的晶粒度，极少偏析或无偏析的微观组织，形成亚稳相及高的点缺陷密度等。

（1）扩大了固溶极限。

表 6.1 汇集了快速凝固的铝合金中新达到的溶质固溶量数据。在如 Al-Cu、Al-Si、Al-Mg 等合金中，新达到的固溶量不仅大大超过了最大的平衡固溶极限，而且超过了平衡共晶点的成分，通过快速凝固形成了单相的固溶体组织。

表 6.1 合金的固溶极限 （单位：wt%）

合金系	最大平衡的固溶极限	快速凝固固溶量	平衡共晶点成分
Al-Cu	2.35	18	17.3
Al-Si	1.78	16	11.3
Al-Mg	18.90	40	37.0
Al-Ni	<1	8	—
Al-Cr	<1.2	6	—
Al-Mn	<2	9	—
Al-Fe	<1	6	—
Al-Co	微量	5	—

表 6.2 是铁基置换固溶体中，通过快速凝固所获得的合金元素溶解度。

表 6.2 置换固溶元素在铁中的溶解度 （单位：wt%）

溶质元素	固溶体	快速凝固后固溶度	最大平衡的固溶度	快速凝固方式
Cu	γ	15.0	7.2	气枪
Ga	α	50.0	18.0	气枪

续表

溶质元素	固溶体	快速凝固后固溶度	最大平衡的固溶度	快速凝固方式
Ti	α	16.0	9.8	锤-砧
Rh	γ	100.0	50.0	气枪
Mo	α	40.6	26.0	—
W	α	20.8	13.0	—

通过快速凝固也可使铝在铁中的溶解度得到增大，因而快速凝固的不锈钢中可含有更多的铝而不用担心出现 θ 相，从而使耐腐蚀性显著改善。快速凝固使硼在铁中的固溶度大大提高。在纯铁中，硼的平衡溶解度为 5 ppm（摩尔分数）；当有铌、锰、硅同时存在时，增至 120 ppm。但在快速凝固的 Fe-Bi-B 及 Fe-Cr-Ni-B 合金中，获得了 $X_B = 10\%$ 的固溶量，即为常规固溶量数值的 1000 倍。快速凝固可显著地扩大碳在纯铁及铁基合金中的固溶度。在 18-8 镍铬奥氏体不锈钢中，通过固态淬火可能达到的最大固溶碳量 $W_C = 0.25\% \sim 0.30\%$，而快速凝固可使固溶碳量增至 0.87%。在 Fe-Ni-C 合金中，固溶碳量由 0.1 wt%增至 0.5 wt%。

（2）超细的晶粒度。

快速凝固合金具有比常规合金低几个数量级的晶粒尺寸，一般为小于 0.1～1.0 μm。在 Ag-Cu（$W_{Cu} = 50\%$）合金中，观察到了细至 30 nm 的晶粒。超细铸态晶粒成为快速凝固合金在组织上的又一个重要特征，这显然是在很大的过冷度下达到很高形核率的结果。当在快速凝固的合金中出现第二相或夹杂物时，其晶粒尺寸也相应地细化。例如，在奥氏体不锈钢中快速凝固后析出的 MnS 夹杂物，其尺寸比常规凝固中析出的低 2～3 个数量级。

（3）极少偏析或无偏析的微观组织。

常规铸造合金中出现的胞状晶及树枝晶总是伴随着成分的显微偏析，特别在树枝晶中偏析尤为显著。而在快速凝固条件下，当生长速度足够高时，枝晶端部的温度会重新下降，直到达到平衡的固相线温度，此时的固相成分又会回到合金的原始成分，凝固前沿也重新成为平界面，表明合金凝固进入了"绝对稳定界限"。如果凝固速度不仅达到了"绝对稳定界限"，而且超过了界面上溶质原子的扩散速度，即进入了完全的"无偏析、无扩散凝固"时，便可在铸件的全部体积内获得完全不存在任何偏析的组织。

（4）形成亚稳相。

在快速凝固的合金中，除了出现不稳定的过饱和固溶体外，还会形成其他亚稳相。这些亚稳相的晶体结构可能与平衡状态图上相邻的某一中间相的结构极为相似，因此可看作是快速冷却和达到大的过冷的条件下，中间相的亚稳浓度范围扩大的结果。另一方面，也有可能形成某些在平衡状态图上完全不出现的亚稳相。对于具体的一种快速凝固的合金，究竟出现了哪一种亚稳组织，自然取决于冷却速度与过冷度。

在 $W_C = 3.5\% \sim 5.0\%$、$W_{Si} = 2.0\%$ 的 Fe-Cr-Si 合金中，通过快速凝固可形成几乎单相的 ε 相（H. C. P）组织，该相通常只有在高压下才可能出现，或者是属于由低层错能奥氏体转变而来的 ε-马氏体。但是在快速凝固条件下，较高的碳、硅含量时，该相能直接由液相形成，并可保持到室温。这是因为高的碳含量（$W_C = 3.5\% \sim 5.0\%$）起到了减小层错能的作用，而较高的硅含量（$W_{Si} = 2.0\%$）则起到阻止渗碳体析出的作用，从而保持了相中较高的含碳量。通过测定，ε 相的最低含碳量 $X_C = 14.28\%$（相当于 Fe_6C），最高含碳量 $X_C = 25\%$（相当于 Fe_3C）。

（5）高点缺陷密度。

由于液态金属中的缺陷密度要比同温度下的固态金属高得多，而在快速凝固过程中则会较多保存在固态金属中。例如，在快速凝固的 Fe-Cr($W_{Cr} = 20\%$)-Ni ($W_{Ni} = 25\%$)合金中，许多晶粒含有沿着 $\langle 100 \rangle \gamma$ 方向分布的、相互平行的空位环所形成的带，这些环的柏氏向量 $B = (a/2)\langle 100 \rangle$，在快速凝固的铝合金中则常出现许多无规则分布的空位环。

又如，在快速凝固的奥氏体钢中，常有 $M_{23}C_6$ 颗粒沿 $\langle 100 \rangle$ 晶向呈带状析出（带间距为 $0.25 \sim 0.50 \, \mu m$），类似的缺陷带状结构在雾化的镍基超合金粉末（粒度为 $10 \, \mu m$ 左右）中也可发现。

3）特有的组织结构特征赋予快速凝固合金的优异性能

（1）高强度及高韧性。这是由快速凝固合金具有增大的固溶度、超细的晶粒度，以及超细和高分散度的析出相所致。

（2）高耐腐蚀性。例如，在快速凝固条件下可提高铬含量而不致引起铬不锈钢中 θ 相的析出。

（3）高抗蠕变能力。这是因为消除了偏析，疲劳裂纹的开始得以推迟，在高温合金中使早期熔化温度提高 $75\% \sim 100\%$。

（4）快速凝固还可使不锈钢具有良好的抗辐射性能及在高浓度氢气氛中不易膨胀的特性，因而可成为理想的核反应内壁结构材料。

快速凝固不仅可以大大提高现有合金的使用性能，而且可以发展系列新型的合金材料，因而成为当前金属材料科学及工程方面一个十分活跃的新领域。目前，快速凝固晶态合金的研究及技术开发工作主要有在高温合金、不锈钢、航空及航天工业中铝合金的研究，以及工具钢和模具材料等方面的研究。

4）快速凝固非晶态合金

在足够高的冷却速度下，液态合金可避免通常的结晶过程（形核和生长），而在过冷至某一温度[称玻璃化转变温度（glass transition temperature）]以下时，其内部原子冻结在还是液态时所处的位置附近，从而形成非晶结构。由于是从液态连续冷却而形成的非晶固体，故经快速凝固所得到的非晶态合金也被称为金属玻璃。

合金的熔点或平衡液相线温度越低，玻璃化转变温度越高，则越容易在连续冷却过程中避免结晶过程的发生，最后在玻璃化转变温度转变为非晶态合金。任何一种合金熔体都有可能过冷至玻璃化转变温度而不发生结晶过程，从而形成非晶结构，只是不同的合金，其形成非晶态的临界冷却速度（R_c）会有很大差别。所以，可用形成非晶结构的临界冷却速度来定量表征一种合金形成玻璃态的能力。一般将临界冷却速度 $<10^6 \sim 10^7 \, ℃/s$ 的合金列为容易非晶化的合金。一些工业价值较大的 Fe、Ni、Co 基非晶合金，其临界冷却速度大多数在 $10^4 \sim 10^6 \, ℃/s$ 范围内，这些合金经旋铸等方式的快速凝固后，可形成厚度大于 $15 \sim 20 \, \mu m$ 的非晶条带。但大部分常规的工业合金，其临界冷却速度远高于此，故在目前的快速凝固技术条件下还不容易形成非晶结构。

6.2.3　Al-Mn 系铝合金快速凝固

前面介绍了采用定向凝固技术研究 Al-Mn 合金初生化合物相的生长行为与机制，本节继续介绍 Al-Mn 体系在快速凝固过程中的组织形成和演化规律。对于 Al-Mn 系，最具影响的是，1984 年以色列科学家 Shechtman 利用单辊旋淬方法制取高强度铝合金时发现，Al-14at%Mn 合金中出现一种具有明锐衍射花样的二十面体准晶相。Shechtman 因此获得诺贝尔物理奖。

通过将第三组元 Be 加入 Al-Mn 合金中，研究了少量 Be 的加入对低 Mn 含量的 Al-6wt%Mn 合金中二十面体准晶相形成的促进作用。以 Al-6wt%Mn-2.5wt%Be 合金作为研究对象，通过单辊旋淬技术，研究快速凝固的 Al-Mn-(Be) 合金中的相组成与相形貌，揭示不同凝固条件对于二十面体准晶相生长行为的影响规律[7]。

1. Al-6wt%Mn 合金快速凝固组织

图 6.29 为 Al-6wt%Mn 合金在不同辊轮转速（20 m/s、40 m/s、52.3 m/s）下的 X 射线衍射（XRD）结果。快速凝固的 Al-6wt%Mn 合金主要包括 α-Al 相和少量的 Al_6Mn 相。随着转速增加，衍射峰逐渐向低角移动，同时 Al_6Mn 对应的衍射峰逐渐减弱。当转速为 52.3 m/s 时，Al_6Mn 的衍射峰已经不可分辨，说明 α-Al 的晶面间距增加。

Mn 为体心立方晶胞，原子半径为 179 pm，晶格常数为 0.89125 nm；Al 为面心立方晶胞，原子半径为 143 pm，晶格常数为 0.40495 nm，两者原子半径之差约

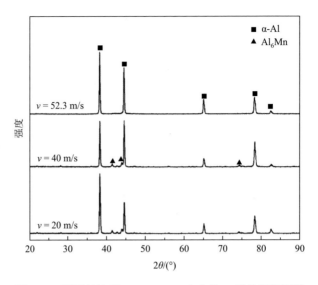

图 6.29 不同转速下 Al-6wt%Mn 合金的 X 射线衍射图谱

为溶剂原子（Al）的 25.17%，而且原子排列不同。根据 Hume-Rothery 法则，Mn 原子不易在 Al 原子中形成置换固溶体。在常规条件下，Mn 在 Al 中的固溶度很小，而在快速凝固条件下，由于原子扩散速度小于固/液界面的推进速度，部分 Mn 原子将以固溶形式存在于 Al 基体中。因此，当 Mn 原子在 Al 基体中形成固溶体时，将使 α-Al 的晶格常数减小，进而引起晶面间距增加。随着转速的增加，固溶原子增多，Al 晶格膨胀程度增大，使得晶格常数增加，导致晶面间距增大。

为了研究合金薄带中 α-Al 与 Al₆Mn 的相分布，有必要进一步分析合金薄带的微观组织。图 6.30 为三个转速下单辊旋淬薄带的横截面微观组织。可以看出，随着转速的增加，合金薄带的厚度依次降低。同时，在 Al-6wt%Mn 合金的横截面上，

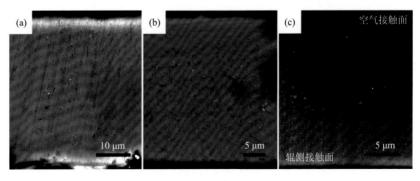

图 6.30 不同转速下 Al-6wt%Mn 合金横截面微观组织

（a）20 m/s；（b）40 m/s；（c）52.3 m/s

观察不到明显的微观组织特征。能量色散 X 射线谱（EDS）的结果表明，在整个薄带的横截面上，其成分均与原始合金成分相同，表明形成了无偏析的固溶体。由于合金中大部分的 Mn 原子以固溶形式存在于 α-Al 的晶格中，因而在 XRD 结果中得到了非常强烈的 α-Al 的衍射峰。XRD 结果中微量 Al_6Mn 相衍射峰的存在，表明在快速凝固条件下，仍有少量的 Mn 原子参与形成了 Al_6Mn 相，但扫描电子显微镜（SEM）尚不足以证实该相的存在。

图 6.31 是转速为 40 m/s 时，Al-6wt%Mn 合金的透射电子显微镜明场图像。在该转速下，合金中形成了细小连续的胞状组织，其尺寸为 100～200 nm。利用选区电子衍射花样，可知胞状组织的中心为 α-Al，而周围的晶界组织则为富 Mn 的 Al-Mn 合金相，该合金相在晶界处以连续/半连续的网状析出。类似的微观组织在快速凝固的 Al-Mn-Si 合金与 Al-Fe-Ni 合金中均有报道。利用选区电子衍射，发现晶界处的合金相与基体相之间不存在确定的取向关系，表明 Al-Mn 合金相并不是由于过饱和固溶体的分解而形成的。

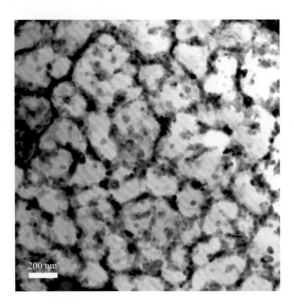

图 6.31　辊轮转速为 40 m/s 时快速凝固 Al-6wt%Mn 合金的透射电子显微镜明场图像

为进一步分析 Al 基体与周围 Al-Mn 相之间的关系，对选取边界处进行高分辨透射电子显微镜（HRTEM）分析，得到的图像如图 6.32 所示。图 6.32（a）为界面处高分辨透射电子显微镜图，可以明显地观察到图中包含两组不同的有序晶格，其界线即为两相的晶界。靠上一侧的快速傅里叶变化（FFT）图如图 6.32（b）所示。由傅里叶变换结果可知，电子束沿着 $[1\bar{1}1]$ 晶带轴入射。在(110)晶面与(000)

晶面之间，存在着两个均匀排列的亮点，但是在 (10$\bar{1}$) 晶面与(000)晶面间，则没有亮点的存在，表明亮点的产生不是由于原子有序化产生，而是在该区域有层错缺陷的存在。层错的产生可能与非平衡凝固过程有关，由于 Mn 原子固溶效应引起了晶格畸变，在快速凝固条件下，这种晶格畸变来不及消除，因而在基体中保留了层错。为了消除高分辨透射电子显微镜图中的噪声，以进一步分析 α-Al 晶格中原子的排列，对经过傅里叶变换的图 6.32（b）选择透射束与(10$\bar{1}$)、(01$\bar{1}$)衍射束，再进行反傅里叶变换（IFFT），得到的图像如图 6.32（c）所示。可以发现，两条相邻的原子面间距为 0.2896 nm，考虑到测量误差，该结果非常接近于 Al 的(110)晶面的晶面间距，从而确认了高分辨图为 Al (110)晶面族。在选取的两相邻原子面之间，平行分布着两条完全平行于(110)晶面的条纹，这两条较暗的条纹即为由快速凝固引起的层错缺陷。

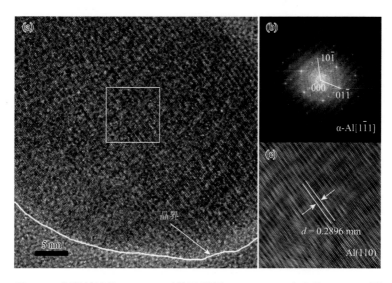

图 6.32　辊轮转速为 52.3 m/s 时快速凝固 Al-6wt%Mn 合金的 HRTEM 图
（a）界面处的 HRTEM 图；（b）矩形区域 FFT 图；（c）矩形区域的 IFFT 图

因此，在快速凝固的 Al-6wt%Mn 合金中，Mn 原子固溶到 Al 原子中，形成了无偏析的固溶体。考虑到在平衡条件下，Mn 在 Al 中的固溶度仅为 0.9 at%，而在快速凝固条件下，合金中几乎所有的 Mn 原子都以固溶原子形式存在，Mn 在 Al 中的固溶度达到了 2.5 at%，即发生了溶质捕获的现象。同时，快速凝固也使得 Al 基体中出现了半连续的网状晶界，并在 Al 基体中发现了层错缺陷。辊轮转速的增加引起了冷却速度的增加，使得合金薄带的厚度降低，但是单辊旋淬的 Al-6wt%Mn 合金薄带并不会形成准晶Ⅰ相。

2. Al-6wt%Mn-2.5wt%Be 合金快速凝固组织

图 6.33 为 Al-6wt%Mn-2.5wt%Be 合金在不同辊轮转速下的 XRD 结果。可以发现，在三个不同的转速下，合金薄带中只表现出 α-Al 的衍射峰。随着转速的增加，衍射峰逐渐向低角度方向移动，表明 α-Al 的晶格常数增加，即 Mn 在 Al 中固溶度增大。与快速凝固的 Al-6wt%Mn 合金相比，快速凝固的 Al-6wt%Mn-2.5wt%Be 合金中，α-Al 的衍射峰所对应的衍射角较大，表明其中的 Mn 原子固溶度减小，即 Be 原子的加入阻碍了 Mn 原子在 Al 基体中的固溶。XRD 结果并未发现准晶 I 相或者含 Be 元素的化合物相衍射峰，这可能是因为 Be 元素的 X 射线荧光效应较弱。同时，与快速凝固的 Al-6wt%Mn 合金比较，相同辊轮转速下 Al-6wt%Mn-2.5wt%Be 合金的衍射峰均向高角度方向移动，表明固溶在 α-Al 中的 Mn 原子减少，可能有较多的 Mn 原子与 Be 原子形成了某种化合物相。

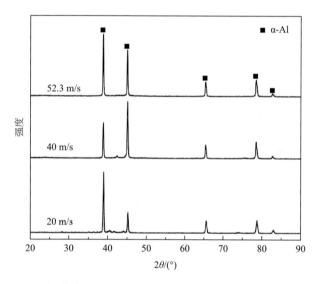

图 **6.33**　不同转速下 Al-6wt%Mn-2.5wt%Be 合金的 X 射线衍射图谱

利用 SEM 对合金薄带的横截面进行观察，结果如图 6.34 所示。可以发现，在合金薄带上同样出现了分层组织。在辊轮转速最高时，整个横截面上出现了近乎无特征组织，与快速凝固的 Al-6wt%Mn 合金相近。但是在 SEM 的背散射模式下，化合物与铝基体间具有极为相近的衬度，限制了对 Al-6wt%Mn-2.5wt%Be 合金的进一步观察。需要利用透射电子显微镜，以研究不同转速下 Al-6wt%Mn-2.5wt%Be 合金的相组成与形貌。

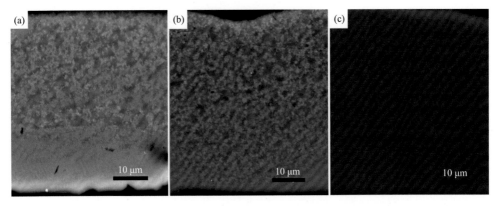

图 6.34 不同转速下 Al-6wt%Mn-2.5wt%Be 合金横截面微观组织

(a) 20 m/s；(b) 40 m/s；(c) 52.3 m/s

图 6.35 是辊轮转速为 20 m/s 时，Al-6wt%Mn-2.5wt%Be 合金的透射电子显微镜明场图像。可以发现，Be 的加入显著改变了合金中相形貌，出现了连续的网状晶界组织。利用选区电子衍射花样证明，位于网状晶界中心部分，具有明亮衬度的组织为 α-Al。另外，合金中出现了尺寸为 0.5～1 μm 的准晶 I 相组织。准晶的出现表明，Be 元素的加入确实显著增强了 Al-Mn 合金的准晶形成能力。这种准晶形成能力的提升体现在两个方面：①形成准晶时 Mn 含量降低，体现在快速凝固的 Al-6wt%Mn 合金中并没有准晶的出现，而在 Mn 含量相当的 Al-6wt%Mn-2.5wt%Be 合金中则出现了准晶 I 相；②形成准晶时冷却速度降低，体

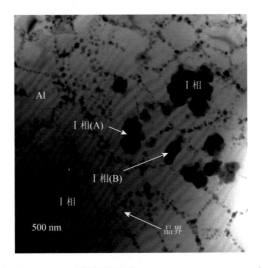

图 6.35 辊轮转速为 20 m/s 时单辊旋淬的 Al-6wt%Mn-2.5wt%Be 的典型微观组织

现在快速凝固的 Al-14wt%Mn 合金在辊轮转速为 20 m/s 时，合金中准晶的体积分数很小，而在相同的辊轮转速下，Al-6wt%Mn-2.5wt%Be 的单辊旋淬合金薄带中准晶的体积分数则要大得多，得到的准晶 I 相多为球形，并主要依附在晶界附近生长。

图 6.36 为准晶 I 相与 α-Al 晶界处的明场像及其对应的高分辨透射电子显微镜图。图 6.36（a）为准晶 I 相与晶界处组织的明场图像，可以发现，图中黑暗衬度的晶界组织形成了连续的网状结构，将基体分割成离散的区域。根据基体的选区电子衍射花样，即图 6.36（b），基体组织（图中明亮衬度的区域）为 α-Al。准晶 I 相为图中的黑色球形组织，尺寸约为 200 nm，其选区电子衍射花样如图 6.36（c）所示。准晶 I 相表现出明显的依靠晶界生长的趋势。晶界组织的结构与相组成对于理解准晶 I 相的形成有着重要的意义。选取基体组织与晶界的过渡区域进行高分辨透射电子显微镜分析，结果如图 6.36（d）所示。图中两者的组织被一条界线明显地分为两部分，如图中箭头所示。在界线上方一侧，能观察到晶格有规律地沿着一个方向紧密排列，为晶界处组织；而在界线下方一侧，晶格排列则显得较为稀松，为基体处的组织。在界线上下两侧各选择一方形区域，即图中的方框 1 与方框 2，进行快速傅里叶变换，结果如图 6.36（e）与（f）所示。图 6.36（e）中，除了中心点之外，能观察到一个较暗的衍射环，以及少量的中心对称的亮点，表现出较弱的周期性。图 6.36（f）中，快速傅里叶变换后得到的亮点间距并不是常数，而是按照一定的比例在增加。这是由于获取高分辨图像时，使电子束平行于一晶面族入射，因而得到如图所示的条纹结构，即一维结构相。测量傅里叶变化图像中亮点间距变化的比例，可以发现该比例约为 1.63，与准晶中晶面间距的变化比例 τ 非常接近，即图 6.36（f）的傅里叶变换图像构成了一维方向上的 Fibonacci 序列。根据一维结构相所体现出的晶体结构信息，可知晶界处的组织属于准晶相。同时，晶界处组织与 Al 基体之间存在一个清晰的界面，表明两者之间存在较好的共格关系。

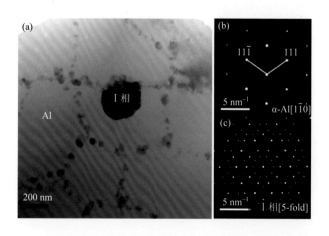

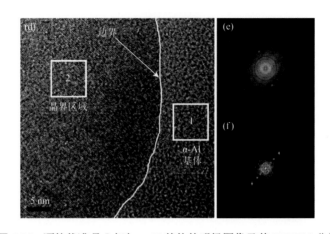

图 6.36 颗粒状准晶 I 相与 α-Al 基体的明场图像及其 HRTEM 分析

（a）准晶 I 相与 α-Al 基体明场像；（b）α-Al 的选区电子衍射花样；（c）准晶的选区电子衍射花样；
（d）准晶 I 相与 α-Al 基体界面的 HRTEM 图；（e）α-Al 基体的 FFT；（f）准晶 I 相的 FFT

上述结果表明，在快速凝固的 Al-Mn 合金中，Be 的加入可以在 Mn 含量为 6wt%情况下也形成准晶 I 相。与 Al-6wt%Mn 合金相比，Al-6wt%Mn-2.5wt%Be 合金消除了原有的 Al_6Mn 晶体相，而在晶界处形成了准晶 I 相。Be 合金化能显著增强 Al-Mn 合金中的准晶形成能力。因此，微合金化对快速凝固铝合金的相和微观组织有很大的影响。

参 考 文 献

[1] 傅恒志，郭景杰，刘林，等. 先进材料定向凝固. 北京：科学出版社，2008.

[2] 倪锋，龙锐，陈跃，等. Bridgman 法铸铁定向凝固一维传热分析. 洛阳工学院学报，1997（18）：6-11.

[3] 杨世铭. 传热学. 北京：高等教育出版社，1980.

[4] 杨森，黄卫东，林鑫，等. 定向凝固技术的研究进展. 兵器材料科学与工程，2000（23）：44-50.

[5] 康慧君. 定向凝固 Al-Mn-(Be)合金先结晶相生长行为及力学性能. 哈尔滨：哈尔滨工业大学，2013.

[6] 翟启杰. 金属凝固组织细化技术基础. 北京：科学出版社，2018.

[7] 胡仲略. 快速凝固 Al-Mn-(Be)合金准晶形成及力学性能. 哈尔滨：哈尔滨工业大学，2013.

第7章

铝合金半固态成型技术

7.1 半固态成型技术概述

本章介绍了半固态成型的两种主要技术工艺，即流变工艺、触变工艺，并简要介绍了半固态铸造过程中微观组织演变。其中，流变路线包括从液相制备半固态合金浆料并将其直接转移到模具中进行零件成型。而触变工艺首先需要制备适当的具有等轴或球状组织原料，或在后续加工过程中使原料具有转变成球形组织的潜力；随后将原料再加热到固相线和液相线（糊状区）之间的温度，以形成半固态组织。图 7.1 为两种半固态成型工艺的流程图。

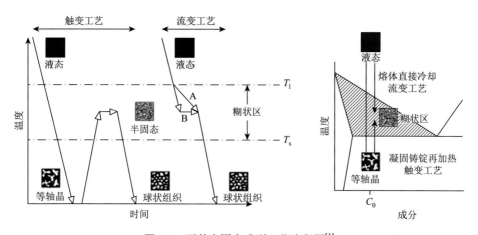

图 7.1　两种半固态成型工艺流程图[1]

流变铸造工艺发展初期认为凝固过程中枝晶组织的机械破碎是形成球状组织的主要原因。然而，随着半固态领域研究和创新的不断深入，人们逐渐认识到半固态是在热过程和机械过程中实现的。例如，通过电磁力或通过控制热平衡使熔体产生涡流或强有力的熔体流动。在这些过程中，微观组织球化机制是不同的。图 7.2 阐述的机制是半固态处理后微观组织演变的主要机制。触变工艺的原料可能包括多种来源：流变铸坯、球团或切屑、喷射成型固体、晶粒细化铸锭、压实粉末或机械变形棒材[2,3]。触变成型铸造是一种商业上可行的半固态加工方法。然而，由于各种各样的问题，如坯料制备成本、有限的生产设施、有限的合金、内部循环困难和整体成本高，导致该工艺的完全商用存在一定困难。

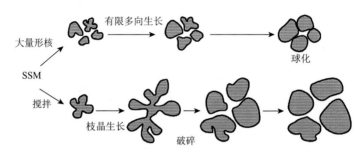

图 7.2　半固态金属（SSM）凝固的两种不同机制[1]

　　从图 7.2 可知，半固态的晶粒形态演变主要包括两种机制。第一种为树枝晶的机械和热-机械破碎。Flemings[3,4]和 Doherty 等[5]提出了凝固过程中枝晶组织转变的概念，随后 Hellawell[6]对其进行详尽的阐述，该概念也同样适用于半固态工艺。在形核和最初生长阶段之后，枝晶被机械破碎或局部重熔破碎，比较常见的方法有：螺旋杆的直接搅拌或间接搅拌、电磁搅拌（EMS），树枝晶根部局部重熔破碎。随着熔体不断被剪切，枝晶形貌转变为玫瑰花状和/或球状；进一步搅拌，颗粒界面表面能降低驱使大部分晶粒生长完成。第二种为液相线温度附近有限制的多向生长，以及大量形核导致的多重形核。该机制人为地在熔体中产生局部过冷以加速形核，产生类似于 Elliot 和 Chalmers 最初提出的丰富形核[7,8]。从凝固的角度看，如果晶核间的平均自由程因过度形核而变小，由于有限的成分过冷边界层和多向热流，晶粒生长缓慢。这样的凝固条件最终会导致形成或多或少的球形初生相颗粒，过量形核是有利的，可以有效促进球形晶粒的产生。

　　下面将从流变与触变铸造技术详细介绍目前常用或处于研发中的半固态处理技术，以及相应的主要参数对半固态组织的影响。

7.2　流变铸造技术

　　流变铸造技术以机械搅拌、电磁搅拌、冷却斜槽等工艺为主，目前国内外也开发出了其他新种类的工艺方式，下面逐一简要介绍。

7.2.1　机械搅拌

在合金凝固过程中对其进行搅拌是制备半固态浆料的常见方式。通常是通过螺旋钻或螺杆[9-12]、叶轮、桨叶或一些特殊种类搅拌器产生的[13-18]。熔体搅拌产生的剪切力在凝固过程中导致非树枝晶组织的产生。

在简单的半固态浆料制备过程中，保温容器内的过热熔体流入搅拌器与外筒之间的空隙，在空隙中可以同时进行搅拌和冷却。浆料从流变铸造机的底部流出，或直接浇铸成型（流变铸造），或凝固作为后续再加热和触变成型的原料。

机械搅拌尽管是半固态加工中常用的工艺，但由于存在较多缺点，如搅拌器侵蚀（特别是具有化学侵蚀性的合金）、氧化物和浮渣对浆液的污染、卷气、生产效率低及工艺过程难以控制[2, 17, 18]等，使其应用受到限制。此外，与其他工艺相比，这种工艺制造的合金浆料往往含有尺寸较大、生长完全的花瓣状晶粒，且均匀性较差（图 7.3），从而对浆液的流变行为产生不利影响。

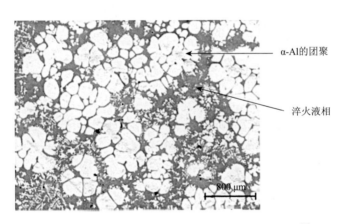

α-Al的团聚

淬火液相

800 μm

图 7.3　A356 合金在 587℃下机械搅拌后的淬火组织[9]

上述缺点导致在大多数情况下需要采用螺旋搅拌的新工艺，其剪切和凝固是在流变铸造机的不同部位进行的。这种方法的优点是使半固态浆料的均匀性得到改善。

图 7.4 所示为一种直接制浆（direct slurry formation，DSF）的流变铸造设备[19, 20]。这种设备的浆料制备过程分为三步：首先使原料进入半固态状态，其次使其保持浆料状态，最后将金属浆料输送到压铸机。制备过程首先根据生产率、过热度和理想固相率，对熔体输出热量进行计算。然后，由两个螺旋转子（螺旋和锚形转子）的组合提供足够的剪切力，不仅能促进熔体中的枝晶破碎，而且有助于促进初生颗粒在浆料中均匀分布。这种复杂搅拌系统通过靠近炉壁的垂直锚形转子来

促进垂直方向成分的均匀性。最后，在真空系统的保护下，制备好的浆料被直接转移到压铸机的冷室。

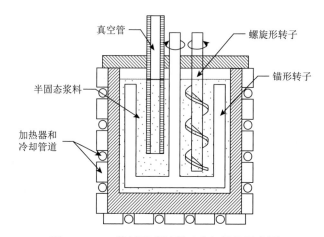

图 7.4　DSF 浆料形成过程工艺与设备示意图

图 7.5 是布鲁内尔大学针对 Al 和 Mg 基合金的流变铸造设计，即流变压铸双螺杆技术[10]。在此过程中，将准备好的熔体送入设备，并迅速冷却到所需温度，同时通过一对紧密啮合的螺旋杆在一定冷却速度下进行机械搅拌。通过这些螺杆的组合可以使熔体以"8"字形流动，推动液体沿轴向运动，因此液体也受到多向力作用。图 7.6 比较了由高压铸造（HPDC）和流变压铸工艺（双螺旋RDC）生产的拉伸样品从边缘到中心的截面图。可以看出，机械搅拌产生的微观结构在横截面上更加均匀。

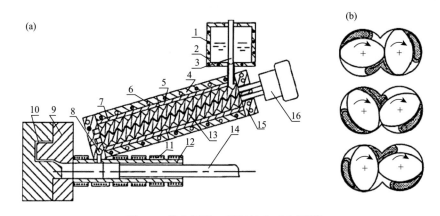

图 7.5　流变压铸双螺杆技术示意图[10]

1. 加热元件；2. 坩埚；3. 停止杆；4. 桶；5. 加热元件；6. 冷却通道；7. 筒状衬管；8. 输送阀；9. 模具；10. 模具型腔；

11. 加热元件；12. 注射套筒；13. 双螺杆；14. 活塞；15. 端盖；16. 驱动系统

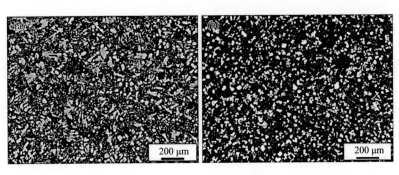

图 7.6　A380（Al9Si3Cu）拉伸样品（直径 6.4 mm）边缘和中心之间区域微观结构的截面图[21]

(a) HPDC；(b) RDC

7.2.2　电磁搅拌

为了克服直接机械搅拌带来的各种问题，近年来电磁搅拌（EMS）技术得到了充分发展[22, 23]。根据电磁搅拌单元在铸造设备的不同位置，可使其具有消除中心线偏析、将柱状组织转变为等轴组织、消除熔体中的夹杂物等优点[24]。在受电磁搅拌影响的晶体形核和生长过程中，新碎裂的等轴晶粒和树枝晶靠近凝固前沿并向液相方向运动。等轴晶的再流动导致枝晶臂的部分重熔，经几次再流动后，形成了球状晶粒。由于搅拌是在处理过（过滤和脱气）熔体的深处进行，因此几乎不会对熔体造成污染。这种强烈的搅拌使树枝晶破碎，将树枝晶及新形成的晶粒转移到熔体中，改善了晶粒的分布，并使得整个熔体中产生均匀的温度分布。

图 7.7 为三种模式的电磁搅拌，分别能够实现水平、垂直和螺旋流体流动，其中螺旋模型是垂直模型和水平模型的组合。在水平流动模式下，固体颗粒在准等温平面内移动，树枝晶破碎的主导机制应当是机械剪切。在垂直流动模式下，树枝晶在凝固前沿形成后几乎同时破碎，然而树枝晶再次流动到高温区域，可能发生部分重熔。垂直搅拌常用于立式连铸机，水平搅拌可用于立式连铸机和水平连

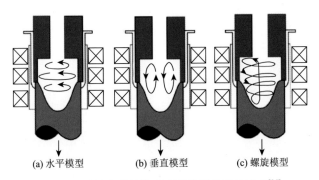

(a) 水平模型　　　(b) 垂直模型　　　(c) 螺旋模型

图 7.7　不同电磁场模式下糊状区的流动形式[25]

铸机。此外，合金微观组织的特征受到电感线圈设计的影响，如果糊状区电磁场不均匀，可能导致铸锭在径向上的组织变化程度不同。

Niedermaier 等[25]认为，水平搅拌具有成本效益高和可以实现连续生产的优点，但铸锭质量受到重力的影响。从技术角度来讲，两者的本质区别在于重力和铸造方向的相互关系。与水平电磁搅拌相比，垂直电磁搅拌具有对称凝固的优点，且几乎不受坯料直径的限制。然而，这种垂直系统存在生产不连续、投资和生产成本高的缺点，但它可以与高压压铸相结合用于零件生产[26]。据报道，电磁搅拌铸造不仅可以破碎树枝晶，促进其球化，还可以对第二相，如金属间化合物颗粒和 Al-Si 合金中的共晶硅产生有益的影响[27, 28]。

电磁搅拌工艺是半固态金属加工的一种重要商业化工艺，也是数十年来最有效、最常用的触变成型坯料生产方法。

7.2.3　NRC 流变铸造

NRC（new rheocasting）流变铸造工艺是由日本宇部兴产株式会社开发，用于生产铝合金和镁合金浆料[29]，其主要依靠液态金属的热过程处理而不是搅拌。这种生产半固态金属浆料的步骤（图 7.8）如下：

步骤 1：熔化合金原料并保温在指定的过热度。

步骤 2：将步骤 1 中制备的熔体倒入绝热坩埚中。坩埚在每个生产周期之间进行刷涂层和清洁，以保持过程一致。而后通过冷却斜槽对熔体进行转移，冷却斜槽可以作为晶粒形核装置。

步骤 3：熔体通过斜槽转移后，在糊状区保温特定的时间以获得特定固相率，随后进行成型加工。这一步骤中，在坩埚内温度梯度均匀的情况下，随着温度的降低，细小的等轴晶随着固相率的增加而增加。

步骤 4：熔体在模具中压铸成型。

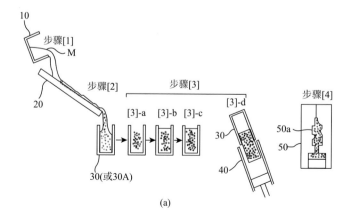

(a)

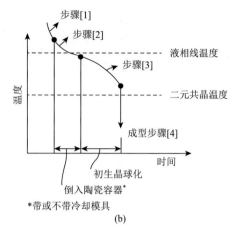

*带或不带冷却模具

(b)

图 7.8　（a）NCR 流变铸造示意图；（b）NCR 流变铸造对应 Al-Si 合金凝固的不同阶段[29]

10. 绝热坩埚；20. 冷却斜槽；30（或 30 A）. 绝热坩埚；40. 料筒；50a. 铸件；50. 模具；M. 金属熔体

7.2.4　冷却斜槽工艺

　　冷却斜槽工艺（cooling slope process，CSP）是半固态浆料生产的常用方法。这一过程是将熔体浇铸在冷却斜槽上，随后在模具中凝固。该模具可以直接用于流变工艺或间接用于触变工艺（图 7.9）[30]。同时，可简单地将熔体引导通过水冷/空气冷管[31-33]，甚至可以将冷却斜槽与振动器[34]连接起来细化浆料中的固相颗粒。因此，该工艺的关键变量是冷却斜槽的材质、长度和角度及熔体的过热度。

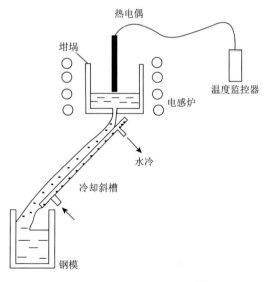

图 7.9　冷却斜槽流变铸造[30]

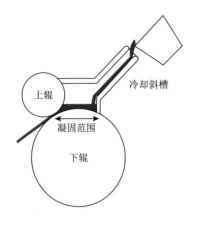

图 7.10 双辊连铸机半固态连铸示意图[35]

然而，冷却斜槽的使用可能导致氧化膜的形成和气体的卷入，在产品生产中应该关注这一点。

采用直径不等的双辊连铸机进行半固态连铸是采用冷却斜槽的另一种情况。如图 7.10 所示，半固态浆料在冷却斜槽上产生，然后在非等径双辊连铸机中铸轧。研究表明，该方法可以生产出用于冲压成型的 A356 Al-Si 合金[35]。Motegi 和 Tanabe[36] 研究了该过程中半固态球形晶粒的形成机制，提出了"晶体分离理论"，并解释说晶粒形核与生长是在冷却斜槽模壁（倾斜的冷却斜坡）上开始，液体流动与其冷模壁分离是形成球状初生晶粒的主要原因。研究表明，采用振动工艺具有更好的分离效果[35]。

7.2.5 液态混合工艺

液态混合工艺（liquid mixing process）是通过混合两种亚共晶或一种亚共晶和一种过共晶 Al-Si 合金熔体形成新的合金[37, 38]。该工艺的原理如下：如果两种或者多种具有不同熔点和过热度的熔融合金直接在绝热容器里混合或者通过冷却板上的第一次接触间接混合，会在混合液中产生晶核。其中，过热度、熔体处理、容器内保温时间、两种熔融合金的质量比及混合方法是该工艺的主要因素，如图 7.11 所示[29]。

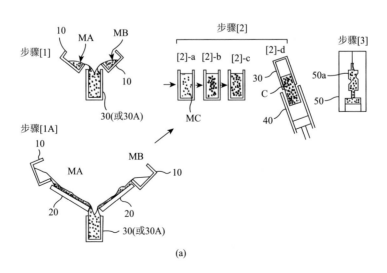

(a)

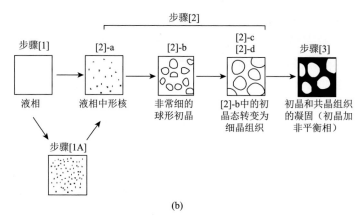

（b）

图 7.11　（a）几种混合过程的示意图；（b）合金各个阶段微观组织的示意图[29]

10. 绝热坩埚；20. 冷却斜槽；30（或 30 A）. 绝热坩埚；40. 料筒；50a. 铸件；50. 模具；MA. 熔融金属 A；
MB. 熔融金属 B；MC. 熔融金属 C

Apelian 等[39, 40]介绍了另外一种液态混合工艺，被称为连续流变过程（continuous rheoconversion process，CRP）。该工艺将两种熔体（来自相同合金或两种不同合金）在反应器内混合。在凝固初始阶段，反应器提供散热、对流和大量形核，从而促进半固态组织的形成。CRP 是一种公认的灵活工艺，可用于触变和流变成型工艺。对于工业应用，这种方法将反应器进行了优化和简化，CRP 反应器可安装在压铸机的压射套上方（熔体可从保温炉泵进入反应器）。CRP 可通过成型铸造用于生产变形铝合金，实现铸造零件中变形合金的高强度[39, 40]。

7.2.6　半固态流变铸造

半固态流变铸造（semi-solid rheocasting，SSR）工艺最早由麻省理工学院提出[41-44]，如图 7.12 所示，包含以下特征：在接近液相线温度的糊状区，使用旋压冷指或冷扩散器，如铜或石墨棒，在很短的时间内进行熔体搅拌；局部热提取；而后糊状区内部短时间缓慢冷却或等温保温。

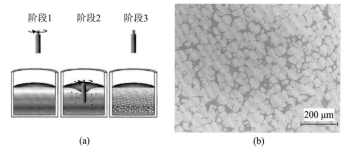

（a）　　　　　　　　　　（b）

图 7.12　（a）新 SSR 工艺的过程；（b）A356 铸造合金的显微组织[44]

　　研究结果表明，在 Al-Si 合金液相线温度附近将搅拌和冷却工艺结合可以促进熔体中初生 α-Al 晶粒的大量形核。SSR 工艺同时适用于低、高固相率合金的铸件。值得注意的是，低分数固体浆料可以像液体一样处理，因此无须对常规压铸机进行改型。图 7.12（b）所示为该方法产生的典型半固态组织。

　　Wannasin 等[45]研究表明，如果对超过液相线温度附近的熔体施加局部过冷（旋压冷指）和强烈对流的组合，凝固开始几秒后就能形成非树枝晶组织。这表明在凝固的初始时间段，所谓的一次枝晶在熔体内部冷指附近形成。同时，对流是通过大量细小气泡从冷扩散器中流出进入液体而实现的，强烈的对流会导致晶粒增殖并导致大量细小的固相颗粒分散在整个熔体中。因此，该工艺被称为气致半固态（GISS）工艺[45-49]。在此过程中，石墨扩散器被浸入熔融金属中，气泡产生的对流促进了二次晶核颗粒的生成，并造成了非树枝晶组织。该工艺的第一步是先确定液相线温度，然后选择液相线温度以上几摄氏度的工艺温度，流变铸造时间为 5～30 s。图 7.13 为流变铸造 Al-7%Si-0.32%Mg-0.46%Fe 坯料组织示例[47]。该技术在泰国已被开发并实现商业化生产[48]。

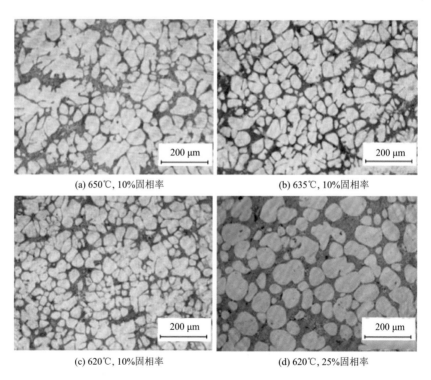

(a) 650℃, 10%固相率　　　　　　　　(b) 635℃, 10%固相率

(c) 620℃, 10%固相率　　　　　　　　(d) 620℃, 25%固相率

图 7.13　不同温度和固相率的 GISS 工艺半固态铸造 Al-7%Si-0.32%Mg-0.46%Fe 合金的显微组织[47]

7.2.7　RheoMetal 工艺

RheoMetal 工艺[50-53]是基于合金体系间的焓交换来控制浆料的最终固相率。在这个过程中，至少有两个不同热含量的合金体系（通常是两个，一个液相和一个固相）通过搅拌混合在一起，以产生所需的焓和固相率的新合金。这与大多数其他半固态工艺有本质的区别，在这些工艺中，熔体的热交换（外冷）和温度是控制浆料固相率的关键。

图 7.14 给出了 RSF 工艺示意图[50]。首先液态金属被注入绝热容器或普通容器中，然后在熔体中加入一定量的固体合金，置于搅拌器上，开始搅拌。固体材料温度较低，焓比较低。相应地，它从熔体中吸收热量，与熔体交换焓。逐渐地，它会部分或全部熔化，最后将与原始熔体均匀混合，形成具有所需焓和固相率的新合金体系。添加的固体材料也称为"焓交换材料"（EEM）。显然，熔体的起始温度和成分、EEM 及固体合金的添加百分比将决定浆料的最终固相率。该浆料可直接用于流变铸造，或作为原料铸造，可再加热作为半固态触变成型材料。该工艺所获得的 A356 合金晶粒具有 50～100 μm 的球状形貌[52]。

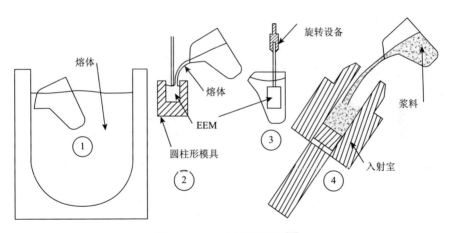

图 **7.14**　RSF 工艺示意图[50]

1. 提取熔体；2. 倒入模具中制成 EEM；3. 通过搅拌和 EEM 熔融制备浆料；4. 将浆料倒入入射室内

7.2.8　超声处理

众所周知，在高于液相线温度的起始温度条件下对液态金属进行超声处理可以有效形成细小的非树枝状微观组织，这适用于后续的再加热和触变成型。文献研究表明，将高功率超声波引入液体会导致两种基本物理现象[54]：空化和声流。

空化包括液体内部微小气泡的形成、生长、振动和坍塌。说明这些非稳态气泡的压缩率可以很高，以至于它们的溃灭会产生水力冲击波。初生枝晶被这些声波破碎，从而产生潜在的晶核。高强度超声波的传播还包括熔体内部稳态声流的产生，各种流动导致熔体的剧烈混合和均匀化[54]。

水力和声流产生的冲击波从空化泡的溃灭开始产生，以破碎树枝晶。此外，超声处理产生的声流会使这些细小的固体颗粒均匀分布。通过施加振动可以使组织发生变化，包括晶粒细化、抑制柱状晶结构、增加均匀性和减少偏析[54]。

Abramov 等[54-56]研究了超声处理 Al-Si 合金获得半固态组织的可能性，发现超声处理是有效处理 Al-Si 合金的方法。通过超声波振动，大部分硅颗粒被破碎，合金的强度增加。A356 合金在 630℃的铜模中浇铸时，引入 20 kHz 的超声波振动[57, 58]，发现超声处理不仅得到了球状/非枝晶组织，而且共晶硅的形貌也由未施加超声波振动时的粗大针状/板状转变为细小弥散的花环状，如图 7.15 所示。其他研究者[59-61]也有类似的发现，并强调工艺参数如处理时间和合金温度的优化组合是关键因素。同时发现，超声波振动不仅可以细化 Al-Si 合金中的初生 α-Al 和初生 Si，还可以细化含 Fe 化合物等金属间化合物。

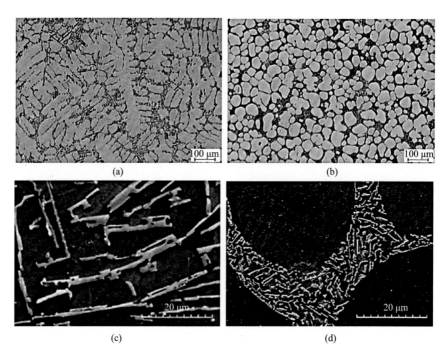

图 7.15　未经超声处理的 A356 合金[（a）和（c）]及超声处理的 A356 合金[（b）和（d）]的组织演变[58]

在不同的商业实验中，半固态坯料是通过在 10～100 kHz 的超声波范围内机械振动制备的[62]。振动发生器浸入到坯料生产单元上方的液态金属中，最终导致凝固时形成细小的球状组织。值得注意的是，与依赖于凝固金属黏度的电磁搅拌相比，这种搅拌效果一直保持到凝固结束。实验表明，在 A356 合金中晶粒尺寸降低了 50%[62]。

7.2.9 低温或过热铸造

低的浇铸温度不仅会促进等轴晶的形成，而且还会减少偏析、气孔和缩孔等铸造缺陷。在半固态加工中，较低的浇铸温度延长了工具使用寿命，同时因为膨胀、收缩和相关缺陷更小，可以获得更好的尺寸公差。

Shibata 等[63, 64]的研究表明，球形初生固相更容易通过低浇铸温度方法获得。在较低的浇铸/套筒温度下，初生 α-Al 晶粒的圆度较高。Wang 等[65, 66]采用立式注射挤压铸造机，在阶梯模具中以不同的浇铸温度制备了 AlSi7Mg0.35 合金。在他们的实验中，浇铸温度从 725℃降低到 625℃。随着浇铸温度的降低，铸态组织由粗大的树枝状（725℃）变为细小的玫瑰花状（625℃）。同样，在 580℃下对坯料进行再加热和淬火，晶粒尺寸随着浇铸温度的降低而减小，结果如表 7.1 所示。研究人员报道了 A356 合金在 580℃等温保持 15 min 后剪切应力随位移的变化[66]。725℃下铸件显示出超过 50 kPa 的高剪切强度，而 675℃下材料的剪切强度显著降低至 20 kPa。当浇铸温度降低到 650℃时，材料的抗剪强度在约 5 kPa 时非常低，在 650℃的最大值之后，剪切应力没有显著下降。

表 7.1　测量得到铸态和再加热铸锭在 580℃保温 15 min 的显微组织参数汇总[66]

铸态微观结构			再加热微观结构	
铸造温度/℃	组织	晶粒尺寸/μm	粒径/μm	形貌
725	粗树枝状晶粒	900	310	固体网状
675	中等粒度树枝状	350	160	不规则球状
650	细小树枝状	200	102	球形
625	玫瑰花状	180	100	球形

7.3　工艺参数对合金流变铸造组织的影响

7.3.1 浇铸温度对半固态制备合金组织的影响

浇铸温度直接影响初生晶体的形核和生长，例如，在亚共晶铝硅合金中的 α-Al

形核控制着形成晶粒的数量和大小，而生长决定了晶粒的形态和合金元素在基体中的分布。形核的驱动力是凝固过程中产生的过冷度，而生长受温度梯度和溶液中溶质浓度的控制。然而，这两个过程都受到冷却速度的影响。微观组织取决于成核密度、生长形态、流体流动及溶质的扩散和传输。因此，严格控制浇铸温度、冷却速度、形核位置和温度梯度等铸造条件，可形成理想的铸态组织。从半固态的观点来看，在对熔体施加外力的过程中，浇铸温度引起的微观结构变化体现在黏度的差异。这是因为与黏度相关的流动特性依赖于冶金参数，包括固相率及晶粒形态（如树枝状、花环状或球状）、固相颗粒大小和分布、合金的化学成分和浇铸温度[2, 12, 67]。

在较低的浇铸温度下，细晶、等轴晶组织的形成也取决于晶核的生长特性。在凝固早期阶段，在壁和中心之间建立的大的温度梯度使热量流向模具壁加快。换言之，靠近结晶器壁的熔融合金起到了散热的作用。此外，较大的热对流和流体对流促进了晶粒增殖和结构演化。然而，模具涂层所产生的气隙和模具薄壁的辅助，降低了通过模具壁向周围散热的速度，从而提高了壁附近的熔体温度。其结果是在较低浇铸温度下，在更短的时间内形成均匀的温度分布。结果在较低的浇铸温度下，流向结晶器壁的热流减少，生长速度降低得更快。这与模具几何结构引起的多向热流相耦合，促进了等轴和球状结构的形成。

随着浇铸温度的升高，液相中的形核较少，最终形成较粗的组织。随着过热度的增加，初生 α-Al 颗粒的形貌向树枝状趋势转变；随着过热度的降低，组织形态变为莲花状、等轴状，随着较薄枝晶臂的重熔和较厚枝晶臂的生长，组织变成球状。较高浇铸温度的样品突出了枝晶生长，而通过降低过热度，明显可见从枝晶转变为球状。随着浇铸温度的降低，晶粒面积周长比和等效圆面积直径减小，而数密度增加。其中，随着浇铸温度的降低，α-Al 相变得更细，枝晶更少。随着过热度的降低，等轴晶凝固占主导地位，并且向各个方向生长，因此球形度大于0.8 的颗粒百分比增加，同时晶粒长径比随浇铸温度的降低而减小，如图 7.16 所示。

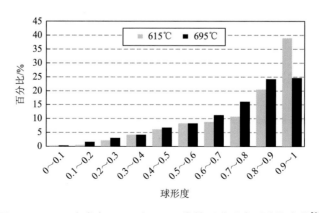

图 7.16　A356 合金在 615℃和 695℃浇铸下球形度百分比变化[64]

A356 合金在 630～645℃浇铸温度范围内，等轴晶和柱状晶生长相结合，形成了黏度高于球状晶但低于枝晶结构的花环形态。在 675～695℃的熔体温度范围内，这种形态转变为完全枝晶特征。枝晶形态中早期骨架结构的形成及其较高的枝晶凝聚点，对糊状物的机械变形产生一定的阻力。这种阻力控制着半固态熔体的流动性，并使坯料成型过程中模具的填充更加困难。树枝状（在 675～695℃下浇铸）和球状（在 615℃下浇铸）结构的黏度值之间几乎存在三个数量级的差异，树枝状和花环状（在 630～645℃下浇铸）形态之间存在两个数量级的差异。换言之，具有枝晶结构的坯料具有最高的黏度值[64]。

值得注意的是，各温度下的黏度值并未随初始施加压力发生显著变化，这说明半固态坯料应为低剪切速度范围内的牛顿流体。此外，这些结果支持了关于 Pb-15%Sn[68]、A356[69]和 Al-SiC 颗粒复合材料[70]半固态合金黏度的研究结果，这些合金具有相似的固体和球状形态。

7.3.2　电磁搅拌过程对半固态制备合金组织的影响

在电磁搅拌过程中，局部剪切是由电磁场产生的，其中凝固金属充当转子，在熔体中运动产生的搅拌作用剪切形成的枝晶。因此，固态金属可以用作半固态材料的来源。在本节中，将讨论电磁搅拌、冷却速度和浇铸温度对 α-Al 晶粒形状尺寸的影响。

如果使用两种不同的模具（砂型和铜型）加电磁搅拌进行铸造实验，由于模具冷却速度的不同，枝晶尺寸和臂间距（DAS）都有差异。铜模较高的冷却速度不仅减小了初生 α-Al 晶粒的尺寸，而且使共晶相变得更细。同样，β-Fe 金属间化合物也存在明显的差异，在铜铸型中，两者都变得更薄和更短。

未加电磁搅拌铸锭中具有树枝状形貌的初生 α-Al 颗粒经过搅拌后发生了球化，α-Al 相的形态由莲花状、等轴状向球状转变。砂型模具本身冷却速度较低，在整个熔体中形成了较小的温度梯度，促进了形核的均匀分布，并最终形成等轴晶。

从半固态加工的角度来看，微观结构的演变主要是由于枝晶的机械破碎，以及在大块液体中产生多重成核[4]。由于热对流和溶质对流，电磁搅拌的应用和由此产生的大块液体强制对流通过机械分解或枝晶臂根部重熔产生枝晶碎裂[5, 6, 71]。这些破碎的粒子是初生 α-Al 相最容易成核的位置，因为它们被认为是新生的成核剂。这意味着在强制对流下熔体连续冷却的过程中，非均匀形核在整个液体中同时发生。然而，这种生长机制是基于连续冷却和搅拌合金使漂浮的枝晶碎片粗化。随着熔体的不断剪切，枝晶形态变为"花环"或"球状"。随着进一步搅拌，在界面自由能降低的驱动下，晶粒的熟化作用成为主导。

图 7.17 给出了 Al-6.7%～6.9%Si-0.8%Fe 合金在 660℃浇铸温度下铸造试样的 EBSD 晶粒组织[71]。与偏振光照片相比，此处晶粒以独特的颜色显示，以描绘一般显微结构，因此相邻的两个晶粒没有相同的颜色。白线表示亚晶界的取向差在 5°～10°之间，黑线表示取向差大于 10°的高角度晶界。传统铸造试样显示出相当大的晶粒尺寸，而搅拌减小了晶粒尺寸（分散在未搅拌试样中的小颗粒是由抛光表面切割的树枝晶、铁金属间化合物、共晶相的一部分）。

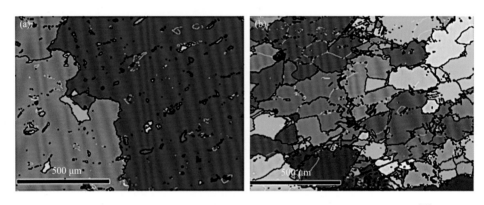

图 7.17 常规条件（a）和电磁搅拌条件（b）下合金的 EBSD 晶粒组织[71]

在常规铸造中，等轴晶区和柱状晶区之间总是存在竞争，其结果取决于温度梯度、组织过冷度和柱状晶前沿速度等不同因素。Hunt[72]分析了柱状晶前沿等轴晶的生长，定义了柱状等轴转变（columnar to equiaxed transition，CET）参数，结果表明，在非均匀形核过程中，可通过增加合金元素含量、添加成核剂粒子、降低过热度和临界过冷度来影响 CET 参数。常规铸造结果也证实了通过降低浇铸温度，观察到柱状晶生长减少，等轴晶增加。电磁诱导强迫流动能够细化晶粒结构，促进更大比例的等轴晶区。传统砂型铸造中的 CET 发生在 630～660℃之间，而 EMS 的应用使 CET 提高到较高的浇铸温度（690℃）。换言之，在高浇铸温度下，通过剧烈搅拌可以获得与低浇铸温度常规铸件相当的显微组织，额外的优势是形成更多的球状粒子。这种类型的细化是由于枝晶的破碎，以及随后碎片在大块液体中的传输和扩散。

已有的研究提出了在搅拌条件下枝晶臂在剪切力作用下发生塑性弯曲和"枝晶臂断裂"的理论来解释晶粒倍增现象[73, 74]。塑性变形预计会产生位错，以适应高弹性能的曲率，可以通过位错迁移和重组降低到较低的能量配置，形成亚晶粒并最终形成新的晶界。这些边界在初次枝晶的消融中起着关键作用。位错密度取决于搅拌条件和半固态熔体的热特性。由于半固态熔体的热条件，位错将以较低的总弹性应变能重新排列成壁（位错爬升），即亚晶界的形成。EBSD 分析证实了这一理论。图 7.18 显示了两个试样的典型晶界取向差直方图[71]。电磁搅拌样品在不同取向差范围内含有更高比例的晶界，特别是在亚晶界区域，即＜10°的取向差。图 7.19 中带有叠加晶界的背散射电子显微镜照片证实了图 7.18 中的数据，其中搅拌样品的低取向差和高取向差的晶界比例均增加。

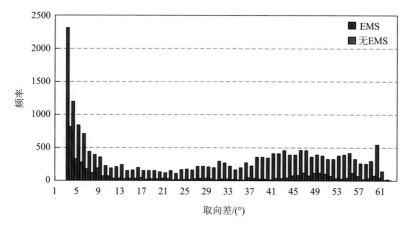

图 7.18　有/无电磁搅拌时，660℃浇铸温度下晶界频率与取向差的关系[71]

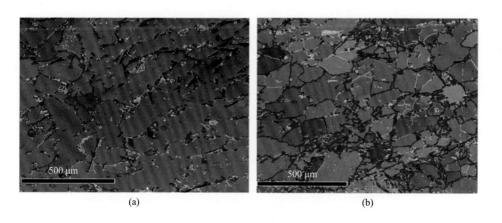

(a)　　　　　　　　　　　　　　　　(b)

图 7.19　EBSD 晶界图[71]

白线表示取向差在 1.5°～10°之间的亚晶界，红线表示取向差大于 10°，在 660℃浇铸温度下铸造

7.4 ▶ 触变铸造技术

触变铸造过程主要涉及预制铸锭的再熔化过程，因此存在各种工艺制备适于

半固态组织实现的铸锭，包括晶粒细化及变形过程对预制铸锭组织的优化，下面逐一简要介绍。

7.4.1 应变诱导熔体活化/再结晶和部分熔化工艺

应变诱导熔体活化（SIMA）工艺过程（图 7.20）包括：①在熔化、铸造和冷却到室温后，铸锭加热到再结晶温度并挤压，然后对坯料进行淬火和进一步冷加工。②将冷轧坯料重新加热到半固态温度范围[23]。在这一步骤中，在部分重熔之后，产生了一个极细、均匀、非枝晶球状组织（图 7.21）。③坯料触变成型。

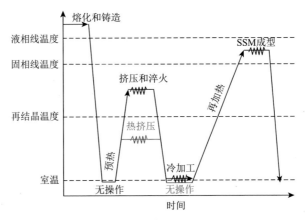

图 7.20　SIMA 和 RAP 过程

RAP 工艺的差异为红色区间

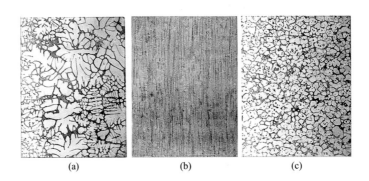

　　　　　　(a)　　　　　　　　　　(b)　　　　　　　　　　(c)

图 7.21　SIMA 半固态成型不同阶段的 A357 合金

（a）直接冷铸，6 in 直径；（b）挤压拉伸棒的纵截面；（c）再加热和淬火试样的横截面[23]

还有另一种类似于 SIMA 的工艺称为再结晶和部分熔化工艺，即 RAP 工艺。在 SIMA 过程中，在再结晶温度以上进行热加工，而 RAP 过程有一个热加工步骤。

如果原料经充分变形和再结晶，再加热到高于固相线的温度，将产生部分重熔，形成理想的浆料，液相中分布有圆整初生固相颗粒。

在此工艺过程中，初始变形可以在再结晶温度（热加工）以上进行，然后在室温下进行冷加工[23, 73, 74]，或选择再结晶温度（热加工）以下，以保证最大应变硬化。当应变高于一个临界值时，在随后的加热过程中足够的冷变形会诱发再结晶，再结晶会导致大量大角度晶界的形成，当加热到高于固相线温度（部分重熔）时，易于熔化。因此，冷加工程度越大，晶粒尺寸越小，即晶粒越细。

7.4.2　等通道转角挤压

剧烈塑性变形（SPD）技术已被证明足以制备触变原料。在这种方法中，对固体进料施加高塑性应变，但没有特别显著的尺寸变化[75]。等通道转角挤压（ECAP）作为触变成型原料的一种可行来源而受到关注[76-78]。在此过程中，半固态给料直接在两个截面恒定的弯曲通道（如 90°或 120°）中被压入。在试样截面保持不变的情况下，该过程可以重复多次，直到获得最佳的组织和性能。塑性变形的剧烈程度是球状组织形成的关键，道次越多，变形越大。但应注意道次即变形与再加热温度和时间之间应保持平衡，以防止再加热后晶粒长大。图 7.22 为不同加工方法制备的 A356 合金的实例[76]，ECAP 样品在半固态时晶粒和球状尺寸最小，球形度最高。

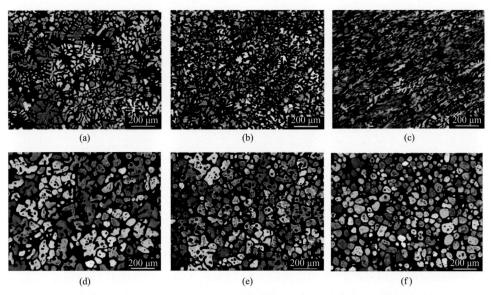

图 7.22　水冷铜模铸造（a）、电磁搅拌细化的水冷铜模铸造（b）和水冷铜模铸锭经单道次 ECAP 后（c）的 A356 合金组织；（d）～（f）分别为 580℃保温下（a）～（c）条件对应的 A356 合金铸锭半固态组织[76]

7.4.3　喷射成型

喷射成型工艺过程主要包括指定的合金在位于喷淋室顶部的坩埚中感应熔化（一种选择是将熔化单元直接连接到中间包），液体通过喷嘴进入不同流量的气体雾化器。这导致液体流雾化成不同尺寸的液滴，液滴被雾化气体冷却，随后与衬底相互作用。

根据 Mathur 等[79, 80]的研究，该过程分为两个阶段：第一个阶段是液滴在飞行中仅与雾化气体相互作用；第二个阶段是它们与衬底碰撞和相互作用。在第一个阶段，产生的液滴分为完全液体、半固体和完全固体。液滴聚集在衬底上并凝固，雾化后，液滴撞击、结合、固化在衬底上，形成均匀的组织。

喷雾成型的材料具有近乎球形的组织，析出相均匀分散，而连续铸造的材料则有明显的枝晶形成。Vetters 等[81]分析了喷涂层中 Cu、Si、Mn、Mg 和 Fe 的轴向和径向分布规律，没有发现 Cu 元素径向和轴向梯度。喷射成型工艺已广泛应用于各种合金，包括铝合金及其复合材料，高温合金如高速钢、超合金和铜合金[79-81]。

7.4.4　液相线或低过热铸造

随着浇铸温度的降低，所得到的组织通常是细小的非枝晶组织。试样的部分重熔和等温保温会生成适合触变成型的球状组织，该技术在铸造和锻制铝合金中均有报道[17, 28]。Wang[65]对不同浇铸温度制备的 AlSi7Mg0.35 坯料进行了实验。将生产的坯料经感应炉加热至 580℃，采用立式喷射挤压铸造机（板宽 98 mm，台阶 20 mm、15 mm、10 mm、5 mm，长各 30 mm）注入阶梯模中。实验表明，用浇铸温度为 725℃的坯料制成的铸件只填充了模腔的一半，即前两个半台阶，X 射线照片显示铸件内部存在许多孔隙。将坯料浇铸温度降低到 650℃，使充型能力显著提高，除一个顶角外，模具完全充型，内部缺陷也明显减少。将坯料浇铸温度进一步降低，铸件完全充型，且内部无缺陷。该技术可用于工业应用，但其主要障碍可能是温度控制的准确性和均匀性，以及由此产生的组织的一致性和均匀性难以大规模生产。

7.4.5　触变注射成型

触变注射成型是一种类似于塑料注射成型的工艺，特别是针对镁合金而发展起来的。该工艺的原料不是液态（如流变铸造），也不是固态坯料（如触变成型），而是通过机械加工、雾化或其他粉碎方法得到的典型尺寸为 2～5 mm 的颗粒、切屑[82]。在加工过程中，合金颗粒被送入注塑系统的加热机筒中部分熔化，转化为触变浆料，随后注入模具型腔。机械粉碎的碎片和快速固化的颗粒都具有独特的微观结构特征，使它们能够在单独受热的影响下转变为触变浆料。因此，与流变成型相比，该工艺不需要剪切[83]。

注射系统的核心是执行旋转和平移运动的阿基米德螺杆。为防止高活性镁原料氧化，机筒内保持氩气气氛[84]。注射成型与压铸有几个加工区别。例如，与压铸中的熔炉环境熔化相反，在注塑过程中，浆料制备更复杂，并且受沿机筒长度的温度分布控制，而在较小程度上受螺杆旋转的控制。此外，由于注射的是半固态浆料而不是过热的熔体，因此对模具的热影响较小，与压铸中使用的工具相比，可以承受更多的注射次数。注射成型期间的注射速度取决于固相率，并且可能低于压铸所需的速度。

除了与半固态加工相关的普遍优势外，触变注射成型还具有独特的优势，包括环境友好性，封闭加工系统不会造成熔体损失，能够制造具有更薄且更复杂形状零件的能力，以及将先进的配浆技术应用于模具，包括热流道的能力[82]。然而，尽管在过去几十年中取得了长足的进步，该技术仍然需要有重大的发展，特别是在硬件方面。虽然镁对氧表现出高亲和力，但在半固态或液态的温度下，它对所接触的材料也具有很强的腐蚀性，因此对机械部件产生一定的挑战[85]。由于触变注射成型的加工性质，这些热和腐蚀性的挑战特别难以克服。

7.5　工艺参数对触变铸造合金组织的影响

7.5.1　再加热时间对半固态合金微观组织的影响

在坯料部分重熔和随后的等温保温过程中，有以下几种有效的机制：①低熔点组分，共晶相重熔。在这一阶段，共晶中的 α-Al 部分逐渐在初生 α-Al 相上析出，导致初生 α-Al 相长大。②晶粒粗化和熟化，枝晶破碎和合并可能同时发生。一些枝晶臂的根可能变得狭窄，脱落，形成独立的颗粒。③球化和进一步地粗化，从大曲率半径区域向小曲率半径区域扩散，降低了固液界面能。

如果铸态未处理组织为枝晶形貌，除枝晶粗化外，再加热 5 min 似乎没有明显的晶粒变化，等温 10 min 后，初次枝晶结构变厚、变圆，但仍未转变为球状结构。事实上，最终的组织高度依赖于原始铸态组织。然而，在保温的初始阶段，主要的变化是重熔共晶区域，这是凝固过程中最后形成的区域。在枝晶凝固过程中，二次枝晶臂或三次枝晶臂之间已经形成了共晶，通过再加热过程，这种液体更容易被困在枝晶臂内部，与此同时，其他机制也有参与。晶粒粗化导致二次枝晶臂粗化，小晶粒重新熔化，大晶粒生长。二次枝晶臂的熟化是相当明显的，这是由于再加热的时间/温度和结构趋向于达到较低的能级，特别是更圆的粒子。对于 Al-Si 系铸造合金，硼是一种很好的细化剂，能消除晶粒的枝晶结构，使晶粒演变为球状形貌。

共晶-初生晶粒界面面积的减小是其向球化转变的驱动力。随着保温时间的延长，液体与初生晶粒的界面面积减小，这是初生晶粒形态演化的标志。铸态组织对演变动力学有很大的影响，枝晶组织的演变速度较高。高度分枝化的枝晶结构具有较大的固/液界面，这相当于更大的演变推动力。

触变铸造半固态组织直接受到铸态组织的影响。这就是说，对于一个充分发展的枝晶结构，向球状形态的转变较为困难，并且需要很长的再加热时间。此外，初生晶粒有粗化的趋势，通过"奥斯特瓦尔德成熟"等机制减少其界面面积，即粗化和球化的联合过程。

在再加热过程中，由于晶粒长大，部分液体可能被包裹在粗大晶粒中。这种残留液体对材料的可变形性产生不利影响。事实上，残留液体的比例对浆体的流变行为起着重要的作用。它可以看作是晶粒之间的主要润滑剂，以减缓它们的运动。例如，加入 Sr 后，液体的表面张力降低，初生晶粒更容易滑动，从而使充型效果更好。随着再加热时间的增加，残留液体的比例降低。另外，冷却速度越高残留液体的比例越大。这可能是由于更细的树枝状结构具有更大的界面面积，最终导致在特定的再加热时间/温度下，更快冷却的样品产生更多的液相池。

7.5.2 添加细化剂对半固态组织的影响

Nafisi 和 Ghomashchi 研究了 Al5Ti1B 晶粒细化剂的添加对 A356 合金微观结构的影响，包括传统和半固态工艺下的差异。结果发现，随着 Al5Ti1B 晶粒细化剂的加入，α-Al 晶粒成核温度增加了 5℃。成核温度的提高使新的晶体在凝固界面前沿形成，呈现出等轴细粒的铸态结构。此外，生长温度增加的速度小于成核温度增加的速度。换句话说，有更多的核，更小的生长潜力，从而导致有效的晶粒细化。根据他们的研究结果，对于所研究的合金，Ti 和 B 的最佳百分比在 0.06% Ti，0.01% B 和 0.08% Ti，0.02% B 之间，Ti 和 B 在共晶区域内形成含 Ti 金属间化合物。在半固态加工过程中加入 Ti-B 晶粒细化剂后，初生铝晶粒的数量密度增加，形成了更小的等轴晶。半固态处理后形成了球形度更大的晶粒[86]。

Ma 等[87]研究了添加 TiB_2 对半固态挤压铸造 Al-17Si 合金的强度和延展性的影响。结果表明，原位 TiB_2 可以作为原生 Si 相和 α-Al 的异质成核基础，明显细化初生 Si 相和其中的共晶结构；TiB_2 的加入可以细化 Al 基体和 Si 相。同时，Al 基体和 Si 相的低角度晶界，以及 Si 相和 TiB_2 的高角度晶界在数量上都有所增加。通过细晶强化、位错强化和第二相强化，复合材料的强度得到了明显提高。随着

原位 TiB_2 的加入，铸件中初生 Si 相的分布更加均匀。初生 Si 相在铸件中的分布变得更加均匀。此外，较低的应力集中度、裂纹偏移和裂纹分支削弱了微裂纹的扩展，延缓了微裂纹的产生，提高了断裂的伸长率，从而导致该 TiB_2/Al-17Si 复合材料的强度和延展性增强。这也说明细化颗粒的引入可以提高半固态 Al-Si 合金的力学性能。

Liu 等[88]通过低过热浇铸和轻微的电磁搅拌，制备了由 Al-Ti-B 合金进行晶粒细化的 A356 合金的半固态浆料，研究了晶粒细化对所制浆料中初生 α-Al 相的形态和晶粒大小的影响。结果表明，通过低过热浇铸和轻微的电磁搅拌，晶粒细化的 A356 合金可制备出具有颗粒状和莲花状初生 α-Al 相的浆料。与未进行晶粒细化的 A356 样品相比，晶粒细化明显改善了 A356 中初生 α-Al 相的晶粒尺寸和颗粒形态，以及晶粒在铸锭中沿径向的分布情况。

Yan 和 Luo[89]通过实验研究了晶粒细化对铝和亚共晶铝硅合金流变行为的影响，选择的细化剂包括 K2TiF6、K2TiF6 加石墨和 Al-5Ti-B。实验测试了半固态铝合金凝固过程的表观黏度，并对不同固相率的样品进行淬火以观察其微观结构，结果发现晶粒细化明显降低了铝硅合金的表观黏度。在选定的细化剂中，Al-5Ti-B 的效果是最好的，K2TiF6 加石墨的效果比 K2TiF6 的效果好。另外，铝合金中的硅含量影响表观黏度，随着硅含量的增加，表观黏度下降，这是由于硅含量上升和晶粒细化作用的共同促进。

7.6　半固态成型技术的商业应用

半固态铸造的商业吸引力在于它结合了传统高压压铸的许多优点（高生产率、低成本、薄壁、优异的表面光泽度和小的尺寸公差），并结合了优异的机械性能和出色的压密性。这使得半固态铸件可以用于关键和压力敏感部件的应用。半固态铸件是通过使用黏性半固态材料来最大限度地减少铸造缺陷，从而达到这种高水平的性能，这种先进材料在非常高的压力（>15000 psi，1 psi $= 6.89476 \times 10^3$ Pa 超过 100 MPa）下提供优良的充型性能。当铸件凝固时，能够减少或消除凝固收缩。

从 1996 年至今，半固态铸件在世界各地有许多商业应用，广泛应用于汽车、航空航天、摩托车、自行车、电子、国防和体育用品等市场。这些半固态铸件的应用通常可以分为以下几类：①优质铝铸件；②提高铝压铸件的质量；③镁合金铸件。尽管对较高熔点金属（如铜合金和钢）的半固态铸造有广泛研究，但很少有商业应用，主要是由于这些类型的合金生产的模具寿命有限。

本节简要说明半固态铸件的商业应用范围，列出铝合金和镁合金的典型力学性能，并展示一些商业用半固态铸件的例子。类似于所有的制造过程，半固态铸造生产的部件随着制造商不断完善和他们的产品范围变化而在商业生产中不断发展。

这些类型的高质量半固态铸件通常由初级铝合金如 A356、357 和 319S 生产，通常使用高固相率（约 50%）的半固态浆料生产。这三种合金的标称化学成分列于表 7.2 中。

表 7.2 半固态铸造常用铝合金的标称成分[90]　　（单位：wt%）

元素	A356	357	319S
硅	6.5～7.5	6.5～7.5	5.5～6.5
铁	0.20	0.15	0.15
铜	0.20	0.05	2.5～3.5
锰	0.10	0.03	0.03
镁	0.25～0.45	0.45～0.60	0.30～0.40
钛	0.20	0.20	0.20
锶	0.01～0.05	0.01～0.05	0.01～0.05
其余（每种）	0.03	0.03	0.03
其余（总计）	0.10	0.10	0.10

三种合金经 T6 热处理后的机械性能手册数据列于表 7.3 中[90]。近年来，越来越多的半固态铸件采用全 T6 热处理（固溶处理、水淬和低温时效），因为这样可以最大限度地提高机械性能。铸件在高温固溶处理过程中的表面起泡可能是 T6 热处理过程中的一个问题，铸造工作者必须注意优化其工艺，以尽量减少充模过程中的空气滞留，并使用不会促进起泡的套筒和模具润滑剂[91]。目前一些高质量半固态铸件的实例包括汽车轮毂、主制动缸、燃油分供管涡轮增压器叶轮[19, 92, 93]等。

表 7.3 三种半固态铸造合金经 T6 热处理后的机械性能手册数据[90]

合金牌号	0.2%屈服强度/MPa（ksi）	抗拉强度/MPa（ksi）	伸长率/%
A356	228～234（33～34）	303～310（44～45）	12～13
357	283～290（41～42）	345（50）	7～9
319S	317（46）	400（58）	5

半固态铸造叶轮研究[93]表明孔隙对涡轮增压器叶轮的疲劳性能有明显影响，即使是小至 50 μm 的气孔也会降低疲劳寿命[94]，因而需要确保叶轮完全没有气孔。测试包括对叶轮进行切片，并使用 600 目砂纸对已加工表面进行研磨，然后进行宏观

蚀刻，以去除已加工表面上的铝涂层。对制备的表面进行渗透测试，以确保不存在小至 50 μm 的孔隙，结果显示半固态铸造叶轮中没有气孔或其他缺陷[93]。

在半固态铸件上对 319S 合金叶轮的疲劳寿命进行测定，并与常规铸件和锻件的疲劳寿命进行比较。结果表明，半固态铸件的疲劳寿命明显高于常规铸件（包括高强度合金 206），实际上与变形铝合金 2618 相当[95]。

生产高质量半固态铸件的另一种潜在方法是使用无硅铸造合金（2××）和变形合金（2×××、6×××），因为这些类型的合金通常比传统铸造合金具有更好的力学性能。这些合金很少用于常规铸造生产，因为它们的抗热裂性能差，但众所周知，半固态铸造显著降低了热裂的趋势，一些商用半固态铸件已经用这些类型的合金生产。例如，使用变形合金 6262 制造的半固态铸造电连接器[96]，以及使用变形合金 6061 铸造的摩托车制动卡钳，热处理到 T6 回火，并通过阳极氧化着色。低硅变形合金的一个优点是铸造后通过阳极氧化可以产生绚丽的颜色。

半固态铸造工艺也可用于生产质量更高的压铸件。这些产品通常使用较低的固相率 20%～30%（70%～80%液体）工艺生产。传统压铸件可以含有大量的残余孔隙，但据报道，使用低固相率流变铸造工艺生产的铸件可以减少（但通常不能消除）这种残余孔隙[92]。这类低固相率铸件通常采用与常规压铸件相同的湍流充型条件，因此产生极高质量的半固态浆料不是最重要的。相反，当选择半固态铸造工艺来生产更高质量的压铸件时，可能最重要的方面是用于生产浆料的工艺简单，以及设备的低成本。一些用于取代传统压铸件的低固相率半固态铸件的例子包括本田株式会社[97]生产的柴油机缸体、油泵过滤器壳体[98]，由阿玛西（AMAX）公司生产的散热器[92]。其中油泵过滤器壳体最初设计为重力铸造（这是由于壁厚），但被改为压铸生产。传统高压压铸产生的厚壁出现了气孔问题。在改为低固相分数半固态铸造工艺（半固态流变铸造）后，孔隙率显著降低（但没有消除），且无须变质处埋。

触变模铸是一种由 Thixomat 公司[99]开发的半固态工艺，可用于铝合金、镁合金铸件生产。从 1996 年至今，它可能是所有半固态工艺中在商业上最成功的。触变模铸成型零件已在一系列市场中使用，包括汽车、消费电子产品和消费硬件应用，如汽车换挡凸轮、笔记本计算机外壳、数码相机机身和链条壳，以及电子或电气应用中使用的极薄壁零件。

7.7　半固态成型技术展望

流变半固态技术是目前较为常用的半固态铸件的制备技术。其优点在于制备高品质浆料无须考虑铸锭原料的原始组织，而是通过各类熔体处理技术在熔体凝固过程中改善初生晶粒的形态和尺寸，从而获得高固相率的球状晶粒微观组织。流变半固态铸造技术可通过多种设备及工艺实现，包括搅拌技术、冷却斜槽技术及液态混合技术等。而目前流变半固态技术的工业化应用还存在温度准确把控，以及半固态处理过程的氧化物形成问题。因此，在现有基础上，改进流变半固态技术以实现浆料的高纯净化，提高浆料的制备效率以实现高效的浆料制备应当是技术上的一个突破点。另一方面，目前的流变半固态技术还大多局限于 A356 等 Al-Si 系铸造合金，如果能将其拓展至 Al-Cu 系等其他牌号的铸造铝合金，将有可能改善目前无硅铸造铝合金铸造性能较差的问题，从而设计更多应用场景的高性能铸造铝合金，扩大流变半固态技术的应用范围。另外，近年来的研究表明，流变半固态技术也可以进行铝基复合材料的制备。综上，流变半固态技术发展历史较为悠久，但仍可在新的应用场景中进行革新和改善，发挥其对于微观组织的优良控制能力。

触变半固态技术是从技术路线上区别于流变技术的另一种半固态浆料制备技术。其优点在于可以利用形变处理后的坯料进行重熔获得半固态浆料，省去了原料的熔炼阶段，且制备半固态浆料较为快速。而缺点在于，通过重熔后制备的半固态组织高度依赖于坯料重熔之前的微观组织，大塑性变形的坯料重熔后能够得到优良的半固态球状晶组织。如果重熔之前的坯料为枝晶晶粒结构且晶粒粗大，通过触变铸造制备的铸件难以具备高比例的球状晶粒组织。坯料原始组织与重熔后半固态组织相关性的机制研究仍是需要关注的一个重点，以阐明对于不同合金，哪种原始组织更有利于形成最优的半固态球状晶粒。另一方面，通过之前的研究结果可以看出，半固态材料制备过程中晶粒细化剂的加入对材料的组织性能能够产生有利作用。对于触变铸造方法，原始坯料的等轴晶结构能够更好地在重熔过程形成高球形度的晶粒，从而获得高质量的半固态浆料；晶粒的细化能够明显降低半固态浆料的黏性，从而使浆料具有更好的流变行为，有利于进行复杂零部件的制备。目前，触变铸造方式常与材料的变形过程相结合，从而获得优良的微观组织与力学性能，并且其应用范围逐渐扩展至除铝合金以外的其他高熔点合金，如高熵合金、钢铁材料等。这些高熔点合金同样可以通过变形后采用半固态区间等温加热改善合金的微观组织。所以，触变半固态铸造技术在合金的选择范围上较为宽泛。

参 考 文 献

[1] Nafisi S，Ghomashchi R. Semi-solid metal processing routes：an overview. Canadian Metallurgical Quarterly，2006，44（3）：289-304.

[2] Kirkwood D H. Semi-solid metal processing. International Materials Reviews，1994，39（5）：173-189.

[3] Flemings M C. Behavior of metal alloys in the semisolid state. Metallurgical and Materials Transactions B，1991，

22（3）：269-293.

[4] Flemings M C. Solidification Processing. New York：Mcgraw-Hill Book Company，1974.

[5] Doherty R D，Lee H I，Feest E A. Microstructure of stir-cast metals. Materials Science and Engineering，1984，65（1）：181-189.

[6] Hellawell A. Grain evolution in conventional and rheo-castings. 4th International Conference on Semi-Solid Processing of Alloys and Composites，Sheffield，1996：60-65.

[7] Elliot R. Eutectic Solidification Process. London：Butterworths，1983.

[8] Chalmers B. Principles of Solidification. New York：Wiley，1964.

[9] Flemings M C，Riek R G，Young K P. Rheocasting. Materials Science and Engineering，1976，25：103-117.

[10] Ji S，Fan Z，Bevis M J. Semi-solid processing of engineering alloys by a twin-screw rheomoulding process. Materials Science and Engineering A，2001，299（1-2）：210-217.

[11] Asuke F. Rheocasting method and apparatus：US5865240. 1999-02-02.

[12] Uetani Y，Takagi H，Matsuda K，et al. Semi-continuous casting of mechanically stirred A2014 and A390 aluminum alloy billets. Light Metals 2001 Conference，Toronto，2001.

[13] Prasad P R，Ray S，Gaindhar J L，et al. Relation between processing，microstructure and mechanical properties of rheocast Al-Cu alloys. Journal of Materials Science，1988，23（3）：823-829.

[14] Ichikawa K，Ishizuka S，Kinoshita Y. Stirring condition and grain refinement in Al-Cu alloys by rheocasting. Journal of the Japan Institute of Metals，1985，49（8）：663-669.

[15] Hirai M，Takebayashi K，Yoshikawa Y，et al. Apparent viscosity of Al-10mass%Cu semi-solid alloys. ISIJ International，1993，33（3）：405-412.

[16] Lee H I，Doherty R D，Feest E A，et al. Structure and segregation of stir-cast aluminum alloys. Proceedings of International Conference of Solidification，Warwick：1983.

[17] Fan Z. Semisolid metal processing. International Materials Reviews，2002，47（2）：49-85.

[18] Figueredo A. Science and technology of semi-solid metal processing. North American Die Casting Association，Rosemont，2001.

[19] Rice C S，Mendez P F. Slurry-based semi-solid die casting. Advanced Materials & Processes，2001，159（10）：49-52.

[20] Brown S B，Mendez P F，Rice C S. Apparatus and method for integrated semi-solid material production and casting：US5881796. 1999-03-16.

[21] Nafisi S，Ghomashchi R. Semi-Solid Processing of Aluminum Alloys. Berlin：Springer International Publishing，2016.

[22] Young K P，Tyler D E，Cheskis H P，et al. Process and apparatus for continuous slurry casting：US4482012. 1984-11-13.

[23] Young K P，Kyonka C P，Courtois F. Fine grained metal composition：US4415374. 1983-11-15.

[24] Moore J J. The Application of Electromagnetic Stirring（EMS）in the Continuous Casting of Steel. Iron & Steel Society of AIME，1984.

[25] Niedermaier F，Langgartner J，Hirt G，et al. Horizontal continuous casting of SSM billets. Fifth International Conference on Semi-Solid Processing of Alloys and Composites，Golden，1998.

[26] Kim T W，Kang C G，Kang S S. Rheology forming process of cast aluminum alloys with electromagnetic applications. Ninth International Conference on Semi-Solid Processing of Alloys and Composites，Busan，2006.

[27] Nafisi S，Emadi D，Shehata M，et al. Semi-solid processing of Al-Si alloys：effect of stirring on iron-based

intermetallics. Eighth International Conference on Semi-Solid Processing of Alloys and Composites, Cyprus, 2004.

[28] Nafisi S, Ghomashchi R, Emadi D, et al. Effects of stirring on the silicon morphological evolution in hypoeutectic Al-Si alloys. Light Metals 2005, San Francisco, 2005.

[29] Adachi M, Sasaki H, Harada Y. Methods and apparatus for shaping semisolid metals: US6851466B2. 2005-02-08.

[30] Liu D, Atkinson H V, Kapranos P, et al. Microstructural evolution and tensile mechanical properties of thixoformed high performance aluminium alloys. Materials Science and Engineering A, 2003, 361(1-2): 213-224.

[31] Uetani Y, Nagata R, Takagi H, et al. Simple manufacturing method for A7075 aluminum alloy slurry with fine granules and application to rheo-extrusion. Ninth International Conference on Semi-Solid Processing of Alloys and Composites, Busan, 2006.

[32] Grimmig T, Ovcharov A, Afrath C, et al. Potential of the rheocasting process demonstrated on different aluminum based alloy systems. Ninth International Conference on Semi-Solid Processing of Alloys and Composites, Busan, 2006.

[33] Guo H M, Yang X J. Continuous fabrication of sound semi solid slurry for rheoforming. Ninth International Conference on Semi-Solid Processing of Alloys and Composites, Busan, 2006.

[34] Saffari S, Akhlaghi F. New semisolid casting of an Al-25wt%Mg$_2$Si composite using vibrating cooling slope. 13th International Conference on Semi-Solid Processing of Alloys and Composites, Muscat, 2014.

[35] Haga T, Inui H, Watari H, et al. Semisolid roll casting of aluminum alloy strip and its properties. Ninth International Conference on Semi-Solid Processing of Alloys and Composites, Busan, 2006.

[36] Motegi T, Tanabe F. New semi solid casting of copper alloys using an inclined cooling plate. Eighth International Conference on Semi-Solid Processing of Alloys and Composites, Limassol, 2004.

[37] Findon M, Figueredo A D, Apelian D, et al. Melt mixing approaches for the formation of thixotropic semisolid metal structure. Seventh International Conference on Semi-Solid Processing of Alloys and Composites, Tsukuba, 2002.

[38] Saha D, Apelian D, Dasgupta R. SSM processing of hypereutectic Al-Si alloy via diffusion solidification. Seventh International Conference on Semi-Solid Processing of Alloys and Composites, Tsukuba, 2002.

[39] Pan Q Y, Findon M, Apelian D. The continuous rheoconversion process CRP a novel SSM approach. Eighth International Conference on Semi-Solid Processing of Alloys and Composites, Limassol, 2004.

[40] Pan Q Y, Wiesner S, Apelian D. Application of the continuous rheoconversion process (CRP) to low temperature HPDC—part 1: microstructure. Ninth International Conference on Semi-Solid Processing of Alloys and Composites, Busan, 2006.

[41] Martinez R, Figueredo A, Yurko J A, et al. Efficient formation of structures suitable for semi-solid forming. Transactions of the 21st International Die Casting Congress, Cincinnati, 2001.

[42] Flemings M C, Martinez R, Figueredo A, et al. Metal alloy compositions and process: US6645323. 2003-11-11.

[43] Yurko J A, Martinez R A, Flemings M C. Commercial development of the semi-solid rheocasting (SSR). Transactions of the International Die Casting Congress, 2003.

[44] Yurko J A, Martinez R A, Flemings M C. SSR™: the spheroidal growth route to semi-solid forming. Eighth International Conference on Semi-Solid Processing of Alloys and Composites, Limassol, 2004.

[45] Wannasin J, Martinez R A, Flemings M C. Grain refinement of an aluminum alloy by introducing gas bubble during solidification. Scripta Materialia, 2006, 55 (2): 115-118.

[46] Wannasin J, Janudom S, Rattanochaikul T, et al. Research and development of the gas induced semi solid process for industrial applications. 11th International Conference on Semi-Solid Processing of Alloys and Composites,

Beijing, 2010.

[47] Burapa R, Janudom S, Chucheep T, et al. Effects of primary phase morphology on the mechanical properties of an Al-Si-Mg-Fe alloy in a semi solid slurry casting process. 11th International Conference on Semi-Solid Processing of Alloys and Composites, Beijing, 2010.

[48] Wannasin J. Applications of semi-solid slurry casting using the gas induced semi-solid technique. 12th International Conference on Semi-Solid Processing of Alloys and Composites, Cape Town, 2012.

[49] Chen Z, Li L, Zhou R, et al. Study on refining of primary Si in semi-solid Al-25%Si alloy slurry prepared by rotating rod induced nucleation. 13th International Conference on Semi-Solid Processing of Alloys and Composites, Muscat, 2014.

[50] Payandeh M, Jafros A E W, Wessén M. Solidification sequence and evolution of microstructure during rheocasting of four Al-Si-Mg-Fe alloys with low Si content. Metallurgical and Materials Transactions A, 2016, 47（3）: 1215-1228.

[51] Wessén M. Rheogjutning av extremt tunnväggiga komponenter. Aluminium Scandinavia, 2012（12012）: 16-17.

[52] Wessén M, Cao H. The RSF technology: a possible breakthrough for semi-solid casting processes. Metallurgical Science and Technology, 2007, 25（2）: 22-28.

[53] Payandeh M, Sabzevar M H, Jarfors A E W, et al. Solidification and re-melting phenomena during slurry preparation using the RheoMetal™ process. Metallurgical and Materials Transactions B, 2017, 48: 2836-2848.

[54] Abramov V, Abramov O, Bulgakov V, et al. Solidification of aluminium alloys under ultrasonic irradiation using water-cooled resonator. Materials Letters, 1998, 37（1-2）: 27-34.

[55] Abramov V O, Straumal B B, Gust W. Hypereutectic Al-Si based alloys with a thixotropic microstructure produced by ultrasonic treatment. Materials & Design, 1997, 18（4-6）: 323-326.

[56] Abramov O V. Action of high intensity ultrasound on solidifying metal. Ultrasonics, 1987, 25（2）: 73-82.

[57] Jian X, Xu H, Meek T T, et al. Effect of power ultrasound on solidification of aluminum A356 alloy. Materials Letters, 2005, 59（2/3）: 190-193.

[58] Jian X, Meek T T, Han Q. Refinement of eutectic silicon phase of aluminum A356 alloy using high intensity ultrasonic vibration. Scripta Materialia, 2006, 54（5）: 893-896.

[59] Pola A, Arrighini A, Roberti R. Effect of ultrasounds treatment on alloys for semisolid application. 10th International Conference on Semi-Solid Processing of Alloys and Composites, Aachen, 2008.

[60] Wu S, Zhao J, Zhang L, et al. Development of non-dendritic microstructure of aluminum alloy in semi-solid state under ultrasonic vibration. 10th International Conference on Semi-Solid Processing of Alloys and Composites, Aachen, 2008.

[61] Shusen W, Chong L, Shulin L, et al. Research progress on microstructure evolution of semi-solid aluminum alloy in ultrasonic field and their rheocasting. China Foundry, 2014, 11（4）: 258-267.

[62] Gabathuler J P, Buxmann K. Process for producing a liquid-solid metal alloy phase for further processing as material in the thixotropic state: US5186236. 1993-02-16.

[63] Shibata R, Kaneuchi T, Souda T, et al. Formation of spherical solid phase in die casting shot sleeve without any agitation. Fifth International Conference on Semi-Solid Processing of Alloys and Composites, Golden, 1998.

[64] Lashkari O, Nafisi S, Ghomashchi R. Microstructural characterization of rheo-cast billets prepared by variant pouring temperatures. Materials Science and Engineering A, 2006, 441（1-2）: 49-59.

[65] Wang H. Semisolid processing of aluminium alloys. Brisbane: The University of Queensland, 2001.

[66] Wang H, Davidson C J, John D H S. Semisolid microstructural evolution of AlSi7Mg alloy during partial remelting.

Materials Science and Engineering A，2004，368（1-2）：159-167.

[67] Flemings M C. Behavior of metal alloys in the semi-solid state. Metallurgical and Materials Transactions B，1991，22：952-981.

[68] Laxmanan V，Flemings M C. Deformation of semi-solid Sn-15%Pb alloy. Metallurgical and Materials Transactions A，1980，11：1927-1937.

[69] Yurko J A，Flemings M C. Rheology and microstructure of semi solid aluminum alloys compressed in drop forge viscometer. Metallurgical and Materials Transactions A，2002，33：2737-2746.

[70] Azzi L，Ajersch F. Development of aluminum-base alloys for forming in semi solid state. Trans Al Conference，Lyon，2002.

[71] Nafisi S，Szpunar J，Vali H，et al. Grain misorientation in thixo-billets prepared by melt stirring. Materials Characterization，2009，60（9）：938-945.

[72] Hunt J D. Steady state columnar and equiaxed growth of dendrites and eutectic. Materials Science and Engineering，1984，65（1）：75-83.

[73] Kun L G. The Application of Electromagnetic Stirring（EMS）in the Continuous Casting of Steel. Warrendale：Iron & Steel Society，1984.

[74] Kenney M P，Courtois J A，Evans R D，et al. Semisolid Metal Casting and Forging，Metal Handbook. Des Plaines：ASM Publication，2002.

[75] Segal V M. Materials processing by simple shear. Materials Science and Engineering A，1995，197（2）：157-164.

[76] Campo K N，Proni C T W，Zoqui E J. Influence of the processing route on the microstructure of aluminum alloy A356 for thixoforming. Materials Characterization，2013，85（6）：26-37.

[77] Moradia M，Ahmadabadi M N，Poorganjic B，et al. Recrystallization behavior of ECAPed A356 alloy at semi-solid reheating temperature. Materials Science and Engineering A，2010，527（16-17）：4113-4121.

[78] Meidani H，Hosseini N S，Ahmadabadi M N. A novel process for fabrication of globular structure by equal channel angular pressing and isothermal treatment of semisolid metal. 10th International Conference on Semi-Solid Processing of Alloys and Composites，Aachen，2008.

[79] Aubrey，Leatham A，Ogilvy P，et al. Osprey process-production flexibility in material manufacture. Metals and Materials，1989，5：140-143.

[80] Mathur P，Apelian D，Lawley A. Analysis of the spray deposition process. Acta Metallurgica，1989，37（2）：429-443.

[81] Vetters H，Schulz A，Schimanski K，et al. Spray forming of cast alloys，an innovative alternative. Proceedings of the 65th World Foundry Congress，Gyeongiu，2002.

[82] Czerwinski F. Magnesium Injection Molding. New York：Springer，2008.

[83] Czerwinski F. On the generation of thixotropic structures during melting of Mg-9Al-1Zn alloy. Acta Materialia，2002，50（12）：3267-3283.

[84] Czerwinski F. Controlling the ignition and flammability of magnesium for aerospace applications：a review. Corrosion Science，2014（86）：1-16.

[85] Czerwinski F. Corrosion of materials in liquid magnesium alloys and its prevention. London：Intech Open Limited，2014：131-170.

[86] Nafisi S，Ghomashchi R. Grain refining of conventional and semi-solid A356 Al-Si alloy. Journal of Materials Processing Technology，2006，174（1-3）：371-383.

[87] Ma G D，Li L，Xi S Y，et al. Enhanced combination of strength and ductility in the semi-solid rheocast

hypereutectic Al Si alloy with the effect of *in-situ* TiB$_2$ particles. Materials Characterization，2021，176：111143.

[88]　Zheng L，Liu Z，Mao W M，et al. Effect of grain-refined on primary α phase in semi-solid A356 alloy prepared by low superheat pouring and slightil electromagnetic stirring. Acta Metallurgica Sinica，2006，21（1）：57-64.

[89]　Yan M，Luo W. Effects of grain refinement on the rheological behaviors of semisolid hypoeutectic Al-Si alloys. Materials Chemistry & Physics，2007，104（2-3）：267-270.

[90]　NADCA：North American Die Casting Association. Product specification standards for die castings produced by semi-solid and squeeze casting process. Illinois，2006.

[91]　He Y F，Xu X J，Zhang F，et al. Impact of die and plunger lubricants on blistering during T6 heat treatment of semi solid castings. Trans 2013 NADCA Die Casting Congress and Tabletop，2013，T13-012.

[92]　Midson S P. Industrial applications for aluminum semi solid castings. 13th International Conference on Semi-Solid Processing of Alloys and Composites，Muscat，2014.

[93]　Wallace G，Jackson A P，Midson S P，et al. High-quality aluminum turbocharger impellers produced by thixocasting. Transactions of Nonferrous Metals Society of China，2010，20（9）：1786-1791.

[94]　Major F J. Porosity control and fatigue behavior in A356-T61 aluminum alloy. Transactions of the American Foundrymen's Society，1997（105）：901-906.

[95]　Wallace G，Jackson A P，Midson S P. Novel method for casting high quality aluminum turbocharger impellers. SAE International Journal of Materials & Manufacturing，2010，3（1）：405-412.

[96]　Kenny M P，Courtois J A，Evans R D，et al. Semisolid metal casting and forging//ASM Handbook. Chichester：Ellis Horwood，1992.

[97]　Kuroki K，Suenaga T，Tanikawa H，et al. Establishment of a manufacturing technology for the high strength aluminum cylinder block in diesel engines applying a rheocasting process. Eighth International Conference on Semi-Solid Processing of Alloys and Composites，Limassol，2004.

[98]　Yurko J，Boni R. SSR™ semi solid rheocasting. La Metallurgia Italiana，2006（3）：35-41.

[99]　Pasternak L，Carnahan R，Decker R，et al. Semi-solid production processing of magnesium alloys by thixomolding. Second International Conference on Semi-Solid Processing of Alloys and Composites，MIT，Cambridge，1992.

第8章

铝合金压力铸造技术

8.1.1 概述

低压铸造是使液态金属在外力作用下，沿逆重力方向流动并充填型腔，迫使金属液由送料管上升填充铸型，并在压力控制下完成凝固的铸造方法。低压铸造所用压力一般为 20～150 kPa。由于在压力下完成凝固，低压铸造具有补缩条件较好、铸件组织致密、适宜铸造大型薄壁复杂铸件[1]，以及无须冒口而获得高金属收得率（高达 95% 左右）等优点。相比压铸与挤压铸造而言，低压铸造对充型压力要求较低，充型过程相对平稳，工艺过程容易实现自动化，目前广泛用于汽车零部件的铸造，如车轮和气缸盖等需要良好尺寸精度的零部件[2]。

8.1.2 我国低压铸造技术装备发展历程

我国低压铸造技术发展历史较短，但发展速度较快。1955 年，天津拖拉机制造厂采用压缩空气精密铸造铝合金型板。1958 年，华东邮电器材厂应用了低压铸造工艺。从 20 世纪 60 年代开始，这一工艺在北京、天津、上海、辽宁等地得到一定程度的发展，70 年代中期出版了低压铸造的专著和相关手册[3]。

1978～1984 年，当时的第一、第六、第八机械工业部等相继召开了低压铸造经验交流会，介绍了国内先进的低压铸造设备和工艺。1982 年，机械工业部济南铸造锻压机械研究所根据国内低压铸造生产经验，并参考印度 Dimo Castings 公司大型低压铸造机的结构及参数，率先设计研发了 J452 型金属型低压铸造机，铸造熔炼坩埚密封，坩埚容量 150 kg。1983 年，北京摩托车制造厂与机械工业部沈阳铸造研究所共同研制了新型倾转式半自动金属型低压铸造机,并获得 1985 年度北京市技术开发优秀项目奖,这是国内第一台新型倾转式低压铸造机通用产品。同一时期,哈尔滨工业大学研制的差压铸造液面加压控制系统在沈阳 139 厂经厂校合作完成,生产出差压铸造舱体铸件,并投入生产。

1993~1994 年,济南铸造锻压机械研究所和天水星火机床厂共同成功研制了新型 J455 型 500 kg 金属型低压铸造机,该机成为当时国内最大的低压铸造机通用产品。2000~2001 年,济南铸造锻压机械研究所率先研制成功 JZ456 型 650 kg 大型双送料管金属型专用低压铸造机,机器台面尺寸与 1000 kg 的低压铸造机相当。2002 年,浙江万丰科技开发有限公司率先研发成功了 WFZJ-1125 型 1100 kg 金属型低压铸造机,该机具有多通道模具水气混合冷却系统和多个送料管结构,可生产 25 in(1 in = 0.0254 m)以上的大型铝合金轮毂,为当时国内最大规格的低压铸造机。

2007 年,济南铸造锻压机械研究所率先研发成功了"150 kg + 300 kg + 400 kg"三工位坩埚密封的吊挂式砂型低压铸造机,其主要创新点是三工位共用一套液面加压系统,浇铸时通过气路逻辑控制完成自动切换。2010 年,新兴重工湖北三六一一机械有限公司研发成功了 J458 型双送料管液面(喉口)悬浮式低压铸造机,该机主要由四柱式主机、辐射式熔池保温炉、保温炉传动机构、取件机械手、PLC 电气控制系统、微机液面加压系统、模温控制系统、装卸模具小车及压缩空气处理装置等组成。2012 年,华中科技大学开发研制了连续式低压铸造设备,实质上是保温室为辐射式加热的三室炉低压铸造机[4]。

8.1.3　低压铸造技术装备特点

低压铸造设备一般由主机、液压系统、保温炉、液面加压装置、电气控制系统及铸型冷却系统等部分组成。为减少低压铸造零部件的孔隙率,往往在凝固末期在铸造系统中建立较高的压力进行补缩,此时局部的凝固压力可能被提高到 1 bar 左右(大约是压铸工艺凝固压力的 1%)[5]。

低压铸造系统通常分为三类:密封式、非密封式和真空辅助式。在非密封式低压铸造系统中,使用高温液态金属转移泵将液态金属从熔炼炉中转移出来,输送至模具型腔完成凝固成型。典型的非密封式低压铸造工艺为 Cosworth 工艺[6],它使用电磁泵将金属液提升到模具中,从而完成低压铸造成型。密封式低压铸造系统需要使用密封和可加压的专用熔炼炉,在这个熔炼炉里采用一根或多根空心送料管穿过炉盖,连接液态金属和模具。此时模具放在熔炼炉顶部,铸造过程中,在熔炼炉高温液面建立压力,熔化的金属通过送料管被强行送入模具完成铸造。美铝公司开发的工艺是应用较为成熟的封闭式低压铸造系统。第三种类型的低压铸造系统为真空辅助系统，其铸造过程与密封系统类似，只是在对熔体加压之前（或同时），在模具型腔建立真空负压，从而进一步辅助液态金属充型凝固。

低压铸造将金属液从模具的底部输入型腔，铸件从下向上充型后凝固结晶。与重力铸造相比，低压铸造充型平稳，可最大限度地减少湍流和氧化物的形成，并且其补缩充分，铸件较致密。低压铸造系统熔体输送时，熔炼炉内氧化物和夹杂物往往沉淀在底部或上升到表面，因此熔体夹杂物含量和含气量可控制在较低水平。由于低压铸造在熔体输送和铸件凝固顺序上均有利于铸件补缩，因此低压铸造铸件孔隙率较低，可以通过热处理来优化其组织和性能。此外，使用带有整体冷却通道的金属模具可以控制低压铸造铸件的冷却条件，有利于调控铸件组织性能。然而，低压铸造工艺也存在一些局限，这些限制大多数与设备有关。最大的局限在于熔体输送装置：由于铸造过程中送料管中液位高度需要和铸件尺寸匹配，更换铸件时送料管中金属液高度会发生变化，如果变化较大将不可避免产生氧化物，增加熔体中氧化物进入模具的风险。

在早期的低压铸造系统中，金属液充型所需的压力往往施加在金属侧，主要目的是实现相对平稳的模具充型过程。典型低压铸造系统的工艺过程如图 8.1 所示[7]。

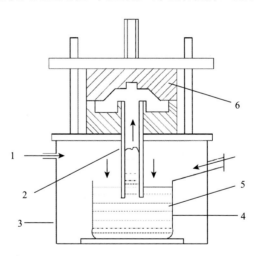

图 8.1　低压铸造系统示意图

1. 压缩气体；2. 送料管；3. 密封容器；4. 坩埚；5. 金属液；6. 铸型

（1）模具位置：位于密闭的炉子上方。需要注意的是，有些方法采用电磁泵输送高温金属液，此时熔炼炉可以处于半封闭状态。

（2）熔体输送：熔融金属从底部通过一根杆进入模腔。熔炼炉中的熔体被密封熔炼炉中的气体加压（或电磁泵输送），迫使熔体向上流动。熔体流动速度由加压时间曲线控制，可实现精确的流量控制。

（3）建立凝固压力：铸造过程中持续保持压力，直到铸件完成凝固过程（对于常规零部件，凝固压力持续时间通常为 4～15 min）。

（4）释放凝固压力：在凝固末端达到送料管顶部，即铸件底部时，需要释放凝固压力，使送料管中的熔体退入熔炼炉内。该功能可省略常规铸造方式中的流道系统，因此可大幅度提高材料利用率。通常低压铸造材料利用率可高达 95%～98%。

低压铸造技术应用的主要目的之一是解决传统重力铸造浇铸系统充型和补缩的矛盾，因其金属液由下而上充填铸型，最初该技术应用的材料领域仅限于铝合金等轻合金，目前广泛用于汽车零部件的铸造，如车轮和气缸盖等需要良好尺寸精度的零部件。

8.1.4　低压铸造技术研究现状

1）低压铸造工艺研发

对于低压铸造生产工艺而言，合金液的充型速度、液流的平稳性及加压压力跃变速度是至关重要的问题。国内外众多科技人员在这些方面开展了大量基础研究并进行了广泛的工程实践，取得许多新进展。

加拿大哥伦比亚大学 D. M. Maijer 团队一直专注于计算机数值模拟在低压铸造铝合金制件上的工业应用和开发[8]。最近他们利用数值模拟技术对低压铸造铝合金汽车轮毂制件的宏观孔隙、微观孔隙和氧化膜的缺陷进行了预测分析，并结合模拟结果对低压铸造工艺参数进行优化，抑制了缺陷形成并提升了铝合金制件的整体性能。该团队的研究结果表明，铝合金汽车轮毂低压铸造缺陷主要取决于铸造过程中金属液的充型及热传导过程。在充型过程中，模具型腔内部气体运动轨迹捕捉困难，导致数值模拟结果难以与实际低压铸造过程相符。D. M. Maijer 研究团队在充分考虑型腔内部气体对充型过程影响的基础上，利用数值模拟技术优化充型过程的压力参数获得了无缺陷的 A356 铝合金轮毂模型，并通过实验加以验证。

我国西北工业大学凝固技术国家重点实验室对低压铸造工艺进行了系统研究[9, 10]。郝启堂等[9]以 ZL114A 铝合金为原材料，在自制的低压铸造设备上分别铸造了不同厚度的平板件，对低压铸造过程中的充型与凝固特点进行了研究。结果表明，低压铸造实际充型速度小于理论给定速度，且模具型腔结构越复杂，铸件截面积越小，对金属液的充型阻碍越大，实际充型速度越慢，据此在设置工艺参数时应正确选择阻力系数。比较不同厚板实验结果显示，在 40 mm/s 的充型速度下整个充型过程平稳无波动并能有效减少氧化夹杂和卷气等情况的发生，凝固组织分析表明此充型速度下铸件无缺陷，组织性能优异。分析其主要原因：一方面合金液充型过程中顺序充填铸型；另一方面低压铸造充型时间较重力铸造充型时间长，有利于型腔内气体排出。李建峰[10]以 A357 铝合金为原材料对其在低压铸造工艺条件下的凝固特性及充填规律进行了研究。实验结果表明，在保证合金液充型过程升液平稳且充满型腔的前提下，充型压力提高到 30 kPa 时，能够得到优质的铸件宏观形貌、细化的晶粒组织和优异的力学性能。

华中科技大学长期开展低压铸造工艺数值模拟 CAE 软件的开发及工程应用研究，并应用数值模拟的原理对低压铸件的充型凝固过程进行了持续研究。廖敦明等[11]采用华铸 CAE 低压模块对低压铸件充型凝固过程进行了模拟，结果与实际符合较好，实际应用也显示华铸 CAE 低压模块能有效地评判低压铸造工艺设计的合理性。其模拟充型过程的基本原理是基于金属液带有自由表面黏性的不可压缩非稳态流动，其运动状态的数理描述需采用动量守恒方程、质量守恒方程和能量守恒方程，自由表面的移动是采用解体积函数方程来确定。对铝合金轮毂低压铸件进行数值模拟并与实际情况作对比，结果显示两者相符。通过数值模拟可以有效改进低压铸造浇铸系统设计，从而提高铸件质量。

2）低压铸造用铝合金材料开发

A356/357 铝合金是低压铸造技术常用的铝合金材料，部分对耐磨性能有要求的产品也采用 A390 铝合金进行制备。中国专利 CN1483848A 公开了一种微型汽车发动机缸盖低压铸造铝合金，其主要化学成分为 Si、Cu、Mg，特别是 Cu、Mg 控制较好，其有害杂质元素控制较严格；合金经变质及 T6 热处理后抗拉强度高于 300 MPa、布氏硬度（HB）值为 110；合金具有足够的强度和刚度，能够满足微型汽车发动机缸盖低压铸造工艺和机械加工工艺。韩国仁荷工业专科大学（Inha Technical College）的 Choong do Lee 将合金成分微调后的 A356 铝合金（表 8.1）进行低压铸造成型[12]，获得了具有致密微观结构的制件，其耐循环疲劳破坏的极限循环次数相对于传统铸造方式有极大提高（T6 热处理后的低压铸造铝合金轮毂在 200 MPa 应力作用下的循环次数可达到 0.5×10^5）。

表 8.1　韩国仁荷工业专科大学低压铸造用 A356 铝合金成分（单位：wt%）

元素	质量分数	元素	质量分数	元素	质量分数	元素	质量分数
Si	7.42	Mn	0.015	Fe	0.272	Sr	0.02
Mg	0.372	Cu	0.14	Ti	0.14	Al	Bal.

8.2　差压铸造

8.2.1　概述

差压铸造（counter pressure casting）是传统低压铸造的进一步发展，这项技术最早开发于 20 世纪 60 年代，在保加利亚用于铸造装甲车车轮。差压铸造与低压铸造类似，但它是用两个压力室来操作的，一个用于熔融金属，另一个用于铸造模具。两个压力室同时加压，工作压力相等，可达到 0.4 MPa。然后，炉子的压力再次增加约 100 kPa。这使得金属在填充管中以可控的速度上升到铸造腔中。金属在压力差下实现填充，这可以通过调节炉内和铸型腔内的气体压力阀门进行精确控制。

差压铸造是需要高强韧性以确保安全和可靠性产品的一个理想选择。其中需要高机械性能、延展性及高性能稳定性的车用底盘部件是差压铸造的重要应用场景，包括：前、后转向节/主轴，上、下控制臂，副车架，前、后横梁，结构托架，避震塔等。差压铸造能够使铝合金零部件具有良好的机械性能和延展性，即使在大规模生产中也可以保持稳定。这些优点，加上其高效和高产的铸造设备，使其成为铝底盘零部件生产的重要选择，目前全世界的主要汽车制造商都在应用这种高效稳定的铸造工艺。

在其他传统的铝铸造工艺中，如低压铸造、高压铸造、砂型铸造和挤压铸造，有许多问题需要注意。这些铸造工艺有可能出现金属的紊乱流动，在填充过程中引入气体和凝固孔隙，从而导致铸件结构完整性的破坏。而差压铸造可以减少和控制这些问题，从而提供具有高强韧和可靠性的铸件。差压铸造使用两个独立的压力室，这个过程开始时，对保温炉和模具室进行同等加压。而后保温炉里的压力增加，模具室的压力则被释放，其中压力差通常为 300~1000 Mbar。这使得熔体在填充管中上升，并对熔体表面产生恒定的反压力。填充过程是无扰动的，可以更好地控制和均匀。浇铸室上的持续反压力也防止了其他工艺在填充过程中通常出现的气体引入。

合金熔体的凝固阶段是通过使用空气或水进行定向冷却来控制的。在铸件开始凝固时，在保温炉内施加更大的压力，以实现对容易产生收缩区域的充型和补缩。这确保了铸件尺寸和致密度的稳定性。当铸件冷却后，两个腔室的压力被迅速释放，并重复这一过程。具体过程包括以下六步。

第 1 步：模腔关闭，铸造周期开始。第 2 步：保温炉和模具室被平均加压。第 3 步：保温炉内的压力增加，熔体开始填充模腔，反向压力持续在模腔内施加反压力。第 4 步：铸件在反压力下使用定向空气/水冷却而凝固。第 5 步：两室压力平衡（$\Delta P = 0$），熔体返回炉内。第 6 步：模具室被打开，铸件被取出。

由于差压铸造有能力以平静的方式控制金属流动，因此可以获得更均匀的微观结构。在整个过程中使用反压力有助于防止气体和孔隙的引入。差压铸造可以有效控制铸造过程的缺陷。与挤压铸造、高压铸造和砂型铸造相比，差压铸造 A356 铝合金零部件可以达到 14%的伸长率。

除了技术上的优势外，差压铸造还具有一些应用上的优势，包括：初始投资成本低；较低的工艺复杂性使该工艺很容易与任何现有的生产相结合；能够实现

95%以上的材料利用率；生产的零部件具有较高的稳定性。图 8.2 为典型的差压铸造设备及工艺流程[13]。

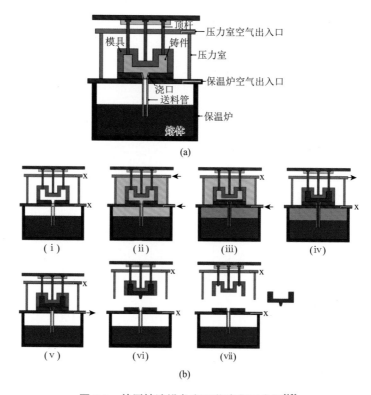

(a)

(b)

图 **8.2** 差压铸造设备和工艺流程示意图[13]

（a）差压铸造设备结构；（b）差压铸造的主要步骤：（ⅰ）关闭压力室；（ⅱ）保温炉和压力室加压；（ⅲ）保温炉压力进一步缓慢增加；（ⅳ）压力室压力迅速释放；（ⅴ）保温炉压力释放；（ⅵ）模具打开；（ⅶ）铸件被取出

8.2.2 差压铸造技术研究现状

如前所述，差压铸造技术具有充型过程平稳、铸件致密度高、产品性能稳定等优势，目前广泛应用于高性能汽车用铸造零部件的制备过程。然而常规的差压铸造技术仍存在一定的铸造缺陷问题，在此基础上发展的真空差压铸造技术可以更好地解决这一问题。另外，新一代的差压铸造技术面临着复杂形状零部件充型过程的挑战，以及差压铸造充型过程稳定性的进一步优化等问题，下面分两个方面具体阐述。

1）真空差压铸造技术

真空差压铸造技术的特点是以常规差压铸造为基础，在铸造之前首先将上下罐体内进行抽真空处理，而后对上下罐体先进行等同加压，之后使上下罐体产生压力差，熔体进行反重力方向的充型，最终在压力作用下凝固成铸件。其优点在于能够进一步排除由于空气残留在铸件中导致的铸件致密度下降，提高差压铸造产品的内部质量和性能稳定性。严青松[14]针对复杂薄壁铝合金铸件的特点，较早进行了真空差压铸造的工艺和理论研究，并且提出了真空差压铸造的智能控制系统设计。其研究结果表明，真空差压铸造技术具备生产最薄壁厚 1 mm 以下近无余量、复杂薄壁铸件的能力，具有广阔的应用前景。黄普英等[15]研究发现分级加压压差对真空差压铸造 ZL114 合金的微观组织和共晶 Si 形貌均具有显著影响，其加压铸造工艺曲线如图 8.3 所示。当分级加压压差增加到 185 kPa 时，ZL114 合金组织中晶粒显著细化，同时粗大的棒状或针片状共晶 Si 变为细小的短棒状与颗粒状的形式存在。分级加压真空差压铸造相对于传统的真空差压铸造工艺可以进一步加大凝固压差，金属液具有强劲的挤渗补缩作用，减少缩松、缩孔，提高合金的性能。

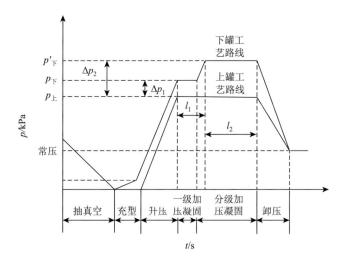

图 8.3　真空差压分级加压铸造工艺曲线[15]

　　吴晓雨等[16]研究了真空差压分级加压铸造 ZL114A 合金高温蠕变性能的影响，研究结果表明分级加压压差可以显著优化真空差压铸造 ZL114A 合金的蠕变性能。随着分级加压压差的提高，蠕变断口形貌中韧窝尺寸增大，试样断裂前塑性提高；合金微观组织致密性提高，抑制了蠕变空洞的性能，使 ZL114A 合金的高温蠕变性能显著提高。黄朋朋等[17]研究了交变磁场-真空差压协同场下 ZL205A 合金 Al_2Cu 相的生长特性，其工艺曲线如图 8.4 所示。研究发现，在真空差压铸造过程中对熔体施加交变磁场可以改变 Al_2Cu 相的生长特性并且细化 Al_2Cu 相，有效改善了 ZL205A 合金的力学性能。另外，严青松等[18]研究了超声振动-真空差压协同作用对铝合金微观组织及力学性能的影响，研究结果表明，当超声施振温度为 720℃时，ZL114A 合金的微观组织得到细化，强度和伸长率均得到明显提高。

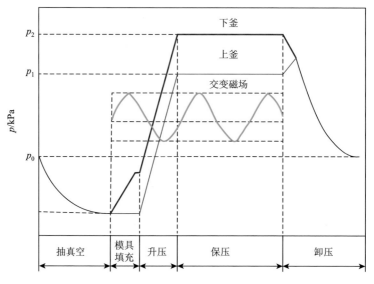

图 8.4　交变磁场-真空差压协同作用工艺曲线[17]

综上所述，真空差压铸造是一种可实现高质量铝合金铸件制备的铸造技术，能够改善 Al-Si、Al-Cu 等系列铸造铝合金差压铸件的微观组织和力学性能，其与交变磁场、超声振动的协同作用能够进一步改善铸件的组织及性能。

2）差压铸造的数值模拟技术

在差压铸造技术的研究中，数值模拟常用来分析复杂薄壁铸造零件产品凝固过程的温度场，零件不同位置的凝固顺序及凝固过程产品不同位置的孔隙率等信息，进一步通过模拟结果进行产品的结构优化。王志鹏等[19]通过数值模拟技术对铝合金减速器前盖进行了差压铸造工艺优化。研究结果表明，铸件的充型速度及充型压力对合金熔体的充型过程有着明显的影响，通过调整充型过程参数可以消除铸件中的热节点，并且使铸锭凝固过程实现较为均匀的温度场，提升铸件质量。

田运灿等[20]使用 ProCAST 软件对差压铸造转向节进行了淬火过程应力场数值模拟，如图 8.5 所示，得到了铸件的应力动态变化及分布规律，指出复杂薄壁铸件淬火后厚壁部位表面表现为拉应力，自表面向内拉应力逐渐降低，薄壁位置均表现为拉应力。

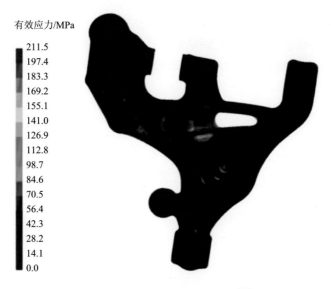

图 8.5　铸件等效残余应力分布[20]

对于差压铸造的数值模拟，与低压铸造存在共同之处，主要是通过 ProCAST、Magna 等数值模拟软件进行复杂零部件的熔体充型、温度场、流场模拟，以获得熔体压力充型工艺条件、模具设计及凝固过程之间的相互关系，从而指导差压铸造零部件的生产过程与工艺模具优化。目前，相关的模拟软件及模拟技术已发展得较为成熟，成功在汽车轻量化等复杂形状铸件的设计与制备中得到应用。

8.3　高压铸造

8.3.1　概述

高压铸造是一种利用高压将金属液高速压入模具内的精密铸造成型工艺。经由高压铸造制备的铸件，其尺寸公差小、表面精度高，在大多数情况下不需要再车削加工即可装配应用，甚至部分有螺纹的零部件也可直接通过压铸制备[21]。因此，高压铸造广泛应用于电子工业、交通运输等领域复杂薄壁零部件，部分造型复杂的装饰品也可采用高压铸造制造。

高压铸造设备主要分为冷室压铸机和热室压铸机，压铸模具通常是用高强度模具钢加工制备。由于压铸设备和模具的造价高昂，通常压铸工艺更适用于零部件的大批量制造成型。特别是大批量的中小型铸件，采用压铸成型的铸件表面更为平整，拥有更高的尺寸一致性。

由于高压铸造高速充型的特点，金属液高速进入模具时不可避免卷入气体，因此压铸件含气量较高而出现孔洞缺陷。目前，已发展出改进的压铸工艺——半固态压铸、真空压铸设备与工艺，控制缺陷排除气孔获得高性能压铸件，并可通过后续热处理进一步调控其组织性能。

8.3.2 高压铸造技术装备特点

高压铸造技术最初来源于制备印刷用铅字[22]。1885 年，默根特勒（Mersenthaler）发明了印字压铸机，用于生产低熔点的铅、锡合金铸字。19 世纪 60 年代，压铸开始用于锌合金压铸零部件生产。发展到 20 世纪初，压铸广泛用于工业生产，如现金出纳机、留声机和自行车的零部件。1904 年，英国的 H. H. Franklin 公司开始用压铸方法生产汽车的连杆轴承，开创了压铸零部件在汽车工业中应用的先例。1905 年，H. H. Doehler 研制成功用于工业生产的压铸机，压铸锌、锡、铜合金铸件。随后 Wagner 设计了鹅颈式气压压铸机，用于生产铝合金铸件。

捷克工程师 Jesef Pfolak 克服了热压室压铸机的压射压力受限的不足，将贮存熔融合金的坩埚与压室分离，显著地提高压射压力而设计出冷压室压铸机，进一步推进了高压铸造工业生产规模应用进程。高压铸造属于高效率金属成型工艺，目前全球主要的铝压铸企业有美国 Alcast 公司、美国 Howmet 宇航公司（Howmet Aerospace Inc.）、英国力拓集团（Rio Tinto Group）、罗切斯特铝冶炼加拿大有限公司（Rochester Aluminum Smelting Canada Ltd.）等，这些企业的规模较大、专业化程度较高，在资金、技术、客户资源等方面具有较强优势。

我国高压铸造行业诞生于 20 世纪 50 年代。"一五"时期，自民主德国、捷克斯洛伐克等引进少量压铸设备，建立了新中国的压铸工业。随着我国国民经济的持续发展，压铸市场不断扩展，一些重要的工业领域采用有色合金压铸件越来越多。20 世纪 70~80 年代，压铸业有了较大的发展，许多大型企业建立了一定规模的压铸车间，相继在上海、北京、重庆、沈阳、大连、青岛等大中城市建立了专业压铸厂。20 世纪 90 年代，随着改革开放的逐步深入，我国压铸业进入快速发展时期。压铸作为重要的金属成型技术之一，已渗透到各个工业领域，我国当时压铸件生产厂家已经遍布全国各个地区。1991 年，全国压铸件产量达到 16.5 万吨，之后连续 10 年持续增长，至 2000 年产量达到 49.86 万吨，年复合增长率达到 13.07%。

进入 21 世纪，随着国民经济的高速发展，我国汽车工业进入高速增长期，汽车压铸件产销量随之增长。随着工业应用对压铸件的质量、产量和扩大应用提出越来越高的需求，压铸行业不断采用新工艺、新技术，促进了压铸装备、技术与生产的蓬勃发展[23]。

　　高压铸造机主要可以分为热室压铸机与冷室压铸机两种不同的类型，典型的压力范围为 400～4000 t。热室压铸也被称作鹅颈压铸，它的金属池内是熔融状态的液态、半固态金属，这些金属在压力作用下填充模具。在循环开始时，机器的活塞处于收缩状态，这时熔融态的金属就可以填充鹅颈部位。气压或是液压活塞挤压金属，将它填入模具之内。

　　热室压铸的优点包括循环速度快（大约每分钟可以完成 15 个循环），容易实现自动化操作，同时将金属熔化的过程也很方便。缺点则包括无法压铸熔点较高的金属，同样也不能压铸铝，通常用于锌、锡及铅的合金。由于热室压铸机锁模力通常较小，很难用于压铸大型铸件，更适合于电子工业用小型薄壁件的压铸生产。

　　冷室压铸适用于铝、镁、铜及铝含量较高的锌合金。成型过程中，首先在一个独立的坩埚中先把金属熔化，然后定量将熔融金属液转移输送至压室，接着通过液压或者机械压力冲头将这些金属液高速挤压进入模具型腔。由于冷室压铸需要把熔融金属转移进压室，这种工艺的循环时间远长于热室压铸。冷室压铸机还有立式与卧式之分，立式压铸机通常为小型机器，而卧式压铸机则具有各种型号。图 8.6 是以液压为压力来源的冷室卧式压铸设备示意图[24]。

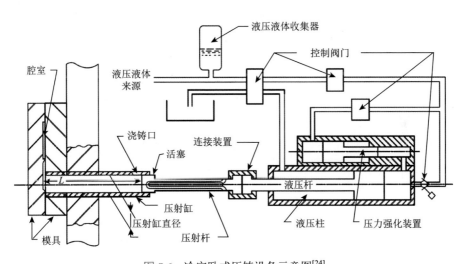

图 8.6　冷室卧式压铸设备示意图[24]

8.3.3　高压铸造技术研究现状

1）高压铸造技术的特点

　　高压铸造是在压铸机的压室内浇入液态或半固态的铝合金，使它在高压和高速下充填型腔，且在高压下成型和结晶而获得铸件的一种铸造方法。高压高速是压铸的重要特征，也是与其他铸造成型法的根本区别。

压铸具有以下主要特点。

（1）生产效率高。充型压力在 20～200 MPa 范围内，充型的初始速度为 15～70 m/s，充型时间仅为 0.01～0.2 s，铸造的生产周期短，一次操作的循环时间为 5～180 s，适合大批量生产。

（2）铸件精度高，轮廓清晰，尺寸精度高（可达 2～5 级），表面粗糙度 R_a 低（可达 1.6～25），无须机械加工或少量机械加工即可装配，适合铸造薄壁铸件（最小壁厚可达 0.3 mm），如笔记本计算机铝合金外壳。

（3）铸件力学性能好。铸件由于在压铸型腔中迅速冷却且在压力作用下凝固，所得组织晶粒细小致密，强度较高。另外，激冷造成表面硬化，形成 0.3～0.5 mm 的硬化层，表现出良好的耐磨性。

（4）铸造采用镶铸法可以省去装配工序并简化制造工艺。镶铸的材料可为钢、铸铁、铜、绝缘材料等，制备出有特殊要求的铸件。

（5）由于充型速度快，空气难以排出，容易被压碎为细密的气泡残留在铸件内，气泡过大则铸件不能热处理，甚至报废。

高压铸造过程中压射压力及速度的变化：高压铸造过程中，通常根据金属液在模具内充型体积动态调节冲头压射速度和压射压力，其压射压力和速度的变化相对复杂，为压铸工艺参数调控的重要环节。图 8.7 为压铸件不同阶段液体金属所受压力及流动速度的变化情况。从图中可知，液体金属在压室及压铸型腔中的运动情况可分为以下四个阶段。

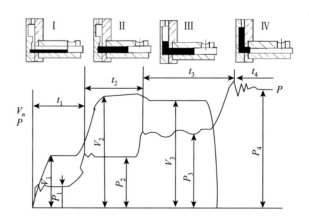

图 8.7　压铸过程中压力 P 和速度 V 变化曲线

第一阶段：慢速封孔阶段。冲头以慢速 V_1 向前移动，液体金属在较低压力 P_1 作用下推向内浇道。低的压射速度是为了防止液体金属在越过压室浇铸孔时溅出和有利于压室中气体的排出，减少液体金属卷入气体。此时压力 P_1 只用于克服压射缸内活塞移动和冲头与压室之间的摩擦阻力，液体金属被推至内浇道附近。

第二阶段：填充阶段。二级压射时，压射活塞开始加速，并由于内浇道处的阻力而出现小的峰压，液体金属在压力 P_2 的作用下，以极高速度在很短时间内填充型腔。

第三阶段：增压阶段。充型结束时，液体金属停止流动，由动能转变为冲压力。压力急剧上升，并由于增压器开始工作，使压力上升至最高值。这段时间极短，一般为 0.02～0.04 s，称为增压建压时间。

第四阶段：保压阶段，也称为压实阶段。金属在最终静压力 P_4 作用下进行凝固，以得到组织致密的铸件。由于压铸时铸件的凝固时间很短，因此，为实现上述目的，要求压射机构在充型结束时能在极短的时间内建立最终压力，使得在铸件凝固之前，压力能顺利地传递到型腔中。所需最终静压力 P_4 的大小取决于铸件的壁厚及复杂程度、合金的性能及对铸件的要求，一般为 50～100 MPa。

图 8.8 为不同临界压射速度对某款压铸零部件内部组织和缺陷的影响案例[25]。合金主要由 α-Al 基体和 Si 组成，黑色的区域是孔洞缺陷，如箭头所示。

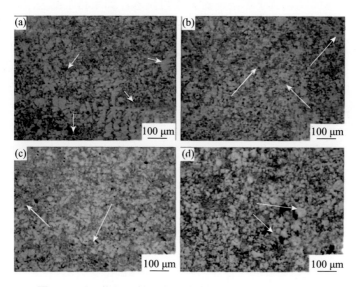

图 8.8　不同临界压射速度对铸件组织和内部缺陷的影响

浇铸温度 680℃，高速切换点位置为 440 mm，（a）2.5 m/s；（b）2.7 m/s；（c）3.0 m/s；（d）3.5 m/s

从图 8.8 中可知，当临界压射速度为 2.5 m/s 时，合金中组织分布不均匀，初生 α-Al 相多数以细小枝晶分布为主，但也出现尺寸较为粗大的枝晶晶粒。这是因为压射速度较慢延长了金属液的充型时间，导致在压室和浇道中部分枝晶已形成，并在后续充型过程中破碎、持续凝固长大。另一方面，在此压射速度下，铸件内部存在少量的孔洞。当临界压射速度为 2.7 m/s 时，合金中粗大的 α-Al 枝晶明显减少，以细小枝晶分布为主，同时合金中孔洞缺陷较少。这是因为压射速度的升高缩短了金属液的充填时间，减少金属液流动过程中温降，从而有利于金属液的充型。当临界压射速度为 3.0 m/s 时，合金中组织仍比较细小，孔洞缺陷数量略高于速度 2.7 m/s 时，这可能与该压射速度下金属液运动较快有关。但当临界压射速度为 3.5 m/s 时，金属液在压室中流动状态明显较快，合金中组织没有明显变化，但是内部孔洞缺陷面积增大，并出现较大尺寸孔洞。由此可见，压射速度是压铸件组织与缺陷形成的重要影响因素。

2）半固态压铸成型工艺

20 世纪 70 年代初，美国麻省理工学院提出半固态铸造成型技术[26]，其主要原理是将过热金属液冷却至固液两相区的温度范围，对其施加搅拌或搅动，改变初生相的形核与长大过程，得到液态金属中均匀悬浮着一定数量的球状初生相的固液混合浆料，这种浆料具有较好的流动性和较低的变形抗力，满足形状复杂铸件的成型要求。半固态压铸技术分为流变、触变成型两条工艺路线[27]：如果将半固态浆料直接压铸，则属于半固态流变成型技术；如果将半固态浆料先冷却凝固形成半固态金属坯料，再按铸件大小将半固态金属坯料分切，并重新加热至金属的固液两相区温度范围，随后将高温半固态坯料转移至压室压铸成型，则属于半固态触变成型技术。由于触变成型需要坯料冷却、锯切和重熔，其工序较长，另外重熔时温度准确性和均匀性控制难度大，目前主要采用流变成型进行产品试制。

国内外学者采用不同的半固态浆料制备原理开发出多种制浆工艺[28-30]，并结合压铸或挤压铸造形成了多种半固态流变成型技术，包括美国麻省理工学院开发的半固态流变铸造（SSR）技术、日本 UBE 公司开发的倾斜板浇铸式流变成型（NRC）技术、加拿大铝业开发的热焓平衡式流变成型（SEED）工艺等，并利用这些工艺开发出多种汽车底盘铝合金铸件。目前，美国麻省理工学院开发的 SSR 工艺相对成熟，图 8.9 为该工艺技术的流程示意图：首先将低过热度的合金液浇铸到浆料制备坩埚，利用石墨搅拌杆对坩埚中合金液进行短时间弱机械搅拌；搅拌过程中，当合金熔体冷却到液相线温度以下时移走搅拌器；待坩埚中半固态浆料冷却到预定温度或预期固相分数后，将其倾入压铸机或挤压铸造机压室，最后在压力下凝固成型。目前，该工艺已在意大利意德拉（Idra）集团有限公司实现产业化生产。

半固态铸造技术可制备形状复杂的汽车底盘结构件，浆料在充填模具型腔时非常平稳，不易发生喷溅，零部件更致密，可进行热处理强化，力学性能优异。但是，由于半固态浆料制备工艺复杂，关键设备与核心技术被国外少数公司和研究机构控制，形成了专利保护，导致该工艺在国内企业的推广受到一定限制。

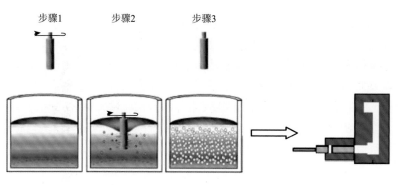

步骤1　　　步骤2　　　步骤3

图 8.9　SSR 成型技术工艺原理示意图

3）真空压铸成型工艺

真空压铸成型工艺是通过在压铸过程中抽除压铸模具型腔内的气体而消除或显著减少压铸件内的气孔和溶解气体，从而提高压铸件力学性能和表面质量的先进压铸工艺[31]。真空压铸技术主要有两种操作模式：一种是通过抽气机对于特殊的模具型腔进行抽气工作；另一种是将普通的模具整体放入真空室内完成压铸工艺。通常情况下，第一种模式对模具自身的密封性和质量要求相对较高，而第二种模式的生产经济成本偏高，在生产过程中要根据厂商的实际情况及需求进行选取[32]。

截止阀是高真空压铸技术的核心，其原理是利用合金液的惯性冲击力实现排气通道的关闭，并利用杠杆方式进行连接。真空截止阀采用主动和从动活塞杠杆传动，能够使活塞获得较大位移，大大提升了截止阀关闭的灵敏性和可靠性。与此同时，高真空压铸铸件时要确保型腔中的真空度达到 91 kPa 以上，需要极大的抽气速度方可在最短时间内实现，因此真空压铸中通常配有体积较大的缓冲罐，辅助将型腔中的气体抽出。缓冲罐中的气体需要用真空泵不断抽出。

除了真空截止阀法之外，工业中也常采用一种简单易行的激冷排气槽法实现压铸型腔真空度。但是，激冷排气槽法采用较薄的水波纹状排气槽，在金属熔液的填充过程中流经排气槽时将会快速降温凝固，使得金属熔液难以继续进入真空管道，所以排气管道的通畅性受到限制，造成模具型腔内真空度波动，压铸件的质量不稳定。这种方法仅在对铸件性能要求不太高的场合下使用。

目前，高真空压铸技术发展迅猛，已经广泛应用于航天、兵器、船舶、仪表、阀体、家电、汽车等行业。近年来，特斯拉引领汽车底盘一体化成型技术开启了特斯拉生产制造革命[33]：将电池包集成到车体，并直接与座椅连接，采用一体化压铸成型，大幅减少零部件数量，提高总装生产效率。一体化压铸的 Model Y 车身前、后地板，颠覆传统冲压、焊接工艺，相比传统冲压、焊接工艺零部件减少169 个，成本大幅下降。特斯拉电池日公布信息显示[34]，依托两项革命性技术，整车可减重 10%，续航里程增加 14%，零部件减少 370 个。中国压铸机在特斯拉一体压铸工艺的带动下，引起了汽车行业的广泛关注，因为一旦一体化压铸技术开始大规模普及，大吨位压铸机就会成为汽车制造领域的核心装备[35]。

目前新能源汽车领域用的压铸机基本都是冷室压铸机，通过安装不同的压铸模具来实现多种形状铸件的生产。其工作原理与普通压铸机类似，主要是通过汤勺给汤的方式，将熔融的铝合金金属液体倒入料筒，然后采用注射活塞的方式，将铝合金金属液体高速推入模具中成型，再通过模具内的冷却系统，把铝合金零部件快速冷却至固态，通过短流程制备汽车底盘部件。

8.3.4 高压铸造铝合金材料开发现状

1. 高压铸造铝合金应具备的基本要求

合金成分影响其组织结构与物相组成，并决定材料的性能。压铸合金的性能要求包括使用性能和工艺性能两个方面。使用性能是铸件的使用条件对合金提出的一般要求，包括物理、机械和化学性能等。工艺性能主要保证加工过程中成型性而对材料提出的一系列要求。根据压铸的工艺特点，用于压铸的合金应具有以下性质[36]。

（1）高温强度和塑性优良，热脆性小。

压铸时，高温铝合金液在模具内在高压作用下较短时间内完成凝固成型。在凝固过程中，铸件温度仍然较高，在冷凝收缩时必然有应力产生，当合金在高温强度和塑性较低，又有较大的脆性时，必然会引起铸件的热裂。

（2）结晶温度范围小。

根据金属凝固形核和长大过程，宽结晶温度范围的合金凝固过程中容易形成发达树枝晶，这些分叉的树枝状晶粒会增加液态金属的流动阻力，对填充过程产生不利影响。另一方面，结晶温度范围大时，会使凝固过程中铸件局部区域在较长时间处于固液两相区间，不利于压射压力传递和补缩，容易形成缩孔造成铸件组织不致密，极端情况下会在收缩过程中使铸件的表面形成裂纹。

当结晶温度范围小时，可以使金属在模具型腔内尽可能接近于同时凝固，金属流动性好充型完整，且有利于金属液压力传递而形成较致密的压铸件。

因此，理想的压铸铝合金应具有较小的结晶温度范围，并含有大量共晶体。通常压铸用 Al-Si 合金将 Si 元素控制在近共晶点范围，获得最小的结晶温度间隔范围。

（3）体积收缩率小。

高温金属液在压铸模具内冷却凝固时会产生体积的收缩。由于压铸模具型腔的形状（铸件的形状）通常较复杂，截面厚度变化较大，凝固收缩时常常引起缩孔、缩松和产生应力，因此要求压铸铝合金的收缩率尽量小。

压铸铝合金除了应满足上述三个性能要求外，为了保证压力铸造成型性，还应具有如下的性能。

（1）优异的流动性能。

在过热度不高，甚至处于固、液相线温度范围内时，它应有较好的塑性体流变性能，即在压力作用下，貌似黏稠的铝合金液仍具有优良的流动性，便于填充复杂的型腔，保证良好的压铸件表面质量，减少铸件内的收缩孔洞，同时改善压铸型的工作状况，延长其工作寿命。

（2）线收缩率小，良好的高温强度。

要求压铸铝合金在凝固过程中线收缩率小，并且有一定的高温强度，以免铸件产生裂纹和变形，提高铸件尺寸精度。

（3）良好的脱模能力。

与压铸型模具不发生化学反应，亲和力小，防止黏膜。

（4）熔体高温状态下不易吸气、氧化。

压铸过程中金属液较长时间暴露在空气中，要求压铸用铝合金在高温熔融状态下不易吸气、氧化，以便能满足压铸时需长期保温的要求。

2. 高压铸造铝合金分类

按照合金成分，铸造铝合金主要包括 Al-Si 系、Al-Mg 系、Al-Cu 系和 Al-Zn 系合金，实际应用以 Al-Si 系合金为主。据统计，铸造铝合金占汽车用铝量的 75% 以上，而 Al-Si 合金铸件又占铸造铝合金的 80%以上，是压铸用铝合金中最重要的合金体系。

1）Al-Si 系铸造合金

铸造铝合金中加入 Si 元素可显著提高合金流动性、硬度和抗拉强度，而且合金组织中的 Si 颗粒可以提供良好的耐磨性及较低的线膨胀系数。Al-Si 系合金中，当 Si 含量趋近共晶点含量（12.6%）时，合金的流动性最好，缩松和热裂倾向最低，因此 Al-Si 系合金大多数具有很好的铸造性能，广泛应用于汽车底盘结构件。

Al-Si 系合金又可以细分为 Al-Si-Mg 系和 Al-Si-Cu 系合金，其中主要的强化相有 Al_2Cu、Mg_2Si 和 Al_2CuMg，经过变质处理和热处理后，合金的力学性能会显著提高。各个国家均有各自研发的合金牌号，其主要的化学元素相同，只是元素的含量存在一定差异。

我国常用铸造 Al-Si 系合金化学成分如表 8.2 所示。ZL102 合金为共晶型合金，具有铸造性能好、流动性好、没有热裂倾向、气密性好的优点。但由于生成的共晶硅为粗大的针状和片状，割裂了铝基体组织，力学性能和切削加工性能差，所以合金需要变质处理，改变硅的形态，细化共晶硅。ZL114A 具有较好的铸造性能、较高的强度、较好的塑性且可焊性较好，在航天航空和军工领域有广泛的应用。近年来，国内外研究人员通过对 Al-Si 系合金进行微合金化（加入 Fe、Mn 元素等）改善材料的组织，获得低成本、高强韧性的压铸铝合金，如 ADC1、ADC3 和 ADC12 合金等，如表 8.3 所示。

表 8.2　我国常用铸造 Al-Si 系合金化学成分（GB/T 1173—2013、GB/T 15115—2009）

| 合金牌号 | 代号 | 主要元素含量/% | | | | | | Al |
		Si	Cu	Mg	Mn	Ti	其他	
ZAlSi7Mg	ZL101	6.5～7.5	—	0.25～0.45	—	—	—	Bal.
ZAlSi7MgA	ZL101A	6.5～7.5	—	0.25～0.45	—	0.08～0.20	—	Bal.
ZAlSi12	ZL102	10.0～13.0	—	—	—	—	—	Bal.
ZAlSi9Mg	ZL104	8.0～10.5	—	0.17～0.35	0.2～0.5	—	—	Bal.
ZAlSi7Mg1A	ZL114A	6.5～7.5	—	0.45～0.60	—	0.10～0.20	Be 0.07	Bal.
ZAlSi5Zn1Mg	ZL115	4.8～6.2	—	0.40～0.65	—	—	Zn 1.2～1.8 Sb 0.1～0.25	Bal.
ZAlSi8MgBe	ZL116	6.5～8.5	—	0.35～0.55	—	0.1～0.3	Be 0.15～0.45	Bal.
YZAlSi10Mg	YL104	8.0～10.5	—	0.17～0.30	0.2～0.5	—	—	Bal.
YZAlSi11Cu3	YL113	9.6～12.0	1.5～3.5	—	—	—	—	Bal.

注：Bal.表示含量。

表 8.3　国内外主要压铸铝合金代号对照表

合金系列	中国 GB/T 15115—2009	美国 ASTM B179-06	日本 JIS H 2118：2006	欧洲 EN 1676：2020
Al-Si 系	YL102	A413.1	AD1.1	EN AB-47100
Al-Si-Mg 系	YL101	A360.1	AD3.1	EN AB-43400
	YL104	360.2	—	—
Al-Si-Cu 系	YL112	A380.1	AD10.1	EN AB-46200
	YL113	383.1	AD12.1	EN AB-46100
	YL117	B390.1	AD14.1	—
Al-Mg 系	YL302	518.1		

2）Al-Mg、Al-Zn 系铸造铝合金

Al-Mg 系合金具有良好的室温力学性能和最好的耐腐蚀性能，也有较好的机械加工性能，Mg 含量通常控制在 4%～11% 范围内。由于 Mg 的密度比 Al 小，故这类铝合金的密度是现有铝合金中密度最小的。另一方面，Mg 元素活泼，极易氧化烧损，使 Al-Mg 系合金在熔炼、铸造时工艺复杂，铸造性能较差。Al-Mg

系合金力学性能波动和壁厚效应较大，其压铸件容易出现开裂和应力腐蚀裂纹倾向。

Al-Zn 系合金通常指锌含量较高（10%～45%）的铝基合金，具有耐磨性好、强度硬度高和阻尼性能优异等优点，广泛应用于滑动轴承、轴瓦等耐磨件。Al-Zn 系合金压铸件经自然时效后可获得较高力学性能，但高锌铝合金也存在尺寸稳定性差、塑性低、抗蠕变性能和耐腐蚀性差等缺点，压铸加工时容易产生热裂等缺陷。通常对高锌铝合金进行合金化处理，如在 Al-Zn 系合金中添加 Cu、Si、Mn、Ti、Er、Sc、Zr 等元素强化合金基体。另一方面，在凝固过程中提高冷却速度，如采用更高冷却速度压铸或挤压铸造提高形核速度，显著细化第二相与晶粒的尺寸，可进一步提高铸件强度。

3）Al-Cu 系铸造铝合金

Al-Cu 系铸造铝合金的 Cu 含量通常在 4.5%～11%范围内，Al_2Cu 是最主要的强化相。Al-Cu 系合金在室温和高温下均有较好的强度、热稳定性，而且切削加工性能良好。但是，Al-Cu 系合金铸造性能比 Al-Si 系合金要差，铸件气密性低，成型过程中热裂倾向较大，给铸件生产带来较大的工艺难度。

当 Cu 含量为 4%～5%时，Al-Cu 系合金热裂倾向最大，进一步增加 Cu 含量可降低合金的热裂倾向。此外，通过添加中间合金细化晶粒，可以降低合金的热裂倾向。利用原位反应合成技术制备 Al-Ti-B 中间合金细化 ZL201 合金的铸造组织，可以消除晶界三元共晶组织，改善杂质分布，减少铸造缺陷，大幅度提高材料性能。通过控制合金的凝固条件提高铸件凝固速度，缩小铸件二次枝晶臂间距和枝晶大小，也可以降低 Al-Cu 系合金的热裂倾向。

3. 高性能高压铸造铝合金

随着汽车节能减排需求的日益严峻，铝合金压铸件由于集成化、轻量化、良好的强韧性等优点，在汽车关键结构件上应用的渗透率不断提升。然而随着压铸件的集成化程度不断提高，汽车结构件用铝合金压铸件制造过程中的连接工艺及服役过程中的整车性能对压铸件铸态下的综合力学性能尤其是韧性要求较高，目前的 Al-Si 系和 Al-Mg 系合金普遍具备中等的强度与韧性特点。随着铝合金压铸结构件的集成化与轻量化设计需求的不断提升，新型压铸合金的开发应朝着提升强度和（或）韧性，同时具有良好的流动性和铸造性能的方向发展。

1）高强韧高压铸造 Al-Si 系合金

Al-Si 系合金是目前高压铸造铝合金材料中应用最广泛的一类合金，其优良的铸造性能能够制备各类大型复杂薄壁零部件。然而，Al-Si 系合金一般具有中等强度和韧性，限制了 Al-Si 系压铸合金更加广泛的应用。因此，国内外许多研究者着眼于高强韧高压铸造 Al-Si 系合金的开发。其中，商用较为成熟的典型代表为

Silafont-36 和 Castasil-37 合金，这两种合金是德国莱茵费尔登铝业有限公司（Aluminium Rheinfelden GmbH）为汽车行业开发的压铸铝合金[37]，其化学成分如表 8.4 所示。这两种合金具有较高强度和伸长率，关键在于合金中 Fe 元素含量控制在 0.15 wt%以下，为了保证合金的脱模能力而采用一定量的 Mn 代替 Fe。此外，这两种合金均采用 Sr 变质处理。

表 8.4　Silafont-36 和 Castasil-37 合金化学成分　　　（单位：wt%）

合金代号	Si	Cu	Mg	Fe*	Mn	Zn	Ti	Sr	其他	Al
Silafont-36	9.5~11.5	<0.03	0.10~0.50	<0.15	0.5~0.8	<0.07	0.04~0.15	0.010~0.015	0.1	Bal.
Castasil-37	8.5~10.5	<0.05	<0.06	<0.15	0.35~0.60	<0.07	<0.15	0.006~0.025	0.2	Bal.

* 压铸件 Fe 含量低于 0.15 wt%，作为压铸原料的合金锭要求 Fe 含量低于 0.13 wt%。

Silafont-36 即美国标准的 A365.0 合金，是德国 Aluminium Rheinfelden GmbH 于 20 世纪 90 年代开发的第一款 Al-Si 系压铸铝合金。Silafont-36 合金的力学性能主要受 Mg、Mn 含量的影响[38-40]。Zovi 和 Casarotto[38]在研究 Mn 和 Mg 含量的影响时发现，Si 含量控制在 10.0%~10.5%，Mn 含量控制在 0.5%~0.8%，抗拉强度和伸长率变化不大。Mg 含量在 0.15%~0.45%时，随着 Mg 含量的升高，抗拉强度和屈服强度呈上升趋势，而伸长率下降，因此可根据产品对性能的需求合理调整合金中的 Mg 含量。Castasil-37 合金是一种高韧性铝合金，其铸态抗拉强度达 250~300 MPa 的同时，伸长率高达 12%以上[41]。Castasil-37 合金中不添加 Mg 是为了避免自然时效。

目前，Silafont-36 和 Castasil-37 合金已经大量应用于国内外汽车轻量化薄壁零部件的量产。然而，随着汽车轻量化进程的不断推进，对汽车用复杂薄壁零部件的力学性能提出了越来越高的要求，希望 Al-Si 系高压铸造合金具有更高的强度韧性指标匹配。大量的研究者针对这一问题，对 Al-Si 系合金的微合金化进行了充分的研究，寄希望于合理的微量合金元素添加及匹配能够有效改善合金的强韧性能。其中，英国布鲁内尔大学的研究者针对 Al-Si 系铸造合金的强韧性能提升做了大量工作。

Cai 等[42]调整 Al-Si-Mg-Mn-Fe 合金中 Mg、Si、Mn 元素的含量和比例，通过构建多尺度、多类型的共晶强化相提高高压铸造合金的屈服强度和抗拉强度，得到铸态下屈服强度 230~280 MPa，抗拉强度 340~370 MPa，伸长率 2.3%~4.3%的 Al-Si 系高压铸造合金。Al-Si-Mg-Mn-Fe 合金的多元共晶组织如图 8.10 所示。

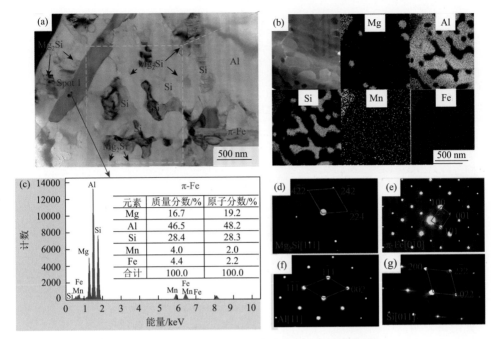

图 8.10　Al-Si-Mg-Mn-Fe 合金的多元共晶组织[42]

（a）四元合金超细共晶区域的 TEM 图；（b）共晶区域内的元素分布；（c）π-AlFeMnSiMg 相的成分结果；
Mg₂Si（d），π-AlFeMnSiMg（e），α-Al（f）和 Si 相（g）的选区衍射斑点

　　Zhu 等[43]同样对 Al-Si 系高压铸造合金的铸态强韧性能改善做了研究。通过在 Al-Si 系合金中添加不同比例的 Cu、Mg 元素，在铸态组织中引入不同比例分数的 θ-Al₂Cu 和 Q-Al₅Cu₂Mg₈Si₆ 相，进而通过调控不同强化相的比例、形貌实现 Al-Si 系铸造合金的强韧化匹配，获得屈服强度 230 MPa、抗拉强度 370 MPa、伸长率 3%～4%的铸态强韧性能。其中 Al-Si-Cu-Mg 高压铸造合金强度、韧性随Mg、Cu 含量变化的规律如图 8.11 所示。

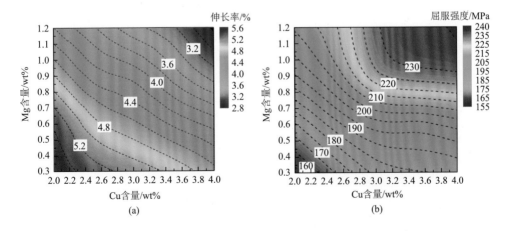

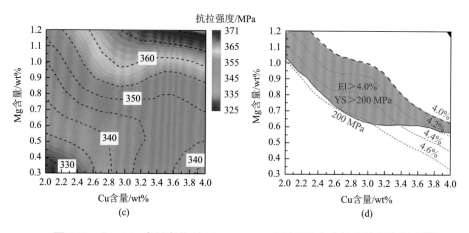

图 8.11 Cu、Mg 含量变化对 Al-Si-Cu-Mg 高压铸造合金铸态性能的影响[43]

伸长率（a）、屈服强度（b）和抗拉强度（c）随 Mg、Cu 含量变化；（d）不同 Mg、Cu 含量屈服强度和伸长率对比，YS：屈服强度；El：伸长率

Dong 等[31]研究了超高真空度对 Al-Si-Mg-Mn 高压铸造合金组织性能的影响。研究结果表明，当高压铸造的真空度降低至 19 Mbar 时，Al-Si-Mg-Mn 高压铸造合金铸态及 T6 状态下的韧性与常规高压铸造相比得到了明显提高，如图 8.12 所示。超高真空高压铸造下铸件的孔隙率也大幅度降低，这说明高压铸造铸件缺陷比例的控制对其韧性有着明显改善作用。

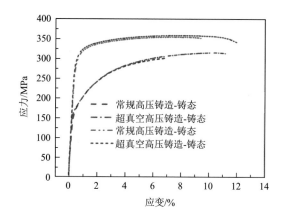

图 8.12 超高真空高压铸造与常规高压铸造 Al-Si-Mg-Mn 合金拉伸性能对比[31]

Wang 等[44]研究了 Mo、Zr 元素微合金化 Al-Si-Mg-Zn 高压铸造合金的组织性能。研究发现，添加微量的 Mo 和 Zr 元素能够对 Al-Si-Mg-Zn 高压铸造合金的力学性能产生少量强化，同时薄壁的高压铸造材料能够通过短时时效进行有效的力学性能强化。在没有 Cu 元素参与强化的 Al-Si-Mg-Zn 合金体系中，0.5 mm 的压

铸薄板可通过短时人工时效获得 230～260 MPa 的屈服强度，330～360 MPa 的抗拉强度及 3%～5%的伸长率。

综上所述，Al-Si 系高压铸造合金可以通过 Cu、Mg 等合金元素的配比及 T5 处理获得较为理想的强度值，然而强度的提高往往会牺牲合金的韧性。另一方面，高真空高压铸造技术是获得强韧性能优良铸件的一个重要工艺。而目前对于 Al-Si 系高压铸造合金强度和韧性的进一步同时提升还存在一定的挑战，如何克服合金元素含量提高带来的大量晶界第二相对韧性的破坏仍是值得研究的问题。

2）高韧性铸造 Al-Mg 合金

除了 Al-Si 系之外，德国 Aluminium Rheinfelden GmbH 还开发出一系列高强高韧 Al-Mg 系压铸铝合金[45]，分别是 Magsimal-59、Magsimal-25 和 Magsimal-22，压铸状态下伸长率可保持在 15%以上，满足汽车结构件应用需求。

Magsimal 系列铝合金的化学成分如表 8.5 所示[46, 47]。由表 8.5 可知，Magsimal 系列铝合金对化学成分控制非常严格。这三种 Magsimal 铝合金均采用添加 Mn 元素代替 Fe 元素以利于脱模；Magsimal-59 和 Magsimal-22 控制 Fe 含量低于 0.15 wt% 及 Cu 含量低于 0.05 wt%，以提高伸长率；控制 Na 和 Ca 含量均低于 10 ppm，增加熔体流动性，增强抗热裂性；Magsimal-25 和 Magsimal-22 则添加一定量的 Co 元素，抵消 Mn 的添加导致的伸长率降低，同时 Co 也有一定的脱模作用。

表 8.5　Magsimal 系列压铸铝合金化学成分　　　　（单位：wt%）

合金代号		Si	Cu	Mg	Fe	Mn	Zn	Ti	Na	Ca	Be	Co
Magsimal-59	下限	2.0		5.3		0.65		0.10			0.002	
	上限	2.5	0.05	5.7	0.15	0.80	0.08	0.20	0.001	0.001	0.004	
Magsimal-25	下限			0.9	0.10	0.9						0.20
	上限	0.15	0.10	1.3	0.40	1.4	0.1	0.2				0.40
Magsimal-22	下限	0.2		2.4		0.8						0.30
	上限	0.3	0.05	3.0	0.15	1.1	0.08		0.001	0.001		0.40

Magsimal-59 铝合金的强度较高（抗拉强度 300～340 MPa），伸长率在 14% 以上；Magsimal-25 和 Magsimal-22 铝合金的伸长率较高，在某些情况下甚至超过 20%，同时屈服强度大于 120 MPa。屈服强度和伸长率与化学成分波动及压铸件的厚度等有关。

Magsimal 系列铝合金压铸件形状比较简单，零部件并没有较复杂的结构或薄壁部件，而 Al-Si 系铝合金压铸零部件的结构则复杂得多，有许多薄而深的部分，这可能是考虑到 Al-Mg 系铝合金的流动性不如 Al-Si 系铝合金。同时应该注意到 Magsimal-59 铝合金中除了 5%～6%的 Mg 元素外，还有 2%左右的 Si 元素，其主要目的是在合金凝固过程中发生 Al-Mg$_2$Si 共晶反应，形成 Mg$_2$Si 强化相的同时通过共晶反应提高合金的流动性能，从而实现复杂零部件的充型。而不含 Si 元素的 Al-Mg 系铸造合金流动性能相对较弱，应用于薄壁复杂件的充型存在一定问题。

除了 Al-Mg-Si 系高压铸造合金以外，国外的研究者也通过在 Al-Mg 系铸造合金中引入 Fe 元素开发高压铸造合金体系。德国 Aluminium Rheinfelden GmbH 以 Al-Mg-Fe 合金体系开发了 Castaduct-42 合金。Al-Mg-Fe 合金体系能够形成 Al + Al$_{13}$Fe$_4$ 共晶，提高合金的充型和流动能力，同时高 Fe 含量保证了高压铸造件的脱模能力。Zhu 等[48]研究了 Fe 含量对 Al-Mg-Fe 及 Al-Mg-Mn-Fe 高压铸造合金力学性能的影响。研究表明，当 Fe 含量小于 2 wt%时，Al-Mg-Fe 及 Al-Mg-Mn-Fe 合金的伸长率仍可保持在 10%以上，且在 Fe 含量小于 2 wt%的条件下，合金的抗拉强度和屈服强度同时提高；而当 Fe 含量大于 2 wt%时，合金的抗拉强度逐渐下滑，如图 8.13 所示。可见在高压铸造的快速凝固条件下，Al-Mg-Fe 系高压铸造合金具有良好的强韧性能匹配。

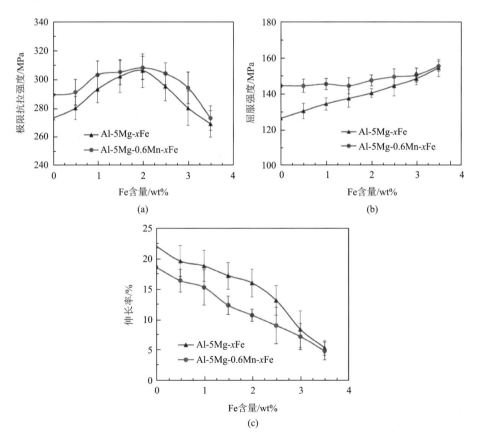

图 8.13 Al-Mg-Fe 和 Al-Mg-Mn-Fe 高压铸造合金随 Fe 含量变化的拉伸性能

　　Trudonoshyn 等[49]研究了不同 Zn 含量的 Al-Mg-Si 高压铸造合金，发现当 Zn 含量达到 1.2%～1.8%时，Al-Mg-Si 高压铸造合金的时效强化效果得到明显增强，加入 Zn 能够促进时效过程析出含 Zn 元素的强化相，如图 8.14 所示。随着 Zn 加入量的不断提高，不同类型强化相的析出产生了更好的强化效果。

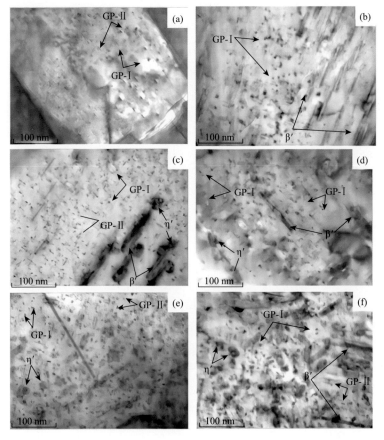

图 8.14　不同 Zn 含量 Al-Mg-Si 高压铸造合金时效后的 TEM 图[49]

（a）Z1（0.25 at% Zn）；（b）Z2（0.5 at% Zn）；（c）Z3（0.75 at% Zn）；（d）Z4（1.2 at% Zn）；（e）Z5（1.7 at% Zn）；（f）Z6（2.1 at% Zn），图中标示为不同类型析出相

　　总体来讲，Al-Mg 系高压铸造合金具有较好的铸态强韧性，但由于 Al-Mg 系合金较低的流动性，其在大型复杂薄壁零部件的应用受到一定限制，因此，目前的研究多通过 Si、Fe 等元素以共晶反应的形式增强 Al-Mg 系合金的铸造流动性，从而使其应用于大型零部件的制备。然而，从合金材料的成本及零部件的成品率考虑，Al-Mg 系铸造合金相比于 Al-Si 系铸造合金应用仍然更具局限性。

8.4 挤压铸造

8.4.1 概述

挤压铸造又称为液态模锻,是将高温金属液直接浇铸到型腔中,并持续施加机械静压力,使金属在压力下结晶凝固并强制消除因凝固收缩形成的缩孔疏松,以获得无铸造缺陷的金属零部件[50]。这种成型工艺兼具铸造与锻压工艺优点,通常称为挤压铸造。

挤压铸造工艺最初是由切尔诺夫在 1878 年提出,但最近 50 年才实现商业化,目前工业大规模应用主要集中在日本。相比低压铸造、高压铸造等成型工艺而言,挤压铸造的零部件晶粒细小,表面光洁,内部几乎没有缩孔或气孔,机械性能比传统铸件、重力铸造铸件和压铸件有显著改善。另一方面,挤压铸造件具有优异的可焊性和热处理性,在中等载荷以上的汽车结构件领域具有良好的应用前景。

8.4.2 挤压铸造技术装备特点

挤压铸造过程中,其主要的工艺流程包括:①将一定数量的熔融金属浇铸到预热的型腔中;②启动压力机,关闭模腔并对金属液施加压力;③保持压力一定时间,使得高温金属液在压力下逐渐冷却并完成凝固过程;④加压机构撤回,顶出机构将铸件顶出,完成挤压铸造。挤压铸造过程中,对液态金属加压并保持压力直到完全凝固,压力改善提升了金属液与模具之间热交换效率,此外挤压铸造充分抑制了缩孔疏松缺陷,增加了零部件致密度。

挤压铸造过程中,挤压压力可以通过上模或冲头直接施加到高温金属液,使其在压力下完成凝固,也可以通过中间进料系统施加压力。这两种压力施加方式,将挤压铸造分为直接挤压铸造和间接挤压铸造,如图 8.15 所示。挤压铸造过程中较高的压力导致更高的凝固速度和更小的二次枝晶臂间距(SDAS),细化了铸件的微观组织。此外,高温熔体在压力作用下也会改变熔化温度和溶解度,使相图中的液相线和固相线移动,引起材料对溶质元素溶解度发生变化,进一步影响铸件的组织与性能[51, 52]。

目前最常用的挤压铸造设备多为间接挤压铸造,常见的工业生产中多使用与高压铸造相同的敞口机边炉与汤勺的熔体灌注系统,通过汤勺将熔体从机边炉转移到挤压铸造料筒中。然而这个过程少有真空系统进行保护,从而增加了熔体表面氧化皮及少量夹杂物混入熔体中,最终进入铸件,造成铸件性能的不稳定。针对这一问题,日本宇部兴产机械株式会社开发了混合填充铸造(hybrid fill casting)

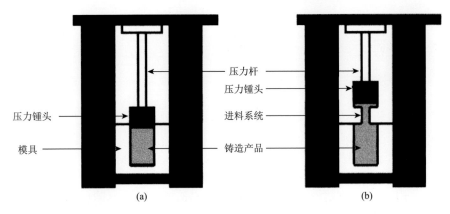

图 8.15　直接挤压铸造（a）与间接挤压铸造（b）的示意图[52]

的挤压铸造工艺方式，其特点在于将熔体转移过程处于气体保护条件下，并通过类似于低压铸造的方式将熔体充型于型腔中进行挤压铸造。这种方法更好地避免了熔体转移过程氧化皮的产生导致的铸件质量不稳定，进一步提高了挤压铸造铝合金零部件的性能稳定性。

8.4.3　挤压压力对合金凝固行为的影响

压力作用下金属液凝固过程发生明显改变，具体表现为凝固压力会影响合金的凝固温度，这种影响通常采用 Clausius-Clapeyron 方程进行描述[52]，具体如下：

$$\frac{\Delta T_{f}}{\Delta P} = \frac{T_{f}(V_{1} - V_{s})}{\Delta H_{f}} \tag{8.1}$$

式中，T_{f} 为平衡凝固温度；V_{1} 和 V_{s} 分别为液体和固体的比容；ΔH_{f} 为熔变潜热。用热力学方程代替体积参数，可描述压力对凝固点的影响，如式（8.2）所示：

$$P = P_{0} \exp\left(\frac{-\Delta H_{f}}{R T_{f}}\right) \tag{8.2}$$

式中，P_{0}、ΔH_{f} 和 R 是常数，因此可知 T_{f} 随着压力的增加而增加。理论分析认为，在高温金属液上施加压力可以减少原子间距离，并限制原子运动交换作用，在此作用下金属液的凝固温度随之提高。与此同时，金属液中溶质元素的溶解度也随压力增加而增加。文献报道发现，在约 150 MPa 的压力下，Al-Si 二元合金液相线温度升高了 9℃，此外压力作用下合金共晶点向右移动，即向更高的 Si 含量移动。

另一方面，挤压压力施加的时机对铸件凝固行为的影响也非常关键。如果在较高温度下施加压力（$T > T_{m} + \Delta T$，ΔT 是由压力导致 T_{m} 的预期增加），此时挤压压力对铸件凝固过程的影响主要体现在改善其换热效率，增加冷却速度。但是，如果在凝固温度区间（$T_m \leq T \leq T_m + \Delta T$）下施加压力，则挤压压力对过冷度的影响将是铸件凝固行为发生变化的主要原因。

8.4.4 挤压铸造铝合金

由于挤压铸造充型过程较压铸更为平缓，因此对合金的流动性要求相对降低，具有较好的充型能力，即可满足挤压铸造工艺要求。因此，挤压铸造合金种类与牌号较多，除了常见的 Al-Si 系铸造合金，Al-Mg、Al-Zn-Mg、Al-Cu 系合金也能进行挤压铸造获得致密性良好、性能优异的铸件。其中，Al-Cu、Al-Zn-Mg 系合金在经过 T6 热处理之后屈服强度可达到 400 MPa 以上，伸长率超过 6%[53, 54]。近年来，汽车结构件对材料强度与韧性均提出较高要求，对挤压铸造用高强高韧铝合金开展了大量研究。

1）挤压铸造 Al-Si 系合金

与高压铸造相同，综合成本、铸造性能及力学性能考虑，Al-Si 系铸造合金是目前挤压铸造最常用的合金体系，更加适用于薄壁复杂铸造零部件的生产。而与高压铸造不同的是，挤压铸造由于组织致密，可通过 T6 热处理进行充分的时效强化，因此可选择更加广泛的合金成分实现合金的强韧性能匹配。目前最常见的合金是以 Al-Si-Mg 合金为主的 A356 合金，其中 Si 含量 7%左右，Mg 含量 0.3%～0.45%。合金通过固溶时效处理以 β″为主的时效强化相实现屈服与抗拉强度的显著提升，A356-T6 的屈服强度可达到 240～250 MPa，抗拉强度可达到 300～310 MPa，伸长率可达到 6%～10%。

随着新能源汽车的发展及各行业对铝合金轻量化部件的需求，对复杂形状铸造零部件的性能要求不断提高。A356 铸造合金的力学性能已经难以满足所有铸造零部件的力学性能，因此，很多研究者着眼于开发高强韧性能的 Al-Si 系铸造合金。李润霞等[55]研究了 Al-17.8Si-4.3Cu-0.4Mg 半固态挤压铸造合金的力学性能，并与重力铸造进行对比，发现半固态挤压铸造的合金与重力铸造相比，力学性能明显提高，相同的时效条件下，半固态挤压铸造的合金析出强化相更加细小，数量密度更高。Bin 等[56]研究了挤压铸造 AlSi9Cu3 合金与重力铸造下的差异，结果表明挤压铸造合金的抗拉强度为 330 MPa，而重力砂型铸造的合金抗拉强度为 275 MPa，且挤压铸造合金的伸长率优于重力铸造。范卫忠、王东涛等[57]研究了 Al-9Si-3.4Cu-0.15Mg 成分的挤压铸造合金，结果表明挤压铸造制备的合金材料组织致密性良好，共晶硅、含铜相分布均匀，经 T6 处理后屈服强度可达 375 MPa，抗拉强度可达 423 MPa，伸长率可达到 7%～9%。合金时效后主要以 θ′和 β″纳米相产生强化作用，如图 8.16 所示，以挤压铸造方式制备后合金显现出优越的强韧性能匹配。

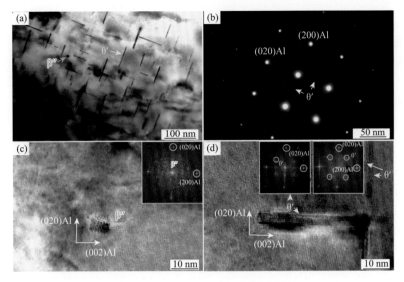

图 8.16　时效处理后 Al-Si-Cu-Mg 合金纳米强化相的析出[57]

(a) TEM 图；(b) 选区衍射斑点；(c) β″相的 HRTEM 图；(d) θ′相的 HRTEM 图

　　面对新一代铸造铝合金更高强韧性能的需求，本书作者张海、王东涛等通过调控 Cu/Mg 比例，使合金在时效过程析出细小弥散的 θ′、Q′强化相及一定比例的 β″强化相，开发了一种高 Cu 含量的 Al-Si-Mg 系铸造合金[58]。随着合金中 Cu 含量的提高，以 θ′强化相为主，多种纳米相的协同强化作用有效提升 Al-Si-Cu-Mg 系铸造合金的强韧性能，形成了铸造铝合金宽尺寸区间、多类纳米相协同强化的强韧化设计理论。

　　目前的研究表明，Al-Si-Cu-Mg 铸造合金可通过 Cu、Mg、Si 元素参与时效强化过程，形成 β″、θ′、Q′等纳米强化相实现更好的力学性能强化效果，且使合金保持较好的韧性。但应该注意，通过调整固溶工艺使高含量的 Cu、Mg 元素回溶进基体之内，大量含 Cu、Mg、Si 元素的晶界相如果固溶后仍然残留于晶界，会对合金的韧性产生不利影响，这也是高合金元素含量的 Al-Si-Cu-Mg 铸造合金值得考虑的问题。

　　对于 Al-Si 系挤压铸造的研究结果表明，通过对 Al-Si 系合金进行 Cu、Mg 元素的合金化后，能够在 A356 合金的基础上有效提高合金的强韧化水平，大大拓展了 Al-Si 系合金的产品应用范围。而随着轻量化产品"以铝带钢"的不断推进，对目前挤压铸造铝合金提出更高的要求，提出抗拉强度大于 450 MPa，伸长率大于 8%的力学性能指标，这对 Al-Si 系合金仍然具有一定挑战。对于 Al-Si 系合金，仍需在合金成分及热处理工艺上进一步进行优化，以提高合金的强韧性能。

2）挤压铸造 Al-Cu 系合金

挤压铸造 Al-Cu 系合金是另一类主要的铸造合金体系，其优点在于可通过添加 Cu、Mg 元素及 Ag 等微量元素，获得优异的强韧性能，抗拉强度可达到 450 MPa 以上，屈服强度可达到 380 MPa 以上，且具有 8%以上的伸长率。其中常见的 Al-Cu 系合金包括美标 201.0、206.0 合金，国标 ZL205A 合金等。而相比于 Al-Si 系合金，Al-Cu 系合金的铸造性能相对较差，且具有更高的热裂倾向，因此在制备复杂形状零部件时必须充分考虑合金凝固过程的温度场与流场，结合合金的凝固特征考虑模具与工艺的设计。Al-Cu 系合金具有更加优秀的强韧性能，使得其更符合超高强铸造铝合金部件的应用场景。因此，挤压铸造 Al-Cu 系合金的成分优化及铸造工艺设计仍是值得研究的方向。

张明等[59]研究了挤压铸造 ZL205A 合金的组织性能，结果表明，随着挤压铸造的压力从 0 MPa 提高至 80 MPa 时，合金的铸态及热处理状态下抗拉强度和伸长率同时提高，而当挤压铸造压力进一步提高至 120 MPa 时，合金的力学性能没有明显变化。挤压铸造 ZL205A 合金的抗拉强度可达到 520 MPa，伸长率可达到 7.9%。Li 等[60]研究了挤压铸造 Al-5Cu-0.3Mg-0.5Mn 合金的组织性能，通过 EBSD 观察可知，挤压铸造的 Al-Cu-Mg-Mn 合金晶粒组织细小且均匀，如图 8.17 所示。该合金经过 T6 热处理后，屈服强度可达到 265 MPa，抗拉强度达到 445 MPa，伸长率达到 17.9%。研究者对挤压铸造 Al-Cu-Mg-Mn 合金的时效强化机制进行了进一步分析，结果表明合金的析出强化效果主要是由于 θ'' 相和 $Al_{12}Mn_2Cu$ 相的产生。张卫文等[61]研究了不同 Mn/Fe 比例下挤压铸造 Al-5Cu 合金的组织性能变化，结果表明当挤压压力为 75 MPa，Mn/Fe 质量比为 0.8%时可将 β-Fe 相完全转变为 α-Fe 相，挤压压力下富 Fe 相得到细化且相的比例降低，并且在 75 MPa 的挤压压力下铸锭的孔隙率明显下降。这说明挤压铸造可以有效提高 Al-Cu 系铸造合金的内部质量，并且能够细化合金的微观组织。

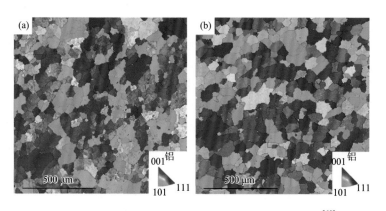

图 8.17 挤压铸造 Al-5Cu-0.3Mg-0.5Mn 合金晶粒组织[60]

3）挤压铸造 Al-Zn-Mg-Cu 系合金

除了 Al-Si 系、Al-Cu 系的挤压铸造合金外，目前以 Al-Zn-Mg-Cu 系合金为主的挤压铸造合金也成为一个热点研究方向。其主要的目标是制备屈服强度超过 500 MPa，具有更高强韧性能的挤压铸造合金。然而，高 Zn 含量的 Al-Zn-Mg-Cu 系合金虽然具有超高的强韧性能，但由于其 100℃以上的两相区凝固区间、较低的铸造流动性且凝固过程中产生的热应力较大，常规的模型重力铸造方式很容易使铸锭产生较多的铸造缺陷，损害合金的力学性能。而挤压铸造可以利用对熔体施加的压力使合金在凝固过程中发生强制补缩，消除合金由于补缩能力较弱产生的铸造缺陷，提高铸件的致密性。Al-Zn-Mg 系合金主要能通过时效过程析出的 GP 区、η′相和 η 相产生强化效果，而 Cu 元素的加入能够促进预时效过程中 GP 区的形成及峰值时效下更加细小的 $T[Mg_{32}(Al, Zn)_{49}]$ 相。而在高 Mg 低 Cu 及高 Cu 低 Mg 的合金成分下，还有可能分别形成 $S(Al_2MgCu)$ 和 $\theta(Al_2Cu)$ 强化相[62]。

C. H. Fan 等[63]研究了 Al-5.8Zn-2.4Mg-1.7Cu-0.3Mn-0.2Cr 合金的组织性能，结果表明挤压铸造合金的枝晶间距明显小于重力铸造合金，经过 480℃-12 h 的固溶处理及 120℃-20 h 的时效处理后，挤压铸造合金的抗拉强度可达到 560 MPa，高于重力铸造的 400 MPa，同时挤压铸造合金的伸长率达到 9%左右，而重力铸造的仅为 5.5%。挤压铸造在有效对熔体凝固过程进行补缩以外，还能对合金微观组织进行细化，有效提高了铸件的力学性能。

王非凡等[64]研究了 Al-4.91Zn-1.99Mg-1.5Cu-0.42Fe-0.19Si 挤压铸造合金在欠时效状态下的组织性能，结果表明合金在 105℃-2 h 的时效条件下具有 9.20%的最佳伸长率，同时屈服强度达到 304.57 MPa，抗拉强度达到 444.21 MPa。TEM 分析表明，合金在 120℃分别进行 4 h 和 8 h 的时效后，可以观察到 2～3 nm 的 GP 区，并且没有观察到 η′相和 η 相，GP 区的比例随着时效时间的增加而增加，如图 8.18 所示。

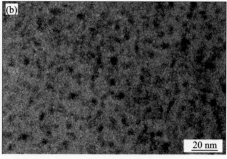

图 8.18　Al-4.91Zn-1.99Mg-1.5Cu-0.42Fe-0.19Si 挤压铸造合金分别在 120℃-4 h（a）、120℃-8 h（b）时效条件下的 TEM 图[64]

对于 Al-Zn-Mg-Cu 挤压铸造合金除了静态拉伸性能的研究外，也有研究者开始研究其疲劳性能。林波等[65]研究了 Fe 含量对 Al-7Zn-2.3Mg-2.1Cu 合金疲劳性能的影响。结果表明，在所有特定的应变振幅下，0.33 wt% Fe 含量合金的疲劳寿命比 0.55 wt% Fe 含量合金的疲劳寿命更长。对于低于 0.5% 的特定应变振幅，0.33 wt% Fe 含量合金的疲劳寿命远远优于 0.01 wt% Fe 含量合金。另一方面，由于在高应变振幅和低应变振幅下发生的疲劳断裂机制存在差异，在应变振幅为 0.6% 时，0.01 wt% Fe 含量合金的疲劳寿命比 0.33 wt% Fe 含量合金的疲劳寿命稍长。在低应变振幅下，富铁相具有改变裂纹扩展路径的巨大潜力。在循环应力大到足以在 0.6% 的高应变振幅下破碎富铁相时，裂纹的扩展速度加快。图 8.19 显示了不同铁含量 T4 处理的合金的循环应力-应变曲线，相应的单调拉伸-应变曲线也被展示出来作为比较。在低应变振幅（低于 0.4%）下，所有合金的循环应力-应变曲线几乎与单调的拉伸-应变曲线相吻合，这表明合金在低应变振幅下表现出循环稳定特性。在较高的应变振幅，如 0.5% 和 0.6%，循环应力值明显高于单调的拉伸应力值，表明合金在高应变振幅下表现出循环硬化。

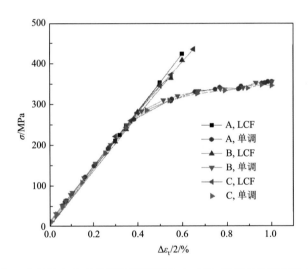

图 8.19　不同 Fe 含量的合金在单调和循环载荷（LCF）条件下的循环应力-应变曲线[65]

A 表示 Fe 含量为 0.9%；B 表示 Fe 含量为 0.33%；C 表示 Fe 含量为 0.55%

从目前 Al-Zn-Mg-Cu 挤压铸造合金的研究结果可知，Al-Zn-Mg-Cu 挤压铸造合金显现出优异的强韧性，能够作为新一代超高强挤压铸造铝合金材料，满足需要高强韧化的以铝代钢零部件。同时，Al-Zn-Mg-Cu 合金成分由于具有较差的流动铸造性能，应用于复杂形状挤压铸造件制备仍然受到一定限制，需要非常谨慎地设计合金的成分，优化凝固曲线，并且进行模具与挤压铸造工艺的匹配设计。

8.4.5 挤压铸造铝合金及技术的发展趋势

挤压铸造铝合金由于具有可进行 T6 热处理强化,对合金流动性的要求相对高压铸造较低等特点,在合金成分及体系的选择上相较于高压铸造更为宽泛,对于一些特殊的产品甚至可以选择流动性能较低的 6×××、7×××铝合金成分进行挤压铸造合金开发。而对于常规的 Al-Si 系铸造合金,由于在充型过程后存在快速加压和保压的工艺过程,其压力在熔体中的传递常常造成共晶溶质的偏析,如共晶硅。这种偏析现象较为严重时会明显损害合金铸件的伸长率,且容易造成合金性能不稳定。因此,在挤压铸造铝合金成分及凝固特征的选择上,应充分考虑增压保压过程带来的偏析影响,开发适于挤压铸造的合金成分及体系。只有将合金凝固特性与挤压铸造工艺相结合,才能更好地实现挤压铸造铝合金的规模化应用。

另一方面,在挤压铸造技术上,开发低偏析的挤压铸造工艺仍是一个重要方向。高强韧的铝合金体系中,不可避免含有 Cu、Zn、Mg 等元素的低熔点相,这些在凝固最后阶段析出的合金相常常形成大尺寸的偏聚,如何控制挤压铸造工艺弱化这一趋势是控制微观组织均匀的重要条件,此部分工作需要挤压铸造数值模拟与实验的结合。同时,将挤压铸造与半固态成型技术相结合,制备更高性能的铝合金铸件也成为一个发展趋势。由于挤压铸造充型过程相对压铸平稳,在现有的挤压铸造工序上,非常方便与半固态流变铸造相结合,形成新一代半固态挤压铸造工艺:①可以在压射套筒周围安装磁力搅拌器;②熔融金属浇铸至压室内,随着熔体温度下降的同时开始搅拌熔融金属;③监控熔体温度与搅拌剪切速度,当浆料温度达到设定值(特定的固相分数)时,进入挤压铸造工序。由于半固态挤压铸造熔体温度相对较低,这种工艺的模具寿命更长。另外,也有科研团队采用挤压铸造来开发压力渗透复合材料金属制品。

参 考 文 献

[1] 叶荣茂,蒋烈光. 低压铸造技术的现状和发展. 热加工工艺,1985(1):17-21.

[2] 邵京城,李俊涛,艾国,等. 汽车铝合金缸体缸盖铸造工艺研究现状. 热加工工艺,2011(3):57-59,63.

[3] 特种铸造手册编写组. 特种铸造手册(下册). 北京:机械工业出版社,1978.

[4] 许豪劲,万里,吴克亦,等. 连续式低压铸造技术的研发与应用. 特种铸造及有色合金,2013(1):29-32.

[5] 董秀琦. 低压及差压铸造理论与实践. 北京:机械工业出版社,2003.

[6] Hou J B,Huo L X,Peng Y G,et al. Experimental investigation of technologic parameters of electromagnetic pump used for low-pressure casting. China Foundry,2003,52(8):623.

[7] Jiang W M,Fan Z T,Liu D J,et al. Influence of gas flow-rate on filling ability and internal quality of A356 aluminum alloy castings fabricated using the expendable pattern shell casting with vacuum and low pressure. International Journal of Advanced Manufacturing Technology,2013,67:2459-2463.

[8] Marek J P,Jacob A,Steven M. The effect of interface roughness and oxide film thickness on the inelastic response

of thermal barrier coatings to thermal cycling. Materials Science and Engineering, 2000, 28 (4): 158-163.

[9] 李剑, 郝启堂, 李新雷, 等. 铝合金薄壁件真空吸铸充型能力的研究. 铸造, 2012, 61 (3): 304-306.

[10] 李建峰. A357合金凝固特性及其充填规律的研究. 西安: 西北工业大学, 2013.

[11] 王放军, 廖敦明, 沈旭. 低压铸造CAE软件的开发及应用. 特种铸造及有色合金, 2013, 33 (3): 227-229.

[12] Lee C D. Effect of T6 heat treatment on the defect susceptibility of fatigue properties to microporosity variations in a low-pressure die-cast A356 alloy. Materials Science and Engineering A, 2013, 559: 496-501.

[13] Ou J, Wei C Y, Logue S, et al. A study of an industrial counter pressure casting process for automotive parts. Journal of Materials Research and Technology, 2021, 15: 7111-7124.

[14] 严青松. 智能控制的薄壁铝合金铸件真空差压铸造工艺与理论. 武汉: 华中科技大学, 2006.

[15] 黄普英, 芦刚, 严青松, 等. 分级加压压差对真空差压铸造ZL114A合金微观组织及显微硬度的影响. 特种铸造及有色合金, 2021, 41 (4): 494-497.

[16] 吴晓雨, 严青松, 芦刚, 等. 蠕变温度对真空差压分级加压铸造ZL114A合金高温蠕变性能的影响. 中国有色金属学报, 2021, 31 (9): 2339-2347.

[17] 黄朋朋, 芦刚, 严青松, 等. 交变磁场真空差压协同场下ZL205A合金θ (Al$_2$Cu) 相的生长特性. 中国有色金属学报, 2020, 30 (11): 2540-2549.

[18] 严青松, 潘飞, 芦刚, 等. 施振温度对超声振动-真空差压协同作用下铝合金微观组织及力学性能的影响. 稀有金属材料与工程, 2018, 47 (6): 1842-1847.

[19] 王志鹏, 苏小平, 康正阳. 铝合金减速器前盖差压铸造工艺优化. 铸造技术, 2021, 42 (5): 375-378.

[20] 田运灿, 何博, 潘宇飞. 汽车转向节差压铸造及淬火过程应力应变场数值模拟. 铸造, 2019, 68 (12): 1374-1381.

[21] Wang L, Makhlouf M, Apelian D. Aluminium die casting alloys: alloy composition, microstructure, and properties-performance relationships. International Materials Reviews, 1995, 40 (6): 221-238.

[22] 李平, 王祝堂. 汽车压铸及铸造铝合金. 轻合金加工技术, 2012, 39 (12): 1-19.

[23] Sigworth G K, Donahue R J. The metallurgy of aluminum alloys for structural high-pressure die castings. International Journal of Metal Casting, 2021, 15: 1031-1046.

[24] Murray M T, Murray M. High pressure die casting of aluminium and its alloys. In Woodhead Publishing Series in Metals and Surface Engineering, Fundamentals of Aluminium Metallurgy, Woodhead Publishing, 2011.

[25] 薄兵. 汽车用铝合金压铸件的工艺优化与组织及缺陷控制. 南京: 东南大学, 2017.

[26] Hu X G, Hu Z H, Qu W Y, et al. A novel criterion for assessing the processability of semi-solid alloys: the enthalpy sensitivity of liquid fraction. Materialia, 2019, 8: 100422.

[27] Hu X G, Zhu Q, Midson S P, et al. Blistering in semisolid die casting of aluminium alloys and its avoidance. Acta Materialia, 2017, 124: 446-455.

[28] Fan Z, Fang X, Ji S. Microstructure and mechanical properties of rheo-diecast (RDC) aluminum alloys. Materials Science and Engineering A, 2005, 412: 298-306.

[29] Qi M F, Kang Y L, Xu Y Z, et al. A Novel rheological high pressure die-casting process for preparing large thin-walled Al-Si-Fe-Mg-Sr alloy with high heat conductivity, high plasticity and medium strength. Materials Science and Engineering A, 2020, 776: 139040.

[30] Kubota K, Mabuchi M, Higashi K. Review processing and mechanical properties of fine-grained magnesium alloys. Journal of Materials Science, 1999, 34: 2255-2262.

[31] Dong X X, Zhu X Z, Ji S X. Effect of super vacuum assisted high pressure die casting on the repeatability of

mechanical properties of Al-Si-Mg-Mn die-cast alloys. Journal of Materials Processing Technology，2019，266：105-113.

[32] Li X B，Yu W B，Wang J S，et al. Influence of melt flow in the gating system on microstructure and mechanical properties of high pressure die casting AZ91D magnesium alloy. Materials Science and Engineering A，2018，736：219-227.

[33] Kallas M K. Multi-directional unibody casting machines for a vehicle frame and associated method：US 20190217380 A1. 2019-07-18.

[34] Stucki J. Die cast aluminum alloys for structural components：US2021014177. 2021-01-20.

[35] 陈来. 汽车用铝合金副车架成形工艺及应用现状. 铸造，2019，68（4）：390-395.

[36] 张俊超. 高真空压铸铝合金的研究进展. 材料导报，2018，32（S2）：375-378.

[37] Hielscher U，Sternau H，Koch H. Diecasting alloy：US6364970B1. 2002-04-02.

[38] Zovi A，Casarotto F. Silafont-36，the low iron ductile die casting alloy development and applications. La Metallurgia Italiana，2007，99（6）：33-38.

[39] Koch H，Hielscher U，Sternau H，et al. Silafont-36，the new low-iron high-pressure die-casting alloy. Light Metals（Warrendale PA），2007，6：1011-1018.

[40] 刘学强. 压铸 AlSi10MgMn 合金的组织和力学性能研究. 武汉：华中科技大学，2013.

[41] Franke R，Dragulin D，Zovi A，et al. Progress in ductile aluminium high pressure die casting alloys for the automotive industry. La Metallurgia Italiana，2007（5）：19-24.

[42] Cai Q，Mendis C L，Chang I T H，et al. Microstructure evolution and mechanical properties of new die-cast Al-Si-Mg-Mn alloys. Materials & Design，2020，187：108394.

[43] Zhu X，Dong X，Blake P，et al. Improvement in as-cast strength of high pressure die-cast Al-Si-Cu-Mg alloys by synergistic effect of Q-Al$_5$Cu$_2$Mg$_8$Si$_6$ and θ-Al$_2$Cu phases. Materials Science and Engineering A，2021，802：140612.

[44] Wang D，Zhang X，Xu S，et al. Improvement of mechanical properties in micro-alloying Al-Si-Mg-Zn cast alloy. Materials Letters，2021，283：128810.

[45] Winkler P J. Development of a highly ductile die casting alloy of the type AlMg3. Materials for Transportation Technology，2000，1：65-70.

[46] Krug P，Koch H，Klos R. Magsimal 25：A new high ductility die casting alloy for structural parts in automotive industry. International Conference Advanced Materials and Their Processes and Applications，Materials Week，München，Germany，2000.

[47] Wuth M C，Koch H，Franke A J. Producing steering wheel frames with an ALMG5SI2MN-type alloy. Automotive Alloys，1999，2000：99-110.

[48] Zhu X，Blake P，Dou K，et al. Strengthening die-cast Al-Mg and Al-Mg-Mn alloys with Fe as a beneficial element. Materials Science and Engineering A，2018，732（8）：240-250.

[49] Trudonoshyn O，Randelzhofer P，Krner C. Heat treatment of high-pressure die casting Al-Mg-Si-Mn-Zn alloys. Journal of Alloys and Compounds，2021，872：159692.

[50] 罗守靖，陈炳光，齐丕骧. 液态模锻与挤压铸造技术. 北京：化学工业出版社，2006.

[51] Dong J X，Kapnezis P A，Durrant G，et al. The effect of Sr and Fe additions on the microstructure and mechanical properties of a direct squeeze Al-7Si-0.3Mg alloy. Metallurgical and Materials Transactions A，1999，30：1341-1356.

[52] Ghomashchi M R，Vikhrov A. Squeeze casting: an overview. Journal of Materials Processing Technology，2000，

101（1-3）：1-9.

[53] Zhu W Z，Mao W M，Tu Q. Preparation of semi-solid 7075 aluminum alloy slurry by serpentine pouring channel. Transactions of Nonferrous Metals Society of China，2014，24（4）：954-960.

[54] Major J F，Sigworth G K. Chemistry/property relationships in AA 206 alloys. Transactions-American Foundrymens Society，2006，114：117.

[55] Hao J F，Yu B Y，Bian J C，et al. Comparison of the semisolid squeeze casting and gravity casting process on the precipitation behavior and mechanical properties of the Al-Si-Cu-Mg alloy. Materials Characterization，2021，180：111404.

[56] Bin S B，Xing S M，Tian L M，et al. Influence of technical parameters on strength and ductility of AlSi9Cu3 alloys in squeeze casting. Transactions of Nonferrous Metals Society of China，2013，23（4）：977-982.

[57] 范卫忠，黄建良，闫俊，等. 挤压铸造高强韧 Al-Si-Cu-Mg 合金组织性能研究. 特种铸造及有色合金，2022，42（4）：513-516.

[58] Wang D T，Liu S C，Zhang X Z，et al. Fast aging strenghening by hybrid precipitates in high pressure die-cast Al-Si-Cu-Mg-Zn alloy. Materials Characterization，2021，179：111312.

[59] Zhang M，Zhang W W，Zhao H D，et al. Effect of pressure on microstructures and mechanical properties of Al-Cu-based alloy prepared by squeeze casting. Transactions of Nonferrous Metals Society of China，2007，17（3）：496-501.

[60] Li J Y，Lv S，Wu S S，et al. Micro-mechanism of simultaneous improvement of strength and ductility of squeeze-cast Al-Cu alloy. Materials Science and Engineering A，2021，833：142538.

[61] Zhang W W，Lin B，Cheng P，et al. Effects of Mn content on microstructures and mechanical properties of Al-5.0Cu-0.5Fe alloys prepared by squeeze casting. Transactions of Nonferrous Metals Society of China，2013，23（6）：1525-1531.

[62] Azarniya A，Taheri A K，Taheri K K. Recent advances in ageing of 7xxx series aluminum alloys：a physical metallurgy perspective. Journal of Alloys and Compounds，2019，781：945-983.

[63] Fan C H，Chen Z H，He W Q，et al. Effects of the casting temperature on microstructure and mechanical properties of the squeeze-cast Al-Zn-Mg-Cu alloy. Journal of Alloys and Compounds，2010，504（2）：L42-L45.

[64] Wang F F，Meng W，Zhang H W，et al. Effects of under-aging treatment on microstructure and mechanical properties of squeeze-cast Al-Zn-Mg-Cu alloy. Transactions of Nonferrous Metals Society of China，2018，28（10）：1920-1927.

[65] Hu K，Lin C H，Xia S C，et al. Effect of Fe content on low cycle fatigue behavior of squeeze cast Al-Zn-Mg-Cu alloys. Materials Characterization，2020，170：110680.

第9章

铝合金热处理技术

随着国民经济增长，工业技术提高，国防科技及交通运输等方面不断发展，铝合金在各个领域的应用也逐渐广泛，相关领域对铝合金的综合性能要求也越来越高。热处理在铝合金组织性能调控中扮演着不可或缺的角色，历来受到广泛关注与研究。

铝合金热处理是指在空气或特殊介质中，将铝合金材料加热至一定温度并保持一定时间，随后以一定工艺冷却至室温，以此调控合金材料组织与性能的工艺。其主要目的是通过升温、保温和冷却处理，改变合金材料微观结构，以获得理想的力学、服役等性能。目前，常见的铝合金热处理技术主要包括：均匀化热处理、固溶热处理、淬火热处理和时效热处理等。各种热处理技术的目的不尽相同，因此，热处理工艺及其对合金材料微观结构与性能的影响也存在显著差异。本章将分别对上述典型热处理技术在铝合金组织与性能调控中的应用进行详细介绍。

9.1　多级均匀化热处理技术

9.1.1　概述

半连续铸造生产的铝合金铸锭由于具有非平衡凝固特点，晶界和枝晶网处除金属间化合物富集外，通常还存在一定量的非平衡共晶相及严重的微观偏析，显著影响材料的加工性能，降低成品率。因此，铸锭加工前，必须对其进行一定的热处理，消除微观偏析的同时，最大限度地消除非平衡共晶相，从而提升材料加工性能。非平衡结晶组织在热力学上为亚稳态，有自动向平衡态转变的趋势，而这一转变的基础为原子扩散。基于菲克第一定律[式（9.1）]可知，只要金属中存在浓度梯度就会产生原子扩散。而扩散系数除与扩散物质自身相关外，还与温度存在直接关系，这一关系遵循阿伦尼乌斯方程[式（9.2）]。由式（9.2）可知，通过提升温度可有效提高溶质原子的扩散能力。因此，将铸锭加热至一定温度，并保温一定时间，可有效促进非平衡组织向平衡态转化，这一热处理过程称为均匀化热处理或均匀化退火。

$$J = -D\frac{\partial C}{\partial x} \tag{9.1}$$

式中，J 为扩散通量，$kg/(m^2 \cdot s)$；D 为扩散系数，m^2/s，"$-$"表示物质扩散方向为浓度梯度的反方向；C 为扩散物质（组元）的体积浓度，kg/m^3；x 为沿扩散方向的距离。

$$D = D_0 \exp\left(\frac{-Q}{RT}\right) \tag{9.2}$$

式中，Q 为激活能，J/mol；R 为摩尔气体常数，$8.314\ J/(mol \cdot K)$；T 为热力学温度，K。

在传统的均匀化热处理工艺中，单级均匀化最为常见。单级均匀化热处理是指在单一温度下进行保温处理，其操作流程简单，适用于合金化程度低的合金体系。例如，$6 \times \times \times$ 系铝合金目前普遍采用单级均匀化热处理。虽然提高均匀化温度可以加快非平衡共晶相溶解，但温度设定必须有一定限制（不能高于低熔点共晶组织熔点），避免产生过烧现象。过烧属于不可逆危害，会极大地影响合金材料的力学及服役性能，工业生产中必须严格避免。同时，对于变形铝合金，均匀化热处理可实现纳米级弥散相析出调控，是抑制再结晶和提高材料强韧性的有效途径。因此，对于合金化程度高且性能要求高的变形铝合金材料（如高强 $7 \times \times \times$ 系材料），单级均匀化热处理效果相对有限。对此，在单级均匀化热处理基础上，研究学者开发了多级均匀化热处理技术，如双级均匀化、三级均匀化等（图9.1，温

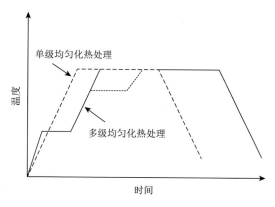

图 9.1　单/多级均匀化热处理对比示意图

度配合形式不限于此）。多级均匀化热处理包括多个不同温度的保温热处理阶段，各阶段温度、保温时间等工艺参数需基于均匀化处理目的与合金特点进行研究设定。近年来，国内外学者针对不同成分合金均匀化工艺开展了大量研究，随着研究的深入，铝合金多级均匀化热处理技术已逐渐成为高性能铝合金材料制备的一项关键技术，其中，以 7×××系 Al-Zn-Mg-Cu 合金及 3××× 系 Al-Mn 合金应用最为广泛。

9.1.2　多级均匀化热处理的必要性

变形铝合金铸锭必须经过复杂的热加工处理过程，如均匀化、轧制/锻造/挤压、固溶、时效等，以获得最优的性能平衡，如高屈服强度和良好的断裂韧性。其中，铸锭均匀化处理效果极为关键，对后续加工过程的微观结构演变具有决定性作用。由于铝合金铸锭的非平衡凝固特点，在晶界处往往产生大量微米级非平衡共晶相及一些杂质相。这些相多属于脆性相，在后续加工过程容易产生应力集中，增大开裂倾向。同时，它们消耗了大量合金强化元素，将影响后续时效过程中强化相的析出，从而影响材料力学性能。因此，消除这些非平衡共晶相是均匀化热处理的主要目的之一。在一定的高温环境下，非平衡共晶相逐渐溶解或转化。合金均匀化热处理程度越高，第二相回溶越充分，则更有利于制备高综合性能的铝合金产品。均匀化升温速度、均匀化热处理温度及时间均对均匀化效果具有重要影响。同时，对于合金化程度高的合金体系，如 7×××系铝合金，传统的单级均匀化热处理并不足以使非平衡共晶相完全回溶于基体，提高均匀化温度虽然可以保证其全部回溶，但也会发生过烧现象。因此，为避免过烧，同时保证非平衡共晶相充分回溶，采用多级均匀化热处理对制备高性能铝材产品具有重要意义。

铝合金具有高堆垛层错能，铸锭在热加工过程中极易发生动态回复形成具有低角度晶界的亚晶组织，这些亚晶组织有利于提升材料强韧性及疲劳性能。然而，在热变形及后续固溶处理过程中，往往发生动态或静态再结晶（图 9.2），使得亚晶组织难以完整保留。为最大限度地抑制或减少再结晶的发生，除采用合适的热加工工艺参数外，在铝基体内引入纳米级弥散相可有效抑制再结晶的发生，如 3×××系铝合金中 Al$_6$(Mn, Fe)、6×××系铝合金中 α-Al(Mn, Cr)Si、7×××系铝合金中 Al$_3$Zr 等。弥散相可通过钉扎位错和亚晶界，限制位错运动和亚晶界迁移，实现抑制再结晶。弥散相对晶界的钉扎效果可采用 Zener 力来定性评估：

$$P_z = \frac{3V_f\gamma}{r} \tag{9.3}$$

式中，V_f 为弥散相局部体积分数；γ 为局部晶界能；r 为弥散相粒子半径。

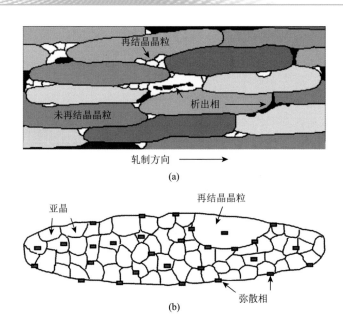

图 9.2 （a）典型轧制变形组织结果图；（b）亚晶组织示意图，其中包含一再结晶晶粒[1]

需要指出的是，虽然弥散相粒子可钉扎晶界迁移，抑制再结晶的发生，但并非存在弥散相就可有效抑制再结晶。如果局部晶界能小于弥散相粒子的钉扎力，晶界可被有效钉扎，但若晶粒长大驱动力大于粒子钉扎力，那么晶界迁移过程即便遇到弥散相粒子仍将持续移动，即晶界脱钉。基于 Zener 公式可知，通过增加弥散相体积分数、减小弥散相尺寸，可提升其对晶界的钉扎效果。因此，弥散相粒子尺寸、数量密度、分布均匀性等均会影响其对再结晶的抑制效果。铸态组织内部并不存在弥散相粒子，其析出于铸锭均匀化热处理环节，因此，弥散相析出形核、长大与分布取决于铸态元素分布及均匀化热处理制度。

铝合金铸造过程中非平衡凝固的发生，导致铸锭组织内存在不同程度的枝晶偏析及在晶界处形成大尺寸金属间化合物，且存在严重的微观偏析。因此，3×××系和 7×××系铝合金铸锭在均匀化处理后（尤其传统单级均匀化热处理），晶界附近往往出现无析出区（dispersoid-free zone）。图 9.3 所示为 3003 铝合金均匀化后微观组织结果，可以看出，尺寸较小的弥散相仅分布于晶内，晶界附近存在一定宽度的无析出区。同时，晶界处存在较多难熔大尺寸金属间化合物，这些均不利于抑制变形组织再结晶。固溶处理过程中，晶界处难熔金属间化合物颗粒将作为再结晶晶粒的形核质点，而附近铝基体内缺乏可以阻碍再结晶晶粒生长的弥散相粒子，再结晶晶粒将逐渐向周围生长，吞并周围亚晶组织，直到再结晶晶界被弥散相粒子钉扎。因此，对于高性能变形铝合金材料，除消除微观偏析、回溶大尺寸非平衡共晶相外，如何促使弥散相粒子细小、均匀地析出分布于铝基体内，也是制定并优化均匀化热处理制度需考量的一项关键问题。9.1.3 节将以多级均匀化热处理技术应用最为广泛的 7××× 系铝合金为例，介绍多级均匀化热处理技术在高性能铝材产品加工的应用及重要性。

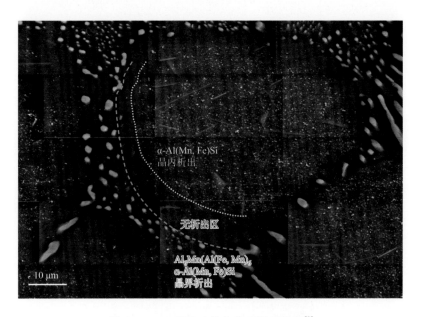

图 9.3　3003 铝合金均匀化后微观组织[2]

9.1.3　多级均匀化热处理的应用

7××× 系铝合金 DC 铸造过程中，在非平衡凝固条件下，合金中添加的合金元素如 Zn、Mg、Cu，以及 Fe、Si 等微量杂质元素均会发生偏聚，形成 T(AlZnMgCu) 相及少量 Fe 相(Al_7Cu_2Fe)。同时，在均质保温过程中，随着 Zn 元素的扩散溶解，非平衡共晶 T(AlZnMgCu) 相将逐渐转化为平衡 S(AlCuMg) 相。图 9.4 给出的是一典型铸态高强 7××× 系铝合金（Al-6.37Zn-2.24Mg-2.15Cu，质量分数）的 DSC 曲线[3]。可以看出，铸态组织在升温过程达到熔点前存在两个明显的吸热峰，分别出现于 479.3℃和 487.4℃。因此，为避免发生过烧，7××× 系铝合金单级均匀化热处理温度通常不高于 470℃，如 470℃/24 h。这一均匀化热处理温度可以使得大部分 T(AlZnMgCu) 相溶解或转化[4-6]。然而，此均质工艺并不足以使相对高熔点的 S(AlCuMg) 相充分回溶，因此，必须提高均匀化温度以促使其溶解。研究表明，针对 7××× 系铝合金，采用多级均匀化热处理技术，第一级均匀化热处理可提高铸锭过烧温度，以使得第二级或第三级均匀化热处理采用相对较高的温度，在保证非平衡共晶 T(AlZnMgCu)相及 S(AlCuMg)相充分回溶的同时，也不会出现过烧现象，如 400℃/10 h + 470℃/24 h + 485℃/4 h[7]、465℃/48 h + 485℃/24 h + 500℃/11 h[8]。

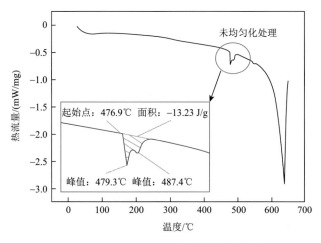

图 9.4　7050（Al-6.37Zn-2.24Mg-2.15Cu，质量分数）铝合金铸态下 DSC 曲线[3]

相比于充分回溶非平衡共晶相，通过多级均匀化热处理技术促使第二相在铝基体内弥散均匀析出，对于高强韧变形铝合金材料产品制备具有更为重要的应用价值。Mn、Cr、Zr 等过渡族元素在铝中溶解度相对较低，在铝合金铸锭内往往以过饱和固溶体形式存在。这些元素在铸锭升温过程将以亚稳态的第二相粒子（如 Al_3Zr 相、Al_6Mn 相）形式析出并逐渐长大至一定尺寸。这些第二相粒子在高温环境下往往很稳定，因此，在后续合金高温变形过程对控制晶粒组织结果具有关键作用。

传统的单级均匀化热处理制度，为保证非平衡共晶相充分回溶或转化，往往采用相对较高的温度，如 7×××系铝合金 470℃ 及 3×××系铝合金 550℃ 以上。然而，由于高温下溶质元素溶解度增大，高温单级均匀化热处理下弥散相粒子不仅形核率低，还容易长大，见图 9.5（a），往往得到的弥散相尺寸较大且数量较少。通过图 9.5 所示的研究结果来看，无论是 7×××系还是 3×××系铝合金，相对低的温度下保温均有利于获得细小的弥散相[9, 10]。因此，多级均匀化热处理包括多个不同温度的保温处理阶段，第一级热处理温度通常设定为相对低的温度，主要目的是促进合金中纳米级第二相粒子快速、大量形核析出，而后采用较高的热处理温度，促使低熔点共晶相充分回溶。

图 9.6 和图 9.7 分别分析对比了 7150 合金在传统单级均匀化热处理（470℃/24 h）与双级均匀化热处理（300℃/48 h + 470℃/24 h）后弥散相 Al_3Zr 的分布情况，以及铸锭变形组织的再结晶情况[10]。此外，弥散相析出与热处理温度有直接关系。随着保温温度的升高，弥散相粒子尺寸也将逐渐增大，而分布密

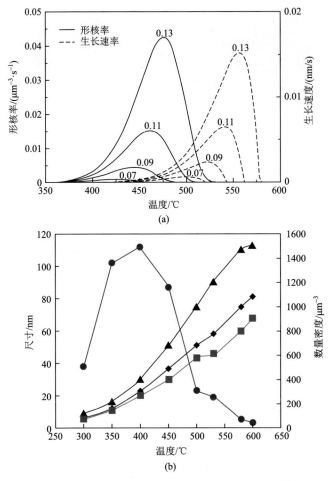

图 9.5　（a）7050 铝合金 Al₃Zr 弥散相形核率和生长速度与温度的关系[9]；（b）不同温度下 3003 铝合金 α-Al(Mn, Fe)Si 弥散相的尺寸与数量密度对比[10]

（a）中 0.07、0.09、0.11 和 0.13 指 Zr 元素质量分数为 0.07%、0.09%、0.11%和 0.13%；（b）中 —●—数量密度；
—■—最小费雷特直径；—▲—最大费雷特直径；—◆—平均直径

逐渐减小[12]。这主要是由于随着温度升高，Mn、Cr、Zr 等过渡族元素在铝基体内的固溶度增大，且扩散速度提高，弥散相粒子临界形核半径增大，因此，降低了形核密度，且形核后粒子稳定生长导致其尺寸粗化。诸多研究表明，弥散相尺寸增大、分布密度减小不利于抑制变形组织的再结晶。然而，第一级均匀化热处理温度也不宜过低，温度降低虽可减小元素固溶度，且保证粒子形核后生长缓慢不易粗化，但过低的温度导致元素扩散速度过慢，从而降低其析出形核速度。因此，多级均匀化热处理制度优化成为高性能 7×××系等合金材料加工制备的重要研究方向之一。表 9.1 列举了国内外在 7×××系铝合金材料制备过程所采用的一

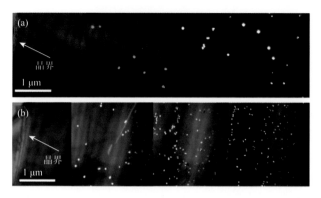

图 9.6 不同均匀化热处理制度下 Al$_3$Zr 弥散相分布对比[11]

（a）单级均匀化，470℃/24 h；（b）双级均匀化，300℃/48 h + 470℃/24 h

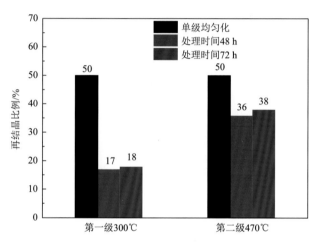

图 9.7 不同均匀化热处理制度下再结晶比例统计结果[11]

些多级均匀化热处理工艺制度。基于表中所列举的多级均匀化热处理制度可以发现，高温均匀化热处理温度几乎无差别，多设置为 470℃，主要区别在于低温均匀化热处理温度及保温时间，较为合适的低温热处理温度区间为 300～400℃。

表 9.1 多级均匀化热处理工艺制度举例

合金/成分	均匀化工艺制度	结果简述	参考文献
Al-6Zn-2.5Mg-0.6Cu-Mn-Cr	250℃/4 h + 470℃/24 h	相比于单级 470℃ 热处理，250℃低温均匀化处理后，Mn、Cr 弥散相形核率高且尺寸小	[13]
Al-7.87Zn-2.03Mg-1.87Cu-Zr	350℃/4 h + 470℃/24 h	双级均匀化热处理后无沉淀析出带变窄，晶界附近 Al$_3$Zr 粒子密度增加，再结晶比例降低约 40%	[14]

续表

合金/成分	均匀化工艺制度	结果简述	参考文献
7050 合金	0.3℃/min 或 2℃/min 升温至 465℃/20 h 或 475℃/8 h	慢速 0.3℃/min 随炉升温均匀化获得大量弥散细小的 Al_3Zr 粒子，并使得晶界附近无沉淀析出带变窄	[15]
Al-5.5Zn-2.2Mg-1.87Cu-Zr	300℃/T_1 h + 470℃/T_2 h	双级均匀化热处理后，Al_3Zr 弥散相数量密度和体积分数显著增加，且受初级保温时间影响，随着保温时间延长，弥散相数量密度先增加后减小，且随着第二级保温时间延长，弥散相逐渐粗化。相比之下，300℃/24 h + 470℃/24 h 效果更好	[16]
7150 合金	300℃或 400℃/48 h + 470℃/24 h	相比于单级均匀化热处理，双级均匀化热处理 Al_3Zr 弥散相尺寸更小且数量更多，初级处理温度为 300℃时弥散相相对分布更为均匀	[11]
Al-7.8Zn-1.62Mg-1.81Cu-Zr	450℃/8 h + 250℃或 350℃/8 h + 480℃/12 h	三级均匀化热处理通过改善 $MgZn_2$ 析出均匀性提高了 Al_3Zr 弥散相分布均匀性，进而降低了热轧和固溶过程再结晶比例，450℃/8 h + 350℃/8 h + 480℃/12 h 制度效果相对较好	[17]
7N01 合金	200℃/2 h + 300℃或 350℃或 400℃/10 h + 470℃/12 h	第二级均匀化热处理温度对于 Al_3Zr 弥散相分布及尺寸最为重要，三个研究制度中，200℃/2 h + 350℃/10 h + 470℃/12 h 下变形组织再结晶比例最低，力学性能及耐腐蚀性能均得到提高	[18]
7N01、7020 合金	350℃/8 h + 420℃/4 h + 470℃/16 h	相比于单级均匀化热处理，三级均匀化热处理提高了 Al_3Zr 弥散相数量密度，且减小了其析出尺寸，相应地降低了变形组织再结晶比例，同时耐腐蚀性得到提升	[19]和[20]

9.2　铝合金固溶热处理技术

　　时效析出强化是可热处理铝合金最为重要的强化方式。为保证获得充分的时效析出强化效果，在进行时效处理前，通常需要对合金进行固溶热处理，即通过高温固溶后淬火，使合金元素最大限度地固溶于铝基体，从而获得过饱和固溶体。过饱和固溶体的获得有利于提高时效析出相数量密度，从而提高对合金的强化效果。此外，对于变形铝合金，尤其是高强度变形铝合金，在经过塑性加工后，合金内将保存大量的形变储能，这些能量在后续固溶热处理过程中，将通过回复与再结晶过程逐渐耗散，使合金达到稳定状态，而固溶过程合金回复和再结晶程度又将决定合金的综合性能。因此，研究固溶热处理对于获得高综合性能的铝合金材料具有重要意义。

9.2.1　单级固溶热处理

单级固溶热处理即为传统的固溶处理，可以通过控制固溶温度及时间，获得性能优异的铝合金。单级固溶热处理工艺中，固溶温度和固溶时间是对铝合金组织与性能影响最大的两个因素。通常采用差热分析法分析铝合金从室温到熔点的相变点，来确定固溶温度的范围。固溶温度一般选择在过烧温度以下。目前，常见的固溶工艺确定方法主要有控制变量法及正交实验法。一般情况下，控制变量法是在确定最佳溶液温度后改变固溶时间，从而得到最佳固溶温度-时间制度。控制变量法也是目前最常用的确定固溶制度的方法。2012 年，何道广采用控制变量法研究发现 7050 铝合金的最佳单级固溶制度为 473℃/1.5 h[21]。2014 年，Chen 等通过控制变量法发现 6063 铝合金适宜的固溶工艺为 520℃/3.5 h，经过 200℃时效 5 h 后，合金的强度和硬度得到极大提高[22]。2019 年，黄朝文等通过控制变量法发现 530℃/16 h 固溶处理时 211Z.X 铝合金的强塑性匹配最好[23]。正交实验法是通过挑选具有代表性的固溶温度-时间制度组合并依据每种组合的实验结果找出最优的固溶温度-时间制度组合。Xin Wu 等通过正交实验法发现 7A09 最佳的固溶制度为 462℃/40 min[24]。王满林等采用正交实验法得出 ZL305 铝合金最佳固溶制度为 495℃/12 h[25]。

通过以上学者的研究成果分析可得，铝合金固溶热处理的固溶温度大多数为 460~530℃，固溶时间一般在 10 h 以内。但也有一些铝合金，如 211Z.X 铝合金，其固溶时间为 16 h。所以，建议在未来的研究中，可以考虑将 460~530℃ 作为固溶温度的参考范围，0~10 h 作为固溶时间的参考范围。

在 6061 铝合金固溶处理过程中，第二相的溶解速度随固溶温度的升高而增大，残余第二相的面积逐渐减小。铝合金样品经过 530℃/3 h 的固溶处理后，大量第二相残留在铝合金基体上。随着固溶温度的升高，第二相的数量逐渐减少，直到固溶温度达到 565℃，仍有少量第二相留在基体上，这说明随着固溶温度的上升，第二相逐渐溶入基体，而最后残留的第二相是难溶第二相。

固溶温度对铝合金力学性能也有很大影响。朱德智和陈龙发现经 460℃/0.5 h 固溶处理后 AlSi10MnMg 合金中硅相熔断并球化，当固溶时间为 0.5 h 时，T6 处理试样的强度和硬度随固溶温度的升高而提高[26]。李晓琳和魏峥研究发现随着固溶温度的升高，试样的屈服强度和抗拉强度都呈现出先升高后降低的趋势，而伸长率呈现出先降低后升高的趋势[27]。刘义伦等研究发现随着固溶温度的升高，疲劳极限先减小后增大，在 495℃ 固溶处理后达到最大值[28]。

综上所述，固溶温度对铝合金组织的影响表现为随着固溶温度的升高，铝合金组织中第二相的数量减少，但尺寸变化不大。当达到一定温度时，铝合金的组织会出现过烧现象，力学性能也会下降。固溶温度对铝合金的强度、硬度、拉伸性能、耐腐蚀性能和断裂韧性有一定的影响。随着固溶温度的升高，固溶更为彻底，各项性能均有所提高，但在过烧温度以上，力学性能有所下降。因此，在选择固溶温度时，需要选择过烧温度以下的温度，从而获得性能最佳的铝合金制品。

如图 9.8 所示，在 475℃固溶温度下，随着固溶时间的增加，7050 铝合金大部分第二相逐渐溶入基体中。当固溶时间达到 90 min 时，第二相的溶解度达到了最大值[29]。之后随着时间增加，剩下的一些溶解度较小的第二相粒子并不能溶入铝合金基体中。并且当固溶时间为 90 min 时，测出的 7050 铝合金抗拉强度、屈服强度和断裂韧性均达到最大值[30]。除此之外，姜博等研究发现在固溶温度为500℃时，随着固溶时间的延长，ADC12 铝合金显微组织中粗大共晶硅和针状Al_5FeSi 会逐渐转化成细小颗粒状[31]。

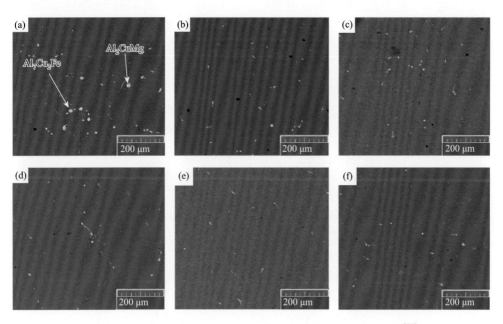

图 9.8　不同固溶时间处理后 7050 铝合金试样第二相粒子分布[29]

（a）30 min；（b）60 min；（c）90 min；（d）120 min；（e）150 min；（f）180 min

在一定的固溶温度下，固溶时间对铝合金组织的影响会影响到铝合金的性能。倪艳荣和李艳华研究发现，轧制态 Al-0.1Ni 合金经 580℃不同时间固溶处理后，硬度及电导率均达到了最大值[32]。

综上所述，在一定的固溶温度下，随着固溶时间的增加，铝合金组织中的第二相粒子会逐渐减少并细化，固溶时间到达一定值后，第二相粒子的数量基本不再发生变化。在一定的固溶温度下，随着固溶时间的增加，铝合金的抗拉强度、屈服强度、硬度、断裂韧性和电导率等都会提高，并在一定的时间点达到最大值。

9.2.2 多级固溶热处理

通过不断提高单级固溶温度或者延长固溶时间会导致再结晶程度加重，晶粒长大，这对铝合金的性能是不利的。因此，为了进一步提高铝合金的综合性能，往往会采取双级固溶或多级固溶热处理工艺。下面就双级固溶及多级固溶热处理对铝合金组织与性能的影响展开讨论，并与单级固溶热处理情况进行对比。

首先，双级固溶和多级固溶热处理能使组织中粗大的第二相更充分地溶解。何道广研究发现，多级固溶热处理会延长固溶过程中的回复阶段，从而抑制再结晶过程。其次，它可以使固溶极限温度超过多相共晶温度且不会发生过烧现象，这样就增加了粗大第二相的固溶程度[21]。

李俊等通过 SEM 及第二相能谱分析研究发现，双级固溶热处理较常规固溶热处理具有更佳的固溶效果[33]。王超群等研究发现，与单级固溶和双级固溶热处理相比，经三级固溶热处理（470℃/2 h + 480℃/1 h + 490℃/0.5 h）后 7A04 铝合金棒材组织中粗大和难溶的第二相含量分别减少了 36.9%和 28.2%[34]。

双级及多级固溶热处理后的铝合金强度、硬度、断裂韧性等性能比单级固溶热处理后的铝合金更佳。王超群等研究发现，7A04 铝合金棒材经三级固溶热处理和 120℃/24 h 时效后，抗拉强度、屈服强度和伸长率分别达到 718.8 MPa、660.3 MPa 和 10.6%。抗拉强度相较于单级固溶与双级固溶热处理分别提高了 7.2%和 2.2%[34]。图 9.9 所示为 7A04 铝合金试样固溶时效后的拉伸性能测试结果，其中 1 号样为采用单级固溶热处理，2 号样为采用双级固溶热处理，3 号样为采用三级固溶热处理工艺。挤压态 7A04 铝合金因经过了长时间自然时效，抗拉强度 R_m 与屈服强度 R_p 分别达到 573.98 MPa 和 518.68 MPa。从图 9.9 可知：单级固溶热处理（470℃/2 h）后，与挤压态相比，合金的抗拉强度及屈服强度明显增加。随着固溶级数增加，7A04 铝合金的强度呈现增长的趋势。与单级固溶热处理相比，双级固溶热处理（470℃/2 h + 480℃/1 h）后试样的抗拉强度从 670.6 MPa 增长到 703.4 MPa，提高了 4.89%，屈服强度从 612.5 MPa 增长到 641.4 MPa，提高了 4.72%。三级固溶热处理（470℃/2 h + 480℃/1 h + 490℃/0.5 h）后试样的实验强度最好，抗拉强度可达到 718.8 MPa，与双级固溶热处理相比提高了 2.2%，屈服强度达到 660.3 MPa，提高了 2.95%。随着固溶级数的增加，试样伸长率 A 下降不明显，三级固溶热处理后的伸长率仍可达到 10.6%。

李安敏等[35]研究发现，在 Al-5.8Zn-2.7Mg-1.6Cu 铝合金双级固溶热处理工艺中，对硬度影响最显著的因素为双级固溶温度和双级固溶时间。当双级固溶温度一定时，随着双级固溶时间的延长，硬度先增大后减小；当双级固溶时间一定时，随着双级固溶温度的增加，硬度逐渐增大。对电导率影响最显著的因素为单级固溶

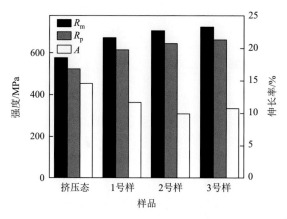

图 9.9　经不同固溶热处理后 7A04 铝合金的强度和伸长率[34]

温度和单级固溶时间。当单级固溶温度一定时，随着单级固溶时间的延长，电导率先增大后减小；当单级固溶时间一定时，随着单级固溶温度的增加，电导率逐渐增大。对抗拉强度影响最显著的因素为单级固溶温度和双级固溶时间。当单级固溶温度一定时，随着双级固溶时间的延长，抗拉强度逐渐增大；当双级固溶时间一定时，随着单级固溶温度的增加，抗拉强度先减小后增大。对抗应力腐蚀性能影响最显著的因素是单级固溶时间和双级固溶时间。张新明等[29]研究发现，多级固溶热处理可以使 7050 铝合金厚板的固溶极限温度超过多相共晶温度且低于过烧温度，增大了可溶性粒子的固溶程度，减少了合金中的裂纹源。同时，在多级强化固溶热处理最后一级的温度和时间与单级固溶热处理一致时，能使 7050 铝合金板材获得比单级固溶热处理更高的断裂韧性和强度。

从图 9.10 中可以得到，当多级强化固溶热处理最后一级为 493℃/2.5 h 时，与 493℃/2.5 h 单级固溶热处理相比，合金的屈服强度 R_p 从 473.0 MPa 提高到 500.6 MPa；抗拉强度 R_m 从 490.0 MPa 提高到 534.0 MPa；断裂韧性 K_{IC} 从 34 MPa·m$^{1/2}$ 提高到 37.4 MPa·m$^{1/2}$，提高了 10%。因此，当多级强化固溶热处理最后一级温度和时间与单级固溶热处理的一致时，由多级强化固溶热处理得到的强度和断裂韧性比相应的单级固溶热处理高。

除此之外，多级固溶热处理对铝合金耐腐蚀性能的影响大于双级固溶热处理，双级固溶热处理对铝合金耐腐蚀性能的影响大于单级固溶热处理。2018 年，任鹏发现在不同固溶热处理制度下，合金的耐腐蚀性能如下：单级固溶热处理＜双级固溶热处理＜多级固溶热处理[36]。

因此，想要得到更好的铝合金组织与性能，可以考虑选择双级固溶热处理或者多级固溶热处理，但必须通过实际的计算分析权衡生产成本等因素。对于特定的性能需求，可以参考学者们得到的实验结论进行实验，以期得到理想的需求性能。

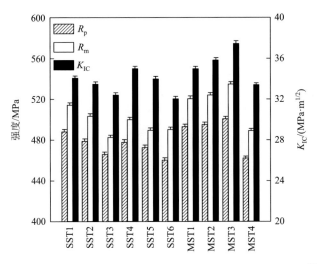

图 9.10　经不同固溶热处理后 7050 铝合金的强度和断裂韧性[29]

SST1：473℃/2.5 h；SST2：473℃/5 h；SST3：473℃/10 h；SST4：483℃/2.5 h；SST5：493℃/2.5 h；SST6：503℃/2.5 h；MST1：多级固溶+473℃/2.5 h；MST2：多级固溶+483℃/2.5 h；MST3：多级固溶+493℃/2.5 h；MST4：多级固溶+503℃/2.5 h

　　本小节讨论了单级固溶热处理的最佳固溶工艺制度的确定方法及大致范围，单级固溶温度和时间对铝合金组织与性能的影响，双级及多级固溶热处理相比于单级固溶热处理组织与性能的改善情况等。通过总结发现，单级固溶热处理的固溶效果主要受固溶温度和固溶时间的影响。随着固溶温度的升高，铝合金组织中粗大的第二相逐渐减少，屈服强度、抗拉强度等性能随之升高。但是当固溶温度超过过烧温度后，组织出现过烧现象，性能开始下降。铝合金组织与性能随固溶时间的变化也表现出类似的规律。因此，单级固溶热处理受制于固溶温度和固溶时间，对铝合金组织与性能的改善有一定的局限性。双级固溶或多级固溶热处理后的铝合金第二相粒子体积分数减少（分别约 2%或 3%），体积更加细小，颗粒之间不连续性增加，抗拉强度（分别约 30 MPa 或 50 MPa）、屈服强度（分别约 30 MPa 或 50 MPa）、断裂韧性、耐腐蚀性等性能进一步提高。所以，双级固溶和多级固溶热处理具有更好的固溶效果。但是，双级及多级固溶热处理在应用时需要考虑生产条件、工艺成本、技术条件等因素，因此没有单级固溶热处理应用的广泛。所以，铝合金的固溶热处理工艺发展应当集中在：

　　（1）优化单级固溶热处理工艺，研究不同固溶温度及时间对铝合金微观组织及性能的影响，总结出适合不同铝合金的固溶热处理工艺。除此之外，选择正确的固溶热处理制度确定方法，在能够得到最佳固溶热处理制度的基础上缩小温度及时间的控制范围。

　　（2）对于组织与性能要求较高的铝合金，综合考虑生产成本及技术条件等，选择合适的双级及多级固溶热处理，尤其对耐腐蚀性能要求较高的铝合金应着重考虑双级及多级固溶热处理。

9.3　铝合金淬火热处理技术

铝合金淬火热处理通常与固溶热处理相衔接，即合金经过高温固溶处理后，需要通过快速冷却将其在高温下所溶解的元素以过饱和状态保存至室温，以防止在冷却过程发生扩散型相变而消耗强化元素。因此，淬火应当采取尽可能高的冷却速度以获得合金最大限度的过饱和固溶状态。虽然提高淬火冷却速度有利于提高合金力学性能，但淬火过程在合金内部产生的内应力也将随之增大。因此，选择合适的淬火介质和控制淬火冷却速度对淬火后铝合金的组织和性能有重要影响。本节将从淬火介质、淬火残余应力、淬火敏感性、淬火参数及辊底淬火技术等几方面展开详细介绍。

9.3.1　淬火介质

使用淬火介质对铝合金进行淬火时，工件表面的传热状态可以分为三个阶段，如图 9.11 所示[37]。

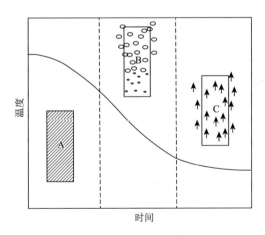

图 **9.11**　淬火冷却的三个阶段

第一阶段（图 9.11 中 A）：蒸气膜冷却阶段。此时工件表面会形成一层完整的蒸气膜，其会阻碍热传导，因此这一阶段的冷却速度相对较慢。不同淬火介质的第一阶段有不同的情况，例如，淬火介质是非挥发性溶质的水溶液时，很难观察到这一阶段；而当淬火介质是胶体溶液时，如聚烷撑乙二醇（PAG），则会在蒸气膜外形成一层胶体层，可延长第一阶段的存在时间。

第二阶段（图 9.11 中 B）：蒸气沸腾冷却阶段。此阶段表面温度略有降低，随着传热速度的提高，蒸气膜开始崩塌。之后，工件表面的淬火液剧烈沸腾，热量以汽化热的形式迅速从工件中排出。

第三阶段（图 9.11 中 C）：液冷阶段。当工件表面温度降至淬火液的沸点时，液冷阶段开始，然后通过对流和传导实现缓慢冷却，冷却速度低于第二阶段。这一阶段冷却速度的另一影响因素是淬火液的黏度。

目前，铝合金常见的淬火介质有水、盐水、聚合物、乳化液等，常见的淬火方式有气体淬火、压力喷溅淬火及直接浸入淬火[37,38]。以上淬火介质中，淬火效果较佳的是聚合物淬火介质，下面将重点讨论聚合物作为淬火介质的作用机制及特点。

水溶性聚合物溶液具有无毒、无味、无腐蚀、不可燃、安全可靠、冷却性能好、冷却速度范围宽且可调等优点[39,40]。目前聚合物溶液在很多航空用铝合金（2×××、6×××、7×××）热处理中广泛使用，其中 PAG 应用比较广泛。PAG 是环氧乙烷与环氧丙烷共聚物[41]，可用作化妆品、液压油、润滑剂及淬火剂等[42]。另外，由于 PAG 具有逆溶性，即随着温度升高其浓度降低，脱溶的 PAG 会包覆工件，可调节冷却速度。这是由于工件温度高，使工件周围的淬火剂温度升高，PAG 脱溶包覆在表面，隔开工件与淬火剂，降低冷却速度。同时，PAG 淬火剂良好的润湿性能够使其脱溶后稳定地包覆在工件表面，当工件冷却到低于逆熔点温度时，已经脱溶了的 PAG 会再次溶解在水中[43]。因此，PAG 已成为目前最稳定、应用最广泛的聚合物淬火介质。

经过 PAG 淬火剂淬火后的铝合金工件硬度高、分布均匀，而且其淬火变形小，淬火开裂、变形等现象少有发生。因此，使用 PAG 淬火剂进行淬火，能够提高淬火质量及产品合格率。同时，使用 PAG 淬火剂可以大大节约能源，降低成本，改善工人的工作环境，对环境更友好。

使用不同的淬火介质对铝合金进行淬火，其淬火冷却速度有很大差异，导致淬火过程中的残余应力、微观组织及淬火后工件的性能有很大不同。很多学者研究了淬火介质对铝合金组织与性能的影响。例如，徐玉国和韩兆君[44]研究了盐溶液、水、PAG 溶液分别作为淬火介质对 7A85 铝合金微观组织、力学性能和残余应力的影响。使用 16 mm 厚热轧态 7A85 铝合金样品，固溶处理 450℃/30 min，分别在 25℃水、10%NaCl + KNO$_3$盐溶液、5% PAG 溶液中淬火至室温。与轧制态样品相比，淬火后的样品第二相明显减少。这些第二相主要是含铁杂质相，对铝合金的性能有负面影响。经分析，10%NaCl + KNO$_3$盐溶液冷却效率最高，淬火后样品中粗大第二相所占比例最小，淬火效果最好。使用这三种介质淬火后试样的晶粒尺寸相差很小，说明淬火介质对再结晶组织影响很小。拉伸测试数据表明，10%NaCl + KNO$_3$盐溶液淬火样品的综合力学性能最好[44]。测试样品的残余应力发现，5% PAG 溶液淬火样品的表面残余应力最小，10%NaCl + KNO$_3$ 盐溶液淬火后样品表面残余应力最大[44]。通过对最终的结果对比发现，与 25℃ 水、5% PAG 溶液相比，10%NaCl + KNO$_3$ 盐溶液淬火后，7A85 铝合金样品的第二相最少，力学性能最好，但是 5% PAG 溶液淬火后试样表面残余应力最小。

申坤和许东采用 PAG 淬火剂对 2A12 铝合金进行淬火处理，发现和水淬相比，经过 PAG 淬火剂处理过后的试件表面与中心的降温速度相差不大。当内外温度相差不大时，试样的尺寸变化程度减小，残余应力也随之减小[45]。胡谢君等测试了经过水、油、不同浓度 PAG 淬火的铝合金电工圆杆性能，发现经过 510℃/6 h 固溶处理，再经 13% PAG 淬火后的样品组织均匀，晶粒内只有较小且少量的析出相，综合性能最好[46]。

与水或油淬火相比，经过 PAG 淬火介质或盐溶液淬火之后，铝合金组织中的粗大第二相逐渐减少，组织更加均匀，其综合性能更佳。但与盐溶液淬火相比，PAG 淬火介质对铝合金淬火过程中残余应力的产生具有良好的控制效果。因此，未来的发展方向是寻找更多类似于 PAG 的淬火介质。

未来应当寻求冷却速度介于水与油之间的，且能够使铝合金性能达到使用标准的淬火介质。同时，应当考虑铝合金的生产成本与产品合格率，就目前的研究结果来看，聚合物淬火介质能够很好地满足以上要求。但是在实际应用聚合物淬火介质时也有许多问题存在，如出现假浓度、冷却特性变化大、淬火件锈蚀、淬火液腐败发臭和产生泡沫等。因此，在实际应用时需要有效避免或解决以上问题，故聚合物淬火介质有待继续研究。

9.3.2　淬火残余应力

铝合金的热膨胀系数高、热导率高、散热速度也很快。因此，在对铝合金热处理的过程中一般会产生残余应力。残余应力会导致铝合金在后续的机械加工中出现变形及开裂等缺陷，在淬火过程中也会产生很大的残余应力，所以需要通过控制淬火过程中的淬火工艺参数来控制残余应力，使得铝合金产品综合性能达到较佳状态。下面将从以下几个方面综述淬火过程中的残余应力。

1. 残余应力产生原因及分类

残余应力是当没有外力产生作用时，材料内部用于保持内部稳定的应力。残余应力又称为内应力或固有应力，通常在加工、热处理和装配过程中产生。淬火过程中残余应力的产生原因大概有两方面：一方面是由温度变化引起的残余应力，当高温冷却时，工件的内部与表面温度变化不一致导致冷热收缩不均匀，在材料内部会形成一种平衡收缩的内应力。另一方面是由工件的变形不均匀导致的，当工件内部与表面的变形不均匀时，会使得材料内部形成一种抵制变形的内应力[47]。

德国学者 E. Macherauch 将残余应力归纳为三类：根据宏观尺寸分类，可以称为宏观残余应力或第一类残余应力；根据晶粒尺寸分类，可以称为介观残余应力或第二类残余应力；根据原子尺寸分类，可以称为微观残余应力或第三类残余应力[48]。

2. 残余应力的测试与评估

残余应力的测量有很多方法，每一种方法的测量原理及难易程度都不同。目前常见的两种分类方法主要是表面应力测试和内部应力测试，以及无损检测和有损检测。表 9.2 介绍了有损检测及无损检测的相关内容。

表 9.2　有损检测及无损检测对比

方法	原理	主要方法	特点
有损检测	通过机械加工切断零件的一部分，破坏内应力平衡，产生一定的应变，并进行相应的测量。根据弹性力学原理，推导构件测量前残余应力的分布和大小	盲孔法 环芯法 剥层法	会对工件造成一定的损伤及破坏，测量精度高，理论完善且技术成熟
无损检测	根据残余应力引起的物理现象，总结了物理量与残余应力之间的函数关系，并以此物理量计算残余应力	X 射线衍射法 中子衍射法 磁性法 超声波法 电子散斑干涉法	对工件无损害，所需设备昂贵，成本较高

3. 残余应力的影响因素

几何参数、材料力学性能和淬火工艺参数对残余应力的影响比较大[49]。不同铝合金工件的几何参数对残余应力的影响是不同的，例如，对于圆筒结构的铝合金工件，圆筒的径厚比越小，淬火残余应力越大，而圆筒的长度对淬火残余应力的影响不大[49]。Yanan Li 等运用有限元法（FEM）模拟研究了 7085 铝合金板材的淬火残余应力分布，发现尺寸影响淬火残余应力分布的顺序为：厚度＞宽度＝长度。这表明铝合金工件尺寸中影响淬火残余应力的主要是厚度，而长度及宽度对残余应力的影响较小[50]。

屈服强度、弹性模量、塑性模量对淬火残余应力有很大影响，且影响的大致规律表现为：随着屈服强度及塑性模量的增加，淬火残余应力减小；随着弹性模量的增加，淬火残余应力增加。

固溶温度、淬火介质温度、冷却速度对淬火残余应力有较大影响，且影响的大致规律表现为：随着固溶温度的升高，淬火残余应力增大；随着淬火介质温度的升高，淬火残余应力会减小；随着冷却速度的增加，淬火残余应力增大，如浸没淬火后铝材产品残余应力显著高于喷淋淬火。

4. 残余应力的影响及消除方法

航空工业中所使用的大型整体结构件，如隔框、接头等，具有形状复杂、尺寸较大等特点[51]。经过淬火处理会产生较大的残余应力，造成表面和内部性能不均匀，在后续的数控加工中极易引起较大的变形导致工件报废，从而造成巨大的经济损失。Huafeng Ding 等研究发现，淬火残余应力对预拉伸 7075 铝合金板的韧性断裂行为具有很大影响，并且导致 7075 铝合金板产生裂纹[52]。因此，残余应力对铝合金的组织与性能具有不良影响，以至于在后续加工中容易出现裂纹、较大的变形等。

目前，消除铝合金热处理中产生残余应力的方法有很多，但是行之有效的方法很少。传统的热处理方法对于消除残余应力有着一定的局限性，往往通过牺牲材料的力学性能来降低残余应力，但效果依旧不尽如人意。所以，目前急需对传统的方案进行探究，寻求并开发出新的工艺。下面将分别讨论各类残余应力消除方法，通过对比各种消除方法的效果，为今后的实验研究及工艺开发提供新的思路。

传统的残余应力消除方法主要有人工时效、中断淬火、深冷处理、上坡淬火等。Shengping Ye 等[53]提出了一种中断淬火方法，进行了两个淬火实验，包括间断淬火和常规淬火的比较实验。中断淬火过程：30 s 后中断喷雾淬火，将样品在空气中放置 20 s，然后喷雾淬火至室温。与常规淬火试样中的残余应力相比，中断淬火实验后试样的心部压缩残余应力和表面的拉伸残余应力均显著降低，同时表面和心部的屈服强度和电导率均未降低。

孙轶山对 7150 铝合金板材试样进行了 120℃/15 h、150℃/15 h、180℃/15 h 单级人工时效（依次对应 SA120℃、SA150℃、SA180℃），以及 RRA 三级人工时效（120℃/15 h + 195℃/40 min + 120℃/15 h），并测量了以上传统人工时效的残余应力下降情况[54]。传统人工时效下残余应力降幅如图 9.12 所示。通过对 7150 铝合金厚板的传统人工时效实验发现，包括 RRA 三级人工时效在内的传统人工时效对 7150 铝合金厚板残余应力的去除效果不明显，其残余应力降幅小于 35%。

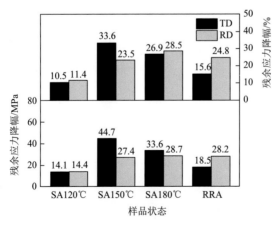

图 9.12　传统人工时效下残余应力降幅[54]

上坡淬火及深冷处理被称为深冷急热法，有很多学者已经对上坡淬火做了研究，发现上坡淬火对残余应力的消除效果不如机械消除法[55]。但是，上坡淬火相对于机械消除法而言能够对形状复杂的材料进行残余应力消除，而且能够改善材料的强硬度、耐磨性及组织稳定性。

残余应力机械消除法主要有预变形、振动时效法等。李亚楠通过有限元建模及数值模拟研究了预拉伸对 7055 铝合金厚板残余应力的影响规律[56]。结果表明，当增加预拉伸量时，残余应力增速逐渐变缓，通过控制拉伸量的大小，能够使 7055 铝合金厚板在 x 与 y 方向上的残余应力消减率达到 80%以上。陈光忠对高强铝合金板进行振动时效（VSR）工艺处理[57]。结果表明，VSR 工艺不仅可以降低板件的残余应力，而且可以将其均匀化，这有利于提高高强铝合金板的抗变形能力。

通过对残余应力的两类消除方法进行综述发现，机械消除法相比于热消除法具有更佳的消除效果。同时，VSR 工艺对铝合金板件的尺寸稳定性具有较佳的改善。但是，机械消除法无法做到对组织的细化，从而无法有效改善铝合金组织的稳定性，而热消除法中的上坡淬火等方法会对铝合金组织产生较佳的影响，并且可以提高铝合金的强度、硬度及耐磨性等性能。因此，这两类消除方法各有利弊，对于工业化的大规格铝合金厚板，机械消除法中的预拉伸会对残余应力的消除具有极佳效果[58]。而对于一些复杂的铝合金工件，传统的时效工艺、中断淬火及上坡淬火等会更适合使用。

综上所述，国内外学者对铝合金淬火过程中的残余应力进行了大量研究，并且取得了一定的研究成果，但是仍然存在很多不足之处。首先，对于大规格的铝合金厚板而言，残余应力的有损测试方法往往会对其产生破坏性，而无损检测方法往往不能够应用到铝合金厚板的残余应力检测中，所以需要探究更佳的检测方法。然后，对于残余应力的消除方法而言，热消除法及机械消除法各有利弊，应当研发更多新型工艺及方法以适应不同的铝合金工件。最后，通过有限元模拟能够较为准确地预测淬火残余应力的分布，所以对于淬火过程中残余应力的研究应当多建立切合实际的有限元模型，提高预测的准确性，达到对残余应力测试及调控的目的。

9.3.3 淬火敏感性

铝合金经过淬火处理后，冷却速度会对其组织与性能带来一定的影响，而这种影响程度大小就称为铝合金的淬火敏感性。淬火冷却速度对淬火后微观组织及最终性能影响比较大的称为高淬火敏感性合金；淬火冷却速度对淬火后微观组织及最终性能影响比较小的称为低淬火敏感性合金[59]。

　　对于特定的材料，需要选择适当的淬火冷却速度以达到力学性能的最大化，以及合金的残余应力的最小化。由于淬火敏感性在工业生产中具有实际重要性，特别是对于大型薄壁零件和厚板，目前很多学者对高强度铝合金的淬火敏感性进行了许多研究，并使用温度-时间-性能（TTP）曲线和等温转变（TTT）曲线评估淬火敏感性。

　　Huimin Wang 等[60]采用间断淬火技术测定了 2219 铝合金的 TTT 曲线和 TTP 曲线。2219 铝合金的 TTT 曲线呈"C"形，鼻尖温度约为 440℃，接近尖端温度的潜伏期最短，低于或高于鼻尖温度则潜伏期延长。根据最高性能下降 10%的 TTT 曲线的位置可知，合金淬火敏感性温度区为 300～480℃。在该区域中，过饱和固溶体分解难度降低，合金具有最高的淬火敏感性，相变速度也最快。另外，Huimin Wang 等以高强度 2219 铝合金最大性能的 99.5%、95%和 90%得出 TTP 曲线。在鼻尖温度处，当硬度降低约 0.5%时，临界时间为 0.6s。在高淬火敏感性温度范围内，等温时间延长，硬度急剧下降，但当等温温度超过该范围时，硬度随等温时间的延长而下降得更慢，保持超过 10 min 后，硬度降低值仍小于 10%。通过这两条曲线，可以得出不同铝合金的淬火敏感性温度范围，这有利于指导工业生产，在淬火敏感区提高冷却速度，以抑制非均匀沉淀，同时可以将固溶温度适当降低至临界温度范围，以减小残余应力。

　　在淬火敏感区范围内，铝合金组织与性能会随淬火冷却速度的变化发生较大改变，国内外学者对这方面的研究较多。Shenlan Li 等[61]研究发现 6351 铝合金在一定的等温温度下，随着时间的延长，电导率增加，硬度降低。TEM 观察表明，等温保温初期，过饱和固溶体分解，针状 β″相析出。随着鼻尖温度下保持时间的延长，形成了杆状 β′相和板状 β 相。淬火系数分析表明，在淬火敏感区，冷却速度大于 15℃/s 可以获得最佳的机械性能。Yuxun Zhang 等[62]研究发现在 2A14 铝合金淬火敏感区温度范围内，抗拉强度和屈服强度迅速降低，在鼻尖温度处下降最快。另外，随着等温保温时间的增加，屈服强度比抗拉强度下降得更快。在鼻尖温度为 350℃时，由于溶质的高扩散速度和高的相核化速度，淬火诱导的棒状 θ′粒子沉淀并快速生长。当保持时间延长时，杆状 θ′粒子的数量和尺寸增加，导致淬火后过饱和固溶体减少，降低了析出物 θ′和 θ″（强化颗粒）的密度。龙社明等[63]采用末端淬火和中断淬火方式，结合 TEM，研究了 6082 铝合金的淬火特性及显微组织变化特征。结果表明，当淬火速度为 3℃/s 时，β 平衡相析出，随后无沉淀析出带宽化，导致合金的硬度降低。

　　通过以上学者的研究成果可以发现，随着保温时间增加，铝合金组织中的过饱和固溶体会转化为其他新相或者粒子，导致铝合金的硬度下降。针对以上情况，在淬火敏感区温度范围内应该适当地提高冷却速度，以保证过饱和固溶体尽可能少析出，从而降低淬火敏感性对硬度等力学性能的影响。

　　一直以来消除淬火敏感性都是国内外学者关注的焦点，影响淬火敏感性的因素很多。Adam Assaad 研究发现，6×××系铝合金中的 Cr、Mn 元素含量在淬火敏感性中起着重要作用[64]。Yong Zhang 研究发现，含有较高再结晶比例的材料将导致合金淬火敏感性大大提高。同时，通过降低变形程度、再结晶比例、总晶界面积、总合金含量，可以有效降低 7×××系铝合金的淬火敏感性[65]。Chengbo Li 等研究发现，Zener-Hollomon（Z）参数从 $2.67×10^{10}$ 增加到 $4.79×10^{16}$，相对于硬度的淬火敏感性先降低然后增加，并且可以在 $2.67×10^{12}$ 至 $2.24×10^{13}$ 的范围内最小化。随着再结晶晶粒数量的增加，晶界和 Al_3Zr 分散质的数量也会增加，导致产生了更多的淬火相，淬火敏感性增加[66]。

　　综上，铝合金淬火敏感性的评估及测定主要是通过 TTP 曲线和 TTT 曲线测定。其组织变化主要与析出相关，性能变化主要有强度、硬度、电导率等。淬火敏感性的影响因素主要有合金成分及含量、材料中再结晶比例、晶界及弥散相数量等。消除方法主要是降低变形程度、合金成分、再结晶比例及晶界面积。除此之外，建议在淬火敏感区域内适当提高冷却速度。

　　当淬火冷却速度较低时，铝合金组织中析出物会沿晶界析出，同时会产生不均匀形核且晶间腐蚀严重，最终导致其强度、硬度及延展性等力学性能下降。因此，对于铝合金淬火而言，需要选择较高的淬火冷却速度以确保第二相能够充分溶解到铝基体中且不产生大尺寸析出相，从而获得较佳的力学性能。随着铝合金淬火温度的上升，残余应力会逐渐下降，但力学性能也会下降。所以应选择合适的淬火温度，使得第二相能够充分溶解到铝基体中，同时降低残余应力，使力学性能得到提高。对于淬火冷却速度而言，较高的淬火冷却速度能够使铝合金组织更加均匀且力学性能更加优异。

　　综上可知，固溶淬火热处理工艺对生产高性能可热处理铝合金产品，尤其是 2×××系、7×××系铝合金中厚板尤为重要。淬火冷却速度越高，越有利于获得过饱和固溶体，抑制冷却过程中扩散型相变析出，从而保证后续时效过程中强化相的析出数量。传统的铝合金中厚板固溶淬火处理主要通过盐浴炉进行，而盐浴炉到淬火槽需要通过天车转移，转移时板材与空气接触发生缓慢冷却，因此，高性能铝合金板材生产对于淬火转移时间有严格要求，但传统的固溶淬火工艺往往难以保证。20 世纪 70 年代，针对此问题，国外开发了辊底式固溶热处理技术，与之相匹配的为喷淋淬火冷却，因此，通常称之为辊底淬火技术。与传统固溶淬火热处理技术相比，该技术加热速度快、温控精度高、生产效率高，更重要的是板材在加热区固溶处理后由辊道快速进入喷淋淬火区，缩短了淬火转移时间。同时，与浸没式淬火形式相比，辊底淬火获得的板材内应力更小，因此，可获得更好的板形与板材性能。鉴于上述优点，辊底淬火技术已被国内外铝合金中厚板生产企业普遍采用。

9.4　多级时效热处理技术

9.4.1　铝合金时效热处理

对于可热处理铝合金，如 Al-Cu、Al-Cu-Mg、Al-Cu-Li、Al-Mg-Si、Al-Zn-Mg-Cu 和 Al-Li 系合金，析出强化是其最主要的强化机制。析出强化基本原理为：通过在铝基体内引入弥散分布的纳米析出相，阻碍位错滑移，实现强化效果。弥散分布于铝基体内的析出相则需要通过时效热处理（在一定温度下，保温一定时间，过饱和固溶体发生分解，大量纳米级强化相形核析出）获得。时效热处理过程中，纳米强化相的时效析出行为可分为以下阶段：过饱和固溶体（SSSS）—原子团簇—GP 区—亚稳相析出与生长—亚稳相向平衡相转化—平衡相进一步粗化。纳米析出相对铝基体的强化效果取决于其尺寸、分布及类型等，当合金成分固定时，这些因素与时效热处理温度及时间密切相关。

时效热处理按其工艺制度可划分为单级时效和多级时效热处理。单级时效热处理是在单一的等温步骤中进行，工件被加热到一个恒定的温度，然后在一定的保持时间后冷却，如 T6 峰值时效。以 7××× 系铝合金为例，进行峰值时效（T6）时，晶内分布着细小且弥散分布的 GP 区和 η′ 相，合金具有最高强度。然而此时，连续的较大尺寸析出相分布于晶界，且晶界附近存在一无沉淀析出带（PFZ），导致合金材料抗应力腐蚀和剥落腐蚀性能显著降低。对此，双级时效热处理被用来改善 7××× 系铝合金耐腐蚀性能，即首先使合金材料在一级较低温度下保温一定时间，以促进析出相形核，进而将时效温度提高，使晶界附近析出相部分溶解。此时，晶内析出相主要为 η′ 相和 η 相，而晶界处则为不连续的粗大 η 相，因此，合金的耐腐蚀性能得到一定程度提升。但是，由于平衡 η 相与铝基体不共格，相比于 η′ 相，其强化效果显著降低，因此，双级时效热处理对于合金耐腐蚀性能的提升是基于合金强度损失（10%～15%）获得。在此基础上，1974 年，Cina[67]开发了回归再时效（RRA）工艺（三种时效工艺制度如图 9.13 所示），其工艺特点为：预时效，在较低温度下进行欠时效或 T6 峰值时效；回归，在较高温度下进行短时回归热处理，预时效形成的 GP 区或析出相发生部分回溶，晶界上链状析出相长大并聚集，呈断续分布，而晶内析出相回溶使合金强度降低；再时效，进行类似预时效的热处理使合金达到峰值强度，晶内重新析出细小弥散的 η′ 相，而晶界仍为断续的粗大 η 相。在此工艺下，合金不仅具有峰值时效态的高强度，还可以获得相比于单级 T6 峰值时效显著提高的耐腐蚀性能。

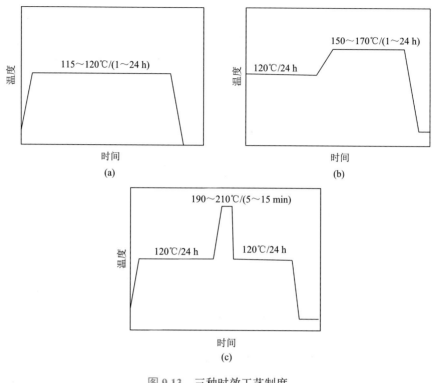

图 9.13 三种时效工艺制度

（a）单级时效；（b）双级时效；（c）RRA

9.4.2 多级时效对铝合金耐腐蚀性能的影响

耐腐蚀性能是 Al-Zn-Mg-Cu 系合金一个服役性能指标。与其他时效强化合金类似，Al-Zn-Mg-Cu 系合金非常容易发生应力腐蚀开裂（SCC），特别是当它们暴露在潮湿的介质中时[68-71]。为了降低 Al-Zn-Mg-Cu 系合金对 SCC 的敏感性，经常使用传统的过时效（T7x）循环处理，但是由于晶界相的不连续和析出相的粗化，会降低合金 10%～15% 的机械强度[72, 73]。然而，长时间的单级时效处理可能会导致晶界附近的 PFZ 变宽，并降低耐腐蚀性能。出于这个原因，多级时效处理已经被引入，以保证机械性能，同时提高耐腐蚀性能。要做到这一点，需要有分布在铝基体中的细小共格的析出相，位于晶界的不连续的第二相及狭窄的 PFZ。因此，首先两阶段的时效处理被设计和应用，包括：①低温阶段用于 GP 区和非常细的 η′ 相的成核；②高温阶段用于调控晶界相的形态分布及 PFZ 的宽度。例如，Wang 等[74]采用了两种双阶段时效处理，其中第一阶段时效温度较低。第一种为 393 K/12 h + 443 K/8 h，第二种为 373 K/12 h + 443 K/8 h，以降低 SCC 敏感性，同时保持拉伸强度。

　　图 9.14 显示了经第一种时效和第二种时效处理的样品硬度随第二阶段时效时间的变化。很明显，第一种时效制度样品的硬度在 1 h 后达到最大，然后开始下降，但在 12 h 后接近于 T73 时效合金的硬度值。相比之下，第二种时效制度样品则表现出了双峰的硬度变化。分析表明，第一阶段的时效为 GP 区和 MgZn$_2$ 析出相的成核创造了条件，但抑制了它们的生长。在第二阶段时效的情况下，第一种时效样品的硬度峰值与共格 η' 相的形成有关，因此延长第二阶段时效的时间会导致其粗化和硬度下降，但第二种时效样品的第一个峰值与细小的 GP 区的演变有关，第二个峰值与粗化的 GP 区和 η' 相的析出有关。已经发现，在第二种时效峰值条件下，样品中形成细小弥散的晶内共格析出相、粗化和不连续的晶界相及相对较窄的 PFZ，因此样品具有高的 SCC 抗性。在此条件下，合金的抗拉强度增加了 9.6%，SCC 敏感性下降了 38.9%[74]。

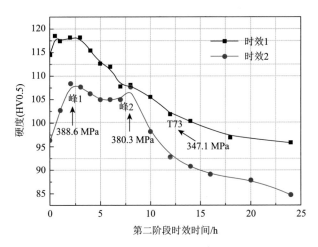

图 9.14　Al-4.06Zn-1.30Mg 合金硬度变化与第二阶段时效时间的关系[74]

时效 1 和时效 2 分别指 393 K/12 h + 443 K/8 h 和 373 K/12 h + 443 K/8 h

　　一些文献认为，经过两阶段时效处理的 Al-Zn-Mg-Cu 系合金的强度提高是由于 GP 区-位错的强相互作用。事实上，人们认为在低温的第一阶段时效中可能会形成高密度的共格 GP 区，这样它们就有机会在高温下进行生长并变得稳定。因此，在高温第二阶段时效处理后，有可能观察到大量热稳定的 GP 区。在 PFZ 宽度达到最小并且没有 GP 区向 η' 相转化时，合金获得最好的强度。如此高的强度归因于移动位错难以剪切这些共格的析出相[75]。

　　在 Al-Zn-Mg-Cu 系合金的两级时效处理中，耐腐蚀性和机械强度呈现倒置关系。事实上，由于 GP 区的均匀析出，第一阶段时效处理明显提高了抗拉强度，但由于晶界区域析出相的粗化，高温第二阶段时效处理会降低抗拉强度，尽管它提高了耐 SCC 性。因此,有必要优化相关的时效参数,以获得 7×××系列铝合金的抗 SCC 和机械性能的理想组合。Lin 等[76]研究发现,第二阶段的时效参数决定了 Al-Zn-Mg-Cu 系合金的电导率和机械强度。此外,据报道,在 125℃下预时效 3 h,随后在 170℃下再时效 10 h 是最佳条件,在此条件下可以实现抗 SCC 和机械性能的良好结合。

9.4.3 多级时效对铝合金淬火残余应力的影响

淬火后,由于淬火介质和厚部件的中间层之间存在温度差,均质化的工件经常会出现热梯度。这些梯度导致了局部的塑性流动,因此在表面诱发了压缩残余应力,而在内部诱发了拉伸应力。这种内部应力导致开裂和几何变形,并使随后的加工过程变得困难。它们源于淬火过程中的晶体缺陷和位错,需要通过控制热处理来消除。这样的处理会湮灭或重新排列无处不在的位错,并释放晶体晶格中储存的弹性能量[77-79]。为了消除残余应力,已经开发了多种实用方法,其中脉冲磁处理[80, 81]、上坡淬火[78, 82]、预拉伸[83, 84]和 RRA[79, 85]是最为常见的。已经发现,传统的时效处理可以消除 30%的残余应力,而 RRA 可以带来更高的应力释放。为了提高 RRA 技术在应力消除方面的效率,可以增加热循环的加热率,因为快速加热到足够高的温度被证明可以在材料上施加一定的塑性变形,显著地缓解了内部残余应力[86]。出于这个原因,Sun 等[79]将快速加热与多阶段时效处理相结合来降低 7×××系列铝合金的残余应力。与传统的人工时效和 RRA 不同,多级时效处理在较短的时间内显著降低了残余应力。在高加热率和较高温度的多级时效下,可以获得最大的应力释放。这可归因于位错和原子在晶格间扩散活化能的增加,以及由此产生的应力减轻。显微结构的证据表明,多阶段时效导致不连续的晶界析出、PFZ 变窄及位错湮灭。

除了多级时效,应力松弛时效也可用于消除 7×××系列铝合金的内应力。例如,Zheng 等[87]提出了一种应力伴随的时效过程以减小残余应力。如图 9.15 所示,该技术中的样品在 475℃下均质化 30 min,然后在水中淬火。另外,在控制预应变和自然时效之后,应用三个应力伴随阶段。在这些阶段,工件上施加恒定的拉伸应力,并在三个不同的温度下进行时效,分别为 120℃、120～177℃、77℃。在这里,主要的变量包括预应变、三个温度制度、三个阶段的时效时间及初始内应力。研究发现,时效温度是应力松弛的最有效因素,尽管预应变对其有协同作用。由于预拉伸在整个基体中形成了一个位错和晶界的网络,它们作为析出相的成核点,在阶段 1 导致了析出相的加速成核和生长。较大的蠕变应变促进了析出相的生长和粗化。尽管屈服强度可能减少 10%,但内部残余应力可以被完全消除[87]。

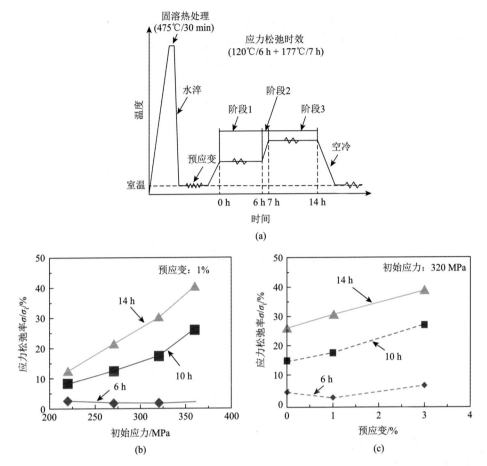

图 9.15 （a）应力松弛时效过程的示意图，包括在恒定拉伸应力下的三个时效步骤；（b）在不同时效条件下应力松弛对初始应力的依赖性；（c）在不同时效条件下应力松弛对预拉伸应变的依赖性[87]

9.4.4 回归再时效处理

回归再时效（retrogression and re-ageing，RRA）是 Al-Zn-Mg-Cu 合金常用的时效工艺，目的是在不牺牲机械性能的情况下提高其耐腐蚀性。在传统的均质化之后，RRA 包括三个热阶段：①在低温下长时间的预时效；②在相对较高温度下的短时间回归处理；③再次在低温下长时间时效。相对于等温单级时效，多级时效可以有效地控制析出相的演化，并使合金达到机械强度和腐蚀敏感性的良好结合。到目前为止，已经有大量的研究工作是关于 RRA 及其对 7×××系列铝合金的耐腐蚀性和机械响应的潜在影响。

根据时效过程的温度和时间，RRA 的每一个阶段都与析出相的形成或溶解相关。经低温长时间预时效处理后的微观结构主要包括细小的 GP 区和 η′相。但是随后的高温短时退火，部分地将这些析出相溶解在基体中。而未溶解的析出相在这一阶段继续生长且数量密度下降，尤其在晶界区域[88, 89]。在再回归处理时效阶段，较大的 GP 区可以优先作为 η′相的异质成核点，并使先前存在的 η′相继续长大。通过预时效和回归处理阶段，这种微观结构演化增加了 GP 区特别是 η′相的数量密度。更加有趣的是，在再时效阶段，溶解在铝基体中的溶质原子可以再析出并形成新的 GP 区及 η′相。基于上述机制，RRA 处理后的最终微观结构包括非常细小的 GP 区和 η′相，以及粗大的 η′相和 η 相[88, 90]。实验研究证实，回归处理过程中 GP 区的溶解增加了基体中 Zn 和 Mg 原子的浓度及其过饱和度，从而在再时效过程中促使 η′相的高速成核和生长。相对于预时效和回归处理阶段，具有宽尺寸分布的析出相及 η′相数量密度的增加是 RRA 处理的 Al-Zn-Mg-Cu 合金力学性能强化的主要原因[88]。小角度 X 射线散射（SAXS）分析和原子探针断层扫描研究表明，RRA 处理之后的析出相富含 Cu，而基体富含 Zn[91]。此外，RRA 也能够调整晶粒内和晶界析出相形态的差异。换句话说，RRA 可以粗化晶界析出相，破坏它们的晶界连续性，并使它们更加均匀和分散[92]。

如果可时效强化的合金包括 Zr 和 Sc，除了形成 η′(MgZn₂) 相之外，还可以形成平衡的 Al₃(Sc, Zr) 析出相。例如，Xiao 等[92]观察到 Al-8.1Zn-2.02Mg-2.3Cu-0.12Zr-0.2Sc 合金的 T6 处理（120℃下时效 24 h）导致粗大的平衡 Al₃(Sc, Zr) 相分布在晶粒内部，在晶界区域形成连续的平衡 η 相，而在 RRA 后，粗大的平衡 η 相和 Al₃(Sc, Zr) 相不连续地分布在基体和晶界区域。

由于 RRA 处理过程的析出动力学在很大程度上取决于高温退火温度，因此必须对该阶段的热力学参数进行优化。如果温度太低，亚稳态析出相的溶解将不会完全发生。这意味着 RRA 处理将不能有效地改变析出过程。相反，如果温度过高，在 RRA 结束时，新形成析出相的数量密度将受到限制，从而抑制细小析出相的数量密度。此外，析出相成核和生长的速度会很快而且很难控制[91]。

图 9.16 对比了 T6、T73 和 RRA 处理的 Al-Zn-Mg-Cu 合金的微观结构差异[92]。T6 热处理后，尺寸介于 3～6 nm 的细小沉淀相均匀弥散地分布于晶粒内部，此时晶内沉淀相主要为 η′相，晶界处则主要为连续分布的相对粗大的 η 相。虽然经过 T73 和 RRA 处理后，合金内部具备类似的微观组织特征，但其晶内沉淀相尺寸及晶界处沉淀相尺寸和数量有所差异。相比 T6 态合金，经过 T73 处理后晶内沉淀相尺寸显著增大，同时其析出类型也发生了转变（η′转变为 η）。更为重要的是，晶界处沉淀相由连续分布转化为断续分布，正是这一分布特征的变化，提高了合金的耐腐蚀性能。但由于晶内沉淀相尺寸增大，且部分沉淀相在二级时效处理过程中由 η′相转化为强化效应相对较差的 η 相，因此，合金强度有所降低。而经

RRA 处理后，合金晶粒内沉淀相尺寸介于 T6 与 T73 之间，沉淀相仍为强化效果较好的 η′相，因此，RRA 处理后合金具有与 T6 态相当的强度。然而其晶界处相则为断续分布，因此，其耐腐蚀性能相比于 T6 态有所提升，但略低于 T73 态，耐腐蚀性能对比结果如图 9.17 所示[93]。

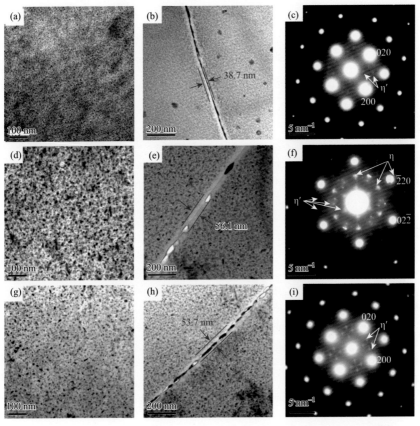

图 9.16　不同时效处理制度下 Al-Zn-Mg-Cu 合金 TEM 微观组织结果[92]

（a）～（c）T6（120℃/24 h）；（d）～（f）T73（120℃/6 h + 160℃/16 h）；
（g）～（i）RRA（120℃/24 h + 190℃/40 min + 120℃/24 h）

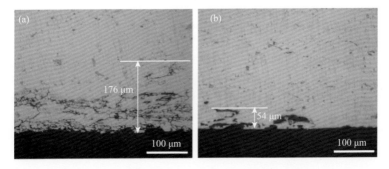

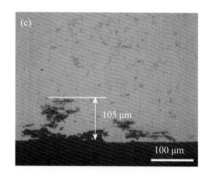

图 9.17　不同时效处理制度下 Al-Zn-Mg-Cu 合金晶界腐蚀深度对比[93]

（a）T6；（b）T73；（c）RRA

参 考 文 献

[1]　Rometsch P A，Zhang Y，Knight S. Heat treatment of 7xxx series aluminium alloys：some recent developments. Transactions of Nonferrous Metals Society of China，2014，24（7）：2003-2017.

[2]　Gandin C A，Jacot A. Modeling of precipitate-free zone formed upon homogenization in a multi-component alloy. Acta Materialia，2007，55（7）：2539-2553.

[3]　蒋秋妹，莫灼强，刘莹，等. 大规格铸态 7050 铝合金的双级均匀化处理工艺. 金属热处理，2019，44（5）：153-157.

[4]　Fan X G，Jiang D M，Meng Q C. The microstructural evolution of an Al-Zn-Mg-Cu alloy during homogenization. Materials Letters，2006，60（12）：1475-1479.

[5]　Li N K，Cui J Z. Microstructural evolution of high strength 7B04 ingot during homogenization treatment. Transactions of Nonferrous Metals Society of China，2008，18（4）：769-773.

[6]　高凤华，田妮，孙兆霞. Al-6.5Zn-2.4Mg-2.3Cu 铝合金半连续铸锭的均匀化处理. 东北大学学报：自然科学版，2008，29（8）：1118-1121.

[7]　Ying D，Yin Z M，Cong F G. Intermetallic phase evolution of 7050 aluminum alloy during homogenization. Intermetallics，2012，26（none）：114-121.

[8]　贾品峰，曹以恒，何立子. 三级均匀化对 7050 铝合金微观组织和性能的影响. 稀有金属，2014，38（5）：774-779.

[9]　Robson J D. Optimizing the homogenization of zirconium containing commercial aluminium alloys using a novel process model. Materials Science and Engineering A，2002，338（1-2）：219-229.

[10]　Li Y J，Arnberg L. Quantitative study on the precipitation behavior of dispersoids in DC-cast AA3003 alloy during heating and homogenization. Acta Materialia，2003，51（12）：3415-3428.

[11]　Guo Z Y，Zhao G，Chen X G. Effects of two-step homogenization on precipitation behavior of Al$_3$Zr dispersoids and recrystallization resistance in 7150 aluminum alloy. Materials Characterization，2015，102：122-130.

[12]　Wu L M，Wang W H，Hsu Y F，et al. Effects of homogenization treatment on recrystallization behavior and dispersoid distribution in an Al-Zn-Mg-Sc-Zr alloy. Journal of Alloys and Compounds，2008，456（1-2）：163-169.

[13]　姜锋，陈图，童蒙蒙，等. 新型 Al-6Zn-2.5Mg-0.6Cu 合金的均匀化工艺. 材料热处理学报，2017，38（10）：14-22.

[14] 张蓉，林高用，伍利群. 双级均匀化对 7055 铝合金微结构与力学性能的影响. 武汉理工大学学报，2011，33（7）：10-13.

[15] 刘文军，张新明，刘胜胆，等. 均匀化对 7050 铝合金板材淬火敏感性的影响. 中国有色金属学报，2010，20（6）：1102-1109.

[16] Li Y，Lu B，Yu W，et al. Two-stage homogenization of Al-Zn-Mg-Cu-Zr alloy processed by twin-roll casting to improve L12 Al₃Zr precipitation，recrystallization resistance，and performance. Journal of Alloys and Compounds，2021，882：160789.

[17] Deng Y Y，Zhang Y Y，Wan L，et al. Three-stage homogenization of Al-Zn-Mg-Cu alloys containing trace Zr. Metallurgical and Materials Transactions A，2013，44（6）：2470-2477.

[18] Lin H Q，Ye L Y，Sun L，et al. Effect of three-step homogenization on microstructure and mechanical properties of 7No8 aluminum alloy. Transactions of Nonferrous Metals Society of China，2018，28（5）：829-838.

[19] Shan Z J，Deng Y L，Lin L Y，et al. Effect of three-stage homogenization on mechanical properties and stress corrosion cracking of Al-Zn-Mg-Zr alloys. Materials Science and Engineering A：Structural Materials：Properties，Microstructure and Processing，2016，675：280-288.

[20] Shan Z J，Liu S D，Ye L Y，et al. Effect of three-stage homogenization on recrystallization and fatigue crack growth of 7020 aluminum alloy. Journal of Materials Research and Technology，2020，9（6）：13216-13229.

[21] 何道广. 固溶和淬火工艺对 7050 铝合金厚板断裂韧性的影响. 长沙：中南大学，2012.

[22] Chen B，Wu Y J，Zhu T，et al. The effects of solid-solution on properties and microstructure of 6063 aluminum alloy. Advanced Materials Research，2014，881-883：1346-1350.

[23] 黄朝文，万明攀，杨明，等. 固溶工艺对高强韧 211Z.X 铝合金组织和性能的影响. 稀有金属，2019，43（8）：816-823.

[24] Wu X，Han F，Wan W W. Effects of solution treatment and aging process on microstructure refining of semi-solid slurry of wrought aluminum alloy 7A09. Transactions of Nonferrous Metals Society of China，2009，19：s331-s336.

[25] 王满林，卢行乐，吴永国，等. 基于正交试验的低镁 ZL305 铝合金热处理工艺优化. 精密成形工程，2017，9（4）：116-120.

[26] 朱德智，陈龙. 固溶处理对高真空压铸 AlSi10MnMg 铝合金组织及力学性能的影响. 热加工工艺，2020，49（10）：107-111.

[27] 李晓琳，魏峥. 固溶温度对 6061 铝合金微观组织和力学性能的影响研究. 热加工工艺，2019（24）：144-146，152.

[28] 刘义伦，羿九火，杨大炼，等. 固溶温度对 7075 铝合金组织及高周疲劳性能的影响. 金属热处理，2016，41（3）：1-7.

[29] 张新明，何道广，刘胜胆，等. 多级强化固溶处理对 7050 铝合金厚板强度和断裂韧性的影响. 中国有色金属学报，2012，22（6）：1546-1554.

[30] 肖红，邱泽林. 固溶时间对 7050 航空铝合金锻件组织和性能的影响. 锻压技术，2019，44（2）：150-154.

[31] 姜博，吉泽升，胡茂良，等. 固溶时间对 ADC12 铝合金挤压铸造组织及力学性能的影响. 中国有色金属学报，2019（2）：223-231.

[32] 倪艳荣，李艳华. 固溶时间对 Al-Ni 耐热合金导线组织、硬度和导电性能的影响. 热加工工艺，2018，47（12）：127-129.

[33] 李俊，易幼平，黄始全，等. 双级固溶处理对 2A14 铝合金组织和力学性能的影响. 热加工工艺，2017（4）：207-211.

[34] 王超群, 赵君文, 李虎, 等. 多级固溶对 7A04 铝合金的力学性能和剥落腐蚀性能的影响. 中南大学学报（自然科学版）, 2017, 48（6）: 1458-1464.

[35] 李安敏, 黄宇炜, 徐飞, 等. 双级固溶对 Al-5.8Zn-2.7Mg-1.6Cu 铝合金应力腐蚀性能的影响. 金属热处理, 2019, 44（7）: 10-17.

[36] 任鹏. 固溶处理对 2A66 铝锂合金组织和性能的影响. 长沙: 湖南大学, 2018.

[37] 梁轩. 淬火介质对 7075 铝合金厚板淬火残余应力的影响. 长沙: 中南大学, 2003.

[38] 李亚楠, 张永安, 李锡武, 等. 不同淬火介质下 7055 铝合金厚板淬火内应力测试. 中国有色金属学报, 2017, 27（12）: 2467-2472.

[39] Ivanov A L, Mitasov M M, Senatorova O G, et al. Low-distortion quenching of aluminum alloys in polymer media. Metal Science and Heat Treatment, 2016, 57（11/12）: 669-672.

[40] 肖柳. 热处理生产中 PAG 淬火剂的应用研究. 中国设备工程, 2019（10）: 195-196.

[41] 何林军, 陈立功. 聚烷撑二醇淬火液的研制. 合成润滑材料, 2014, 41（1）: 1-3.

[42] 朱嘉, 李俏, 李枝梅, 等. PAG 淬火介质的应用. 金属热处理, 2019, 44（4）: 216-223.

[43] Ikkene R, Koudil Z, Mouzali M. Cooling characteristic of polymeric quenchant: calculation of HTC and prediction of microstructure and hardness. Journal of Materials Engineering and Performance, 2014, 23（11）: 3819-3830.

[44] 徐玉国, 韩兆君. 淬火介质对 7A85 铝合金组织、力学性能及残余应力的影响. 热加工工艺, 2020, 49（8）: 126-128.

[45] 申坤, 许东. PAG 淬火介质冷却速率对 2A12 合金性能的影响. 热处理技术与装备, 2012, 33（5）: 43-47.

[46] 胡谢君, 张仁国, 张晓燕, 等. 不同淬火介质对铝合金电工圆杆性能的影响. 有色金属: 冶炼部分, 2017（9）: 54-57.

[47] 廖凯. 铝合金厚板淬火: 预拉伸内应力形成机理及其测试方法研究. 长沙: 中南大学, 2010.

[48] Withers P J. Residual stress and its role on failure. Reports on Progress in Physics, 2007, 70（12）: 2211.

[49] 齐冲. 铝合金圆筒结构淬火残余应力形成及分布规律研究. 哈尔滨: 哈尔滨工业大学, 2015.

[50] Li Y N, Zhang Y A, Li X W, et al. Quenching residual stress distributions in aluminum alloy plates with different dimensions. Rare Metals, 2019, 38（11）: 1051-1061.

[51] 刘嘉辰, 王金亮, 陈慧琴. 高强铝合金超厚板淬火残余应力及其冷压缩消除过程分析. 轻合金加工技术, 2014, 42（9）: 27-32.

[52] Ding H F, Zhu C C, Song C S, et al. Effect of the quenching residual stress on ductile fracture behavior of pre-stretched aluminum alloy plates. Journal of the Brazilian Society of Mechanical Sciences, 2017, 39（6）: 2259-2267.

[53] Ye S P, Chen K H, Zhu C J, et al. A new path of quench-induced residual stress control in thick 7050 aluminum alloy plates. Metals, 2019, 9（4）: 393.

[54] 孙轶山. Al-Zn-Mg-Cu 合金厚板淬火残余应力消除方法的研究. 长沙: 湖南大学, 2016.

[55] 王秋成, 付军, 胡晓冬, 等. 深冷处理消除铝合金板材残余应力的建模与仿真. 低温工程, 2006（2）: 45-49.

[56] 李亚楠. 7055 铝合金厚板淬火: 预拉伸残余应力演变及预测研究. 北京: 北京有色金属研究总院, 2017.

[57] 陈光忠. VSR 改善铝合金淬火与焊接残余应力的试验研究. 热加工工艺, 2015, 44（24）: 173-175.

[58] 柯映林, 董辉跃. 7075 铝合金厚板预拉伸模拟分析及其在淬火残余应力消除中的应用. 中国有色金属学报, 2004（4）: 639-645.

[59] 张智慧. 7000 系铝合金的淬火敏感性研究. 北京: 北京有色金属研究总院, 2014.

[60] Wang H M, Yi Y P, Huang S Q. Investigation of quench sensitivity of high strength 2219 aluminum alloy by TTP and TTT diagrams. Journal of Alloys and Compounds, 2017, 690: 446-452.

[61] Li S L, Huang Z Q, Chen W P, et al. Quench sensitivity of 6351 aluminum alloy. Transactions of Nonferrous Metals Society of China, 2013, 23（1）: 46-52.

[62] Zhang Y X, Yi Y P, Huang S Q, et al. Investigation of the quenching sensitivity of forged 2A14 aluminum alloy by time-temperature-tensile properties diagrams. Journal of Alloys and Compounds, 2017, 728: 1239-1247.

[63] 龙社明, 王孟君, 温柳, 等. 6082 铝合金的淬火特性及微观组织. 稀有金属材料与工程, 2017, 46（9）: 2553-2557.

[64] Assaad A. Quench sensitivity of 6xxx aluminum alloys. Waterloo: University of Waterloo, 2016.

[65] Zhang Y. Quench sensitivity of 7xxx series aluminum alloys. Melbourne: Monash University, 2014.

[66] Li C B, Wang S L, Zhang D Z, et al. Effect of Zener-Hollomon parameter on quench sensitivity of 7085 aluminum alloy. Journal of Alloys and Compounds, 2016, 688: 456-462.

[67] Cina B. Reducing the susceptibility of alloys, particularly aluminium alloys, to stress corrosion cracking: US3856584A. 1974-12-24.

[68] Braun R. Environmentally assisted cracking of aluminium alloys. Materialwissenschaft und Werkstofftechnik, 2007, 38（9）: 674-689.

[69] Speidel M O. Stress corrosion cracking of aluminum alloys. Metallurgical Transactions A, 1975, 6（4）: 631-651.

[70] Landkof M, Galor L. Stress corrosion cracking of Al-Zn-Mg alloy AA-7039. Corrosion, 1980, 36（5）: 241-246.

[71] Burleigh T D. The postulated mechanisms for stress corrosion cracking of aluminum alloys: a review of the literature 1980—1989. Corrosion, 1991, 47（2）: 89-98.

[72] Marlaud T, Deschamps A, Bley F, et al. Influence of alloy composition and heat treatment on precipitate composition in Al-Zn-Mg-Cu alloys. Acta Materialia, 2010, 58（1）: 248-260.

[73] Knight S P, Birbilis N, Muddle B C, et al. Correlations between intergranular stress corrosion cracking, grain-boundary microchemistry, and grain-boundary electrochemistry for Al-Zn-Mg-Cu alloys. Corrosion Science, 2010, 52（12）: 4073-4080.

[74] Wang Y L, Jiang H C, Li Z M, et al. Two-stage double peaks ageing and its effect on stress corrosion cracking susceptibility of Al-Zn-Mg alloy. Journal of Materials Science and Technology, 2018, 34（7）: 1250-1257.

[75] Smith W F, Grant N J. The effect of multiple-step aging on the strength properties and precipitate-free zone widths in AlZnMg alloys. Metallurgical Transactions, 1970, 1（4）: 979-983.

[76] Lin L, Liu Z, Ying P, et al. Improved stress corrosion cracking resistance and strength of a two-step aged Al-Zn-Mg-Cu alloy using taguchi method. Journal of Materials Engineering & Performance, 2015, 24（12）: 4870-4877.

[77] Drezet J M, Evans A, Pirling T, et al. Stored elastic energy in aluminium alloy AA 6063 billets: residual stress measurements and thermomechanical modelling. Cast Metals, 2012, 25（2）: 110-116.

[78] Lados D A, Apelian D, Wang L. Minimization of residual stress in heat-treated Al-Si-Mg cast alloys using uphill quenching: mechanisms and effects on static and dynamic properties. Materials Science and Engineering A, 2010, 527（13-14）: 3159-3165.

[79] Sun Y, Jiang F, Hui Z, et al. Residual stress relief in Al-Zn-Mg-Cu alloy by a new multistage interrupted artificial aging treatment. Materials & Design, 2016, 92（2）: 281-287.

[80] Klamecki B E. Residual stress reduction by pulsed magnetic treatment. Journal of Materials Processing Technology, 2003, 141（3）: 385-394.

[81] Cai Z P, Huang X Q. Residual stress reduction by combined treatment of pulsed magnetic field and pulsed current. Materials Science and Engineering, 2011, 528（19/20）: 6287-6292.

[82] Wang Q C, Wang L T, Peng W. Thermal stress relief in 7050 aluminum forgings by uphill quenching. Materials Science Forum, 2005, 490: 97-101.

[83] Gong H, Wu Y X, Liao K. Influence of pre-stretching on residual stress distribution in 7075 aluminum alloy thick-plate. Transactions of Materials and Heat Treatment, 2009, 30 (6): 201-205.

[84] Yuan W J, Wu Y X. Mechanics about eliminating residual stress of aluminum alloy thicken-plates based on pre-stretching technology. Journal of Central South University, 2011, 42 (8): 2303-2308.

[85] Robinson J S, Tanner D A. Residual stress development and relief in high strength aluminium alloys using standard and retrogression thermal treatments. Metal Science Journal, 2003, 19 (4): 512-518.

[86] 王旭, 吴私, 王晨充, 等. 热处理工艺对 2A12 合金微观组织与尺寸稳定性的影响. 材料热处理学报, 2013 (S1): 41-45.

[87] Zheng J H, Pan R, Li C, et al. Experimental investigation of multi-step stress-relaxation-ageing of 7050 aluminium alloy for different pre-strained conditions. Materials Science and Engineering A, 2018, 710: 111-120.

[88] Feng C, Liu Z Y, Lin N A, et al. Retrogression and re-aging treatment of Al-9.99%Zn-1.72%Cu-2.5%Mg-0.13%Zr aluminum alloy. Transactions of Nonferrous Metals Society of China, 2006, 16 (5): 1163-1170.

[89] Angappan M, Sampath V, Ashok B, et al. Retrogression and re-aging treatment on short transverse tensile properties of 7010 aluminium alloy extrusions. Materials & Design, 2011, 32 (7): 4050-4053.

[90] Ranganatha R, Kumar V A, Nandi V S, et al. Multi-stage heat treatment of aluminum alloy AA7049. Transactions of Nonferrous Metals Society of China, 2013, 23 (6): 1570-1575.

[91] Marlaud T, Deschamps A, Bley F, et al. Evolution of precipitate microstructures during the retrogression and re-ageing heat treatment of an Al-Zn-Mg-Cu alloy. Acta Materialia, 2010, 58 (14): 4814-4826.

[92] Xiao Y P, Pan Q L, Li W B, et al. Influence of retrogression and re-aging treatment on corrosion behaviour of an Al-Zn-Mg-Cu alloy. Materials & Design, 2011, 32 (4): 2149-2156.

[93] Peng X, Li Y, Xu G, et al. Effect of precipitate state on mechanical properties, corrosion behavior, and microstructures of Al-Zn-Mg-Cu alloy. Metals and Materials International, 2018, 24 (5): 1046-1057.

第10章

铝合金其他先进成型技术

10.1	铝基复合材料先进成型技术

出于军事用途，金属基复合材料在 20 世纪 70 年代的冷战时期得到了长足发展。大约在 20 世纪 90 年代，陶瓷颗粒金属基复合材料被开发并用于高温下工作的设备，如发动机等。金属基复合材料是由金属基体和比基体某些方面性能更好的强化相组成的。通常情况下，铝基复合材料是将强化相的特性和铝合金的优点协同起来，并抑制每个组元的缺点，使组合成的新材料具有独特的性能，并用于各种复杂工作环境。复合材料的优点主要是具有比基体更高的强度、更低的密度、更好的耐磨性能和低膨胀系数等。例如，添加 SiC 颗粒可以提高复合材料的耐磨性能，还可以借助铝合金的高热导率使材料快速降温。此外，添加高体积分数的 SiC 颗粒还可以降低复合材料的热膨胀系数，使其十分适合用于电子产品的封装。B_4C 颗粒中的 B_{10} 可吸收中子辐射，结合铝合金的高热导率和高比强度可用于加工成核废料运输用的罐体材料。石墨烯各项性能优异，采用 3D 打印方法制备的铝基石墨烯复合材料具有更优良的综合机械性能、热学性能和电学性能。铝基复合材料结合了铝合金和强化相的共同优点，广泛应用于电子产品、结构材料、运输业、耐腐蚀设备制造、航空航天及军工领域。虽然由于制备和加工相对困难及相对高的成本限制了金属基复合材料的应用推广，但其具有其他金属材料不可替代的特性，随着制备工艺和理论研究的进步，其市场需求及产量逐年提高，如图 10.1 所示。

根据添加的增强颗粒的形貌，铝基复合材料可以粗略地分为三类。图 10.2 展示了这三种复合材料中强化相在铝基体中的分布情况。图 10.2（a）所示为纤维增强复合材料，强化相为嵌入在基体中的单向排列的连续长纤维，纤维材料可以是

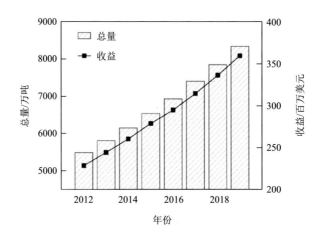

图 10.1　全球金属基复合材料市场报告

碳或陶瓷，如 SiC 等。通常，在纤维的纵向上复合材料的强度和刚度等机械性能比横向上要高。图 10.2（b）展示了短纤维增强复合材料，其中短纤维在基体中的排布是随机取向的，因此也就消除了各向异性。图 10.2（c）展示的是颗粒增强复合材料，不规则形状的强化相颗粒分散在金属基体中。连续纤维增强复合材料的基本强化理论已经相对完善。近年来，研究和开发的重点逐渐从连续纤维强化相转向不连续纤维、晶须、颗粒，以及石墨烯或碳纳米管增强的铝基复合材料，以便扩展其在汽车、电子和其他领域的应用前景。

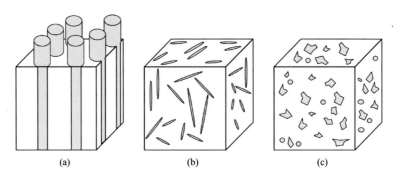

图 10.2　三种典型复合材料

（a）纤维增强复合材料；（b）短纤维增强复合材料；（c）颗粒增强复合材料

表 10.1 展示了铝基复合材料中常添加的强化相种类、尺寸及添加量。通常添加的强化相有石墨、Al_2O_3、SiC、SiO_2、TiC、TiO_2、Si_3N_4、TiB_2 和 B_4C 等。

表 10.1 铝基复合材料中常添加的强化相[1]

强化相	尺寸	添加量
石墨片	20～60 μm	0.815%～0.9%
石墨颗粒	15～500 μm	1%～8%
碳微球	40 μm	—
贝壳粉	125 μm	15%
Al_2O_3 颗粒	3～200 μm	3%～30%
Al_2O_3 短纤维	长度 3～6 mm，直径 15～25 μm	0 vol%～23 vol%
SiC 颗粒	9～12 μm	3%～60%
SiC 晶须	5～10 μm	0 vol%～0.5 vol%
云母	40～180 μm	3%～10%
SiO_2 颗粒	5～53 μm	5%
SiO_2 颗粒	100 μm	30%
MgO 颗粒	40 μm	10%
TiC 颗粒	46 μm	15%
BN 颗粒	46 μm	8%
Si_3N_4 颗粒	40 μm	10%
ZrO_2 颗粒	5～80 μm	4%
TiO_2 颗粒	5～80 μm	4%
TiB_2 颗粒	2～10 μm	3%～9%
B_4C 颗粒	1～25 μm	30 vol%

注：vol%表示体积分数。

铝基复合材料的制备方式主要有固态制备法和液态制备法。其中固态制备法包括粉末冶金、喷射沉积和扩散压合。液态制备法有搅拌铸造、原位生成和渗透法。金属基复合材料通过基体将载荷传导至强化相来获得更好的性能。强化的效果取决于强化相的分散程度，以及应力通过强化相和基体间界面的传导效率。上述两者均受控于强化相与基体间界面反应的控制情况。因此，采用不同制备方式所得复合材料的性能会有差别。图 10.3 总结了近年来金属基复合材料的制备方式，可见主要制备方式为固态粉末冶金和液态铸造两种。

固态制备法对设备有一定的要求，而且制备的样品尺寸不大，成本也高，限制了其在铝基复合材料中的应用。但该方法可获得良好的颗粒分布均匀性，还可防止强化相与基体反应分解，适合制备无法控制界面反应和润湿性差的复合材料。液态制备法可以制备更大尺寸的复合材料，而且可以制备近终型的样品，成本更低，生产方式更灵活，更有吸引力，更适合工业化生产。因此，对应不同的强化相应选择适合的制备工艺。

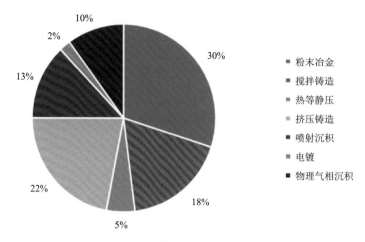

图 10.3　近年来金属基复合材料的制备方式统计[2]

10.1.1　固态成型技术

1. 粉末冶金法

搅拌铸造过程存在一些复合材料难以在铝水中润湿，或界面反应无法控制，制备的强化相体积分数受限，以及无法解决纳米级颗粒的团聚问题等缺陷。例如，石墨烯在铝水中会与铝反应生成 Al_4C_3，失去了原本的物理性能和机械性能。所以有一些复合材料目前只能使用粉末冶金法来制备。通过粉末冶金法制备的复合材料具有非常高的机械性能，这是因为强化相的颗粒分布均匀，也无界面反应导致的强化相分解，而且可添加的强化相颗粒的体积分数也相当高。

粉末冶金法制备复合材料通常有两步：基体材料的粉末和强化相颗粒的混合；混合后的烧结固化。

第一步的混料需要将强化相均匀分布在铝粉末中，为此开发了许多改善的方法，如机械混合、高能球磨、溶液辅助分散等。铝合金颗粒的平均尺寸在 10～100 μm 之间，强化相颗粒的平均尺寸在 2～23 μm 之间，并使用直径为 4～8 mm 的二氧化锆球和直径为 6 mm 的铬钢球进行干磨。图 10.4 展示了球磨的过程。图 10.5 展示了 Al-B$_4$C 颗粒经 4～16 h 研磨混合后铝颗粒和陶瓷颗粒破碎细化，并且颗粒的分布均匀性得到了极大的改善。但当强化相的尺寸细化到纳米级时，为了降低界面能，强化相颗粒倾向于团聚在一起，因此难以获得均匀的混合粉末。

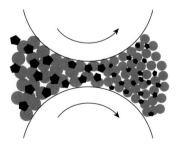

图 10.4　球磨过程示意图

图 10.5　Al-B₄C 粉末研磨 0 h（a）、4 h（b）、8 h（c）和 16 h（d）后的微观形貌[3]

　　基体颗粒和强化相颗粒的尺寸比值对于强化相分布的均匀性也是十分重要的。图 10.6 展示了不同 Al-SiC 颗粒尺寸对微观组织的影响[4]。当 Al 颗粒粗大时，SiC 颗粒容易被挤压到粗大 Al 颗粒的间隙中，最终形成强化相颗粒团聚的形貌[图 10.6（a）]。当 Al 颗粒和 SiC 颗粒尺寸相近时则可获得更均匀的颗粒分布[图 10.6（b）]。

　　第二步的烧结固化直接决定了复合材料的密度、内部结构和机械性能[5]。该过程包括粉末压制（如冷压、热压或静载荷压制等）、烧结（如加热烧结和等离子放电烧结等）及成型（如挤压、轧制或锻造等）。该过程如图 10.7 所示，混合后的

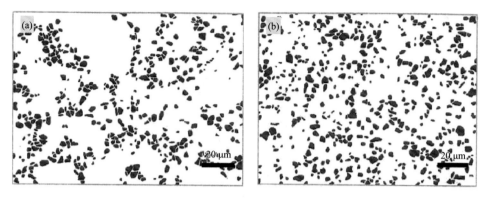

图 10.6　不同颗粒尺寸 Al-15 vol% SiC 复合材料烧结后微观组织[4]

（a）$d_{Al} = 33\ \mu m$，$d_{SiC} = 5\ \mu m$；（b）$d_{Al} = 7\ \mu m$，$d_{SiC} = 5\ \mu m$

粉末经静载荷压制制成生坯，通常使用的压制载荷控制在 300～600 MPa 之间，获得的复合材料的相对密度最高可达 99.9%［图 10.7（a）］。将生坯密封并抽真空来去除颗粒表面吸附的各种气体［图 10.7（b）］。烧结的温度通常设定在主要组元的熔点之下［图 10.7（c）］。

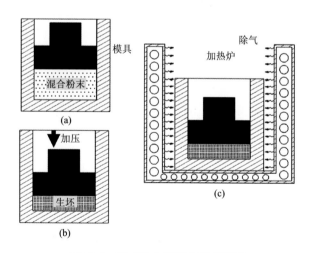

图 10.7　粉末冶金的基本工艺流程

　　Al 颗粒表面不可避免地会生成氧化层，在 600℃ 以下的温度烧结很难将其消除，这将影响颗粒间的结合效果并影响最终的产品性能。为降低其危害，学者们做了大量尝试，主要有如下方法：采用更高的载荷来压实粉末，进而破坏 Al 颗粒的氧化层；添加合金元素，如 Mg、Si 或 Zn 等来分解 Al 颗粒表面的氧化层[6]，或添加元素在烧结过程中形成液态相浸润颗粒，如 Cu[7]或 Mg + Si[8]（图 10.8）。

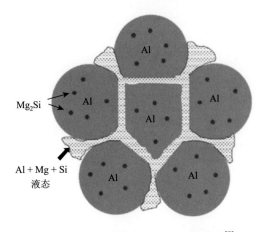

图 10.8　烧结过程中 Mg_2Si 相的转变[8]

在真空环境下的压实过程可有效去除 Al 颗粒表面的氢化物,进而增加颗粒表面氧化层的脆性,使 Al 颗粒更容易剪切变形并与强化相颗粒结合。此外,与其他气氛相比,如氩气、氢气或真空,将烧结的气氛换为氮气,其会在 500℃ 与 Al 反应生成 AlN,可有效降低颗粒间空隙的气压,降低孔隙率[9-11](图 10.9)。

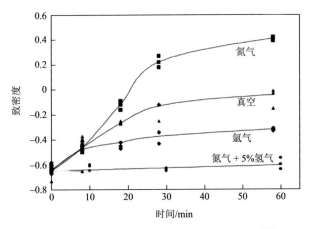

图 10.9　烧结气氛对复合材料致密度的影响[11]

2. 扩散压合法

作为一种常见的固态加工技术,扩散压合法常用于连接相近或不同的材料。在高温下具有清洁表面的不同材料间相互接触并相互扩散,最终结合在一起。其主要优势在于可适用于多种基体合金,并可调控添加的强化相的体积分数和控制强化相的取向,适合制备纤维状强化相复合材料。缺点就是加工时间长、加载温度和压力高,难以生产形状复杂的产品并且制备成本高。该方法的具体流程如

图 10.10 所示，将用基体材料制成的薄膜或粉末填充入预先排布好方向的强化相，并重复操作形成多层结构。将上述预制件在真空环境中压实烧结，使基体和强化相紧密接触，促使二者的原子相互扩散结合。该方法更适用于生产平板形状的纤维增强复合材料。对于纤维增强复合材料，其中的纤维分布对调控材料的机械性能极其重要。尤其是当纤维接近或接触基体后会造成局部应力集中，导致加工过程中材料发生断裂失效。采用物理气相沉积的方法可以在纤维表面制备基体材料的涂层，进而获得均匀的纤维间距，改善材料的机械性能。

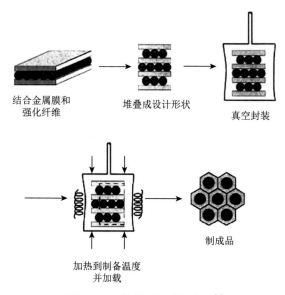

图 **10.10** 扩散压合法的流程[4]

10.1.2 液态成型技术

传统的合金制备工艺对于铝基复合材料的制备仍具有非常大的吸引力。相较于固态成型技术，铝基复合材料的液态成型技术有如下优点：生产流程短、效率高、成本低，以及能生产近终型的产品等。因此，铝基复合材料更广泛地采用液态成型方法制备。表 10.2 展示了近半个世纪以液态制备方式开发的金属基复合材料。

表 **10.2** 液态方法制备的铝基复合材料[1]

开发年份	研发机构	复合材料体系	制备技术
1965	Inco 公司，美国	Al-石墨 Al-SiC	吹镀镍颗粒搅拌铸造
1972	印度理工学院	Al-Al_2O_3	搅拌铸造

续表

开发年份	研发机构	复合材料体系	制备技术
1974	印度科学院	Al-SiC Al-Al$_2$O$_3$ Al-云母	搅拌铸造
1975	美国麻省理工学院	Al-Al$_2$O$_3$ 等	复合铸造
1980	印度国家跨学科科学与技术研究所（NIIST）	Al-SiO$_2$、TiO$_2$、ZrO$_2$	搅拌铸造
1980	力拓加铝集团	Al-SiC Al-Al$_2$O$_3$	搅拌铸造
1981	日立能源	Al-石墨	压铸
1983	丰田汽车公司	Al-Al$_2$O$_3$ 纤维	挤压铸造
1984	印度先进材料加工研究所（AMPRI）	Al-微球复合泡沫材料	搅拌铸造
1985	马丁·玛丽埃塔公司	Al-TiC	X-D 原位生成
1986	美国麻省理工学院	Al-SiC	压力熔渗
1987	美国威斯康星大学密尔沃基分校	Al/SiC-石墨 Al/Al$_2$O$_3$-石墨复合材料	搅拌铸造
1989	美国 Lanxide 公司	Al-Al$_2$O$_3$ Al-SiC	低压熔渗
1992	本田株式会社	Al-Al$_2$O$_3$ 纤维/Al$_2$O$_3$/石墨纤维复合材料	压力熔渗
1997	丰田汽车公司	Al/SiC$_p$ 刹车盘	搅拌铸造
1999	大众汽车公司	Al/SiC$_p$ 刹车盘	搅拌铸造
2000	丰田汽车公司	Al-Al$_2$O$_3$/SiO$_2$/莫来石复合材料	
2002	美国威斯康星大学密尔沃基分校	Al 合金粉煤灰	搅拌铸造
2003	美国威斯康星大学密尔沃基分校	A359-SiC 复合材料	搅拌铸造
2004	美国威斯康星大学密尔沃基分校	Al-Si + ZrO$_2$/碳化钨颗粒复合材料	搅拌铸造
2004	美国威斯康星大学密尔沃基分校	铝基纳米复合材料	超声波辅助凝固工艺
2005	都柏林材料加工研究中心（MPRC）	Al-SiC 复合材料	快淬搅拌铸造
2006	美国威斯康星大学密尔沃基分校	Al-粉煤灰复合材料	压力熔渗
2007	美国威斯康星大学密尔沃基分校	石墨纤维增强 Al-Cu/Al-Si 复合材料	压力熔渗
2010	魁北克大学希库蒂米分校（UQAC）	Al-B$_4$C 颗粒复合材料	搅拌铸造
2011	美国威斯康星大学密尔沃基分校	Al$_2$O$_3$ 纳米颗粒增强 Al-Mg 复合材料	反应性润湿和搅拌混合
2012	美国伍斯特先进铸造研究中心（ACRC）	Al-AlN 纳米复合材料	熔融
2013	南非比勒陀利亚科学和工业研究委员会（CSIR）	铝基微纳米颗粒复合材料	压铸和液态加工
2013	美国威斯康星大学密尔沃基分校	Al-A206/SiC 和 Mg-AZ91/SiC 复合泡沫材料	压力熔渗
2013	美国威斯康星大学密尔沃基分校	Al-Al$_2$O$_3$ 复合泡沫材料	压力熔渗
2014	美国威斯康星大学密尔沃基分校	Al-A380-Al$_2$O$_3$ 复合泡沫材料	压力熔渗
2014	美国威斯康星大学密尔沃基分校	Al 形状记忆合金自愈金属基复合材料	熔融固化

开发年份	研发机构	复合材料体系	制备技术
2014	伊朗伊斯法罕大学	Al413-SiC$_{np}$ 纳米复合材料	机械搅拌和超声波搅拌
2014	美国威斯康星大学密尔沃基分校	Al/CuO$_{np}$ 基金属基纳米复合材料	模压铸造
2016	美国威斯康星大学密尔沃基分校	Al-16Si-5Ni-5 石墨自润滑复合材料	搅拌铸造
2016	印度工程科学与技术研究所	原位 Fe/Al 增强铝基复合材料	常规铸造和热轧
2016	美国加利福尼亚大学洛杉矶分校	Al/TiC 纳米复合材料	熔盐辅助凝固工艺
2017	美国威斯康星大学密尔沃基分校	Al-TiB$_2$ 复合材料	超声波辅助反应机械混合

最常用的液态成型技术如下:

(1) 液态搅拌法:简单来讲就是将纤维或颗粒状强化相浸润到液态金属中并制成铸锭进行后续的热加工。通常使用搅拌的方法以便在基体中获得均匀分布的强化相。

(2) 液态金属渗透法:在加工过程中,将陶瓷颗粒或纤维状强化相加工成充满孔洞的预制块后,将其浸润到液态的基体金属材料中,使基体金属填充满预制块的空隙,或通过加压加速该过程。预制块中的孔洞均匀性、孔洞大小和孔隙率都会决定复合材料的最终性能,其中生产速度是关键。该工艺特别适合生产采用特定强化相且具有复杂结构的铝基复合材料零部件。

(3) 共喷射沉积法:该方法将液态金属雾化,同时将强化相颗粒喷出,共同在基体上冷却形成坯料,并在后续的挤压或热加工过程中压实。

(4) 原位生成法:该工艺中或通过元素间的反应,或通过共晶合金的凝固来实现原位生成强化相。

1. 液态搅拌法

铝基复合材料可以通过搅拌铸造的方法,采用最传统的铝合金熔铸设备来生产。该方法更适用于制备颗粒增强的铝基复合材料,但不适用于纤维增强的复合材料。图 10.11 展示了该方法的工艺流程,强化相颗粒经镀膜处理后压缩成预制块,在真空炉中添加到铝水中,经搅拌均匀后浇铸成铸锭。铸锭再经挤压或轧制并焊接,最终加工成具体的零部件。铝和强化相间的界面是影响复合材料性能的决定性因素。图 10.12 展示了 Al-B$_4$C 复合材料拉伸后的断口形貌,应力从铝基体传导至 B$_4$C 颗粒处并致使其破碎,而不是将 B$_4$C 颗粒拉出,说明良好的界面结合能力可为复合材料机械性能的提升提供有力的保障。为了制备出性能良好的铝基复合材料,需要控制铝水与强化相间的界面反应,增加强化相颗粒在铝水中的润湿性,以及防止强化相颗粒的团聚现象。

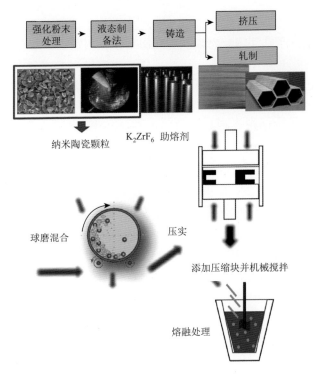

图 10.11 颗粒增强铝基复合材料制备加工工艺流程

图 10.12 （a）Al-B$_4$C 复合材料拉伸后的断口形貌；（b）B$_4$C 颗粒的断口表面；（c）断口的截面形貌[12]

1）润湿性

图 10.13 展示了非润湿状态和润湿状态下强化相颗粒和液态金属的接触角。与铝基体润湿性差的强化相颗粒不适合使用液态方法制备成复合材料。当强化相的表面张力超过液态金属和强化相间的表面张力时，接触角 θ 就会小于 90°，金属和强化相之间就会发生润湿。使用具有良好润湿性的强化相颗粒制备的复合材料通常可获得良好的综合性能。但液态金属的表面张力非常高，导致强化相颗粒与液态铝合金的接触角过大，在短时间内强化相难以润湿。在真空环境下熔炼可明显改善强化相颗粒的润湿性。也可以在界面处的原子间引入化学键来提高强化相颗粒的润湿性。例如，通过化学镀的方法在碳纤维表面获得 0.2～0.6 μm 的 Cu 或 Ni 镀层，可显著改善其在铝水中的润湿性。又如，在 Al-B_4C 中添加微量的 Ti 与在 B_4C 表面反应生成与铝水润湿性好的 TiB_2 形成过渡层，降低了 B_4C 颗粒与液态铝的接触角，实现了完全润湿的效果，如图 10.14 所示。还可通过添加 K_2ZrF_6、Na_2O 或 ZrO_2 与纳米颗粒混合的方式破坏铝水表面的氧化膜，增加纳米级颗粒在铝水中的润湿性[13, 14]。

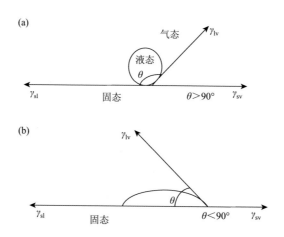

图 10.13　非润湿状态（a）和润湿状态（b）的金属液滴和强化相表面的接触角[15]

2）界面反应

添加的强化相颗粒通常会与铝水发生反应，反应的热力学和动力学决定了强化相颗粒在铝水中的稳定性。例如，SiC 在 700～900℃的铝水中润湿性很差。虽然提高熔炼温度会在一定程度上改善其润湿性，但也会加剧界面反应的发生。添加的 SiC 颗粒与铝水反应会生成 Al_4C_3 和 Si，进而失去了原本强化相颗粒的结构，也就失去了原本强化效果和耐磨性等。另外，形成的反应产物很脆而且还会发生水解反应，进一步恶化复合材料的原本性能[16, 17]。强化相颗粒和铝基体的成分优

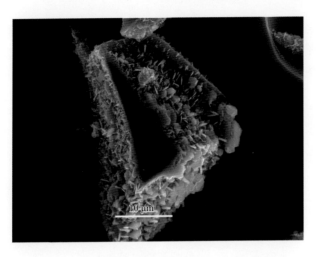

图 10.14　Al-B$_4$C 复合材料深腐蚀后 B$_4$C 表面的反应产物

化可以控制界面反应的发生。通过将 SiC 高温烧结氧化并结合表面镀膜处理，如 Cu、Ni、Ni-P 及 Co 等可有效改善其在铝水中的润湿性[18]。通过化学镀方法获得的镀层对强化相颗粒在铝水中的润湿性改善效果最好。此外，经过 800℃以上的氧化处理后 SiC 表面会形成 SiC-SiO$_2$ 结构，可有效降低 SiC 颗粒和铝水间的界面能进而达到提高润湿性的效果[19]，并且还保护了 SiC 颗粒防止其与铝水反应发生分解（图 10.15）。还可以通过向铝水中添加大量的 Si 来抑制 SiC 的分解反应，为了达到抑制效果 Si 的添加量一般控制在 10%～12%。

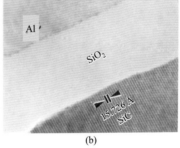

图 10.15　SiC 颗粒经氧化处理后（a）及与铝基体之间界面处（b）的微观组织[19]

此外，还可以通过基体合金的微合金化处理来抑制强化相颗粒的分解。例如，Ti 与 SiC 和 B$_4$C 的亲和力比 Al 强，在 Al-SiC 和 Al-B$_4$C 体系中添加微量的 Ti 会优先与强化相颗粒发生反应。例如，Ti 与 SiC 反应生成 TiC 和 Ti$_3$(Al, Si)C$_2$[20, 21]，其分布、尺寸和形貌如图 10.16 所示。Ti 与 B$_4$C 反应生成 Al$_3$BC 和 TiB$_2$，反应产物的微观组织形貌如图 10.17 所示。在界面处反应生成的产物将强化相颗粒包裹起来，尤其是形成的细小致密的 TiC 和 TiB$_2$ 反应产物层，不仅可增加强化相的润湿性，还可有效阻隔强化相与铝水的继续接触，进而达到阻断界面反应的效果。

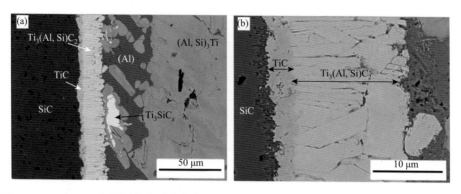

图 10.16 Ti 与 SiC 在界面处的反应产物：（a）TiC 和 Ti$_3$(Al, Si)C$_2$；（b）界面处产物形貌[21]

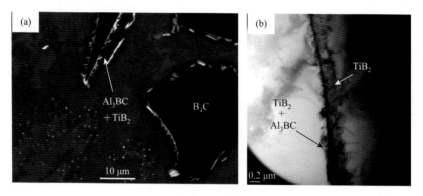

图 10.17 Ti 与 B$_4$C 在界面处反应产物 Al$_3$BC 和 TiB$_2$ 在 SEM（a）和 TEM（b）下微观组织形貌

3）涡流搅拌

由于表面张力或密度的原因，强化相颗粒或浮于铝水表面或沉淀于熔炼设备的底部。为了增加强化相颗粒的分布均匀性，在熔炼复合材料时通常需要进行搅拌。当颗粒尺寸过于细小时容易团聚在一起，可采用机械振动、超声波振动或交变磁场等方法进行改善。当添加强化相颗粒后熔体的黏度会随之增加。为了防止熔体的黏度过高难以搅拌，熔炼的温度需要控制高于一定温度，例如 Al-SiC 需要控制在 750℃以上，Al-B$_4$C 需要控制在 770℃以上。搅拌时需要在铝熔体中形成涡流，涡流需要控制在既能保持熔体表面相对稳定的效果以防止熔体氧化层卷入，又需要达到均匀分布强化相的效果。图 10.18（a）展示了液态搅拌铸造法的示意图，在保证润湿性并控制界面反应后，在铝基体中便可获得均匀分布的 B_4C 颗粒，其微观组织如图 10.18（b）所示。

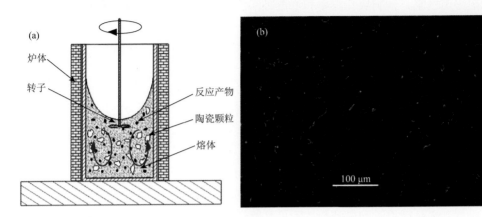

图 10.18　（a）液态搅拌时熔体流动的控制；（b）该方法制备的 Al-B_4C 复合材料

2. 液态金属渗透法

1）自然渗透法

在自然渗透法制备铝基复合材料的过程中将铝基体材料置于强化相预制块上，放进炉内加热，铝水熔化后在不受外力作用下自然流入充满空隙的强化相预制块中，该过程如图 10.19 所示。目前预制块的制作方法采用的是盐浸出法。将强化相粉末置入盐水中搅拌，随后在 200℃下烤干，之后将强化相和盐粒混合物中的盐通过水洗去除就制成了多孔的强化相预制块。通过调控铝水温度和控制环境气氛可以保证强化相颗粒的润湿性，进而保证渗透效果。虽然已经有学者成功采用该方法制备出以 Al-Si、Al-Zn 和 Al-Mg 等铸造合金为基体的 SiC 复合材料，但要开发出可工业化应用的方法仍面临很多挑战。该方法面临的主要难题就是在

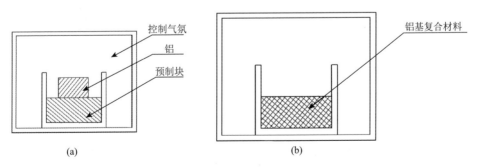

图 10.19　自然渗透法制备铝基复合材料示意图

制备过程中氧化膜的存在导致熔体润湿性差。带来的问题就是增加了渗透时间导致界面反应发生，产生本应该避免生成的 Al_4C_3 等。许多学者通过添加活化剂，调控渗透气氛、预制块孔隙率和渗透时间的方法来改善渗透率。改善润湿性的方法与液态搅拌法中介绍的基本相同。调控渗透气氛的原理是利用 Mg 促进 Al 与 N 反应生成 AlN，既可达到破坏与强化相接触部分的氧化膜提高润湿性的效果，又能降低预制块内的气压提高渗透率。

2）压力渗透法

压力渗透法利用气压、压模、挤压、离心力、超声波和洛伦兹力等多种外力协助的方式克服表面张力，将铝水注入充满孔隙的强化相预制块中。

（1）气压渗透法。

气压渗透法的操作步骤与自然渗透法相似，不同的是初始阶段在真空氛围下加热熔化铝水。随后打开气阀通气，在预制块中形成负压将铝水吸入其中完成渗透过程。提高渗透时的温度和压强可有效提高渗透率和最终产品的机械性能[22]。气压渗透法所需要的设备简单并且操作灵活性高，可制备颗粒、不连续纤维和连续纤维强化相。由于该方法缩短了制备时间，限制了表面反应的发生，即便表面没有 Cu 或 Ni 镀层的纤维强化相也可使用该方法制备成复合材料。

（2）真空渗透法。

真空渗透法是在预制块下方制造负压将铝水吸入预制块中。在连接抽气管的前端装入金属碎片可防止铝水在渗透过程中被抽入真空泵中，其制备原理如图 10.20 所示。与气压渗透法不同的是，该方法可调控负压压强，制备含 50 vol% 以上强化相的铝基复合材料。

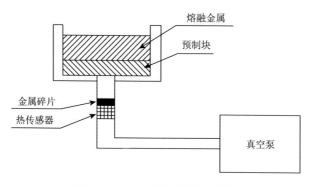

图 10.20 真空渗透法原理图[23]

（3）挤压渗透法。

挤压渗透法可精确控制产品形状、强化相体积分数、基体成分及强化相分布，广泛应用于生产近终型产品。与其他制备铝基复合材料的方法相比，该方法尤其适合制备机械加工困难的产品。该方法的制备原理如图 10.21 所示。与自然渗透法不同的是，该方法通常在 50～100 MPa 载荷下完成铝水的渗透过程。当载荷过大时，会导致预制块的变形破裂；当载荷过小时，无法克服临界载荷实现渗透。在适当的载荷下可使铝水填补所有孔隙，获得细化微观组织。渗透高度（h）与渗透时间（t）和加载载荷（p）的关系可表述为[24]

$$h^2 = \frac{2kt}{\mu(1-V_s)}(p-p_0) \tag{10.1}$$

式中，μ 为熔体的黏度；V_s 为强化相的体积分数；k 为预制块的渗透率；p_0 为临界载荷。临界载荷 p_0 可表述为[25]

$$p_0 = 6\lambda\gamma_{lv}\cos\theta\frac{V_s}{(1-V_s)D} \tag{10.2}$$

式中，λ 为预制块的形状因子；γ_{lv} 为铝水的表面张力；θ 为接触角；D 为颗粒的等效直径。从上述公式可以得知，制备过程中的渗透率取决于铝水的流动性和预制块的渗透性。低温时铝水的黏度高，渗透性差。高温可提高铝水的流动性，但也会造成不必要的界面反应，并且会增加凝固时间。在适当的铝水温度下可提高加工效率并抑制界面反应。在加载载荷前铝水倒入模具后会在预制块表面形成氧化层，降低渗透的速度。在挤压铸造过程中容易形成氧化物、气泡、冷隔、疏松和黏膜等缺陷。在注入铝水前进行过滤，并且在注入过程中避免形成涡流可以防止形成氧化物夹杂。铝水在倒入模具前进行除气并降低温度可抑制气泡的产生。提高模具温度可以避免生成冷隔，并防止铝水黏膜。该方法十分适合制备体积分数高的铝基复合材料，如具有低热膨胀系数、高强度和高耐磨性的 Al-SiC，十分适合用于电子材料的封装和装甲材料。

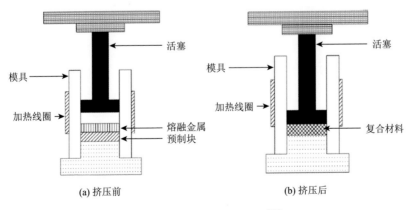

(a) 挤压前　　　　　　　　　(b) 挤压后

图 10.21　挤压渗透法原理图[23]

（4）压铸渗透法。

压铸渗透法的操作流程如图 10.22 所示，是将多孔预制块放置于压铸模具内，用活塞将铝水压入模具内完成渗透过程。需要调控的工艺参数有压铸活塞的速度、压强和模具温度等。该工艺流程短、成本低，可精确生产形状复杂的产品。与挤压渗透法相比，压铸渗透过程中预制块承受的压缩速度更大，因此容易导致变形。可通过提高预制块中强化相的体积分数来提高其强度，但也会增加渗透时的难度[26]。

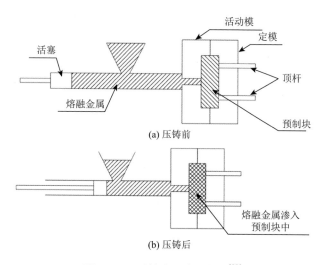

图 10.22　压铸渗透法示意图[23]

（5）离心力渗透法。

离心力渗透法的原理如图 10.23 所示，制备时预制块被放置在模具的最底端，在流槽中充满铝水，利用旋转形成的离心力使铝水渗透到充满空隙的预制块中。为了生产近终型产品避免铝水浪费，可采用图 10.23（a）的加工形式。为了获得更高的离心力可延长铝水的流槽，采用图 10.23（b）的加工形式。为了完成渗透，离心力需要克服铝水的黏性临界载荷，所以旋转的速度要非常高。一旦铝水开始渗透到预制块内，所需克服的临界载荷明显降低。

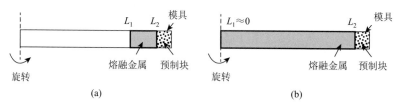

图 10.23　离心力渗透法原理[27]

L_1 和 L_2 为铝水液面距离轴心距离

（6）洛伦兹力渗透法。

作为新型的渗透工艺，该工艺使用高频电磁脉冲形成的电磁力将铝水以高速推入预制块中。渗透的深度取决于放电的效果。采用该方法可制备出无孔的 Al_2O_3 纤维增强铝基复合材料。

（7）超声波渗透法。

在该工艺中，铝水在超声波发生器产生的压力波作用下渗透到预制块中，如图 10.24（a）所示。超声波传导到铝水中会造成声空化现象。预制块中的空气和铝水中的氢气都会成为空泡的形核质点。气泡破裂的冲击波迫使铝水渗透到预制块中，如图 10.24（b）所示。该过程中的重要工艺参数有超声波功率、发声孔及制备速度。提高发声孔大小会削弱声空化现象，导致渗透率的降低。5 mm 直径的超声波发声孔的渗透效果最佳。研究表明，200 W 的超声波功率对于铝水的渗透效果最好。提高复合材料的制备速度会降低预制块的渗透率，可通过提高预制块的润湿性来改善。超声波导致的振动还有助于降低铝水和强化相的接触角，进而提高润湿性。

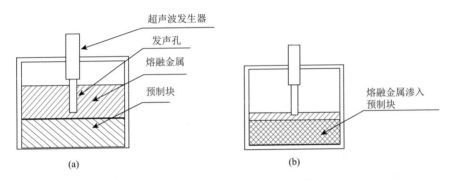

图 10.24　超声波渗透法示意图[23]

3. 共喷射沉积法

共喷射沉积法是利用喷射成型的技术将液态金属在惰性气体气氛下喷出并雾化，同时将颗粒强化相喷出。在此过程中液滴急剧降温，以半凝固状态和强化相混合共同落在沉积板上继续冷却凝固形成沉积坯料，并在后续的挤压或热加工过程中将沉积坯料完全压实。由于冷却速度高，抑制了液滴与强化相间的界面反应发生，形成的晶粒细小且无偏析，该工艺的生产效率可达 6～10 kg/min。该方法适合无法采用传统方法制备的基体合金，如 Al-Li、Al-Sn 和高 Zn 含量（>11 wt%）铝合金等。其中强化相的分布均匀性取决于其尺寸和注入的方式。例如，过于细小的晶须状强化相难以完美地均匀喷入沉积腔内与液滴均匀混合。铝水雾化后仍处在液态，注入强化相颗粒可以与铝液滴润湿，溶入其内，最终在沉积坯料内获得均匀分布的强化相，如图 10.25 所示。当铝液滴处在半固态时，颗粒则只能保留在液滴周围（图 10.26）形成团聚进而降低最终产品性能。利用该原理可灵活操作获得分层复合材料或梯度复合材料。但设备成本过高限制了该工艺的推广。

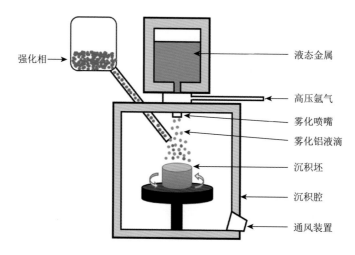

强化相
液态金属
高压氩气
雾化喷嘴
雾化铝液滴
沉积坯
沉积腔
通风装置

图 10.25　共喷射沉积法原理图

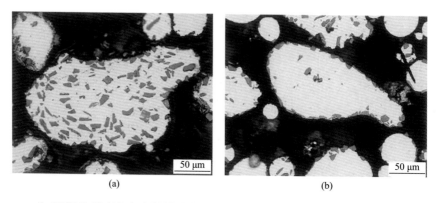

(a)　　　　　　　　　　　　(b)

图 10.26　共喷射沉积法制备复合材料时液滴处于液态（a）和半固态（b）时的强化相分布[23]

4. 原位生成法

原位生成法是在基体内通过两种组元发生反应生成强化相制备铝基复合材料。典型的例子就是在铝水中利用 B 与 Ti 反应生成 TiB_2 颗粒，以及利用 C 与 Ti 反应生成 TiC 颗粒。可以通过调整反应温度的方式将生成的强化相尺寸控制在 0.25～1.5 μm，但也会显著增加熔体的黏度。该工艺避开了强化相润湿性差的难题，所以可获得良好的铝基体与强化相的界面结合能力。不过适合该生产工艺的铝基强化相的体系仍是有限的。

10.1.3　小结

铝基复合材料具有优良的物理、化学和机械性能，应用前景越来越广阔，但受限于制备工艺，往往不能使材料同时具备铝合金和强化相的优点。铝基复合材料基本可通过固态成型法或液态成型法制备。液态成型法与传统工艺结合，成本低，制备量大，适合大规模工业化生产。但该工艺需要解决强化相在铝水中的润湿性差、界面反应难以控制、分散不均匀等难题。固态成型法虽然可以避开上述问题，但是难以制备大尺寸零部件、生产效率低、制作成本高。目前除了上述介绍的已经工业化应用的制备方法外，还有更多的铝合金制备工艺被用来制备复合材料，如搅拌摩擦焊或 3D 打印等方法。目前铝基复合材料的发展方向是进一步降低制备成本，开发出与石墨烯或碳纤维等超高强材料的复合制备工艺，或是制备成具有梯度分布强化相的复合材料等。

10.2　喷射成型技术

10.2.1　概念及原理

喷射成型（spray forming），又称为喷射铸造（spray casting）或喷射沉积（spray deposition），是一种新型的制备大块、致密材料的快速凝固技术，广泛应用于冶金工业、汽车制造、航空航天、电子信息等多个领域。

喷射成型主要由雾化阶段、喷射阶段、沉积阶段、沉积体凝固阶段四个阶段组成[28]。

如图 10.27 所示，感应炉内的金属达到一定温度时会变成熔融态[29]，一般高于合金液相线温度 50～200℃，当熔融金属流出感应炉时，惰性气体在雾化器的高速作用下，将熔融金属或者合金雾化形成雾化颗粒，雾化颗粒接触到附带有冷凝装置的沉积器上，可以迅速得到高致密性的沉积体。沉积器可以通过平动或者转动的方式获得人们想要的锻造坯件或挤压件。

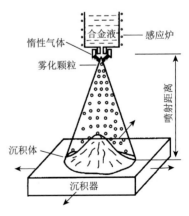

图 10.27　喷射成型示意图

10.2.2　喷射成型的雾化

1. 雾化原理

将熔融金属射流制备成金属熔滴的过程称为喷射成型的雾化。其主要分为气体雾化和离心雾化两种雾化方式。

1）气体雾化

高速气体射流连续作用于金属液流上，将熔融金属分散成熔滴。气体雾化方法主要分为两种：亚音速气体雾化和超声气体雾化。

（1）亚音速气体雾化：常用于 Osprey 工艺，气体出口速度通常为 0.3～0.6 m/s，雾化熔滴为球形，直径分布范围为 1～0.5 mm[30-32]。但由于气体射流与金属液流的撞击点无法控制，亚音速气体雾化一般采用较低的气压和较大的气体流量进行雾化。

（2）超声气体雾化[33]：喷嘴附加超声波发生装置，喷出的气体射流具有一定频率（10^5 Hz）的超声波，可获得较大（20 μm）的熔滴，冷却速度更快，同时可以获得更小的沉积体。

2）离心雾化

熔融的金属射流直接沉积在旋转盘上，随着旋转盘快速转动，转盘上的液态金属由于离心力而被甩出[34-36]，形成雾化金属液滴，如图 10.28 所示[37-39]，从而得到雾化液滴。

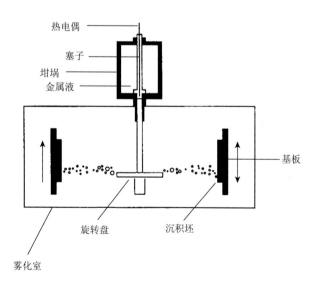

图 **10.28**　离心雾化喷射装置

2. 雾化器

雾化器是整个喷射成型技术的关键之一[40, 41]。雾化器可以分为限制性（闭）雾化器和自由降落（开）雾化器两种。

（1）限制性（闭）雾化器[图 10.29（a）]：液体出口和气体出口直接相连，喷射气体可直接作用于金属液流出口处形成雾化金属液。高速气体所具有的动能可直接聚集在液态金属上，只有很少一部分能量损失，可获得雾化尺寸的熔滴。但是，由于雾化气体直接作用于导流管，金属液流前端受到雾化气体的吹扫，金属液流可能在雾化前就已经凝固，所以限制性喷嘴一般用于熔点低的金属。

（2）自由降落（开）雾化器[图 10.29（b）]：金属液在长直导流管的引导下进入雾化区[42]。

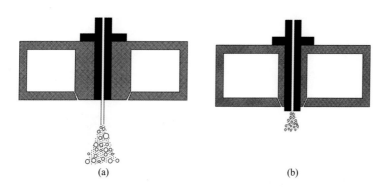

图 10.29　（a）限制性（闭）雾化器和（b）自由降落喷嘴

雾化器布局分为以下三种。

（1）倾斜布局。沉积器倾斜一定角度，如图 10.30（a）所示。由于液体流动速度分布不均匀，将沉积器随着沉积分布形成一定的角度，可以得到更加完美的柱形坯。

（2）垂直布局。沉积器垂直位于雾化器之上，如图 10.30（b）所示。为了沉积大尺寸的沉积坯，雾化器可垂直放置。将沉积坯在雾化室内倾斜一定角度并旋转，不仅克服了沉积分布问题，而且可以制备更大面积的沉积坯。

（3）水平布局。沉积器和雾化器水平放置，如图 10.30（c）所示。从雾化器出来的金属熔滴直接平铺于沉积器上，可以制备出很长的坯，随着沉积器的旋转，水平方向可沉积连续的大直径坯件，且不受厂房高度的影响。

喷射成型的另外一个技术关键是雾化喷嘴系统[43]。根据喷嘴数量和喷射路径可以分为单喷嘴、扫描型喷嘴、双喷嘴和扫描型双喷嘴四种（图 10.31）。

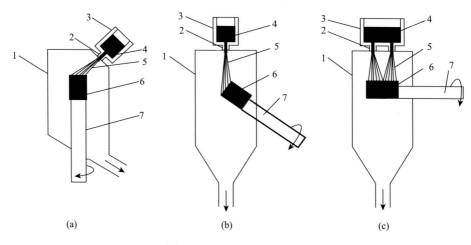

图 10.30　喷射成型装置布局

（a）倾斜布局；（b）垂直布局；（c）水平布局。1. 雾化室；2. 雾化器；3. 坩埚；4. 金属液；5. 雾化流；
6. 沉积坯；7. 沉积器

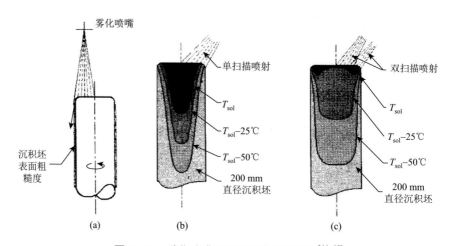

图 10.31　雾化喷嘴及沉积温度场示意图[44, 45]

（a）垂直单固定；（b）倾斜单扫描；（c）倾斜双扫描

（1）单喷嘴。固定式单喷嘴及垂直布局，得到的沉积坯形状难以控制、材料利用率低、沉积坯尺寸小、表面粗糙度大。

（2）扫描型喷嘴。扫描型喷嘴和倾斜布局，通过气流能改善雾化锥的熔滴大小，使雾化液滴分布更均匀[46]。扫描角度和频率可以根据沉积坯的形状、尺寸，通过控制伺服电机的控制，设计不同扫描程序，从而得到特定的沉积坯，并且材料利用率可以提高 10%。

（3）双喷嘴。采用两个喷嘴进行喷射，一个喷嘴在较高的气流喷射下先形成沉积坯的内部结构，而另一个射流形成沉积坯的边部外壳，两个射流交替往复，提供一种渐变的条件，可以得到更加均匀和表面更好的沉积坯，与此同时减少气体的利用，材料利用率可以提高 80%[47]。

（4）扫描型双喷嘴。扫描型双喷嘴系统结合了双喷嘴系统和伺服电机控制，可制备大尺寸沉积坯，同时也可得到更致密、表面粗糙度更好、精度更高、形状更优异的沉积坯[48]，气体消耗减少 25%，沉积收得率达 90%，可用于工业化生产[44, 45]。

雾化器内气孔排布方式如图 10.32 所示。

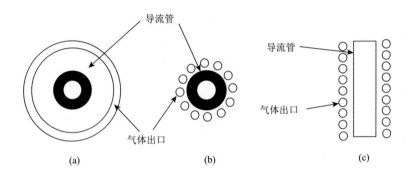

图 10.32　雾化器内气孔分布

（a）圆周排列；（b）多孔排列；（c）线性排列

雾化器设计方案层出不穷，不同研究者采用的喷嘴设计实际上均有一定差别。在设计雾化器时，要遵循以下几点原则：

（1）雾化介质能够获得尽可能大的出口散射束和能量。

（2）雾化介质与金属液滴之间能形成合理的喷射角度。

（3）金属液流能产生最大的紊流。

（4）工作稳定性好，不被阻塞。

（5）加工制造简单。

（6）装卸安装方便。

3. 雾化介质

大自然中很多介质可以作为雾化介质，如空气或水，为了防止金属在喷射过程中发生氧化，所以在喷射成型技术中很少使用。雾化介质的选择主要考虑以下几点因素：①雾化介质不能与金属粉末成分发生不良反应；②在雾化介质作用下金属熔点、凝固点不受冷却速度的影响；③成本低。根据以上原则，一般采用惰性气体作为雾化介质，如 Ar、He、N_2 等，其主要物理参数见表 10.3。

表 10.3　常用喷射成型雾化介质的主要物理参数[49]

介质	相对分子质量	热导率/[W/(m·K)]	比热容 C_p/[kJ/(kg·K)]	密度/(g/cm³)
Ar	39.95	0.018	0.54	1.78
He	4.00	0.157	5.23	0.1785
N₂	28.01	0.025	1.05	1.25

10.2.3　沉积

由于雾化金属熔滴颗粒尺寸不同，冷却和凝固速度也会发生改变。通常在理想状态下：雾化颗粒处于半凝固态，液态和半凝固状态的金属刚好填充已凝固颗粒之间的间隙，从而得到更好的表面态和致密度。喷射成型带材原理示意图如图 10.33 所示，雾化金属沉积在激冷带，经由导轨系统导出喷射成型带材。

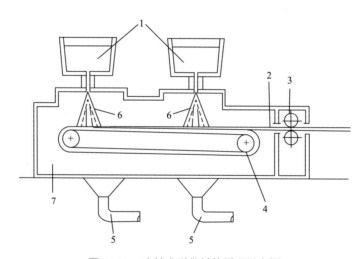

图 10.33　喷射成型带材的原理示意图

1. 熔液池；2. 铸带；3. 导轮；4. 激冷带；5. 除尘系统；6. 雾化系统；7. 惰性气体室直浇道

高速雾化的液滴喷射到沉积器上，由于冷凝装置的作用会快速冷却。先到达沉积器上的金属会先发生凝固，凝固过程中会产生一些孔隙，导致所收集的沉积件不够致密，表面粗糙度较差。

孔隙缺陷可以分为间隙性孔隙和裹入性气孔孔隙，见图 10.34。

（1）间隙性孔隙。当喷射雾滴的固相量较大时，雾滴撞击并黏结到沉积层表面，冲击、铺展和变形不充分，沉积层组织相当于由大量球形或椭球形颗粒堆积而成，颗粒之间即为孔隙，其基本特征是形状不规则且体积较小。

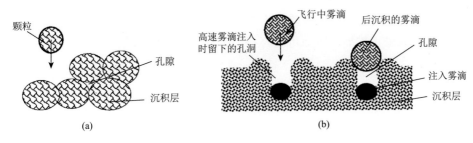

图 10.34　喷射成型孔隙形成机制

（a）间隙性孔隙；（b）裹入性气孔孔隙

（2）裹入性气孔孔隙。当雾滴和沉积层的温度较高时，沉积层强度较低，飞抵沉积层的速度较高的雾滴撞击沉积层并使其变形，严重者贯入沉积层，其贯入时留下的坑洞被随后到达的雾滴覆盖，气体就被封闭裹杂在沉积层中，形成裹入性气孔孔隙。该类孔隙的基本特征是体积较大且相对圆整。

为了防止缺陷对整体沉积体的影响，致密化处理就变得尤为重要。通常采用热挤压的方式对沉积件进行处理，以得到更高质量的沉积体。

10.2.4　凝固

沉积体上通常设有冷凝装置以加快雾化金属的凝固速度，或者通过控制沉积速度来提高沉积体的稳定性。

1. 凝固原理

在大尺寸沉积坯的制备过程中，随着沉积坯表面积的增大，凝固速度随之增大，同时雾化器的一个扫描周期很长，因而沉积坯表面可以有足够的冷却时间。在喷射沉积过程中，雾化液滴的凝固过程是一个碰撞、溅射、铺展的冷却过程。液滴在碰撞铺展之后，气体的对流散热、辐射散热和较冷沉积层表面固体热传导的多重冷却效果可以使金属快速冷却。由于沉积坯是沉积层多次叠加而成的，每一扫描薄层厚度仅为 20～80 μm，这样沉积坯的厚度可以达到很大而冷速不受影响。

2. 沉积体内的应力

在制备大尺寸沉积坯过程中，由于内外应力的不同很容易在收集的沉积体表面和内部存在开裂现象。喷射成型技术宏观热应力要远小于铸造及传统喷射沉积工艺产生的压力，各沉积层在沉积过程中均已降至较低温度（200～350℃），因而大直径锭坯的内外温差较小，由此产生的宏观热应力也很小。在铸造坯和传统喷射沉积坯中，宏观热应力大，内外应力不同，沉积坯冷速高，基体合金中的析出物数量和尺寸均较小，进一步避免了开裂现象。此外，由于喷射沉积坯为非完全致密组织,存在一定的孔隙缺陷,当局部热应力引起的微裂纹扩展至空隙时,可能发生转向或停止扩展,因而可能有利于应力的松弛,使沉积坯中不会产生大的宏观裂纹。

10.2.5 喷射成型技术特性

1. 金属和合金材料的选择

金属和合金材料在选择时需要考虑以下几点:晶粒组织、气体含量、宏观偏析、致密度、热塑性和力学性能。

2. 喷射成型的技术优点

(1)高致密度:由于雾化颗粒的直径可以做到很小,沉积体的相对密度可以达到95%~99%,通过后续冷热加工工艺可达到完全致密。

(2)低含氧量:雾化颗粒在惰性气体的保护下迅速凝固,沉积体内的含氧量远低于传统铸造工艺。

(3)快速凝固:包括形成细小的等轴晶组织(10~100 μm),宏观偏析的消除,显微偏析和偏析相的生成受到抑制,一次相的析出均匀细小(0.5~15 μm),二次析出和共晶相细化,合金成分更趋均匀,可形成亚稳过饱和固溶体等[50, 51]。

(4)材料性能优异且易加工成型:喷射沉积材料的物理及化学性能(强度、韧性、热强性、耐腐蚀性、耐磨性、磁性)比常规铸锻材料有较大提高。此外,喷射成型技术可以使常规不能变形加工的铸造材料加工成型,甚至可以获得超塑性。

(5)工艺流程短,成本降低:喷射成型技术可快速成型从而降低能耗,减少污染,提高经济效益。

(6)沉积效率高:喷射成型满足工业化生产需要,可制备出大规模的金属铸件,往往单个产品的质量可达 1 t 以上。

(7)制造系统灵活:喷射成型可适用于多种金属和合金工艺,对于传统铸造工艺难加工成型的金属也普遍适用。

(8)近终型成型:喷射成型技术可以在雾化室内由液态金属直接喷射沉积成坯锭或半成品,如盘、饼、管、环、棒、板和带等。

(9)可制备性能更高金属基复合材料:喷射成型可进行复合材料制备,从而制备出成本较低而性能较高的非连续增强金属基复合材料,具有更好的复合材料性能[52, 53]。

3. 喷射成型技术局限性

为了保证沉积坯件的高致密性,通常会采用热/冷加工等后处理方式,但是在此过程中会引发一些显微组织粗化和形成织构,如熔滴过喷现象。喷射成型厚的铸件往往器件顶部需要进行磨抛处理，或者因冶金质量问题产生报废，浪费原材料，同时由于雾化装置和沉积装置的限制，往往对产品的成型也有一定限制[54-56]。

10.2.6　典型工艺

1. 共喷射成型技术

共喷射成型技术是将增强颗粒加入到雾化的合金液流中，使增强颗粒和合金两者同时沉积，获得复合材料的技术[57,58]。与合金液喷射沉积快速凝固技术相同，雾化的熔融金属液滴在进入沉积体以前，存在形式为凝固状态、液态和半凝固状态，从而在沉积体表面维持一个很薄的液膜，并迅速凝固[41,42]。因此，采用共喷射成型技术制备颗粒增强复合材料具有以下优点：

（1）增强颗粒与熔融合金液滴的接触时间很短，凝固速度快，合金液与增强颗粒之间几乎不会发生化学反应。

（2）由于采用共喷射成型技术，增强颗粒不会发生由重力作用与合金液引起的沉聚现象，也可减少偏析。

（3）增强颗粒在与合金液滴接触的过程中，由于合金液会快速冷却，增强颗粒被熔化的程度小，也可以基本保持其原始尺寸。

（4）通过控制喷射角度和速度可以控制增强颗粒的加入量和分布，以制备出更高性能的合金。图 10.35 是以 SiC 复合材料为例的共喷射成型工作原理示意图。

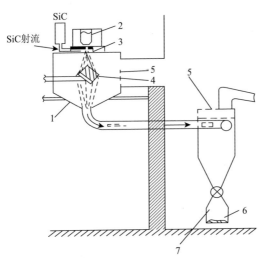

图 10.35　共喷射成型工作原理示意图[41,42]

1. 雾化室；2. 熔化炉；3. 雾化器；4. 沉积体；5. 压力释放罩；6. 粉末回收料；7. 收集室

在共喷射成型过程中，增强颗粒的加入方式有三种：直接从雾化气体管道中加入、将增强颗粒直接加入到金属熔体中及将增强颗粒流直接喷入雾化锥中。增强颗粒的加入会嵌入合金液滴内部、黏附在液滴表面或被液滴反弹，同时增强颗粒在合金液滴凝固过程中会产生热交换、异质形核，从而对沉积体表面液膜凝固产生影响。

2. 反应喷射成型技术

反应喷射成型技术结合了熔化、快速凝固的特点，能得到比较精细的晶粒组织，而且在保证细晶基体和增强颗粒分布均匀的同时，也保证了增强颗粒与基体间良好的化学和冶金结合，反应生成的增强相颗粒非常细小，从而制得优良性能的复合材料。

反应喷射成型技术可以充分利用反应剂颗粒与金属液体之间通过化学反应产生的放热特性，进一步降低成本和节省能源消耗。另外，可以通过控制反应剂颗粒的加入量、粒度特征和喷射成型工艺参数来控制生成增强相的多少、分布情况和粒径的大小等。与反应铸造技术相比，该技术不会产生增强颗粒上浮和团聚的现象。与共喷射成型技术相比，该技术中增强颗粒存在偏聚问题，但在细小的沉积坯中，反应剂弥散、均匀分布，有利于生成细小而分布均匀的增强颗粒，大大避免了这一现象的出现。反应剂颗粒的加入有以下两种形式，如图 10.36 所示。

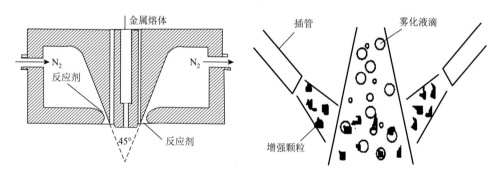

图 10.36　反应剂颗粒的加入方式

（1）在雾化沉积过程中，利用氮气作为载体，反应剂通过雾化锥外的环孔或对称吹管加入雾化锥中。

（2）将反应颗粒直接加入雾化喷枪内，反应颗粒与雾化金属液滴会同时沉积下来。

3. 多层喷射成型技术

多层喷射成型技术的原理是：雾化器在沉积坯上方做往复扫描运动，则沉积坯表面单位面积单位时间的金属沉积量可大幅度降低，每一扫描薄层由于热容小散热表面积大，沉积间隔了一定的时间，可获得充分冷却，从而显著降低沉积坯的表面温度。同时，通过扫描薄层的层层积累，沉积坯的厚度在理论上可无限增加。在多层喷射成型过程中，雾化器和沉积基体同时运动，因此雾化液滴的沉积轨迹与传统喷射成型工艺显著不同，扫描轨迹如图 10.37 所示。

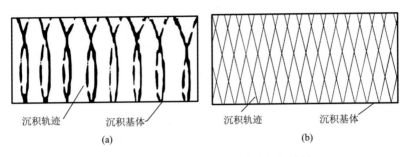

图 10.37　雾化液滴的沉积基体和沉积轨迹

（a）传统喷射成型；（b）多层喷射成型

在制备大型的厚壁管坯（图 10.38）、大直径圆锭坯和厚板坯，特别是在制备一些对冷却速度要求较高的坯件时，传统的喷射成型工艺喷射条件会受到很多限制。另外，在制备长宽尺寸均很大的板（图 10.39）、带材时，传统的喷射成型工艺均采用 V 型喷嘴、增加机械摇动扫描喷嘴或采用多个喷嘴工艺，使得工艺过程变得非常复杂和难以控制[54]。

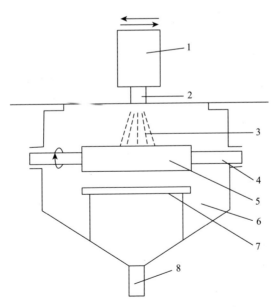

图 10.38　多层喷射成型管坯生产装置原理

1. 加热坩埚；2. 喷嘴；3. 雾化金属液滴；4. 旋转轴；5. 喷射沉积坯；6. 雾化室；
7. 强制外冷装置；8. 排气口

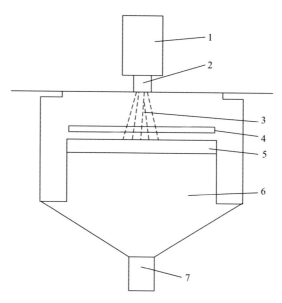

图 10.39 多层喷射成型板坯生产装置原理图

1. 加热坩埚；2. 喷嘴；3. 雾化金属液滴；4. 强化外冷装置；5. 水冷小车；6. 雾化室；7. 排气口

多层喷射成型工艺与传统喷射成型工艺相比具有如下特点：

（1）冷速更高。由于沉积坯是雾化的金属液滴通过多层堆叠而形成的，每层沉积物的厚度较传统喷射沉积工艺的要小得多，同时多层叠加沉积时间间隔可控制，沉积坯表面的温度控制得较低，雾化液滴碰撞至沉积坯表面的瞬间即急冷凝固，因而沉积坯的冷凝速度相比于传统喷射沉积坯的冷速提高很多，可达 10^4 K/s，真正起到了喷射沉积和快速冷凝的双重效果，可以获得快速凝固的沉积坯。

（2）可以制备大尺寸沉积坯、操作工艺简单。雾化器往复扫描、喷射沉积制备的沉积坯，在管坯时尺寸可以制得很厚，并且冷凝速度不受尺寸影响。在圆锭坯的制备中，由于雾化器的行程可调，移动范围很大，因而锭坯的直径可以很大，并且不需要采用多个雾化器，不需要应用特殊的摆动扫描喷嘴或多个喷嘴，工艺操作也简单得多。同时由于热应力较小，大尺寸坯的缺陷倾向比传统喷射成型及铸造工艺要小得多。

（3）能制备各种均匀性好的特殊材料。多层喷射成型工艺在制备金属/陶瓷复合材料、梯度材料、互不固溶的双金属材料及其他特殊材料方面有很大的优越性。由于是多层沉积，所制备的各种复合材料均匀性非常好。

（4）生产成本低，利于商业化生产。多层喷射成型装置的制造成本和沉积坯生产成本较低，能连续作业、工艺简单、操作方便、可一机多用、系统能耗低、安全可靠，是一种适合工业规模生产的大尺寸快速凝固沉积坯装置，通过进一步完善有望迅速应用于商业化生产。

10.2.7　喷射成型制备铝合金

铸造工艺是传统的先进铝合金主要制备方法，存在的主要问题包括：①强度、塑性、刚度、耐热性和耐腐蚀性难以进一步提高；②为了追求极限，铸造工艺成本由于增添设备和成品率下降等迅速上升；③由于合金含量上升，塑性往往降低，因而后续压力加工成本上升、成品率降低；④由于传统先进铝合金的高成本，提高了使用门槛，严重影响整体市场规模的发展，反过来又滞后铸造工艺和压力加工工艺的开发进度。喷射成型工艺可以方便地生产先进铝合金，具有性能和综合成本双重优势，将使先进铝合金使用门槛降低，还可以进一步提高性能，在一定范围内实现以铝代钢，可以迅速培养先进铝合金的市场，并反过来促进喷射成型工艺获得规模成本优势。因此，喷射成型工艺将成为先进铝合金的主要生产工艺[59, 60]。

采用喷射成型技术制备铝合金材料可以增加合金化元素在铝中的固溶度，细化组织，从根本上消除熔铸合金的宏观偏析及粗大的第二相质点，提高材料的力学性能，尤其是高温强度和伸长率。此外，还克服了粉末冶金工序复杂、氧化严重等缺点，材料的疲劳寿命和断裂韧性大幅提高。例如，采用喷射成型技术制备的 2024 铝合金的屈服强度比用粉末冶金和铸造法分别提高 45.3%和 35.4%[61, 62]。

1. Al-Si 系合金

喷射成型过共晶 Al-Si 合金是目前喷射成型技术产品应用最为成功的典范，传统铸造工艺制备的过共晶 Al-Si 合金中初晶 Si 颗粒尺寸大约为 100 μm，而用喷射成型技术制备的过共晶 Al-Si 合金中 Si 颗粒尺寸可细化至 3~5 μm，这意味着该合金具有热变形加工和机加工性能（传统工艺制备的同类合金材料根本无法使用），同时具有较强的耐磨、耐热和低膨胀性能[63, 64]。如图 10.40 所示，喷射成型制备的过共晶 Al-25Si-5Fe-3Cu 显微组织，除了较细小的近似等轴晶的共晶 Si，也包含了 Fe 和 Cu 等元素组成的第二相。Al-Si 系中的高硅铝合金在保持较高强度的同时，具有良好的耐磨、耐热性能及低的膨胀系数，是汽车工业常用的结构材料。

亚共晶 Al-Si 合金喷射成型的研究也越来越引起学术界关注，一些研究结果如下。

（1）喷射沉积/热压烧结 Al-12Si 合金中近球状 Si 相在基体中均匀分布，平均尺寸为 (4.5 ± 0.2) μm，未观察到枝晶状的共晶 Si 相；添加 0.6% Mg 未对 Si 相尺寸和形貌产生显著影响，但是在 Al 基体中形成 Mg_2Si 相及其亚稳相。

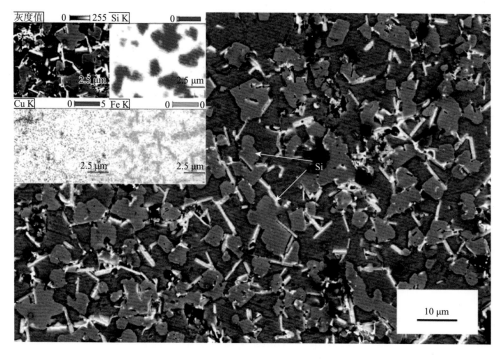

图 10.40　喷射成型过共晶 Al-25Si-5Fe-3Cu 合金扫描电子显微镜下显微组织（右上角为 EDS 元素分析）[65]

（2）Al-12Si 和 Al-12Si-0.6Mg 合金的热膨胀系数均随着温度升高而逐渐上升，Al-12Si-0.6Mg 合金的热膨胀系数略高于 Al-12Si 合金，但这种差异随着温度升高而减弱；添加 0.6% Mg 使 Al-12Si 合金的室温热导率从 185.1 W/(m·K)降低到 177.3 W/(m·K)，降幅为 4.2%。

（3）Al-12Si-0.6Mg 合金的抗拉强度达到 190.1 MPa，相对于 Al-12Si 合金（154.1 MPa）提高 23.4%，该强化效果是 Mg 元素固溶强化和 Mg_2Si 相及其亚稳相析出强化的联合作用。添加 0.6% Mg 对 Al-12Si 合金热物理性能的影响较小，但可以显著提高合金强度，从而提高其可靠性并拓宽应用领域。

商业上常用的 Al-20Si-5Fe-2Ni 合金的力学性能为：抗拉强度 $\sigma_b \geqslant 360$ MPa，屈服强度 $\sigma_s \geqslant 240$ MPa，伸长率 $\delta \geqslant 2\%$，杨氏模量 $E = 98$ GPa，密度 $\rho = 2.78$ g/cm³，CTE $= 16 \times 10^{-6}$ K⁻¹。该合金具有热膨胀系数低、耐磨性好等优点，但采用传统铸造工艺时会形成粗大的初生 Si 相，导致材料性能恶化。喷射成型的快速凝固特点有效地解决了这个问题。目前喷射成型 Al-Si 合金在发达国家已被制成轿车发动机气缸内衬套等部件[66, 67]。

过共晶 Al-Si 系合金具有质量轻、热膨胀系数低、耐磨性好等优点，目前已被世界各国工业广泛使用。喷射成型过共晶 Al-Si 系合金目前在国外最主要的用途是制造汽车发动机中的一些关键部件（图 10.41）。

图 10.41　喷射成型过共晶 Al-Si 合金缸套（戴姆勒-奔驰汽车公司 V6 发动机）

2. Al-Li 系合金

Al-Li 系合金是一种高比强、高比模量合金。传统铸造工艺制备的 Al-Li 系合金中锂含量被严格限制在 2.7 wt%以内，超过此值时，铸锭中会产生明显的宏观偏析，形成粗大的析出相。传统方式铸造的 Al-Li 系合金具有各向异性，利用喷射成型技术的特点，通过细化晶粒消除各向异性的缺点，同时可以提高合金中 Li 含量而不会产生热裂和宏观偏析的缺陷，晶粒和第二相明显细化。

图 10.42 为典型 Al-Li 系合金（2195）的光学显微组织结构，其中红色箭头标注为凝固过程中形成的细小第二相和孔洞。由图可以看出，铝晶粒平均尺寸约为 60 μm，喷射成型技术有效抑制了元素宏观偏析，得到均匀的等轴晶组织，有效地避免形成传统铸造方法产生的大尺寸柱状枝晶组织，从而有效提高合金力学性能。

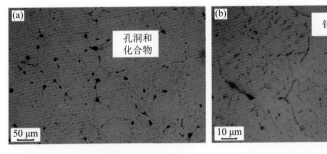

图 10.42　喷射成型制备 Al-Li 系合金（2195）在不同倍数下的光学显微组织[68]

最近，英国 Ospery Metals 公司利用喷射成型技术制备了新的 Al-Li 合金[68]。

喷射成型可提高铝合金中 Li 的固溶度，减少宏观偏析，由于 Li 密度小，故其比强度比常规铝合金高 30%。一种 Al-4Li-0.2Zr 合金的抗拉强度 $\sigma_b = 528$ MPa、屈服密度 $\sigma_{0.2} = 459$ MPa、伸长率 $\delta = 4.7\%$、密度 $\rho = 2.41$ g/cm^3、杨氏模量 $E = 84$ GPa、CTE $= 21.6 \times 10^{-6}$ K^{-1}。这种超轻铝合金已批量用于航天和航空部件[69]。在保证性能的前提下，可进一步提高合金的比强度。Lavernia 等的研究表明，2024 + 1% Li 合金在室温下的 σ_b、$\sigma_{0.2}$ 和 δ 分别可达 513 MPa、363 MPa 和 16.4%，可见合金的韧性比普通铸造和烧结材料大幅度提高。White 和 Kojima 等分别研究了喷射成型 8090 铝合金和 8091 铝合金的显微组织和力学性能，同样发现合金的韧性得到明显改善。喷射成型工艺大幅度提高了合金的塑性，其伸长率高达 12.2%。粉末冶金 Al-Li 合金强度虽然高，但塑性偏低，只有 6.4%。而实际上限制 Al-Li 合金应用的主要问题是韧塑性偏低[68, 69]。

3. Al-Zn 系超高强铝合金

由于 Al-Zn 系合金的凝固结晶范围宽、密度差异大，采用传统铸造方法生产时易产生宏观偏析且热裂倾向大，使合金性能的进一步提高受到限制。喷射成型技术的快速凝固特性可很好地解决这一问题，在发达国家已被应用于航空航天飞行器部件，以及汽车发动机的连杆、轴支撑座等关键部件[70]。典型的 Al-Zn 系（7×××系）合金是传统的高强铝合金，目前正在利用喷射成型技术开发不同成分的超高强 Al-Zn 系合金材料，并对材料的耐腐蚀性、抗疲劳性能进行更深入的研究。

如图 10.43 所示，典型的喷射成型制备的 Al-12Zn-2.4Mg-1.1Cu 合金试样表面光洁，光学显微组织显示，初生铝晶粒呈紧密圆球形，不同于传统铸造合金粗大柱状组织。从光学显微组织也可以看出，拉伸后铝晶粒组织仍然呈等轴晶形态，力学性能相比于传统铸造工艺也得到大幅提升。经过时效处理之后，该喷射成型制备合金屈服强度达到 689 MPa，拉伸强度为 750 MPa，伸长率为 11%。表 10.4 为不同方法制备的 Al-Zn 系合金室温力学性能。

图 10.43　喷射成型制备 Al-12Zn-2.4Mg-1.1Cu 合金：（a）圆柱坯料；（b）喷射试样光学显微组织；（c）拉伸试样光学显微组织[71]

表 10.4　不同方法制备的 Al-Zn 系合金室温力学性能

材料	制备工艺	$\sigma_{0.2}$/MPa	σ_b/MPa	δ/%	E/GPa
7075	铸造 + 热挤压 + T6	503	572	11	71
Al-8.6Zn-X-X	喷射成型 + 热挤压 + T6	737	753	8	72
Al-8.6Zn-X-X	喷射成型 + 热挤压 + T7	739	761	8	71.5

注：T6 表示 470℃固溶处理 + 水淬 + 120℃/24 h 水冷时效处理；T7 表示 460℃固溶处理 + 水淬 120℃/18 h + 160℃保温 1 h + 水淬。

4. Al-Fe-V-Si 系耐热铝合金

Al-Fe-V-Si 系耐热铝合金，近年来在工业发达国家发展十分迅速，其应用已渗入到航空、航天、兵器、交通等领域，已成功地制造了导弹弹头壳体与尾翼、飞机轮毂、涡轮散热器等部件，满足现代军事工业及交通业对轻质、高强、低成本的新型材料的需求[6]。但目前世界上已投入使用的 Al-Fe-V-Si 系合金均是通过传统的快速凝固/粉末冶金（RS/PM）工艺制备而成，在多环节制备工序中，合金粉末的氧化、污染不易控制，且大尺寸坯件的制备严重受设备能力的制约。而喷射成型技术可以通过最少的工序直接从液态金属制取具有快速凝固组织特征、整体致密、尺寸较大的坯件，有可能解决传统 RS/PM 工艺制备 Al-Fe-V-Si 系合金时存在的问题[72, 73]。

图 10.44 中给出了 Al-8.5Fe-1.4V-1.7Si 合金传统铸造的微观组织和喷射成型制备的微观组织结构对比图。从图中可以看出，铸造的试样中含有大量粗大的第二相组织，而喷射成型制备的合金微观组织极为细密，无论是第二相还是铝晶粒。其中 Al-Fe-V-Si 系合金常见的相组成为 α-Al、$Al_{12}(Fe, V)_3Si$ 和 Al_3FeSi。无论是铝晶粒还是第二相的尺寸和种类，都会对合金力学性能产生很大影响。一般，Al-Fe-V-Si 的喷射成型合金屈服强度为 171～427 MPa，极限拉伸强度为 195～482 MPa，伸长率为 7%～15%，主要取决于工艺参数的设定。

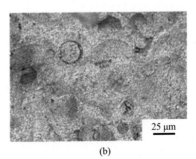

(a)　　　　　　　　　　　　　(b)

图 10.44　Al-8.5Fe-1.4V-1.7Si 合金微观组织结构[73]

(a) 传统铸造试样；(b) 喷射成型试样

Al-Fe-V-Si 系耐热铝合金具有良好的室温稳定性、一定的阻尼性能和高温强韧性、良好的耐腐蚀性，可以在 150～300℃甚至更高的温度范围使用，部分替代在这一温度范围工作的钛合金和耐热钢，以减轻质量、降低成本。喷射成型工艺可以通过最少的工序直接从液态金属制取具有快速凝固组织特征、整体致密、尺寸较大的坯件，从而可以解决传统工艺常遇到的问题[45]。

10.2.8 喷射成型展望

喷射成型技术将液态金属的雾化（快速凝固）与雾化熔滴的沉积（动态致密固化）自然结合，以一步冶金操作方式用最少工序直接从液态金属制取具有快速凝固组织特征的大块高性能材料（坯料），解决了传统工艺生产的成分偏析、组织粗大、热加工困难等难题。经过近些年的发展，喷射成型技术作为一种先进的金属成型工艺在世界范围内得到认可，已成为铝合金先进制备最具发展前景的领域之一。世界工业发达国家的喷射成型技术已进入商业化应用阶段，取得了显著的技术效果和可观的经济效益，成为高新技术的支柱产业。在我国，喷射成型技术仍处于基础研究阶段，其应用的潜力和前景十分广阔。为了加速这一工艺技术的发展步伐，在今后一段时间内本书作者认为喷射成型技术的研究工作主要集中在以下几个方面。

（1）喷射成型过程的基础理论研究。

发展喷射成型技术，就必须首先系统深入地研究喷射沉积过程各个阶段的基础理论及各种工艺参数的优化。其中，特别需要着重研究的关键问题是雾化沉积机制和理论模型的建立与完善，系统分析液滴和雾化锥的凝固及其影响因素。喷射成型已有的理论模型还不能精确地控制喷射沉积过程，因此大力加强对这一技术的科学基础和模型化研究，预测和掌握各种工艺参数对喷射沉积凝固过程的影响规律，为工艺过程的优化控制提供可靠的理论依据就显得尤为重要。

（2）喷射成型材料微观组织性能及材料制备与工艺参数关系的深入研究。

设计和开发性能更加优异的新型合金是喷射成型技术自诞生以来一直追求的目标。借助现代材料实验测试表征仪器，深入研究喷射成型制备材料的微观组织结构，测试其物理和力学性能，寻找组织与性能的内在联系，适时调整材料的化学组成与制备工艺。在对喷射成型常规铸锭合金的基础上设计和开发出性能更加优越的新型材料，建立全新的合金体系，如贵金属材料、高阻尼减震材料、耐磨减摩材料、纳米与非晶材料等，打破目前该技术大多数用于改进现有合金性能的局限性。

喷射成型过程是一个复杂的工艺过程，还应找出工艺参数和材料制备之间的内在关系，来优化材料制备过程和材料性能，特别是对于一系列可控参数，如雾化压力、气流速度、导液管直径、喷射距离等对雾化与沉积过程的影响、相互之间的制约关系及作用机制还有待进一步研究。熔滴尺寸、微观组织的演化及雾化过程的理论分析仍然是该技术国内外研究的重点。

（3）喷射成型装备的进一步深入研究。

喷射成型装备需要实现工艺参数的多样性优化控制，保证雾化沉积过程的稳定重复再现，使复杂形状的产品实现近终型控制。同时，对一些细节过程的把握更加可控精准，在金属释放、雾化、喷射、沉积、沉积体凝固过程的自动控制，雾化喷嘴和高自由度沉积器的设计和改进方面加大研究力度。另外，为满足大尺寸坯锭的生产，设备改造将成为主要的攻克目标之一。根据材料智能加工的要求，喷射成型要从单一的以操作经验为主转到以智能控制和专家系统相结合的计算机监控为主，发展喷射成型过程的实时监测和智能控制技术，保证雾化沉积过程的稳定重复再现。

（4）喷射成型材料的后续深加工研究。

随着人们对喷射成型机制和工艺的不断深入研究，以及对设备的不断完善，该技术势必会与合金熔炼技术和后续轧制挤压等工艺结合，进一步提升材料力学性能。针对不同合金材料探索合理的喷射成型＋后续加工一体化工艺，减少工序、提高性能、降低成本具有显著的商用价值。因此，对喷射成型制品特别是大尺寸件的后续深加工研究及加工工艺的优化将是喷射成型技术的一个重要研究方向。

10.3　冲压成型技术

10.3.1　概述

冲压是靠压力机和模具对板材、带材、管材和型材等施加外力，使之产生塑性变形或分离，从而获得所需形状和尺寸工件的成型加工方法。汽车的车身、底盘、油箱、散热器片等都是冲压加工的。按冲压加工温度分为冷冲压、温冲压和热冲压。前者在室温下进行，是薄板常用的冲压方法；温冲压和热冲压适合变形抗力高、塑性较差的板料加工。

冷冲压被认为是制造铝合金薄板部件最常用的成型技术，特别是对于不可热处理的 5××× 铝合金。对于可热处理铝合金，如 6111，在 T6 条件下冷成型塑性差、回弹难以控制，导致尺寸精度不易掌握，不利于生产形状复杂的结构，如图 10.45 所示。为了解决这个问题，通常选择在 W 态或 T4 态下进行冲压成型。W 态或 T4 态的铝合金强度较低，塑性有所提高，如图 10.45 中虚线所示。W 态冲压成型是在板材固溶处理、淬火之后，时效处理之前进行，此方法相对于热冲压技术工序更多、生产效率较低。此外，W 态或 T4 态铝合金冲压成型的构件需要通过后热处理来提高强度，以获得 T6 态的组织和性能。然而，在后热处理过程中，尤其是对于高强铝合金，会出现回弹和淬火引起的热变形问题。因此，铝合金冷冲压产生的回弹和变形将降低尺寸精度，造成零件装配困难。

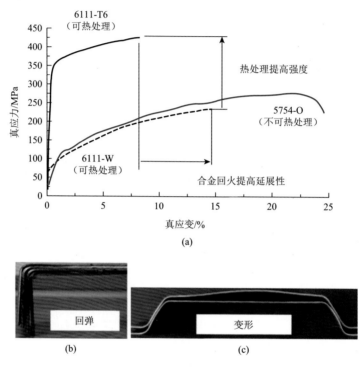

图 10.45　铝合金冷冲压的特征

6111 和 5754 铝合金的应力-应变曲线（a）[74, 75]，回弹（b）[76]及热处理后引起的变形（c）[77]

　　在较高的温度范围内（一般在 200～450℃之间），随着成型温度的升高，铝合金的塑性提高，强度降低，有利于构件的成型。因此，对于形状复杂、高强度、高精度的铝合金板材多采用高温冲压的工艺方式。高温冲压工艺不仅可以显著地降低由于异质高强铝合金拼焊板强度差所带来的不均匀变形，同时还可较好地抑制铝合金室温成型回弹所带来的精度问题。

　　图 10.46 为不同温度和应变速度下高温成型技术分类图。对于铝合金，根据冲压温度，高温冲压可以进一步分为温冲压或热冲压。温冲压的温度通常选择低于再结晶温度和高于 $0.3\,T_m$（T_m 为合金的熔点）；而热冲压的温度通常选择高于再结晶温度，低于合金的熔点。

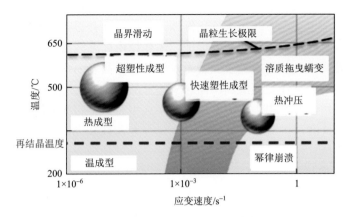

图 10.46　高温成型技术分类[78]

10.3.2　温冲压

温冲压是铝合金板材目前最常用的温成型技术。根据模具的温度，温冲压可以是等温或非等温的。等温温冲压需要同时对坯料和模具进行加热，随后进行冲压。虽然该方法能够提高板料的成型性，但是对模具加热不仅增加了能源的消耗，还加速了模具的磨损。图 10.47 为典型非等温温冲压过程，通过使用加热炉将板坯加热至较高的温度。在冲压过程中，对冲头通冷却水进行冷却，因此构件的温度分布是不均匀的。这种非等温温冲压技术具有以下优点：

（1）温冲压的温度较高，可以提升材料的塑性和成型极限。

（2）与冷冲压相比，回弹量可以减少，使成型件具有良好的尺寸精度。

（3）温度分布不均有利于提高冲压性能。

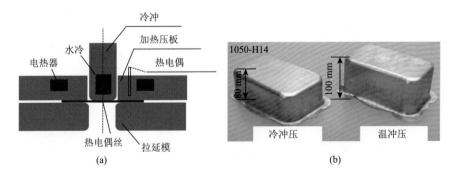

图 10.47　铝合金温冲压的特征

（a）非等温温冲压原理[79]；（b）冷冲压、温冲压零件[80]

温冲压技术也存在一些局限性。例如，加热可能会影响合金的组织并降低成型后的强度。此外，由于界面摩擦增加，需要使用高温润滑剂。添加润滑剂虽然可以减少刀具磨损和改善产品表面质量，但是在模具表面预刷润滑剂会影响生产效率，且成型后的部件需要清洗，使这一技术不适用于大规模生产。

在低于再结晶温度和高于 $0.3 T_m$ 温度下成型时，材料的变形机制由弹塑性向黏弹塑性转变，涉及扩散、回复/湮灭、再结晶和晶粒长大。温冲压条件下的主要变形机制与温度、应变速度和晶粒尺寸有关。温度和应变速度影响铝合金的温成型。通常，成型性随温度的升高和应变速度的降低而提高。例如，AW-7020-T6铝合金的屈服强度和抗拉强度随温度的升高而降低。当温度超过 150℃ 时，由于动态回复及 η′相的溶解，断裂应变、极限拉深比及深度均增大。需要指出的是，高温可冲压性不仅与合金的成分、晶粒尺寸、热处理状态及温度和应变速度有关，还与外界因素有关，如坯料压边力和模具条件（非等温情况下摩擦和传热）。

温冲压适用于不可热处理铝合金，其在可热处理高强铝合金中的应用较少。图 10.48（a）表示温度对 7921-T4 铝合金成型后的强度和断裂延性的影响。随着成型温度的升高，强度逐渐降低，延展性明显提高。图 10.48（b）表示不同成型

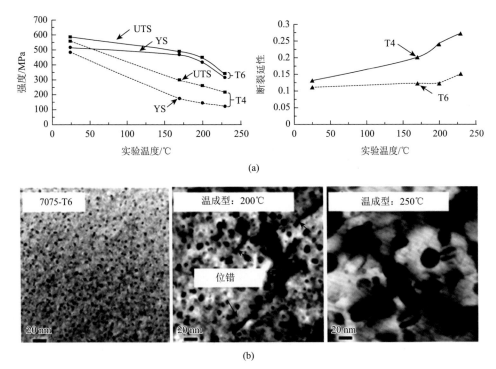

(a)

(b)

图 10.48 可热处理高强铝合金温成型

（a）成型温度对 7921 力学性能的影响[81]；（b）不同成型温度下 7075 组织演变[82]；UTS 表示抗拉强度，YS 表示屈服强度

温度下 7075 铝合金的组织演变。从 TEM 图可以发现，基体中析出相随成型温度的升高而发生粗化。7075 铝合金在 200℃成型后组织主要为 η′相和 GP 区，成型温度为 250℃时，组织主要为 η′相和粗化的 η 相。这些相决定了成型后的机械性能。其中，在 200℃成型温度下，基体中析出相没有发生明显粗化，并产生一定数量的位错。析出强化和位错强化的共同作用使 7075-T6 铝合金的固有高强度得以保持。然而，在 250℃成型温度下，基体中析出相迅速粗化导致硬度严重下降，强度降低。因此，温冲压温度对相的析出行为和力学性能起主导作用，提高温成型温度不利于成型后的强度。对于高强 7075 铝合金，在 140～220℃温度范围内成型，其成型性和力学性能可以得到明显提高，且快速加热可以避免加热过程中析出相粗化。

10.3.3　热冲压

传统热冲压工艺流程如图 10.49 所示。其中，T_1 为固溶温度，T_{Die} 为热成型温度。首先将板料、模具共同加热至固溶温度以下，待等温热冲压后进行固溶、淬火及时效处理。热冲压技术主要通过对铝合金进行固溶、淬火、时效等热处理工艺来改善构件的组织、性能。

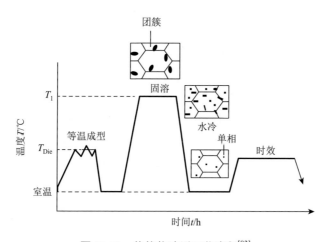

图 10.49　传统热冲压工艺流程[83]

铝合金传统热冲压技术能够提升零件成型性，减少构件在室温下成型回弹及尺寸精度低的问题，但在构件成型后进行固溶、淬火、时效处理会产生热变形，导致构件的精度、表面质量降低。等温成型过程与等温温冲压类似，会加速模具的磨损。

为了解决传统热冲压技术存在的问题，Lin 等[84]提出了 HFQ（hot form and

quench）技术，即热成型-淬火一体化技术。该技术的工艺流程及过程中的组织转变如图 10.50 所示。首先，将坯料加热到固溶温度并保温适当时间获得单相固溶体。然后将热坯料快速转移到压力机，在水冷模具之间成型并保压一段时间，水冷模具将坯料淬火到较低的温度（通常低于可热处理铝合金的人工时效温度）。高温下坯料的延展性更高，采用冷模淬火可以达到快速冷却的效果，防止晶界处形成粗大的第二相，获得溶质原子和空位均处于过饱和状态的固溶体。对于可热处理铝合金，可对热冲压件进行人工时效处理，使纳米尺度的共格或半共格沉淀相从过饱和固溶体中析出，以达到更高的强度。

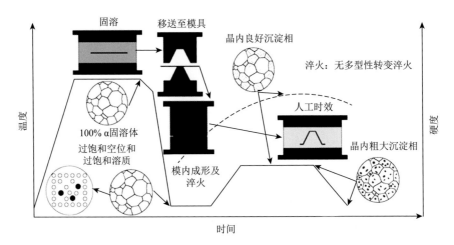

图 10.50　高强铝合金 HFQ 热冲压工艺及其组织转变示意图[85]

与传统热冲压技术相比，HFQ 技术具有以下优势：

（1）HFQ 技术将热成型与热处理相结合，在热成型过程中可以通过调控工艺获得最佳的显微组织，确保成型后的强度。

（2）可最大限度地提高塑性，能够成型复杂形状的零件，扩大铝合金在车身结构上的应用。

（3）固溶处理、热成型和淬火相结合可以减少制造工序、缩短成型时间、提高生产效率。

（4）在淬火时，成型零件保持在冷模之间，可避免回弹，并有效减少传统热冲压存在的热变形，提高零件形状精度和表面质量。

温度和应变速度（成型速度）是铝合金热冲压成型中的两个关键变量。图 10.51（a）总结了温度对变形铝合金塑性的影响。对于 2024、7075 和 Al-Li 合金 2060，其断裂延性先随温度升高而增大，后随温度升高而明显减小。当温度低于固溶温度时，塑性达到最大值。塑性的急剧下降是由基体中低熔点相引起的。

例如，对于 2024 合金，当温度超过 450℃时，由于溶质富集及夹杂物周围基体软化，晶界发生软化。对于车用铝合金，如 5754 和 6082，在固溶温度范围内，塑性随着温度的升高而不断增加，表明这类合金在固溶处理后直接热冲压可获得最大的塑性。

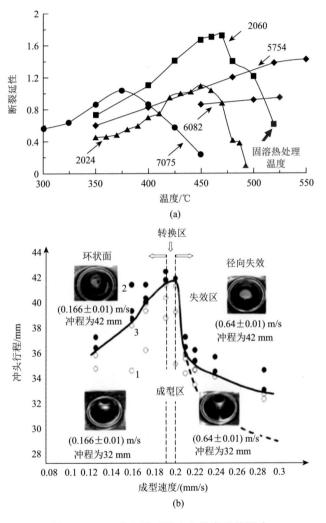

图 10.51　工艺参数对铝合金热变形的影响

（a）温度对不同合金延展性的影响[86-88]；（b）成型速度对 6082 失效形式的影响[86]

　　成型速度是另一个关键的影响因素。首先，应变硬化是铝合金高温变形的主要机制。不同的成型速度对应的流变应力不同，这决定了成型性和变形均匀性。其次，热坯料和冷模之间的热传导使成型过程非等温。热交换时间由成型速度和冲程决定,对失效位置和变形均匀性起着重要作用。图 10.51(b)为热冲压6082 的工艺窗口,可以发现较高的成型速度有利于均匀变形。

10.3.4 铝合金高效热冲压

HFQ 技术虽然能够明显提高铝合金的延展性,改善构件质量,但工艺中固溶与时效处理时间较长(例如,7075 铝合金的固溶处理时间一般超过 10 min,时效时间则为 24 h),且与冲压节奏不匹配等问题限制了高强铝合金热冲压的工业化应用。因此,快速固溶和短时时效是实现铝合金高效热冲压的关键。

1. 快速固溶

传统铝合金板料的成型加热方式主要是辐射加热,未加工铝板的发射率为0.09,表面粗糙的铝板的发射率为 0.28。这意味着铝板对热辐射的吸收率较低,其辐射加热速度必然较慢,故加热至固溶温度所需时间较长,从而使得整个固溶时间也较长。提升固溶温度可以缩短固溶处理时间,但是容易发生过烧。因此,提升加热速度是实现快速固溶的有效手段。

选择相对较高的固溶温度和较快的固溶加热速度能够实现快速固溶。较高的固溶温度主要有以下五个作用:①合金元素的溶解度更高,可以使合金元素更多地溶解到基体中,淬火时效后才能析出更多的过渡沉淀相(特定形态的过渡沉淀相的强化效果才比较明显);②淬火后溶质原子和空位的过饱和度更高,时效后强化效果更好;③固溶过程主要由扩散控制,较高的固溶温度可以提高扩散系数,从而提升扩散速度,加快固溶过程;④有助于提高加热速度,促进固溶;⑤有助于减少晶界无沉淀析出带(PFZ)的产生,降低应力腐蚀风险。而较快的加热速度主要有两个作用:①缩短加热至固溶温度的时间;②避免生成某些尺寸较大的中间相,从而减少合金元素的溶解时间。同时,如果固溶过程中有其他外场的存在,也有助于增加扩散系数、加快合金元素的溶解。因此,快速固溶需要较高的固溶温度、较快的固溶加热速度,甚至一定的外场激励。可以采用实验方法确定较高的固溶温度,并采用快速的加热方法来实现快速固溶。

常用的加热方法有炉膛加热、电阻加热、接触加热和感应加热,如图 10.52所示。炉膛加热是目前最成熟的加热方法,其优点是:①温度分布均匀;②系统易于布置,炉膛易于集成为一条生产线;③可同时加热多个坯料;④适合大规模生产应用。然而,炉膛加热存在一些缺点,包括:①由于铝合金的发射率低,加热速度相对较慢;②复杂的处理系统需要与成型过程集成。

电阻加热、接触加热和感应加热可以实现快速加热。电阻加热的潜在问题有:①温度分布不均匀;②不适用于形状复杂的毛坯;③铝合金电阻率较低,根据焦耳定律,必须使用较高的功率。接触加热的加热速度较快,也可加热复杂形状的

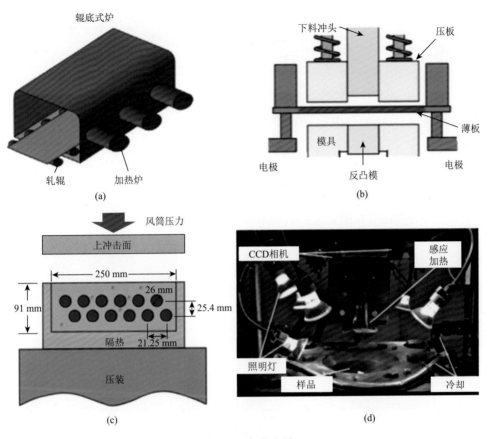

图 10.52　加热方法

（a）炉膛加热[89]；（b）电阻加热[90]；（c）接触加热[91]；（d）感应加热[78]

板料，适合高强铝合金的快速固溶处理，但对加热装置材料和加热元件布置有一定要求。在感应加热中，感应线圈的形状是决定加热速度的关键。感应加热效率取决于电流频率、感应线圈的设计和布置。由于铝合金是非磁性材料，感应加热效率较低。

在高强铝合金板料上喷涂 BN 和石墨润滑剂以提高板料的热辐射吸收率，可以进一步提升加热速度、减少固溶处理时间。使用该方法后，6061-T6 和 7075-T6 高强铝合金的加热炉固溶处理时间由 10 min 缩短至不高于 5 min，如图 10.53 所示。

对 7075 铝合金进行固溶处理时采用接触加热的方式，可使整个处理时间缩短至 40 s 左右，淬火时效后的材料比 T6 态强度高，主要是因为生成了数量更多、尺寸更细小的沉淀相，如图 10.54 所示，而且快速加热可能抑制了其他可溶相的长大。

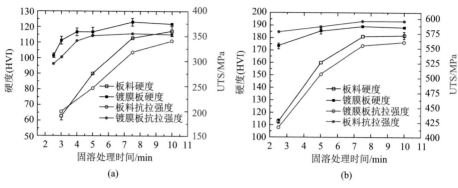

图 10.53　固溶工艺下高强铝合金的硬度和抗拉强度（UTS）曲线[92]

（a）6061-T6；（b）7075-T6

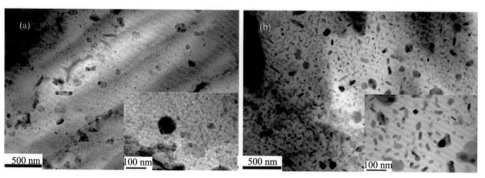

图 10.54　固溶 + 时效处理后 7075 铝合金沉淀相[93]

（a）炉内加热；（b）接触加热

2. 短时时效

结合铝合金接触固溶方法，提出一种铝合金快速时效的高效热冲压工艺，其工艺流程如图 10.55 所示。此工艺在 HFQ 技术的基础上，参照回归再时效技术，提出了预时效 + 烘烤时效的二级时效工艺路线，改善了铝合金热成型的停放效应，不仅利用接触固溶缩短固溶时间，而且利用二级时效缩短时效时间。

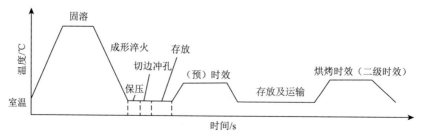

图 10.55　铝合金高效热冲压示意图[94]

2019 年，Sun 等[95]给出了一种室温下使用循环形变使可热处理强化铝合金获得和 T6 态强度相当的方法，耗时仅需数十分钟。其原因为：循环形变将空位连续不断地引入材料中，形成了弥散度更高、更均匀的尺寸为 1～2 nm 的溶质团，且无沉淀物析出带（图 10.56），从而提升了合金抗应力腐蚀性能。

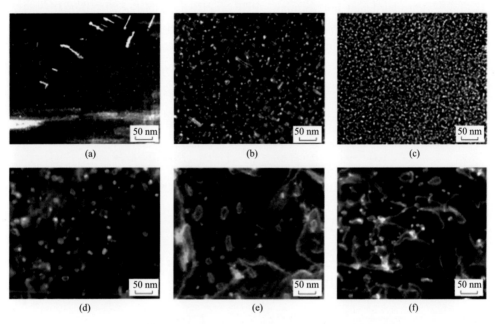

图 10.56　2024（a）、6061（b）和 7075（c）高强铝合金热处理时效沉淀相；2024（d）、6061（e）和 7075（f）高强铝合金循环形变时效沉淀相

目前的短时时效方法及其效果有限，不能显著地缩短时效时间。时效过程中存在一个或者多个过渡相。因此，时效包含形核—长大或者形核—长大—固溶—形核—长大的过程。上述过程的速度主要是由扩散控制的，具体来讲主要是 Mg、Si、Zn、Cu 等合金原子的扩散。影响扩散的主要因素是浓度差和扩散系数，较高的温度使得浓度差和扩散系数均增加，故扩散过程所用时间会减少。所以从这个方面来讲，时效时使用较高的温度会减少获得所需性能的时间。但是，过高的温度会溶解形成的强化沉淀相或形核核心，因此，时效的温度应该不宜过高。多级时效则考虑了扩散速度和形核核心溶解的问题，是一种比较高效的方案。其具体原理为：首先用较低的温度形成较高密度的 GP 区，为后续过渡相形核提供形核核心。后续时效则可采用较高的温度获得具有合适形态和强化效果的过渡相。该方法既利用了高温时效的短时性，又避免了形核核心的大量溶解。因此，目前高强铝合金在固溶淬火后采用多级时效是一种高效的时效工艺。

10.3.5 高效热冲压技术新进展

1. 预强化热冲压

近期，武汉理工大学 Hu 等[96]开发了一种新型高效热冲压成型技术——预强化热成型（pre-hardened hot forming，PHF）。PHF 技术的工艺流程图及相应的组织状态分别如图 10.57 及图 10.58 所示。该技术采用预时效强化（T_x）态原始板料，将板料快速加热至固溶温度以下，随后迅速转移至冷模具上进行冲压成型，保持一定时间的压力，获得不需要时效处理的成型件。该方法不仅减少加热时间、降低加热温度，而且无须后续的时效处理，使得生产周期显著缩短，有利于大规模生产构件。

图 10.57　铝合金 PHF 技术工艺流程图[97]

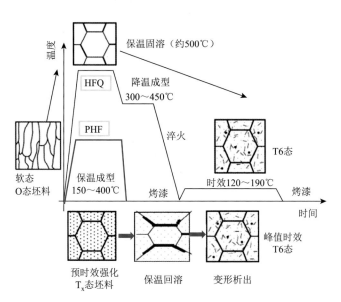

图 10.58　预强化铝合金高效热成型技术和 HFQ 的组织演化对比[97]

通过对 7075-T6 铝板材进行热冲压实验，以验证 PHF 技术的可行性。结果证实，使用 PHF 技术能够成功得到汽车 B 柱（图 10.59），有效地解决了室温冲压的拉裂问题，构件的力学性能（图 10.60）满足使用标准。因此，PHF 技术极具应用前景。

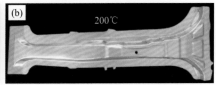

图 10.59　B 柱冲压实验结果[96]

（a）冷冲压；（b）预强化热冲压

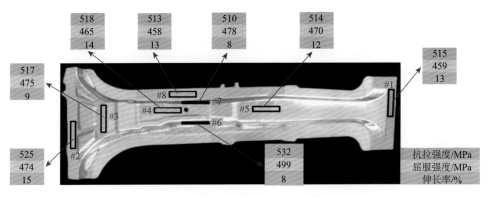

图 10.60　200℃下 PHF 成型 B 柱的力学性能[96]

2. 预冷热冲压成型

为了提高热冲压过程中板料的均匀变形能力，改善热冲压成型件表面精度，Zhu 等[98]提出了一种预冷热冲压工艺（hot stamping process with pre-cooling，HSPC），其工艺流程如图 10.61 所示。该工艺旨在提高热冲压成型过程中的应变硬化指数 m，提高构件板厚均匀性。与 HFQ 技术的区别在于在固溶处理之后、冲压之前增加了一道深冷处理工序。深冷处理一般在温度为–100℃左右进行。研究表明，深冷处理可以减小铝合金构件的残余应力，提高铝合金成型零部件的断裂韧性及表面质量，保证零部件尺寸稳定。若将深冷处理提前至固溶处理之前，并以 7050 铝合金为材料进行实验，结果表明，此工艺可以提高铝合金成型件的强度和硬度[99]。

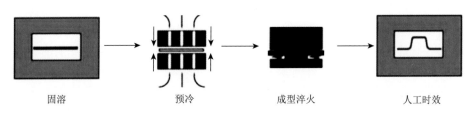

固溶　　　　　　　预冷　　　　　　成型淬火　　　　　人工时效

图 10.61　预冷热冲压成型工艺流程图[98]

深冷处理虽然能够提高铝合金构件的质量及安全性，但增加了一道工序，延长了生产周期且增加了成本。因此，应用预冷热冲压成型技术需要综合判断其应用于实际生产所能获得的效益。

10.4 液压成型技术

10.4.1 概述

各种钣金结构件被广泛应用于航天航空领域。以大型客机为例，其钣金类零件制造工作量占全机工作量的 20%，有 1 万多个钣金零件。在航天航空领域，各类钣金零件绝大部分为铝合金。相比于碳钢，铝合金等的塑性应变比 r 值小，拉深成型性能差，易发生减薄破裂，导致其使用范围窄。另外，随着现代工业对零件的尺寸精度等也提出了更高的要求，一般的加工工艺已无法满足要求。因此，为了满足市场对钣金结构件加工的需要，人们提出了许多加工制造的新工艺，液压成型是其中非常有效的工艺之一。

10.4.2 液压成型原理

液压成型（hydroforming，HF）是指利用液体作为传力介质或模具使工件成型的一种塑性加工技术，也称为液力成型、流体压力成型、内高压成型。根据坯料的形状分类，液压成型分为管材液压成型[100]（tube hydroforming，THF）和板材液压成型（sheet hydroforming，SHF）[101]。其中，管材液压成型（又称为液压胀形或者管材内高压成型）是金属管材内部承受高压介质使管材向外侧鼓胀变形，以获得所需形状的加工工艺[100, 102]。板材液压成型是利用液体介质代替刚性凸模或者凹模，通过液体介质提供压力使板材成型的一种工艺，属于半模成型[101, 103]。

1. 管材液压成型原理及特点

管材液压成型技术是在模具中对密封的管材内部通入高压液体介质，同时在管材两端施加轴向力实现对膨胀区的补料，使管材外壁贴模获得空心轻量化构件的一种液压成型技术[104]。具体的原理示意图如图 10.62 所示。

与传统冲压焊接工艺相比，管材液压成型工艺可以成型出形状复杂的零件，特别是口径小、型腔大的零件[105]。在高压液体介质的作用下，坯料发生加工硬化，有利于提高坯料的强度和刚度，以及改善成型件的力学性能。另外，因为液体介质与坯料之间的摩擦力小，所以降低了成型件的壁厚减薄，提高了零件的表面质量和加工精度，降低了装配误差。

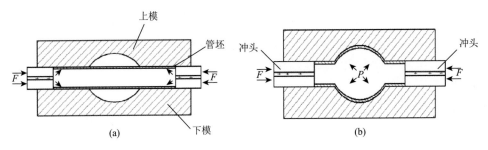

图 10.62　管材液压成型原理示意图

（a）合模充液；（b）加压成型

管材液压成型工艺也存在着一些缺点，主要表现为以下两个方面[106]。

（1）生产效率低。成型过程中注入液体介质需要一定的时间进行加载压力，从而导致其生产效率低。

（2）模具密封要求高。由于成型需要液室压力较大，对成型模具密封性能的要求较高。

2. 板材液压成型原理及特点

板材液压成型工艺中，充液拉深成型是其生产柔性板材的典型成型工艺。充液拉深成型工艺通过液体介质代替刚性凸模或者凹模，利用液体介质提供压力使板材成型的一种工艺[107]。整个成型过程如图 10.63 所示。与传统的一体式

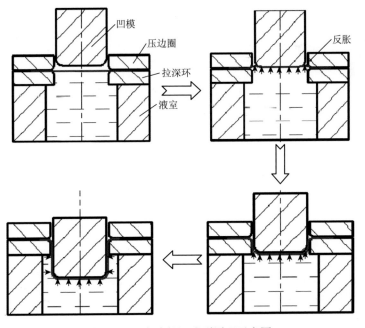

图 10.63　充液拉深成型原理示意图

凹模不同，充液拉深模具中的凹模是由作为底座的液室和安装在液室上的拉深环两部分共同构成，如图 10.63（a）所示。当成型不同形状尺寸的零件时，作为底座的液室保持不变，改变凸模和拉深环即可，能够显著降低模具制造费用和缩短加工时间。

在充液拉深过程中，压边圈下行与板料接触后在压边力的作用下板料和凹模之间形成密封；增大液室压力使板料的悬空区发生反胀现象[108]，反胀后板料发生了硬化效果能够控制零件产生起皱现象。然后凸模下行将板料拉入凹模中，液体介质的压缩作用使凹模内的液室压力不断增加，促使板料与凸模之间强制贴模，增加板料与凸模的摩擦力，有效降低了凸模圆角处板料的壁厚减薄。同时液室压力大小可以通过溢流阀进行控制；当液室压力达到某一定值时，液体介质会从板料和凹模之间流出，产生溢流润滑效果，有效地降低板料与凹模的摩擦力，减小板料壁厚的减薄，改善零件的壁厚分布和表面质量，并能显著增加板料的极限拉深比。

10.4.3 液压成型技术研究现状

近年来，旨在进一步提高成型极限和零件复杂性的板材液压成型新技术不断出现，如径向主动加压充液拉深、预胀充液拉深（正胀、反胀、局部胀）、正反向加压充液拉深、双板成对液压成型和热态液压成型等。

1. 径向主动加压充液拉深

不同于传统周向加压充液拉深，径向主动加压充液拉深是在成型坯料的法兰外缘施加独立、可控的径向液压，径向液压不受液室压力的限制，可根据变形材料、成型极限优化控制，增加了工艺可控性，适合极限拉深比达到 2.5 以上的铝合金的深筒形件成型[109]。实现径向主动加压的充液拉深设备需要配置两台增压器和加压控制系统。径向主动加压充液拉深可使法兰区坯料产生一个明显的径向应力分界圆[110]，如图 10.64（a）所示，其中 σ_r、σ_θ 分别代表径向应力和环向应力。随着径向液压增加，分界圆的位置逐渐向凹模口移动，从而使危险断面的拉应力降低，壁厚减薄率明显改善，如图 10.64（b）所示。此外，坯料在双面流体润滑作用下，板材的承载能力进一步提高，成型极限提高。例如，在 35 MPa 径向压力下，成型出极限拉深比 2.8 的 5A06 铝合金球底筒形件，如图 10.64（c）所示。

2. 预胀充液拉深

随着高强航空铝合金的应用，普通拉深存在变形不均匀、不充分的问题，无法充分发挥材料的应变硬化性能。预胀充液拉深可以在拉深变形前通过预胀变形提高板材的应变硬化量，使零件成型后获得足够的刚度、强度、抗弯、抗凹等性能[111, 112]，原理如图 10.65 所示。该工艺适合航空航天领域贴模度

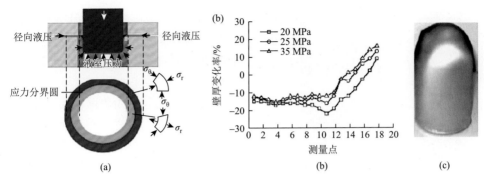

图 10.64　径向主动加压充液拉深

（a）工艺原理图；（b）桶形件壁厚变化率分布；（c）球底桶形件

0.25 mm 以下的复杂曲率铝合金整流罩、头罩等，以及汽车发动机罩、顶盖、外门板等覆盖件成型。例如，通过预胀充液拉深解决了 2A12 铝合金曲面件内部起皱难题。

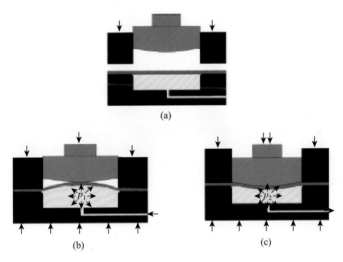

图 10.65　预胀充液拉深工艺原理示意图

（a）成型前；（b）预胀成型；（c）充液拉深

3. 正反向加压充液拉深

为了进一步提高成型极限，同时避免悬空区的反胀破裂问题，在施加液室压力（反向液压，p_1）的同时，在板材的上表面同时施加正向液压 p_2，即正反向加压充液拉深，适合高径比达 1.2 以上的深筒形件、薄壁曲面件及低塑性铝合金复杂件成型[113, 114]，工艺原理如图 10.66 所示。正反向液压同时加载时，板材处于明

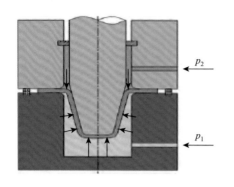

图 10.66　正反向加压充液拉深工艺原理示意图

显的三向应力状态，静水压效果增强，传力区板材承载能力提高，拉深比进一步提高；通过调整正反向压力比 λ $(\lambda = p_2/p_1)$，可以实现对壁厚分布的有效控制。例如，成型锥底筒形件随着正反向压力比增大，壁厚不变线位置沿筒壁向筒底方向移动，壁厚减薄区面积减小。此外，正反向压力比影响板材的应力应变状态：当 λ 由 0 到 1 增加时，环向应力由拉应力逐渐变为压应力；当 $\lambda > 1$ 时，环向应力再次变为拉应力，环向应变由压缩变形变为伸长变形。

4. 双板成对液压成型

液体凸模拉深为保持成型液压需要施加较大的合模力，导致法兰区板材的流动困难。因此，针对复杂变截面薄壁空腔零件的成型需要，国内外学者提出双板成对液压成型技术[115, 116]。该方法采用两张周边焊接的板材（也可以不焊接），在成型初期采用较小的合模力，通过预留的充液孔充入液体，使上下板材在液压的作用下分别贴模到上下模腔内，成型后期采用较高的合模力和液体压力，成型出小圆角等局部特征，原理如图 10.67 所示。该技术适合具有复杂异型截面特征和局部特征零件的成型。

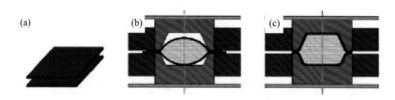

图 10.67　双板成对液压成型原理示意图

（a）双板；（b）预成型；（c）整形

5. 液压成型起皱行为

当曲面零件厚径比较小且存在较大悬空区时，传统成型方法难以直接抑制悬空区起皱。区别于传统工艺，板材液压成型技术能够改变悬空区板材的形状和应力状态，合理加载流体压力能够促进板料贴靠凸模，促使悬空区产生反胀行为，形成"软拉深筋"，从而控制内皱的发生[117, 118]。

对于不同形状的零件，液压成型时控制其起皱行为的措施略有不同。对于平底筒形件，板料的弯曲半径和流体压力决定着液压过程中是否起皱，以能量法为基础借用数值模拟手段得到平底筒形件不同弯曲半径下的流体压力上限（发生破裂）和下限（发生起皱）[119, 120]。而对于球底件，其流体压力成型区数值较小，范围更窄，并且在半球成型阶段（拉深行程小于球底半径），抑制起皱所需的流体压力持续增大；而进入直壁成型阶段（拉深行程大于球底半径）后，所需流体压力迅速减小。

对于抛物线形零件而言，其空区起皱主要发生在拉深的后半段，控制的关键则是采用合理的流体压力，维持板材悬空区的反胀[121]。通过施加适当的预胀压力可以减小悬空区环向压应力、增大板料贴模面积、提高板料的环向应变，有助于控制复杂曲面件起皱缺陷。

具有复杂型面的薄壁曲面件同时存在凸面和凹面，增大流体压力有助于限制凹面起皱，却不利于抑制凸面起皱，流体压力加载曲线存在矛盾区域[122]。通过设计拉深筋的方法可以避免起皱和破裂缺陷。此外，板材液压成型过程中，初期的流体压力不宜过高，否则容易导致板材过度流入凸凹模间隙，产生起皱缺陷。

对于薄壁曲面件而言，坯料厚径比越大越易于抑制起皱，采用添加覆板的方法提高板材的相对厚径比能够控制悬空区起皱缺陷，降低所需流体压力；同时由于覆板的承托作用，薄壁曲面件的过度减薄得以改善，壁厚分布更加均匀。

10.4.4　液压成型技术革新

1. 温热液压成型技术

针对航空铝合金室温下塑性较低、成型性差等问题，国内外学者提出温热液压成型技术。温热液压成型的原理就是先将模具和成型介质预热到合适的温度，再将预热的材料放入模具中，然后合模，之后将热态的成型介质充入，检测并控制材料的温度达到预定温度范围，之后进行轴向的进给和增压，最终形成合格的零件[123, 124]。此外，日本、德国及美国的研究人员提出差温充液拉深技术，并开展了铝合金差温液压成型研究，如图 10.68 所示。但是，与热气胀成型相比，

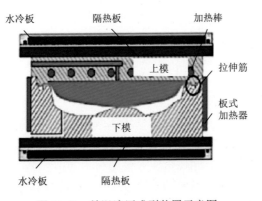

图 10.68　差温液压成型装置示意图

热态液压成型采用热油作为成型介质，存在成型效率低、工作环境恶劣、能耗大等问题，目前该方法还处于研究阶段。

2. 冲击液压成型工艺

冲击液压成型技术是结合高应变速度成型和传统液压技术而开发的新液压成型技术，进一步提高了液压成型所需的压力和应变速度[125]。冲击液压成型技术以压缩空气作为动力源，当气体达到一定压力后释放，压缩气体推动冲击体高速撞击液体介质，快速产生的冲击力使工件瞬间成型[126, 127]。利用高速相机研究了冲击变形的过程，测得平均变形速度可达到 68 m/s，应变速度为 $2 \times 10^2 \sim 2.7 \times 10^3 \ s^{-1}$。而且驱动压力越高，冲击速度和液体最大压力越高，冲击锤质量越小，冲击速度越高。此外，研究表明影响液体冲击波压力的因素有很多，包括：液体介质类型、液体介质密度、加速距离和冲击体形状。目前该技术主要被白俄罗斯、德国及乌克兰这几个国家掌握。其中，白俄罗斯的设备冲击体的质量和冲击速度都比较适中，而且由于液室直径较大，可以成型较大的零件，因此适合实际生产。白俄罗斯使用冲击液压成型技术制造和开发的产品种类和数量是目前最多的，而我国在冲击液压成型技术设备开发方面仍处于实验室阶段，未大规模应用。

10.5　增材制造技术

10.5.1　概述

增材制造，又称 3D 打印，是以粉末/丝材为原料，基于离散-堆积原理，根据计算机设计的三维 CAD 模型，利用高能束（激光束、电子束或离子束）对粉末/丝材原料进行辐照，通过逐层烧结/熔化堆积成型直接制造最终产品。增材制造技术具有设计制造周期短、无模具、无刀具、不受模型形状限制等优势。常见的增材制造技术主要有激光熔化沉积（laser melting deposition，LMD）、激光选区熔化（selective laser melting，SLM）、激光选区烧结（selective laser sintering，SLS）及电弧增材制造（wire arc additive manufacturing，WAAM），如图 10.69 所示。

铝合金具备高比强度、低密度、易加工及耐腐蚀性优良等特征，随着增材制造技术的迅速发展，目前，增材制造铝零件正逐渐被用于航空和汽车产品中。根据预测，铝合金占金属增材制造中所有金属粉末的消耗量（按体积计算）从 2014 年的 5.1%逐渐提高到 2026 年的 11.7%左右。增材制造铝合金被认为在汽车、航空航天等领域具有广阔的应用前景。

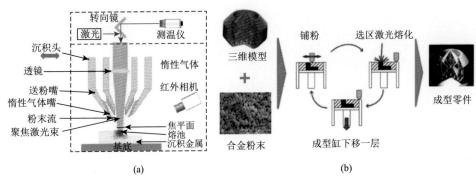

图 10.69　增材制造技术原理示意图

（a）LMD；（b）SLM

10.5.2　增材制造铝合金的缺陷

由于增材制造快速熔凝的特性和铝合金本身的性质，利用增材制造快速成型的铝合金常会出现几种类型的缺陷。常见的缺陷包括裂纹、孔隙、球化与卫星球、合金元素氧化及蒸发与飞溅。

1. 裂纹

在增材制造过程中，裂纹形成的原因包括快速加热和凝固的因素，以及孔隙的存在（作为裂纹的萌生点）。通常，增材制造铝合金中的裂纹可分为液化裂纹和凝固裂纹。

液化裂纹是由显微组织中特定成分的选择性熔化导致的。例如，具有低熔点第二相颗粒或高度偏析的晶界，其熔点可能明显低于基体，从而在局部开始熔化，导致这些位置分离而形成液化裂纹。液化裂纹的产生与可热处理铝合金的高热导率、高合金元素浓度及高激光功率和/或高扫描速度密切相关。

相反，凝固裂纹则发生在凝固的最后阶段，由于凝固金属的体积比液体小，产生收缩，若此时没有足够的液体流动来填充凝固金属之间的空隙，则会产生凝固裂纹。这种类型的裂纹与较大的结晶温度范围有关。凝固裂纹在增材制造高强铝合金，如 2024、7050、7075（图 10.70）中十分常见。这些合金在快速凝固过程中，柱状晶沿温度梯度方向择优生长，并伴随着晶界的收缩。由于结晶温度范围较大，最后结晶的温度较低，固相之间的渗透率变得很低，没有足够的液体流动来填充凝固金属之间的空隙，导致裂纹形成并沿晶界生长。快速凝固过程中形成的残余应力会促进凝固裂纹沿晶界扩展。

2. 孔隙

孔隙是增材制造铝合金中最常见的冶金缺陷之一，在激光作用下尤为明显。

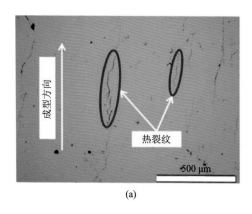 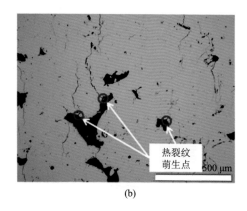

图 10.70 激光增材制造 7075 铝合金中形成的凝固裂纹[128]

孔隙的形成与扫描策略、扫描速度及使用的保护气体有关。根据孔隙的形状和形成机制，可将其分为冶金孔、匙孔和未熔合孔。

冶金孔呈球形，尺寸较小（<100 μm），也有学者称之为气孔或氢气孔。它们的形成归因于初始粉末表面存在水分捕获氢气或者成型过程中元素蒸发气体未来得及逸出。通常，随着激光扫描速度的降低，能量密度增加，熔池中元素烧损严重，将引发更多的冶金孔[图 10.71（a）]。匙孔通常呈不规则形状，尺寸较大（>100 μm），多因在较快的激光扫描速度下，熔池失稳导致匙孔坍塌而形成[图 10.71（b）～（d）]。未熔合孔与熔池局部区域的不完全熔化和填充或沉积层之间未完全黏合有关。未熔合孔存在各向异性，呈扁平的圆盘状，通常包裹着未熔融粉末。有学者认为这种类型的孔隙与粉末在熔化和凝固过程中形成的氧化物有关[129]。

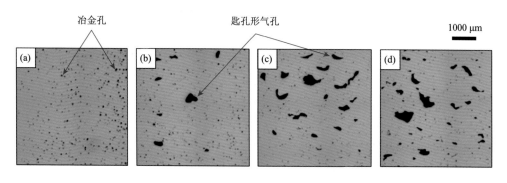

图 10.71 加工过程中形成的孔隙类型随扫描速度的变化[130]

（a）低扫描速度下形成的冶金孔；（b）～（d）随扫描速度增加，冶金孔数量减少，匙孔数量增多

3. 球化与卫星球

在增材制造过程中，当液态金属与基体接触较差时，根据表面能最小化的原则，液态金属在表面张力作用下可能收缩成球形颗粒，这个过程被称为球化。球化破坏了铝合金表面的平整度，导致凝固层表面粗糙，劣化了成型零件的质量。球化现象通常与熔化和烧结过程有关。在增材制造铝合金过程中，液滴飞溅和润湿性差也会引起球化现象。当熔池底部发生充分熔化时，球化倾向于被抑制。

卫星球是另一种表面缺陷，在微观结构和形貌方面与球化的颗粒略有不同，它是由一些黏在凝固层表面的颗粒组成。卫星球的产生取决于激光扫描策略和扫描参数。研究表明，利用激光选区熔化成型的 AlSi10Mg 合金中，当扫描速度为 250 mm/s 时，观察到的卫星球数量比扫描速度为 500 mm/s 或 750 mm/s 时要少。以 750 mm/s 的激光扫描速度进行激光选区熔化成型后，观察到大量的球化颗粒和卫星球，如图 10.72（a）所示。

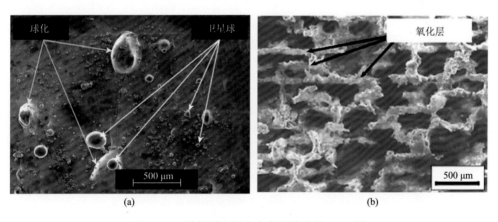

（a）　　　　　　　　　　　　　（b）

图 10.72　增材制造铝合金表面缺陷的 SEM 图

（a）在 750 mm/s 激光扫描速度下 SLM 成型的 AlSi10Mg 合金表面球化与卫星球[131]；（b）SLM 成型的 AA6061 铝合金氧化膜形貌[132]

4. 氧化

氧化是另一种降低铝合金增材制造成型质量的缺陷。在激光沉积和烧结过程中，铝合金容易发生氧化，如图 10.72（b）所示。Al_2O_3 的热力学稳定性高，使铝合金粉末表面的氧化膜难以去除。研究表明，位于熔池上表面的氧化皮在激光照射后蒸发，而高的温度梯度在熔池表面形成马兰戈尼（Marangoni）效应，可以起到搅动熔池的作用，从而破坏氧化皮。残留在熔池边上的氧化皮使局部产生孔隙。采用保护气体并不能完全填充增材制造成型的腔室，且铝合金粉末之间难免存在间隙，导致腔室内残留 0.1%～0.2% 的氧气。因此，在增材制造过程中，除了零件的顶部表面，每一凝固层都可能发生氧化。氧化容易导致粉末团聚，影响粉末的流动性和每层的铺粉质量，进而降低成型件的结构完整性和精度。通过控制氧化膜的形成，可以提高激光增材制造铝合金零件的质量。因此，在增材制造铝合金时，熔池中不同区域的熔合和润湿性受到氧化物的分离或破坏的影响。

5. 蒸发与飞溅

在激光增材制造过程中，能量密度相对较高，若合金成分中某些元素的熔点低于母材的熔点，这些元素就会发生选择性蒸发。例如，利用 SLM 成型的高强铝合金中，观察到 Zn 和 Mg 含量的显著变化，如表 10.5 所示。与初始粉末相比，蒸发引起成分变化会改变铝合金成型件的凝固组织、耐腐蚀性和力学性能。

表 10.5　激光增材制造高强铝合金的化学成分变化[133]　　（单位：%）

合金	状态	化学成分								
		Zn	Mg	Ni	Mn	Cu	Fe	Cr	Si	Ti
2017	粉末	0.21	0.72	0.009	0.57	4.0	0.40	0.016	0.56	0.051
	SLM 处理后	**0.07**	**0.48**	0.013	0.61	3.9	0.50	0.035	0.58	0.031
7020	粉末	4.3	1.3	0.006	0.29	0.10	0.29	0.13	0.077	0.025
	SLM 处理后	**3.0**	**1.0**	0.009	0.30	0.17	0.31	0.14	0.13	0.024
7075	粉末	5.8	2.6	0.007	0.054	1.4	0.25	0.18	0.081	0.034
	SLM 处理后	**3.9**	**2.1**	0.007	0.057	1.5	0.27	0.20	0.11	0.036
AlSi10Mg	粉末	0.008	0.75	0.009	<0.005	<0.005	0.19	0.007	10.1	0.014
	SLM 处理后	0.008	**0.32**	0.007	<0.005	<0.005	0.16	0.005	10.6	0.009

注：重要的变化以粗体突出显示。

激光飞溅物是以熔池中排出小液滴的形式产生的，在飞行中发生氧化。飞溅物的喷射路径和降落的区域会随着激光扫描参数的变化而改变。激光飞溅物落在粉床上也会降低表面粗糙度。在沉积下一层时，飞溅物可能没有完全熔化，产生未熔合孔。飞溅形成的原因通常被认为是金属蒸发反冲压力致使熔池内液体产生飞溅。研究表明[134]，这种机制产生的飞溅物大约只占 15%，剩余的飞溅物由周围气流对夹带微颗粒的蒸气进行驱动而产生，例如，SLM 成型的 7075 铝合金中 Zn、Mg 元素的蒸发。因此，激光飞溅的形成通常伴随元素烧损。利用 SLM 成型的 AlSi10Mg 合金中，激光飞溅物呈球形，其尺寸比原始粉末大，具有纹理或粗糙的表面，表面氧化物富含镁。

10.5.3　减少或消除缺陷的方法

通过工艺参数优化、调节合金成分等方式，利用增材制造技术成型高致密、高强铝合金是可以实现的。通过热处理、预热和在真空中进行成型，也可以减少或消除增材制造铝合金的缺陷，改善成型件的冶金和机械性能。

1. 优化工艺参数

工艺参数显著影响成型件的质量。例如，激光增材制造过程中裂纹的产生与高残余应力相关。通过优选出合适的激光扫描策略，对于降低快速凝固所产生的残余应力至关重要。在激光增材制造的 2618 铝合金中，缺陷数量与激光扫描面积之间存在相关性，扫描面积越大，裂纹密度越大[135]。结合分形和棋盘式扫描策略，可以将扫描的区域分成更小的区域，采用连续激光路径对这些区域进行扫描，能有效减少残余应力形成的区域，将易裂铝合金的裂纹密度降到最低。此外，在激光增材制造前对基板进行预热，通过减轻铝合金凝固过程中的收缩效应，增强基体与熔体之间的润湿性，使凝固层之间实现更好结合，进而减少裂纹。

熔化模式是影响铝合金成型质量的另一个关键因素。铝合金增材制造存在两种熔化模式，即小孔熔化模式和传导熔化模式。采用较高的激光能量密度产生小孔熔化模式，容易导致铝合金中低熔点元素发生烧损，蒸发后的材料产生蒸发压力，出现凹陷。采用较低的激光能量密度产生传导熔化模式。然而，较低的激光能量密度容易导致粉末部分熔化和球化，引发裂纹。因此，小孔熔化模式被认为是一种可以减小裂纹密度的较好熔化模式。在相同的扫描速度下，采用小孔熔化模式对 7050 铝合金进行扫描成型，得到了比传导熔化模式更细小的晶粒组织[图 10.73（a）和（c）]，且沿晶界扩展的裂纹较少[图 10.73（b）和（d）]。

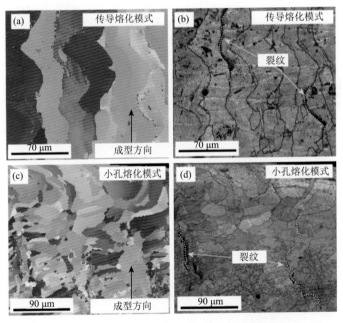

图 10.73　SLM 成型的 7050 铝合金 EBSD 图[136]

（a）、（c）晶粒和取向；（b）、（d）裂纹形成

为了防止孔隙的产生，可以组合优化的工艺参数，包括熔化模式、扫描速度、粉末层厚度和激光功率。由于铝合金对激光的吸收率较低，通过提高激光功率的方式来补偿低的激光吸收率，可以有效提升成型件的致密度。同时，高的能量密度有利于提高液态金属的温度，增强其流动性，从而增加凝固层的润湿性，以缓解球化。然而，这对于没有配备高功率激光器的系统并不方便。而调整激光扫描策略，可以在不提高激光功率的情况下最大限度地减小孔隙率。使用"预烧"扫描策略，即采用低功率对每一层进行预熔化扫描，起到干燥作用，减少粉末中水分含量，可使孔隙率减少 90%[137]。在成型前对粉末进行干燥处理，可以减少 50% 的孔隙率。

在增材制造完成后，通过对成型件进行热等静压（HIP）处理，也可以降低孔隙率。虽然采用 HIP 在一定程度上可以愈合冶金孔，但一旦成型件受到高温或负载，尺寸较大的未熔合孔有可能导致成型件失效。此外，由于高温和高压，HIP 还会导致表面氧化。而采用热处理工艺则不能减少成型件中孔隙的数量。

氧化膜容易引起熔池表面钝化，加剧孔隙等冶金缺陷的形成。因此，在铝合金增材制造过程中，有必要抑制氧化膜的形成。防止氧化膜形成的方法主要包括在真空环境或高纯保护气氛下进行增材制造成型，以及在干燥的环境中储存铝合金粉末。即便如此，目前还不能实现完全无氧膜皮的铝合金增材制造。因此，需要开发新技术来减少或完全抑制氧化膜的形成。

对于具有低蒸气压和低熔点的合金元素，减少其蒸发的方法包括选择适当的激光扫描速度和激光功率。通过改变激光能量密度，调整熔池的温度，以降低元素烧损。

2. 优化合金成分

优化易裂铝合金的成分是另外一种减少或消除冶金缺陷的方法。例如，在 7075 铝合金中添加微量 Si 和 Zr，可以缩小结晶温度范围。窄结晶温度范围可以抑制大量一次粗树枝晶的形成，降低热裂敏感性，进而减少凝固裂纹。类似的抑制裂纹的方法也适用于 2××× 高强铝合金。

晶粒细化对抑制裂纹的形成和扩展也起着关键作用。在铝合金粉末中混入 Sc，在熔凝过程中形成的 Al_3Sc 纳米颗粒可作为异质形核剂，起到细化晶粒作用，进而抑制裂纹。在 2××× 高强铝合金中添加适量的 Zr，在熔凝过程中形成的 Al_3Zr 和 ZrO 颗粒均可作为异质形核剂，使柱状晶向等轴晶转变，如图 10.74 所示。细小的等轴晶可增加晶界数目，增强基体强度，避免晶间开裂。即使裂纹形成，由于裂纹的传播受到晶界的阻碍，它们也会很快终止扩展。

由于 Zr 是一种表面活性元素，添加 Zr 降低了固液界面能和表面张力。表面张力的降低将提高熔池的动态黏度，增强熔融金属的流动性。低黏度有助于熔融金属的扩散，从而减少不规则气孔。

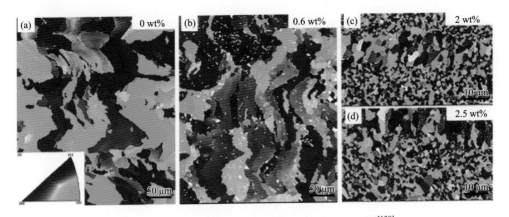

图 10.74　SLM 成型的 Al-Cu-Mg-Mn 合金 EBSD 图[138]

（a）0 wt%-83 mm/s；（b）0.6 wt%-83 mm/s；（c）2 wt%-167 mm/s；（d）2.5 wt%-167 mm/s

10.5.4　增材制造铝合金的显微组织

近共晶 Al-Si 合金具有优异的流动性、高导热性、低热膨胀系数和优良的铸造性。目前，用于增材制造的铝合金大多数为亚共晶 Al-Si（7 wt%～12 wt%）-Mg（＞1 wt%）合金，含 Si 较高的过共晶合金有少量报道。

在传统铸造中，冷却速度通常小于 10K/s 时，共晶 Si 在 Al 晶粒组织中呈针状或片状生长（典型的生长方向为⟨110⟩）。在激光增材制造过程中，铝合金粉末在激光束跨层穿透和内部热传导作用下，经历了快速熔化及凝固，冷却速度高达 $10^3 \sim 10^8$ K/s，并随着激光扫描速度的增加而增加，使显微组织极为细小、均匀，超细共晶 Si 在胞状组织周围和晶界处形成，如图 10.75 所示。

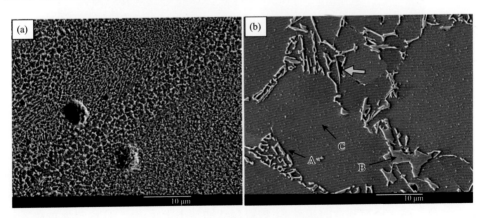

图 10.75　微观组织的 SEM 图[139]

（a）激光增材制造 AlSi10Mg；（b）传统法铸造 AlSi10Mg（A 表示 Al-Si 共晶，B 表示富压相，C 表示基体）

激光增材制造亚共晶 Al-Si 合金的主要组织是 α-Al 相和共晶 Si 相，晶粒为柱状晶，呈外延生长，且沿成型方向排列，如图 10.76（a）和（b）所示。柱状晶是导致力学性能各向异性的主要原因。在高的温度梯度下，定向传热导致柱状晶的形成。外延生长是由于之前凝固层在下一次沉积过程中发生部分熔化，柱状晶延伸多个连续的凝固层，同时高的温度梯度和潜热的释放阻止了凝固前沿新晶核的形成。当凝固前沿发生成分过冷时，将促进胞状结构的形成。在快速凝固时，高冷却速度导致大量 Si 被截留在 α-Al 中，液固前沿将 Si 排斥到液体中，增加前沿液体中 Si 含量，扩大成分过冷，促进了胞状结构的形成，如图 10.76（c）和（d）所示。在这种结构中，α-Al 首先凝固，Si 以共晶形式在胞状晶界面处形成。

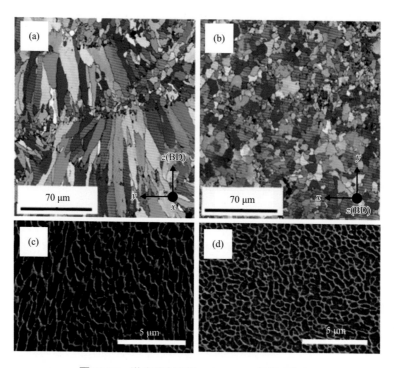

图 10.76　激光增材制造 AlSi10Mg 的微观组织

（a）和（b）EBSD 图[140]；（c）和（d）SEM 图[141]

过共晶 Al-Si 合金由初生 Si 颗粒和嵌在 α-Al 基体中的针状共晶 Si 相组成。在铸造过共晶 Al-Si 合金中，初生 Si 颗粒尺寸较大（25～50 μm），呈刻面状和块状，导致塑性低、可加工性低，极大地限制了其应用。对于 Si 含量达到 20 wt% 的铝合金，激光增材制造的初晶 Si 颗粒尺寸通常小于 1 μm，且均匀分布在 α-Al 基体中，如图 10.77 所示。细小的初晶 Si 颗粒具有较高的强度和耐磨性。

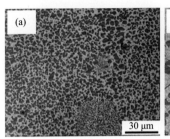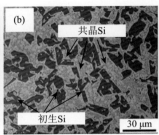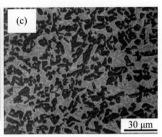

图 10.77　SLM 增材制造过共晶 Al-50Si 合金的微观组织金相图[142]

（a）熔池边缘；（b）靠近中间；（c）熔池中心

在 Al-50Si 合金中，熔池中心部位凝固相对缓慢，Si 含量较低，而熔池边缘由于高冷却速度而产生细小初生 Si 颗粒。这是由于熔池边缘的温度较低，在 Marangoni 对流的作用下，从液相中析出的初生 Si 相将在熔池边缘处凝固。这种显微偏析行为与能量输入有关，并对熔池的温度和尺寸产生显著影响。此外，扫描速度等工艺参数显著影响过共晶组织，高的冷却速度导致合金在凝固时极易偏离平衡态，形成类似亚共晶或共晶合金的组织。

亚共晶和过共晶 Al-Si 合金在激光增材制造过程中形成的显微组织明显不同。在亚共晶合金中，初生 α-Al 优先形核，在高的温度梯度和定向传热的作用下，初生 α-Al 形成柱状晶，并呈外延生长，少量细小共晶相弥散分布在枝晶间。在过共晶合金中存在大量的共晶相，Si 颗粒作为初生相在共晶液相中形核，从而阻止柱状晶的形成，但高的温度梯度和伴随的 Marangoni 对流可能导致悬浮的 Si 颗粒分布不均，产生偏析。由于温度梯度和冷却速度影响凝固条件和熔体流动，因此调节激光加工参数，可以调控亚共晶和过共晶 Al-Si 合金的显微组织。

对于增材制造变形铝合金（如 2×××、6××× 和 7××× 系列），其组织通常形成柱状 α-Al 晶粒，具有 ⟨100⟩ 织构和极细小的过饱和胞状枝晶结构。由于变形合金热裂敏感性高（图 10.78），利用激光快速凝固技术制备这类合金容易出现热裂纹、气孔、未熔合孔等缺陷。尽管通过优化激光工艺参数可以减少这些缺陷，但不能完全消除。通过增加能量输入，增强熔体的流动性，可以减少孔隙的形成。然而，高的能量输入增加了热裂纹的发生。例如，激光增材制造的 2024 铝合金中，Cu 在柱状晶界处偏析形成液膜，导致热裂纹的产生，如图 10.79 所示。若能量输入过低，则会导致粉末熔化不完全，且熔体流动性降低，孔洞和间隙难以完全被填充，易形成不规则未熔合孔。

10.5.5　组织与性能调控

利用激光增材制造铝合金时，柱状晶的生成容易导致开裂和力学性能各向异

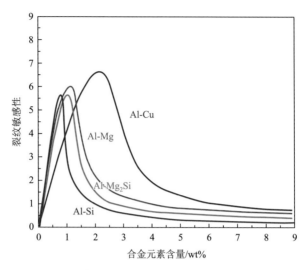

图 10.78 不同铝合金的成分对相对裂纹敏感性的影响[143]

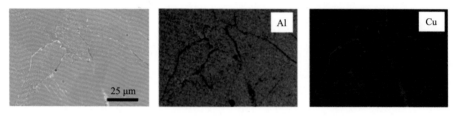

图 10.79 激光增材制造 2024 铝合金显微组织中 Cu 在晶界偏析及其引起的开裂行为[144]

性。热梯度和极端的冷却速度促进了大多数 SLM 铝合金中柱状晶粒的外延生长。这种织构导致机械性能各向异性（屈服强度和伸长率），并提高裂纹敏感性。SLM 铝部件中织构起源于熔池内的定向凝固。在凝固过程中诱导形成细小等轴晶，这是抑制裂纹和改善各向异性力学性能的有效途径。通过以下途径可以诱导细小等轴晶的形成：①调节凝固条件（如冷却速度）；②添加变质剂和溶质元素（如 TiB₂、NiB、溶质 Ti 等）；③施加物理场（如超声波、电磁搅拌等）。

1. 调节凝固条件

通过调节温度梯度和凝固速度可对晶粒的形态和尺寸进行调控，图 10.80 表示温度梯度 G 和生长速度或凝固速度 R 对凝固组织的影响。G/R 比值决定凝固组织的形貌，而 GR 值决定凝固组织的尺寸。随着 G/R 比值的减小，凝固组织可为平面、胞状、柱状枝晶或等轴枝晶。这四种凝固组织的尺寸均随冷却速度的增大而减小。调控这些参数，凝固组织可由柱状转变为等轴状，从定向转变为自由取向。根据已知温度梯度 G 和凝固速度 R 的凝固图，可以获得细小等轴晶，从而抑制裂纹和改善各向异性力学性能。

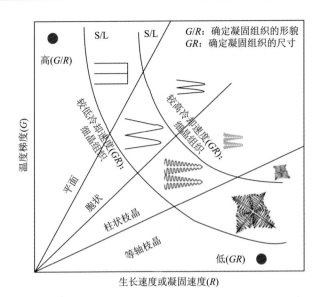

图 10.80　温度梯度和生长速度或凝固速度对晶粒尺寸和形貌的影响[145, 146]

S 和 L 分别代表固体和液体

2. 添加变质剂和溶质元素

在增材制造铝合金中加入变质剂和溶质，以实现等轴显微组织，可以最大限度地减少热裂纹。Winegard 和 Chalmers[147]发展的柱状等轴转变（CET）理论考虑了变质剂、溶质及凝固参数的影响。溶质元素的有效生长限制因子可以表示为

$$Q = mC_0(k - 1) \tag{10.3}$$

式中，m 为液相线斜率；C_0 为合金的溶质浓度；k 为分配系数。晶粒的大小和形态受合金中溶质的影响。较大的 Q 值可以促进更多的形核，且成分过冷（ΔT_{CS}）与 Q 值成正比：

$$\Delta T_{CS} = Q \cdot \Omega \tag{10.4}$$

式中，Ω 为无量纲过饱和参数。通常，激光增材制造过程中高的温度梯度会降低甚至消除成分过冷（ΔT_{CS}），从而阻碍形核，降低形核率，使组织更倾向于形成柱状晶。然而，当高 Q 值的溶质在固/液前沿富集时，形成的成分过冷可以克服高温度梯度的副作用。具有低临界过冷度的形核粒子将在柱状晶固/液前沿过冷区内产生，促进等轴晶形核。图 10.81 表示 α-Al 晶粒尺寸与生长限制因子 Q 的关系。通过添加粒子，在先前凝固层中形成金属间化合物（在随后的凝固中充当形核核点）来引入形核剂，或通过添加具有高 Q 值的溶质产生成分过冷，在固/液界面前沿形核，可以促进 CET。随着成分过冷度的增大，凝固组织由平面向胞状、柱状或等轴状转变。

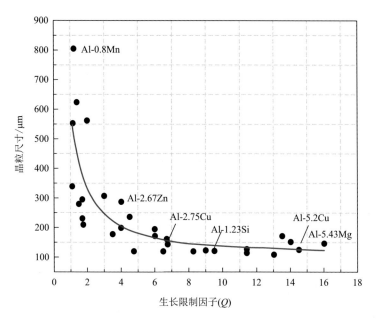

图 **10.81** 随着合金元素的变化，初生 α-Al 晶粒尺寸与生长限制因子的关系[148]

1）添加 TiB$_2$ 和 Ti

在铝合金凝固过程中通常添加晶粒细化剂，如 Al-Ti-B 中间合金，其中 Ti 与 TiB$_2$ 的化学计量比高于 2.2∶1（质量比）。该晶粒细化剂不仅提供 TiB$_2$ 变质剂，还提供 Ti 溶质。变质剂颗粒与液态 Al 反应时，在 TiB$_2$ 表面形成更稳定的 Al$_3$Ti 层，可作为初生 α-Al 晶粒的形核位置。Al-Ti-B 细化剂可将铸件中的晶粒尺寸从毫米级细化到微米级，在增材制造铝合金中也具有同样的效果。通过添加 5.6 wt%的 TiB$_2$ 纳米颗粒，采用 SLM 成型的 AlSi10Mg 合金可获得细小等轴晶粒，如图 10.82（a）和（b）所示。

2）添加 Zr

添加 Zr 发生包晶反应形成 Al$_3$Zr 粒子，为初生 α-Al 提供异质形核位置。与 Ti 相比，Zr 的 Q 值较低，但 Al$_3$Zr 被认为是有效的晶粒细化剂。在热处理过程中，残留在 α-Al 固溶体中的 Zr 还会形成 Al$_3$Zr 析出相，这有利于提高铝合金的力学性能，尤其是在高温条件下。在 2024 铝合金中添加 2 wt%的 Zr，可将柱状晶转变为等轴晶，并消除热裂纹［图 10.82（e）和（f）］。该组织的抗拉强度达到约 450 MPa，伸长率为 2.7%。这种塑性的降低可能是由于组织中产生过多的 Al$_3$Zr 金属间化合物。在 7075 和 6061 铝合金粉末上包覆 ZrH$_2$ 纳米颗粒，其与 Al 反应同样可以生成 Al$_3$Zr 颗粒，将柱状晶转变为等轴晶，并消除热裂纹，如图 10.82（m）和（n）所示。

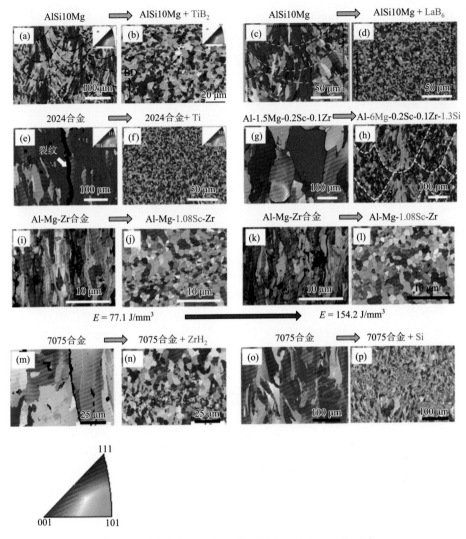

图 **10.82**　添加变质剂和溶质对铝合金晶粒细化的影响

（a）和（b）添加 TiB$_2$ 的 AlSi10Mg[149]；（c）和（d）添加 LaB$_6$ 的 AlSi10Mg[150]；（e）和（f）添加 Zr 的 2024
铝合金[151]；（g）和（h）添加 Si 和较高 Mg 含量的 Al-1.5Mg-0.2Sc-0.1Zr[152]；（i）～（l）添加 Sc 的 Al-Mg-Zr[153]；
（m）和（n）添加 ZrH$_2$ 的 7075 铝合金[154]；（o）和（p）添加 Si 的 7075 铝合金[155]

3）添加 Sc

　　添加 Sc 也可以细化晶粒，特别是针对 Al-Mg 系合金。随着 Zr 的添加，Sc 在
熔池边界处产生细小的等轴晶，柱状晶向熔池中心生长，如图 10.82（i）和（j）
所示。这种组织不均匀性由熔池内的熔体对流及熔池边界与中心温度差导致。当
温度保持在 800℃时，纳米 Al$_3$Sc 析出相保持稳定，使熔池边界处产生等轴晶。由

于 Al₃Sc 和 Al₃Zr 相先于初生 α-Al 形成，当熔池中心温度超过 800℃时，Al₃Sc 析出相发生溶解，导致晶粒呈柱状生长。含 Sc 的铝合金通常表现出较低的 Q 值，产生的成分过冷不足以抑制柱状晶生长，特别是当温度梯度相对较高时。然而，通过 Al₃Sc 细化晶粒有利于抑制热裂纹。

由于高冷却速度，Sc 在增材制造铝合金中具有较高的溶解度。通过适当的热处理可以析出纳米共格 Al₃Sc 相，例如，提高成型基板的预热温度，可以提高等轴晶的体积分数。当成型基板的预热温度达到 200℃时，Al-Mg 系合金将形成均匀的等轴晶组织，如图 10.82（k）和（l）所示。

尽管增材制造过程复杂，但其凝固组织主要由几个关键参数决定，即温度梯度 G、凝固速度 R 和过冷度 ΔT。将工艺参数与这些关键的凝固参数联系起来，可以有效地对凝固组织进行调控。

3. 施加物理场

在铸造过程中，由于难以处理大量熔体而不污染合金，限制了外场的广泛应用。然而，增材制造过程中熔池相对较小（宽度 0.1～1.0 mm），曝光时间短，适用于采用高强度超声波、能量源振荡和能量源脉冲等技术来细化组织，消除热裂纹。例如，在激光增材制造 AlSi12 合金时施加超声波，可将致密度从 95.4% 增加到 99.1%，晶粒尺寸从 277.5 μm 减小到 87.5 μm，使拉伸性能得到明显改善[156]。Todaro 等[157]采用振动（20 kHz，30 μm 振幅）成型基板，证明可将柱状晶转变为细小等轴晶。另一种可能的途径是热源的振荡，它可以产生约 20 Hz 的频率和 1～2 mm 的振幅。该工艺可以减小晶粒尺寸，提高熔池均匀性，抑制热裂纹。

10.5.6 小结

随着铝合金增材制造技术的进步与发展，越来越多的增材制造铝合金部件将在工业领域得到成功应用。而增材制造过程中常见的缺陷，如裂纹、缩孔、球化、合金元素氧化和蒸发等仍是限制增材制造铝合金应用的重要因素。因此，如何便捷有效地控制增材制造铝合金部件缺陷，提高材料的综合性能，仍是未来发展的重要方向之一。

除了现有合金相关研究外，研发具备耐高温、防腐蚀、高韧性等特性的极限服役环境材料，是航空航天、轨道交通、汽车等领域进行增材制造必不可少的原料，也是增材制造大规模应用的瓶颈所在。因此，研发增材制造专用高性能铝合金材料也是重要的研究方向。目前，已有机器学习算法被用于设计新的金属增材制造镍基合金的成功案例。未来，相信人工智能技术也将在增材制造高性能铝合金开发方面扮演越来越重要的角色。

10.6　　航空板材成型技术

10.6.1　航空铝合金的发展现状

由于良好的比强度和相对低廉的价格，铝合金早在 1927 年就已应用于飞机的制造中，随后作为飞行器的蒙皮、梁、桁条等基本骨架材料广泛应用于航空领域。从不同型号波音飞机使用的材料比例中可见，铝合金是飞机组装的主要材料（图 10.83）。随着航空业的发展，对于航空用铝合金的性能要求也越来越高。工程师和科研工作者投入了大量的时间和精力开发新的铝合金和制备工艺来不断提高铝合金的综合性能，以满足航空业发展对材料的需求。在飞机飞行时不同部位的工况各不相同，所以对使用的合金性能要求也不同。图 10.84（a）展示了客运飞机不同部位零件对合金性能的要求，图 10.84（b）展示了不同位置使用的铝合金牌号及其热处理状态。

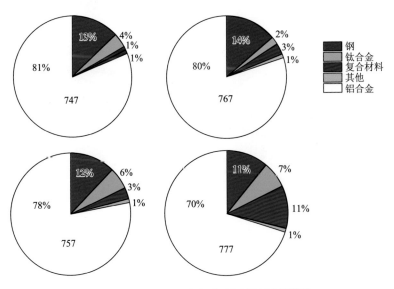

图 10.83　波音商用客机中所用材料占比[158]

从图 10.84 中可见，航空业中常用的铝合金需要具有高强度、高韧性、抗疲劳且耐腐蚀等良好的综合性能。因此，应用在飞机制造中的铝合金多为 2×××和 7×××的超高强铝合金。航空用铝合金的发展经历了多代更新，新的合金和加工工艺也不断被开发出来，其发展历程如图 10.85 所示。最早应用的航空铝合金

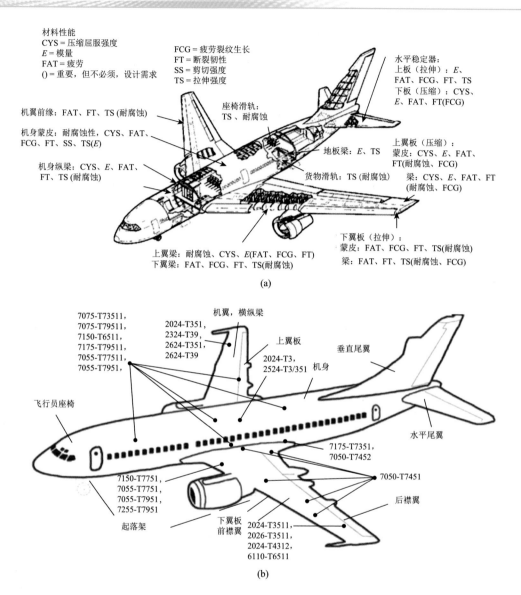

图 10.84 客运飞机零件对铝合金的性能需求（a）[159]及使用的铝合金牌号和热处理状态（b）[160]

是 2×××铝合金，从硬铝合金（duralumin）到 2017 铝合金再到 2024 铝合金，提高了强度、韧性和抗疲劳性能，但并未解决 2024 铝合金耐腐蚀性和可焊性差的问题。在 2024 铝合金的基础上，通过降低杂质含量开发出了 2224 和 2324 铝合金并应用于波音 777 的机翼下翼板。进一步降低杂质含量开发出了 2524 铝合金，获得了更高的韧性并应用于客舱的制备中。目前开发出的 2040-T6 铝合金通过滚轮实验替代了原本用于机轮的 2014 和 7050 铝合金。

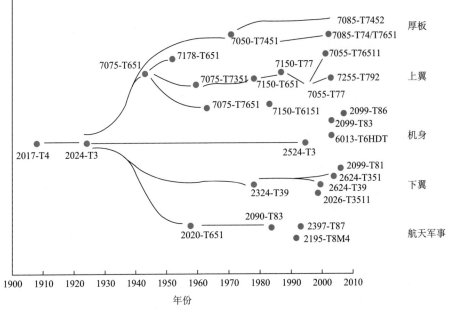

图 10.85 航空用铝合金的发展历程[160]

具有更高强度的 7×××铝合金也经历了长达近一个世纪的探索和研究，其发展过程主要经历了五个阶段。第一阶段以高强度铝合金 7075 的 T6 态为代表，该合金提高了强度，但耐腐蚀性和韧性差。为了追求高强度，以 7075 铝合金为基础，继续提高 Mg、Zn 和 Cu 的含量，开发出了 7178-T651 铝合金，并应用在 Boeing707、Boeing737 等飞机上。第二阶段的成果是基于 7001 铝合金，降低其中的 Cu 和 Cr 含量，增加 Zn/Mg 比开发出了韧性和抗应力腐蚀更强的 7049 铝合金。随后通过提纯合金原料，降低 Fe、Si 含量进而相继开发出 7149-T73 和 7249 铝合金。第三阶段在 7075 的基础上增加 Zn 和 Cu 的含量，增加 Cu/Mg 比提高了合金强度，添加 Zr 替代 Cr 改善合金的淬火敏感性并细化晶粒尺寸开发出了综合性能良好的 7050 铝合金。通过优化 7050 铝合金成分，增加 Zn 含量，降低 Fe 和 Si 含量，开发出韧性更好、耐剥落腐蚀能力更强的 7150 铝合金。与此同时开发出 T77 热处理制度并应用于 7150 铝合金，获得了 T6 态的强度和 T73 态的耐腐蚀性。第四阶段以 7150 铝合金为基础，降低杂质元素含量，提高 Zn/Mg 比开发出 7055 铝合金。第五阶段通过进一步提高 Zn/Mg 比，降低 Mn 和 Cr 含量开发出淬火敏感性低、铸造性能好、强化效果好、综合性能均高于 7050 铝合金的 7085 铝合金。20 世纪 90 年代开发的新型 Al-Li 合金可获得更低的密度、更高的弹性模量和更高的疲劳强度，因此逐渐应用于飞机制造领域。航空用铝合金的发展方向是通过提高合金综合性能实现轻量化，并提高合金服役性能和加工性能来降低成本。

航空用铝合金主要产品形式有薄板、厚板、型材和锻件，具体使用的合金牌号和加工状态如表 10.6 所示。波音公司使用的变形铝合金产品中以板材的占比最大，比例为 48%，型材占 24%，锻件占 15%。

表 10.6　航空用铝合金产品体系

航空铝合金产品体系	牌号	状态
薄板	2024、2D12、2B06、2A12、2524、7075、7N01、7475、7B04、7050	O、T3、T4、T6、T8
预拉伸板/厚板	2024、2D12、2124、2B06、2B25、2D70、2A12、7075、7475、7B04、7050、7150、7055、7085	T351、T651、T851、T87、T7651、T7451、T7351、T7751
挤压型材	2024、2B06、2D70、2A12、2B25、7075、7B04、7050、7150	O、T3511、T6511、T77511、T8511
锻件	2D70、2014、7075、7A12、7050、7085	O、T6、T7452

10.6.2　航空板材的轧制

为了提高零件的综合性能，往往采用构件大型化和整体化的集成结构设计来避免焊接或铆接带来的缺陷和增重。因此，需要使用超大宽厚比、超大截面积的铝合金厚板材来加工飞机的零件。所以对铝合金板材的加工提出了更多的要求。目前板材加工面临的挑战是生产尺寸长（＞20 m）、厚度大（＞280 mm）的大尺寸平整性要求高的铝厚板。在机翼上下翼板加工过程中，板材的 95% 会被去除掉来获得设计的整体强化结构。这样极易将原本位于材料内部的微小缺陷暴露于最终成型加工件的表面，导致零件服役过程中的突然失效，引起不可预料的后果。因此，开发新型加工技术减弱厚板存在的组织不均匀性、消除心部铸造缺陷成为提高大型整体航空结构件品质的关键所在。

铝厚板采用热轧的加工方式来获得设计的尺寸和机械性能。由于较低的轧制温度和变形抗力，铝合金的轧制相比于钢材会更容易一些。在加工大尺寸厚板时，由于轧辊扭矩大难以保证板材的平整度。为此开发出基于调控热凸度和横向偏移的多种工艺来控制轧辊间隙，如连续可变凸度轧辊（CVC）、万能板形控制轧机（UPC）和横向稳定轧机（HVC）等。为了进一步提高板材的尺寸控制精度，还开发出轧辊的选择性喷淋系统。结合上述工艺可有效提高板材加工的尺寸精度和平整性。

板材的微观组织和织构决定了产品的最终性能。决定变形组织的工艺参数有变形温度、变形量和变形速度。虽然热轧是热加工工艺的一种，但由于轧辊温度低，在实际轧制过程中温度常在温加工的范围内。为避免在热轧过程中板材形成加工硬化，轧制应该控制在尽可能高的温度下进行，来避免低熔点强化相析出造成热裂纹，并获得最低变形抗力和最高的压下量。但过高的温度会导致再结晶的发生并增加板材的表面缺陷。虽然轧制时板材表面温度会有一定程度的降低，但变形热可以补偿一部分，高速连轧情况下板材温度降低得更少，所以对于 7×××铝合金通常 400~450℃的初始温度便可完成厚板的多道次轧制过程。在热轧过程中板材的组织经历剧烈变化，在单道次的轧制过程中微观组织实现了加工硬化和动态软化之间的平衡。轧辊所输入的能量一部分以热量形式散发掉，一部分以形变储能的方式留在板材内。在不同道次间的停放过程或退火过程中，这部分形变储能驱动着板材内的微观组织发生静态回复或静态再结晶及晶粒长大，从而有效降低板材后续轧制过程中的变形抗力，实现 50%以上的压下量，多道次轧制板材的微观组织主要受静态软化过程控制。所以轧制时需要调控每一道次的压下量，并配合后续停放时间和退火工艺将最终变形组织中的再结晶比例调控在 30%以下，并与纤维状变形组织交替分布。但传统轧制过程中变形只发生在板材的表面，需要 70%以上的总变形量才能保证在厚板的心部获得完善的变形组织，所以为了生产 200 mm 以上厚板，原始扁锭的厚度需要达到 700 mm 以上。这就增大了铸锭的制备难度，相应的轧制装备的投资也随之增高。虽然如等通道转角挤压及累积叠轧等大塑性变形方法可实现组织厚向均匀大变形，从而促进晶粒细化和性能极大提升，但受设备条件限制，它们只能生产一些特殊形状或小尺寸的材料，几乎不可能用于厚板的规模化生产。

相比于传统同步对称轧制，20 世纪 40 年代开发的异步轧制可实现大塑性变形，已被用于加工各种机械性能优良的金属板材。该工艺通过调节上下辊径大小或旋转线速度，或调整轧辊水平方向上的相对距离来实现轧件变形的几何不对称[161-163]，如图 10.86 所示。

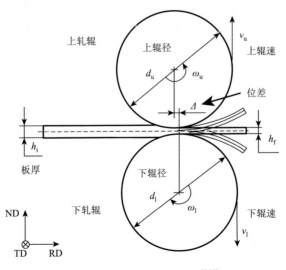

图 10.86　异步轧制示意图[164]

图 10.87 展示了该工艺几十年来的发展历程。20 世纪 60 年代完成了异步轧制的实验室和工业化实验。70~90 年代完善了理论模型的建立，并用于改善热轧和冷轧板材的尺寸精度等技术方面问题。与传统轧制工艺相比，异步轧制可以降低板材的变形抗力[图 10.88（a）]，提高板材的平整度，改善板材的翘曲[图 10.88（b）]。

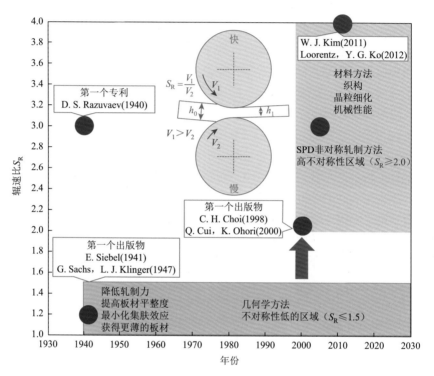

图 **10.87** 异步轧制的发展历程[165]

图中参考文献来自本章文献[165]中参考文献列表

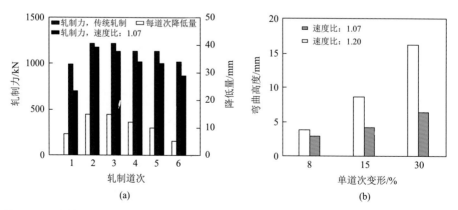

图 **10.88** 传统轧制工艺和异步轧制对铝板变形抗力（a）和板材弯曲程度（b）的影响[166]

从 20 世纪 40 年代到 90 年代关于异步轧制的研究主要关注于调整板材的几何尺寸。进入 21 世纪后，异步轧制的研究开始关注调控变形材料的内部微观组织及变形织构。该工艺引入剪切变形不仅可以细化变形组织，还可调整板材织构[167]。通过提高轧辊间的速度差别，异步轧制工艺还可获得等效于 ECAP 过程中积累的有效应变，通过引入的高剪切应变将变形晶粒细化到 1.4 μm，进而改善机械性能[168]。据 Haszler 报道，经异步轧制后的航空用 7050 铝厚板的抗疲劳性能和断裂韧性得到了明显改善[169]。

从图 10.89（b）和（c）中可见，经过传统的多道次单向和双向轧制后，变形集中发生在板材的上下半层区间，而板材的心部变形量不大。所以对于 200～250 mm 的厚板加工，传统工艺在小压下量的情况下，难以在板材的厚度方向实现均匀变形。经单向异步轧制后，板材从表面到心部发生的剪切变形［图 10.89（d）］可在较小变形量的情况下使板材心部获得更均匀的变形。

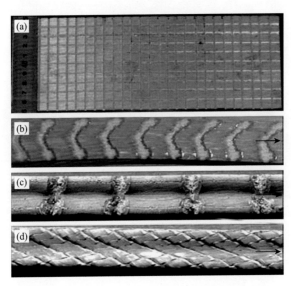

图 10.89　Al-4.35Mg-0.31Mn 合金 100 mm 厚铸锭[166]

（a）经 480℃轧制 65%变形后的板材侧面网格形貌；（b）多道次单向轧制；（c）可逆轧制；（d）异步轧制

图 10.90 为同步轧制和异步轧制厚板材从表面到底部的变形组织。经传统的热轧工艺变形后，变形集中发生在板材的顶部和底部表面，所以变形组织显示出细小的晶粒结构。而中心处基本未变形，所以显示出粗大的微观结构。对于上下轧辊速度比为 1.07 的异步轧制工艺，变形后板材的微观组织变得更细小均匀。进一步将速度比增加至 1.20，板材的微观组织仍然比传统对称轧制的板材更均匀、更细。所以异步轧制更适合航空用铝合金厚板的加工。

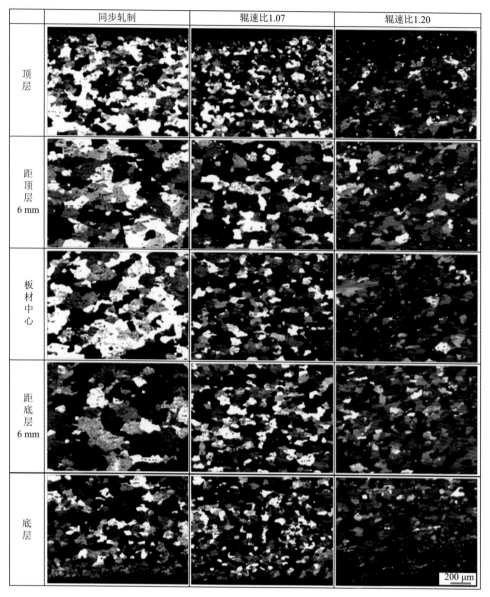

图 10.90 同步轧制和异步轧制的板材变形组织[166]

10.6.3 航空板材的残余应力

　　航空铝板材经轧制后需要经过固溶淬火并结合后续的时效热处理来获得最好的综合性能。航空铝板材的残余应力控制是决定后续结构件机加工成型的核心问题。在中厚板航空铝合金淬火过程中，不同位置的冷却速度存在较大差异，造成板材的表面和心部受到相反的应力作用。在后续的机加工过程中，当去除表面应力层的束缚后，板材会在残余应力的作用下翘曲变形，增加变形的难度并降低成品率。因此，在淬火过程中还需要增加残余应力消减工序，以达到成品厚板要求。造成上述现象的原因是添加的合金元素降低了铝合金的热导率，在淬火过程中难以充分释放内部热量，导致不同区域冷速不同，也就形成了不同方向的残余应力。为改善 7×××铝合金淬火敏感性，采用的方法是降低对热导率影响剧烈的元素含量。例如，7085 铝合金通过降低其中 Mn 和 Cr 的含量来降低其淬火敏感性。常用的淬火残余应力消减技术有两类：热消除法和机械消除法。热消除法包括退火、人工时效、深冷处理和上坡淬火。机械消除法包括拉伸法、压缩法、模压法和振动时效法。以上方法各有利弊，适用条件不同，需根据实际情况与产品要求进行选择。

1）热消除法

航空铝合金均是可热处理铝合金，在室温时不会发生明显的蠕变行为释放残余应力，因此需进行高温热处理释放淬火残余应力。热处理温度的选择主要有两种：退火温度区间和时效温度区间。进行退火热处理能够高效地释放淬火残余应力，但同时粗大且无强化作用的平衡第二相大量析出，导致机械性能不合格，因此退火热处理消除残余应力并不适用于航空铝合金。

时效热处理包括室温自然时效和高温人工时效。时效过程中共格和半共格析出相会在附近区域产生微应变，但这种微应变不会对宏观残余应力产生释放作用，因此室温自然时效过程中并无应力释放发生。高温人工时效温度由合金类型和时效程度确定，时效程度则由所需要的机械性能确定。7×××航空铝合金的人工时效温度区间为 110～190℃，此温度足以驱动位错运动，释放宏观残余应力，且淬火残余应力的消除效果与人工时效温度和时效时间有关。温度越高、时间越长，淬火残余应力消减效果越好。时效温度从 100℃增加至 180℃时应力消减率增加20%，时效时间从 5 h 增至 25 h 时应力消减率增加 20%。

2）机械消除法

预变形消除淬火残余应力是机械消除法中最常用的方法。预变形方法包括预拉伸变形和预压缩变形两种。其原理是将淬火后的板材沿一定方向施加定量的塑性变形，在外应力作用下压应力得到释放，拉应力超过屈服实现释放板材残余应力的效果。拉伸塑性变形量一般控制在 1.5%～3.0%之间，淬火残余应力消减率可达到 90%以上。压缩塑性变形量一般控制在 2.5%～3.0%之间，淬火残余应力消减率可达 90%以上。其中预拉伸法主要应用于航空铝合金板材的生产。通过控制淬火过程，并配合预拉伸变形，使生产的铝合金厚板获得比较理想的残余应力。

预拉伸法除起到消除淬火残余应力的作用外，还对铝合金的力学性能和耐腐蚀性能存在明显影响。研究表明，对于 2×××航空铝合金而言，预拉伸过程中引入的位错有利于强化 θ′相的析出，有利于提高板材的力学性能。预拉伸引入的位错使得空位浓度减小，降低析出相间的距离，这有利于提高板材的耐腐蚀性能。此外，随着预变形量的增加，板材的耐腐蚀性呈先降低后升高的趋势，这主要是无沉淀析出带先由窄变宽，再到消失所导致的。因此，适当的预拉伸工艺在消减淬火残余应力的同时，可显著提高航空铝合金板材的力学性能和耐腐蚀性。

对于工业化大规格航空铝合金厚板而言，无论从工艺选择还是生产实际考虑，预拉伸消减淬火残余应力均是最为理想的方法。预拉伸方法已被广泛应用于工业化厚板的淬火残余应力消减。为了配合目前国内超宽超厚铝合金预拉伸板的研制，中铝集团西南铝业（集团）有限责任公司和东北轻合金有限责任公司分别建成了12000 t 和 8000 t 的预拉伸机组，可以研制截面积超过 30 万 cm^2、各项性能合格的超宽超厚铝合金预拉伸板。目前国外采用的解决方案是：制造商提供板材，通过航空企业加工并反馈结果，在数十年的发展过程中对不同牌号和规格的合金产品不断优化工艺参数，将残余应力控制在极低状态。

10.6.4 小结

在综合考虑静强度、应力腐蚀、韧性及主体结构破损后的剩余强度等一系列要求的情况下，当前已形成高强高疲劳的 Al-Zn-Mg 系为主，高强高疲劳高耐腐蚀的 Al-Cu 系合金为辅的航空铝合金体系。异步轧制技术的开发实现了厚板航空铝合金的高效优质制备，引入剪切变形，有效克服了传统同步轧制技术轧制能力不足、心部变形小及各向同性差的问题，且采用高异速比和高异径比可显著细化轧材晶粒尺寸，可在室温下获得纳米晶。从淬火残余应力消减工艺选择和实际生产成本考虑，预拉伸法已成为工业化厚板淬火残余应力消减的产业化方法，与此同时，预拉伸法引入的位错可有效提高板材的静动态力学性能和耐腐蚀性。

参 考 文 献

[1] Ajay Kumar P，Rohatgi P，Weiss D. 50 years of foundry-produced metal matrix composites and future opportunities. International Journal of Metalcasting，2020，14：291-317.

[2] Bains P S，Sidhu S S，Payal H S. Fabrication and machining of metal matrix composites：a review. Materials and Manufacturing Processes，2016，31：553-573.

[3] Khakbiz M，Akhalaghi F. Synthesis and structural characterization of Al-B$_4$C nano-composite powders by mechanical alloying. Journal of Alloys and Compounds，2009，479：334-341.

[4] Chawla K K，Chawla N. Metal Matrix Composites. New York：Springer，1998.

[5] Zhang D L. Processing of advanced materials using high-energy mechanical milling. Progress in Materials Science，2004，49：537-560.

[6] Oh M C，Ahn B. Effect of Mg composition on sintering behaviors and mechanical properties of Al-Cu-Mg alloy. Transactions of Nonferrous Metals Society of China，2014，24：s53-s58.

[7] Kwon O J, Yoon D N. Liquid phase sintering of W-Ni. Sintering Processes, Fifth International Conference, 1979: 203-218.

[8] Qiu T, Wu M, Du Z, et al. Microstructure evolution and densification behaviour of powder metallurgy Al-Cu-Mg-Si alloy. Powder Metallurgy, 2020, 63: 54-63.

[9] Schaffer G B, Yao J Y, Bonner S J, et al. The effect of tin and nitrogen on liquid phase sintering of Al-Cu-Mg-Si alloys. Acta Materialia, 2008, 56: 2615-2624.

[10] Schaffer G B, Hall B J. The influence of the atmosphere on the sintering of aluminum. Metallurgical and Materials Transactions A, 2002, 33: 3279-3284.

[11] Schaffer G B, Hall B J, Bonner S J, et al. The effect of the atmosphere and the role of pore filling on the sintering of aluminium. Acta Materialia, 2006, 54 (1): 131-138.

[12] Qin J, Zhang Z, Chen X G. Mechanical properties and thermal stability of hot-rolled Al-15%B$_4$C composite sheets containing Sc and Zr at elevated temperature. Journal of Composite Materials, 2017, 51 (18): 2643-2653.

[13] Rohatgi P K, Kim J K, Gupta N, et al. Compressive characteristics of A356/fly ash cenosphere composites synthesized by pressure infiltration technique. Composites Part A: Applied Science and Manufacturing, 2006, 37: 430-437.

[14] Nabawy A M, Chen X G. Fabrication of Al-TiB$_2$ nanocomposites by flux-assisted melt stirring. Metallurgical and Materials Transactions B, 2015, 46 (4): 1596-1602.

[15] Rajan T P D, Pillai R M, Pai B C. Reinforcement coatings and interfaces in aluminium metal matrix composites. Journal of Materials Science, 1998, 33: 3491-3503.

[16] Pech-Canulm M I, Makhlouf M M. Processing of Al-SiC$_p$ metal matrix composites by pressureless infiltration of SiC$_p$ Preforms. Journal of Materials Synthesis & Processing, 2000, 8: 35-53.

[17] Lloyd D J, Lagace H, Mcleod A, et al. Microstructural aspects of aluminium-silicon carbide particulate composites produced by a casting method. Materials Science and Engineering A, 1989, 107: 73-80.

[18] Shen P, Wang Y, Ren L, et al. Influence of SiC surface polarity on the wettability and reactivity in an Al/SiC system. Applied Surface Science, 2015, 355: 930-938.

[19] Urena A, Escalera M D, Gil L. Oxidation barriers on SiC particles for use in aluminium matrix composites manufactured by casting route: mechanisms of interfacial protection. Journal of Materials Science, 2002, 37: 4633-4643.

[20] Valenza F, Gambaro S, Muolo M L, et al. Wetting of SiC by Al-Ti alloys and joining by *in-situ* formation of interfacial Ti$_3$Si(Al)C$_2$. Journal of the European Ceramic Society, 2018, 38 (11): 3727-3734.

[21] Gambaro S, Valenza F, Cacciamani G, et al. High-temperature-reactivity of Al-Ti alloys in contact with SiC. Journal of Alloys and Compounds, 2020, 817: 152715.

[22] Demir A, Altink N. Effect of gas pressure infiltration on microstructure and bending strength of porous Al$_2$O$_3$/SiC-reinforced aluminium matrix composites. Composites Science & Technology, 2004, 64: 2067-2074.

[23] Rajan T P. Liquid metal infiltration processing of metallic composites: a critical review. Metallurgical and Materials Transactions B, 2016, 47B: 2799-2819.

[24] Bear J. Dynamics of Fluids in Porous Media. New York: American Elsevier Pub. Co., 1972.

[25] Garcia-Cordovilla C, Louis E, Narciso J. Pressure infiltration of packed ceramic particulates by liquid metals. Acta Materialia, 1999, 47: 4461-4479.

[26] Rasmussen N W, Hansen P N, Hansen S F. High pressure die casting of fibre-reinforced aluminium by preform infiltration. Materials Science and Engineering, 1991, A135: 41-43.

[27] Wannasin J，Flemings M C. Fabrication of metal matrix composites by a high-pressure centrifugal infiltration process. Journal of Materials Processing Technology，2005，169（2）：143-149.

[28] 杨卯生，钟雪友. 金属喷射成形原理及其应用. 包头钢铁学院学报，2000，19（2）：175-180.

[29] Xiang K Y，Ding L P，Jia Z H，et al. Research progress of ultra-high strength spray-forming Al-Zn-Mg-Cu alloy. The Chinese Journal of Nonferrous Metals，2022，32（5）：1199-1223.

[30] 张永昌，白丽华. 金属雾化喷射沉积工艺的研究进展. 兵器材料科学与工程，1993，16（1）：39-46.

[31] Liu D，Zhao J，Ye H. Modeling of the solidification of gas-atomized alloy droplets during spray forming. Materials Science and Engineering A，2004，372：229-234.

[32] Wei Q，Xiong B Q，Zhang Y A，et al. Production of high strength Al-Zn-Mg-Cu alloys by spray forming process. Transactions of Nonferrous Metals Society of China，2001，11：258-261.

[33] Lavernia E J，Grant N J. Ultrasonic gas atomisation. Metal Powder Report，1986，41：255-256，259.

[34] 王洪斌，刘慧敏，黄进峰，等. 热处理对喷射成形超高强 Al-Zn-Mg-Cu 系铝合金的影响. 中国有色金属学报，2004，14（3）：398-404.

[35] Zhang J S，Cui H，Duan X J，et al. An analytical simulation of solidification behavior within deposited preform during spray forming process. Materials Science and Engineering，2000，276：257-265.

[36] 陈振华，陈鼎，康智涛，等. 坩埚移动式喷射共沉积制取铝基复合材料的技术. 湖南大学学报：自然科学版，2002，29（6）：22-30.

[37] Qu Y D，Cui C S，Chen S B，et al. PID control of deposit dimension during spray forming. Materials Science Forum，2005，475：2811-2814.

[38] Matur P，Apelian D，Lawley A. Analysis of the spray deposition process. Acta Metallurgica，1989，37：429-443.

[39] Xu Q，Gupta V V，Lavernia E J. Thermal behavior during droplet-based deposition. Acta Materialia，2000，48：835-849.

[40] Eric A. Spray deposition of metal：EP85300138.6. 1985-08-14.

[41] Brooks R G，Leatham A G，Moore C，et al. Osprey process：a novel method for the production of forgings. Metallurgia，1977，4（4）：157-163.

[42] Lavernia E J，Grant N J. Spray deposition of metals：a review. Materials Science and Engineering，1988，98：381-394.

[43] Zhang J G，Luo G M，Li X J，et al. Recent new development of spray formed ultrahigh-carbon steels. Materials Science Forum，2005，475-479：2779-2784.

[44] Grant P S，Cantop B，Katgerman L. Modeling of droplet dynamic and thermal hidtories during spray forming. 2. Effect of process parameters. Acta Metallurgica et Materialia，1993，41：3109-3118.

[45] Mi J W，Grant P S. Optimisation of spray forming Ni superalloys via process modelling and on-line monitoring. Materials Science Forum，2007（3）：546-549.

[46] 张豪，张捷，杨杰，等. 喷射成形工艺的发展现状及其对先进铝合金产业的影响. 铝加工，2005（4）：1-6.

[47] 张卫方，董庆波，袁晓光，等. 双级雾化快速凝固工艺及其破碎机理. 材料科学与工艺，1997，5（1）：12-15.

[48] 霍光，匡星，况春江，等. 喷射成形工艺的理论研究进展. 粉末冶金技术，2008，26（5）：382-389.

[49] Xu Q，Lavernia E J. Fundamentals of the spray forming process. Proceedings of International Conference on Spray Deposition and Melt Atomization，Bremen，Almanya，2000.

[50] Matsuo S，Ando T，Grant N J. Grain refinement and stabilization in spray-formed AISI 1020 steel. Materials Science and Engineering A，2000，288：34-41.

[51] 张济山，熊柏青，崔华. 喷射成形快速凝固技术：原理与应用. 北京：科学出版社，2008.

[52] Zambon A. Production and evaluation of spray formed MMCs. International Journal of Materials and Product Technology, 2004, 20: 403-419.

[53] Grant P S, Chang I T H, Cantor B. Spray forming of Al/SiC metal matrix composites. Journal of Microscopy, 1995, 177: 337-346.

[54] Leatham A G, Lawley A. The osprey process: principles and applications. International Journal of Powder Metallurgy, 1993, 29: 321-329.

[55] Annavarapu S, Apelian D, Lawley A. Processing effects in spray casting of steel strip. Metallurgical Transactions A, 1988, 19: 3077-3086.

[56] Annavarapu S, Doherty R D. Evolution of microstructure in spray casting. International Journal of Powder Metallurgy, 1993, 29: 331-343.

[57] Wu Y, Lavernia E J. Spray-atomized and codeposited 6061 Al/SiC$_p$ composites. JOM, 1991, 43: 16-23.

[58] Zhang J, Perez R J, Gupta M, et al. Damping behavior of particulate reinforced 2519 Al metal matrix composites. Scripta Metallurgica et Materialia, 1993, 28: 91-96.

[59] Alaneme K K, Fajemisin A V. Evaluation of the damping behaviour of Al-Mg-Si alloy based composites reinforced with steel, steel and graphite, and silicon carbide particulates. Engineering Science and Technology, an International Journal, 2018, 21 (4): 798-805.

[60] Knight R, Smith R W, Lawley A. Spray forming research at Drexel University. International Journal of Powder Metallurgy, 1995, 31 (3): 205.

[61] 崔成松, 李庆春, 沈军, 等. 喷射沉积快速凝固材料的研究及应用概况. 材料导报, 1996, 10: 21-26.

[62] Golumbfskie W J, Amateau M F, Eden T J, et al. Structure-property relationship of a spray formed Al-Y-Ni-Co alloy. Acta Materialia, 2003, 51 (17): 5199-5209.

[63] Mathur P, Annavarapu S, Apelian D, et al. Process control, modeling and applications of spray casting. JOM, 1989, 41 (10): 23-29.

[64] Singer A R E. Recent developments in the spray forming of metals. The International Journal of Powder Metallurgy & Powder Technology, 1985, 21 (3): 219-222, 224.

[65] Hou L G, Cui C, Zhang J S. Optimizing microstructures of hypereutectic Al-Si alloys with high Fe content via spray forming technique. Materials Science and Engineering A, 2010, 527: 6400-6412.

[66] Chen, X, Zhong Y B, Zheng T X, et al. Refinement of primary Si in the bulk solidified Al-20wt.%Si alloy assisting by high static magnetic field and phosphorus addition. Journal of Alloys and Compounds, 2017, 714: 39-46.

[67] Chen Y, Chung D D L. Silicon-aluminium network composites fabricated by liquid metal infiltration. Journal of Materials Science, 1994, 29 (23): 6069-6075.

[68] Zhang C, Liu M, Meng Z, et al. Microstructure evolution and precipitation characteristics of spray-formed and subsequently extruded 2195 Al-Li alloy plate during solution and aging process. Journal of Materials Processing Technology, 2020, 283: 116718.

[69] 张永昌. 金属喷射成形的进展. 粉末冶金工业, 2001 (6): 17-22.

[70] Kilicaslan M F, Lee W R, Lee T H, et al. Effect of Sc addition on the microstructure and mechanical properties of as-atomized and extruded Al-20Si alloys. Materials Letters, 2012, 71: 164-167.

[71] Bai P, Hou X, Zhang X, et al. Microstructure and mechanical properties of a large billet of spray formed Al-Zn-Mg-Cu alloy with high Zn content. Materials Science and Engineering A, 2009, 508: 23-27.

[72] Hariprasad S, Sastry S M L, Jerina K L, et al. Microstructures and mechanical properties of dispersion-strengthened high-temperature Al-8.5Fe-1.2V-1.7Si alloys produced by atomized melt deposition process.

Metallurgical Transactions A，1993，24：865-873.

[73]　Zhu B H，Zhang Y，Xiong B Q，et al. Research on preparation of Al-Fe-V-Si alloy enhanced by *in-situ* TiC particles. Materials Science Forum，2005，475：2857-2860.

[74]　Iadicola M A，Foecke T，Banovic S W. Experimental observations of evolving yield loci in biaxially strained AA5754-O. International Journal of Plasticity，2008，24：2084-2101.

[75]　Ramesh R，Bhattacharya R，Williams G. Effect of ageing on the mechanical behaviour of a novel automotive grade Al-Mg-Si alloy. Materials Science and Engineering A，2012，541：128-134.

[76]　Wang A，Zhong K，El Fakir O，et al. Springback analysis of AA5754 after hot stamping：experiments and FE modelling. The International Journal of Advanced Manufacturing Technology，2017，89（5）：1339-1352.

[77]　Fan X，He Z，Zheng K，et al. Strengthening behavior of Al-Cu-Mg alloy sheet in hot forming-quenching integrated process with cold-hot dies. Materials & Design，2015，83：557-565.

[78]　Bariani P F，Bruschi S，Ghiotti A，et al. Hot stamping of AA5083 aluminium alloy sheets. CIRP Annals，2013，62（1）：251-254.

[79]　Palumbo G，Tricarico L. Numerical and experimental investigations on the warm deep drawing process of circular aluminum alloy specimens. Journal of Materials Processing Technology，2007，184（1-3）：115-123.

[80]　Bolt P J，Lamboo N，Rozier P. Feasibility of warm drawing of aluminium products. Journal of Materials Processing Technology，2001，115（1）：118-121.

[81]　Kumar M，Ross N G. Influence of temper on the performance of a high-strength Al-Zn-Mg alloy sheet in the warm forming processing chain. Journal of Materials Processing Technology，2016，231：189-198.

[82]　Huo W，Hou L，Zhang Y，et al. Warm formability and post-forming microstructure/property of high-strength AA 7075-T6 Al alloy. Materials Science and Engineering A，2016，675：44-54.

[83]　Garrett R P，Lin J，Dean T A. Solution heat treatment and cold die quenching in forming AA 6xxx sheet components：feasibility study. Advanced Materials Research，2005，6-8：673-680.

[84]　Garrett R P，Lin J，Dean T A. An investigation of the effects of solution heat treatment on mechanical properties for AA 6xxx alloys：experimentation and modelling. International Journal of Plasticity，2005，21：1640-1657.

[85]　Liu Y，Zhu Z，Wang Z，et al. Flow and friction behaviors of 6061 aluminum alloy at elevated temperatures and hot stamping of a B-pillar. The International Journal of Advanced Manufacturing Technology，2018，96：4063-4083.

[86]　Mohamed M S，Foster A D，Lin J，et al. Investigation of deformation and failure features in hot stamping of AA6082：experimentation and modelling. International Journal of Machine Tools and Manufacture，2012，53：27-38.

[87]　Wang L，Staangwood M，Balint D，et al. Formability and failure mechanisms of AA2024 under hot forming conditions. Materials Science and Engineering A，2011，528：2648-2656.

[88]　Gao H，Weng T，Liu J，et al. Hot stamping of an Al-Li alloy：a feasibility study. Manufacturing Review，2016，3：4.

[89]　Karbasian H，Tekkaya A E. A review on hot stamping. Journal of Materials Processing Technology，2010，210：2103-2118.

[90]　Mori K，Maeno T，Yamada H，et al. 1-Shot hot stamping of ultra-high strength steel parts consisting of resistance heating，forming，shearing and die quenching. International Journal of Machine Tools and Manufacture，2015，89：124-131.

[91]　Rasera J N，Daun K J，Shi C J，et al. Direct contact heating for hot forming die quenching. Applied Thermal Engineering，2016，98：1165-1173.

[92]　Liu Y，Zhu B，Wang Y，et al. Fast solution heat treatment of high strength aluminum alloy sheets in radiant heating furnace

during hot stamping. International Journal of Lightweight Materials and Manufacture，2020，3：20-25.

[93] Zhang Z，Yu J，He D. Influence of contact solid-solution treatment on microstructures and mechanical properties of 7075 aluminum alloy. Materials Science and Engineering A，2019，743：500-503.

[94] 刘勇，耿会程，朱彬，等. 高强铝合金高效热冲压工艺研究进展. 锻压技术，2020，45（7）：1-12.

[95] Sun W，Zhu Y，Marceau R，et al. Precipitation strengthening of aluminum alloys by room-temperature cyclic plasticity. Science，2019，363：972-975.

[96] Zhang W P，Li H H，Hu Z L，et al. Investigation on the deformation behavior and post-formed microstructure/ properties of AA7075-T6 alloy under pre-hardened hot forming process. Materials Science and Engineering A，2020，792：139749.

[97] 华林，魏鹏飞，胡志力. 高强轻质材料绿色智能成形技术与应用. 中国机械工程，2020，31（22）：2753-2762，2771.

[98] Zhu L，Liu Z，Zhang Z. Investigation on strengthening of 7075 aluminum alloy sheet in a new hot stamping process with pre-cooling. International Journal of Advanced Manufacturing Technology，2019，103：4739-4746.

[99] 王磊，易幼平，黄始全，等. 固溶前深冷变形处理对 7050 铝合金组织和性能的影响. 材料导报，2019，33（20）：3467-3471.

[100] Dohmann F，Hartl C. Tube hydroforming：research and practical application. Journal of Materials Processing Technology，1997，71：174-186.

[101] Zhang S H，Wang Z R，Xu Y，et al. Recent developments in sheet hydroforming technology. Journal of Materials Processing Technology，2004，151（1-3）：237-241.

[102] 苑世剑，郎利辉，王仲仁. 内高压成形技术研究与应用进展. 哈尔滨工业大学学报，2000，32（5）：60-63.

[103] Dohmann F，Hartl C. Hydroforming-applications of coherent FE-simulations to the development of products and processes. Journal of Materials Processing Technology，2004，150：18-24.

[104] 刘钢，苑世剑，滕步刚. 内高压成形矩形断面圆角应力分析. 机械工程学报，2006，42（6）：150-155.

[105] 郎利辉，丁少行，续秋玉，等. 球形件液压胀形成形方案探究. 精密成形工程，2014，6（2）：1-5.

[106] 何祝斌，滕步刚，苑士剑，等. 管材轴压液力成形中的摩擦与密封. 锻压技术，2001，26（3）：38-40.

[107] 郎利辉，许爱军，吕军. 铝合金拼焊板充液成形技术研究. 模具工业，2011，37（10）：1-7.

[108] 刘晓晶，徐永超，苑世剑. 反胀压力对铝合金球底筒形件充液拉深过程的影响. 塑性工程学报，2008，15（3）：42-46.

[109] Lang L，Danckert J，Nielsen K B. Investigation into hydrodynamic deep drawing assisted by radial pressure：part I. Experimental observations of the forming process of aluminum alloy. Journal of Materials Processing Technology，2004，148（1）：119-131.

[110] Lai Z，Cao Q，Zhang B，et al. Radial Lorentz force augmented deep drawing for large drawing ratio using a novel dual-coil electromagnetic forming system. Journal of Materials Processing Technology，2015，222：13-20.

[111] 安立辉，刘欣，陈宝国，等. 预胀对 2A12 铝合金复杂曲面零件充液拉深成形的影响. 航天制造技术，2009（5）：5-8.

[112] Liu W，Chen Y，Liu G，et al. Welded double sheet hydroforming of complex hollow component. Transactions of Nonferrous Metals Society of China，2012，22：s309-s314.

[113] Khandeparkar T，Gehle A. Equipment and die design optimisation for hydromechanical deep drawing. International Conference on Hydroforming of Tubes，Extrusions and Sheets，Fellbach，Germany，2005.

[114] 苑世剑，刘伟，徐永超. 板材液压成形技术与装备新进展. 机械工程学报，2015，51（8）：20-28.

[115] Geiger M，Cojutti M. Integration of double sheet and tube hydroforming processes：numerical investigation of the

feasibility of a complex part. International Journal of Computational Materials Science & Surface Engineering, 2009, 2 (1-2): 110-117.

[116] Assempour A, Emami M R. Pressure estimation in the hydroforming process of sheet metal pairs with the method of upper bound analysis. Journal of Materials Processing Technology, 2009, 209: 2270-2276.

[117] 徐永超, 陈宇, 苑世剑. 半球底筒形件充液拉深加载路径优化研究. 哈尔滨工业大学学报, 2008, 40: 1076-1080.

[118] Oh S I, Jeon B H, Kim H Y, et al. Applications of hydroforming processes to automobile parts. Journal of Materials Processing Technology, 2006, 174: 42-55.

[119] Yu T X, Johnson W. The buckling of annular plates in relation to the deep-drawing process. International Journal of Mechanical Sciences, 1982, 24: 175-188.

[120] Tirosh S, Yossifon J. On the permissible fluid-pressure path in hydroforming deep drawing processes: analysis of failures and experiments. Journal of Manufacturing Science and Engineering, 1988, 110: 146-152.

[121] Zhang S H, Lang L H, Kang D C, et al. Hydromechanical deep-drawing of aluminum parabolic workpieces: experiments and numerical simulation. International Journal of Machine Tools and Manufacture, 2000, 40 (10): 1479-1492.

[122] Meng B, Wan M, Wu X, et al. Inner wrinkling control in hydrodynamic deep drawing of an irregular surface part using drawbeads. Chi nese Journal of Aeronautics, 2014, 27 (3): 697-707.

[123] 姬胜昌. 铝合金温热液压成形系统设计和工艺研究. 沈阳: 东北大学, 2015.

[124] Khosrojerdi E, Bakhshi Jooybari M, Gorji H, et al. The study of effective process parameters in the warm sheet hydroforming. Amirkabir Journal of Mechanical Engineering, 2019, 51 (5): 1057-1068.

[125] Zhang S H, Ma Y, Xu Y, et al. Effect of impact hydroforming loads on the formability of AA5A06 sheet metal. IOP Conference Series: Materials Science and Engineering. 2018, 418 (1): 012114.

[126] Chen D Y, Xu Y, Zhang S H, et al. A novel method to evaluate the high strain rate formability of sheet metals under impact hydroforming. Journal of Materials Processing Technology, 2021, 287: 116553.

[127] Zhang S H, Ma Y, Xu Y, et al. Experimental investigation of novel impact hydroforming technology on sheet metal formability. Journal of Physics: Conference Series. 2018, 1063 (1): 012173.

[128] Kaufmann N, Imran M, Wischeropp T M, et al. Influence of process parameters on the quality of aluminium alloy EN AW 7075 using selective laser melting (SLM). Physics Procedia, 2016, 83: 918-926.

[129] Tang M, Pistorius P C. Oxides, porosity and fatigue performance of AlSi10Mg parts produced by selective laser melting. International Journal of Fatigue, 2017, 94: 192-201.

[130] Aboulkhair N T, Everitt N M, Ashcroft I, et al. Reducing porosity in AlSi10Mg parts processed by selective laser melting. Additive Manufacturing, 2014, 1: 77-86.

[131] Aboulkhair N T, Maskery I, Tuck C, et al. On the formation of AlSi10Mg single tracks and layers in selective laser melting: microstructure and nano-mechanical properties. Journal of Materials Processing Technology, 2016, 230: 88-98.

[132] Louvis E, Fox P, Sutcliffe C J. Selective laser melting of aluminium components. Journal of Materials Processing Technology, 2011, 211: 275-284.

[133] Mauduit A, Pillot S, Gransac H. Study of the suitability of aluminum alloys for additive manufacturing by laser powder bed fusion. Science Bulletin, 2017, 79 (4): 219-238.

[134] Ly S, Rubenchik A M, Khairallah S A, et al. Metal vapor micro-jet controls material redistribution in laser powder bed fusion additive manufacturing. Scientific Reports, 2017, 7 (1): 1-12.

[135] Koutny D，Palousek D，Pantelejev L，et al. Influence of scanning strategies on processing of aluminum alloy EN AW 2618 using selective laser melting. Materials，2018，11（2）：298.

[136] Qi T，Zhu H，Zhang H，et al. Selective laser melting of Al7050 powder：melting mode transition and comparison of the characteristics between the keyhole and conduction mode. Materials & Design，2017，135：257-266.

[137] Weingarten C，Buchbinder D，Pirch N，et al. Formation and reduction of hydrogen porosity during selective laser melting of AlSi10Mg. Journal of Materials Processing Technology，2015，221：112-120.

[138] Nie X，Zhang H，Zhu H，et al. Effect of Zr content on formability，microstructure and mechanical properties of selective laser melted Zr modified Al-4.24Cu-1.97Mg-0.56Mn alloys. Journal of Alloys and Compounds，2018，764：977-986.

[139] Uzan N E，Ramati S，Shneck R，et al. On the effect of shot-peening on fatigue resistance of AlSi10Mg specimens fabricated by additive manufacturing using selective laser melting（AM-SLM）. Additive Manufacturing，2018，21：458-464.

[140] Ch S R，Raja A，Nadig P，et al. Influence of working environment and built orientation on the tensile properties of selective laser melted AlSi10Mg alloy. Materials Science and Engineering A，2019，750：141-151.

[141] Yang P，Rodriguez M A，Stefan D K，et al. Microstructure and thermal properties of selective laser melted AlSi10Mg alloy. Sandia National Lab.（SNL-NM），Albuquerque，NM（United States），2017.

[142] Kang N，Coddet P，Liao H，et al. Macrosegregation mechanism of primary silicon phase in selective laser melting hypereutectic Al-high Si alloy. Journal of Alloys and Compounds，2016，662：259-262.

[143] Dudas J H，Collins F R. Preventing weld cracks in high-strength aluminium alloys. Welding Research Supplement，1966，45：241-249.

[144] Kumar M，Gibbons G J，Das A，et al. Additive manufacturing of aluminium alloy 2024 by laser powder bed fusion：microstructural evolution，defects and mechanical properties. Rapid Prototyping Journal，2021，27：1388-1397.

[145] Hunt J D. Solidification and Casting of Metals. London：The Metals Society，1979.

[146] Stefanescu D M，Ruxanda R. Fundamentals of solidification metallography and microstructures. ASM International，2004.

[147] Winegard W C，Chalmers B. Supercooling and dendritic freezing in alloys. Transactions of the American Society for Metals，1954，46：1214-1224.

[148] Qi X B，Chen Y，Kang X H，et al. An analytical approach for predicting as-cast grain size of inoculated aluminum alloys. Acta Materialia，2015，99：337-346.

[149] Xiao Y K，Bian Z Y，Wu Y，et al. Effect of nano-TiB$_2$ particles on the anisotropy in an AlSi10Mg alloy processed by selective laser melting. Journal of Alloys and Compounds，2019，798：644-655.

[150] Tan Q，Zhang J，Mo N，et al. A novel method to 3D-print fine-grained AlSi10Mg alloy with isotropic properties via inoculation with LaB$_6$ nanoparticles. Additive Manufacturing，2020，32：101034.

[151] Tan Q，Zhang J，Sun Q，et al. Inoculation treatment of an additively manufactured 2024 aluminium alloy with titanium nanoparticles. Acta Materialia，2020，196：1-16.

[152] Li R，Wang M，Li Z，et al. Developing a high-strength Al-Mg-Si-Sc-Zr alloy for selective laser melting：crack-inhibiting and multiple strengthening mechanisms. Acta Materialia，2020，193：83-98.

[153] Yang K V，Shi Y，Palm F，et al. Columnar to equiaxed transition in Al-Mg(-Sc)-Zr alloys produced by selective laser melting. Scripta Materialia，2018，145：113-117.

[154] Martin J H，Yahata B D，Hundley J M，et al. 3D printing of high-strength aluminium alloys. Nature，2017，

549（7672）：365-369.

[155] Montero-Sistiaga M L，Mertens R，Vrancken B，et al. Changing the alloy composition of Al7075 for better processability by selective laser melting. Journal of Materials Processing Technology，2016，238：437-445.

[156] Zhang Y，Guo Y，Chen Y，et al. Microstructure and mechanical properties of Al-12Si alloys fabricated by ultrasonic-assisted laser metal deposition. Materials，2019，13（1）：126.

[157] Todaro C J，Easton M A，Qiu D，et al. Grain structure control during metal 3D printing by high-intensity ultrasound. Nature Communications，2020，11（1）：1-9.

[158] Warren A S. Developments and challenges for aluminum: a boeing perspective. Materials Forum，2004，28：24-31.

[159] Starke E A，Jr，Staley J T. Application of modern aluminum alloys to aircraft. Progress in Aerospace Sciences，1996，32：131-172.

[160] Pantelakis S，Tserpes K. Revolutionizing Aircraft Materials and Processes. New York：Springer，2020.

[161] Hirsch J，Al-Samman T. Superior light metals by texture engineering: optimized aluminum and magnesium alloys for automotive applications. Acta Materialia，2013，61（3）：818-843.

[162] Hughes D A，Hansen N. High angle boundaries formed by grain subdivision mechanisms. Acta Materialia，1997，45（9）：3871-3886.

[163] Ren B，Morris J G. Microstructure and texture evolution of Al during hot and cold rolling. Metallurgical and Materials Transactions A，1995，26（1）：31-40.

[164] Li S，Nan Q，Jie L，et al. Microstructure, texture and mechanical properties of AA1060 aluminum plate processed by snake rolling. Materials & Design，2016，90：1010-1017.

[165] Pustovoytov D，Pesin A，Tandon P. Asymmetric（hot，warm，cold，cryo）rolling of light alloys: a review. Metals，2021，11（6）：956.

[166] Zuo Y B，Fu X，Cui J Z，et al. Shear deformation and plate shape control of hot-rolled aluminium alloy thick plate prepared by asymmetric rolling process. Transactions of Nonferrous Metals Society of China，2014，24：2220-2225.

[167] Cui Q，Ohori K. Grain refinement of high purity aluminium by asymmetric rolling. Materials Science and Technology，2000，16：1095-1101.

[168] Aw J K，Aj B L，Aw Y K，et al. Microstructure and mechanical properties of Mg-Al-Zn alloy sheets severely deformed by asymmetrical rolling. Scripta Materialia，2007，56：309-312.

[169] Haszler A. Technical challenges and solutions of aluminum in the transportation market. Proceedings of the 11th International Conference on Aluminum Alloys，Aachen，Germany，2008.

关键词索引